信息科学与工程系列专著

微波平面电路

Microwave Planar Circuits

肖建康　著

電子工業出版社·

Publishing House of Electronics Industry

北京·BEIJING

内 容 简 介

本书以平面传输线—平面谐振器—平面电路设计理论和技术为主线，系统阐述了微波平面电路的电磁理论、电路特性、电路设计理论、新技术以及平面电路的发展，主要内容包括：平面电路的基本电磁理论；平面传输线方程及其解；微带、共面波导和共面带线、带状线、槽线等平面传输线；平面谐振器理论与新技术；平面滤波器（包括无反射滤波器、有耗滤波器、平衡滤波器）、功分器、耦合器、负群时延电路等的设计以及电路一体化新技术；平面电路设计的新材料以及从平面电路到多层电路的新技术发展。

本书立足基础理论和技术前沿，结合作者多年研究积累，让读者既能掌握电路设计的关键理论，又能了解当前电路设计的新技术和新发展，内容丰富，图文并茂，可供高等院校相关专业本科生、研究生以及射频电路研究和技术开发人员参考。

图书在版编目（CIP）数据

微波平面电路 / 肖建康著. —北京：电子工业出版社，2023.12
（信息科学与工程系列专著）
ISBN 978-7-121-46761-5

Ⅰ. ①微⋯　Ⅱ. ①肖⋯　Ⅲ. ①微波集成电路　Ⅳ.①TN454

中国国家版本馆 CIP 数据核字（2023）第 220155 号

责任编辑：钱维扬
印　　刷：北京雁林吉兆印刷有限公司
装　　订：北京雁林吉兆印刷有限公司
出版发行：电子工业出版社
　　　　　北京市海淀区万寿路 173 信箱　　邮编：100036
开　　本：787×1 092　1/16　印张：20.25　字数：518.4 千字
版　　次：2023 年 12 月第 1 版
印　　次：2023 年 12 月第 1 次印刷
定　　价：118.00 元

凡所购买电子工业出版社图书有缺损问题，请向购买书店调换。若书店售缺，请与本社发行部联系，联系及邮购电话：（010）88254888，88258888。

质量投诉请发邮件至 zlts@phei.com.cn，盗版侵权举报请发邮件至 dbqq@phei.com.cn。

本书咨询联系方式：（010）88254459，qianwy@phei.com.cn。

Foreword

I met Dr. Jian-Kang Xiao during 2015 and 2016 when he visited Heriot-Watt University at Edinburgh, UK, as a visiting scholar collaborating with me on research into planar RF circuits design. His newly authorized book on Planar Circuits is timely for an increasing demand of this type of circuit for RF/microwave applications. The book is well organized into chapters offering a comprehensive treatment of RF/microwave planar circuits ranging from fundamental theories to practical designs. The book will be most useful to students and researchers of the subject.

Prof. Jiasheng Hong, DPhil (Oxford), FIEEE
Heriot-Watt University
Edinburgh, UK

前　言

微波平面电路（microwave planar circuits）是一种二维空间分布参数电路，主要包括微带、带状线、共面波导、槽线等类型，在雷达、通信等领域及可穿戴装备中具有重要应用。微波平面电路的问世和发展，为微波（尤其是毫米波）集成电路向更高度集成化和更高频率发展提供了广阔的平台。同时，由于其造价低廉，设计、加工比传统的腔体电路更简单方便，因此备受微波电路研发人员的青睐，很多微波电路设计、制造新技术都是首先用平面电路设计实现的。自从 20 世纪 60 年代末微波平面电路的概念确立以来，历经半个多世纪的风雨沧桑，以微带电路为代表的微波平面电路依然是广大科研人员设计实现新型微波电路的首选，为推动电路理论和技术的发展发挥了不可替代的重要作用。目前，新材料、新设计理论和技术、全波电磁仿真技术以及微型化加工工艺的不断发展，为微波平面电路提供了更广阔的发展空间。

本书立足微波平面电路的基础理论、应用和发展，在著者自己多年研究工作和资料积累的基础上，借鉴或引用了国内外学者的一些相关研究成果，也包括著者及其研究生近些年发表的科研成果和论文成果。本书不仅可供从事射频技术研发的广大科技人员阅读，还可作为高校本科生和研究生学习微波平面电路的教材或参考书。

西安电子科技大学研究生李小芳、苗奕、杨梦洋、周兆亮、史若楠、吴镕滔、钟泽栋、张小波、王会侠、杨晓运等为本书绘制了部分插图并录入了部分公式，华南理工大学车文荃教授和天津大学马凯学教授阅读了本书部分内容并提出了宝贵建议，英国 Heriot-Watt 大学 Jiasheng Hong 教授为本书作序，电子工业出版社钱维扬先生和张来盛先生为本书的编辑、校对和出版提供了大力帮助，本书还得到了西安电子科技大学研究生精品教材项目的资助，在此一并表示衷心的感谢。

由于时间仓促，加之著者水平有限，疏漏、不足甚至错误之处在所难免，恳请读者批评指正。

著　者
2023 年 8 月于西安

目　　录

第1章 绪 论

　　微波平面电路是介质基板厚度远小于波长的一种近似二维分布参数电路，是雷达、通信系统小型化、集成化发展的重要组成部分。平面电路是射频/微波技术发展的产物，其本质理论是电磁场理论，但是可以借助电路理论对其进行分析和建模。场和路的统一以及现代电磁仿真技术的发展，为平面电路设计与发展提供了强有力支持。接下来先从射频/微波谈起。

1.1 射频/微波简介

　　在电子学理论中，当电流流过导体时，导体周围会产生磁场；交变电流通过导体，导体周围会形成交变的电磁场/电磁波。当频率低于 100 kHz 时，电磁波会被地表吸收，不能有效传输；但当频率高于 100 kHz 时，电磁波可以在空气中传播。这种在电磁频谱某一范围内具有远距离传输能力的电磁波称为射频/微波，它具有波粒二象性，其基本性质通常呈现穿透、反射、吸收这 3 种特性，并且具有易于聚集成束以及直线传播的特性。对于玻璃、塑料和瓷器等介质，射频/微波会穿越而几乎不被吸收；水和食物等介质会吸收微波能量而使自身发热；当遇到金属时，射频/微波则会发生反射。

1.1.1 射频/微波概念

　　若把电磁波按波长或频率划分，则大致可以把 300 MHz～300 GHz（对应在空气中的波长为 1 m～1 mm）这一频段的电磁波称为微波，它处于超短波和红外波（又称红外线）之间。大致把 30 MHz～3 GHz 这一频段的电磁波称为射频（radio frequency，RF）波，这是狭义射频的划分；广义射频的频率范围大致为 30 MHz～3 000 GHz，包含微波频段。射频/微波的频段划分如图 1.1 所示。根据频率 f、波长 λ 和电磁波在真空中的传播速度 c 之

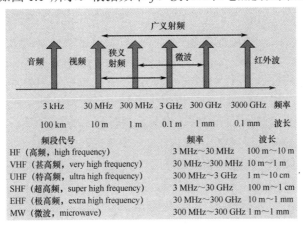

图 1.1　射频/微波的频段划分

间的关系式 $\lambda f = c$，可以算出电磁波的波长和频率的对应值。微波可以细分为分米波（波长为 10 dm～1 dm）、厘米波（波长为 10 cm～1 cm）和毫米波（波长为 10 mm～1 mm）。波长在 1 mm 至 0.1mm 之间的电磁波，称为亚毫米波或超微波，这是一个正在开发的波段。表 1.1 给出了射频/微波一些典型应用的频率范围。不同波段的划分见表 1.2。

表 1.1 射频/微波一些典型应用的频率范围

典 型 应 用	频 率 范 围
电视	54 MHz～890 MHz
移动电话	900 MHz～1 800 MHz
GPS（全球定位系统）	1.227 GHz（军用），1.575 GHz（民用）
美国 UWB 通信	3.1 GHz～10.6 GHz
卫星通信	C 波段和 Ku 波段
雷达	L、S、X 波段
RFID	43 MHz，900 MHz，2.4 GHz，5.4 GHz

表 1.2 波段的划分

波 段	频 率 范 围	波 段	频 率 范 围
L 波段	1.12 GHz～1.7 GHz	Ka 波段	26.5 GHz～40 GHz
S 波段	2.6 GHz～3.95 GHz	Q 波段	33 GHz～50 GHz
C 波段	3.95 GHz～5.85 GHz	U 波段	40 GHz～60 GHz
X 波段	8.2 GHz～12.4 GHz	V 波段	50 GHz～70 GHz
Ku 波段	12.4 GHz～18 GHz	E 波段	60 GHz～90 GHz
K 波段	18 GHz～26.5 GHz	W 波段	75 GHz～110 GHz

1.1.2 射频/微波的特点

1. 似光性和似声性

微波的波长比地球上的一般物体（如飞机、舰船、火箭、建筑物等）的尺寸要小得多，或者在同一数量级。因此，微波的特点与几何光学类似，具有直线传播的性质，即所谓的"似光性"。利用这个特点，就可以在微波波段设计紧凑的电路和系统中，设计方向性极好的天线来发射和接收信号，也可以接收地面和宇宙空间各种物体反射回来的微弱回波，从而判别物体的位置、方向及目标特征等。这一特性使得微波技术在雷达、导航和通信领域有着广泛应用。

此外，微波传输线、微波元器件和微波测试设备的长度与波长具有相近的数量级，因此一般电子元件（如电阻、电容、电感等）由于辐射效应和趋肤效应都不能用了，必须用原理上完全不同的微波元器件（传输线、波导、谐振器）来代替。

似声性：微波波导类似于声学中的传声筒；喇叭天线和缝隙天线类似于声学喇叭、箫和笛；微波谐振腔类似于声学共鸣箱等。

2. 穿透性

地球的外层空间由于日光等繁复的原因形成独特的电离层，它对短波几乎全反射，这就是短波的天波通信方式。而在微波波段则有若干个可以通过电离层的"宇宙窗口"，因而微波是独特的宇宙通信手段，比如卫星通信必须用微波作为载波。与微波相比，光波通过雨雾时衰减很大，特别是雾天，蓝光、紫光几乎看不见，这正是我们采用红光作为警戒灯光的原因。微波穿透力很强，能穿透云雾、雨、雪、地表层等，具有全天候和全天时的工作能力，成为遥感技术的重要手段；微波能穿透生物体，是医学透热治疗的重要手段；微波能穿透等离子体，是远程导弹和航天器重返大气层时实现通信和制导的重要手段。

3. 非电离性

微波的能量不足以改变物质分子的内部结构或者破坏分子间的键。但分子、原子核在外加电磁场的作用下所呈现的许多共振现象都发生在微波波段，所以可以利用这一特性来研究物质的内部结构和基本特性，研制许多适用于微波波段的器件。

4. 信息性

射频的频率高，可用频带宽。在通信系统中，相对带宽 $\Delta f / f$ 通常为一定值，所以频率 f 越高，越容易实现更宽的带宽 Δf，从而使信息的容量越大。例如，对于 2% 的相对带宽，在 600 MHz 频率下的带宽为 12 MHz（2 个电视频道），而在 60 GHz 频率下带宽为 1200 MHz（200 个电视频道）。

射频的一个最广泛应用就是无线通信，现代多路通信系统几乎都工作在射频频段。射频/微波所开辟的微波通信和卫星通信在人们的生活中已得到广泛应用。另外，微波信号还可以提供相位信息、极化信息和多普勒频率信息，在目标探测、遥感、目标特性分析等应用中至关重要。

频率高对应波长短。天线与射频电路的特性是与其电尺寸 l 相关的。在保持特性不变的前提下，波长 λ 越短，天线和电路的电尺寸 l 就越小；因此，波长短有利于电路与系统的小型化。目标的雷达截面积（RCS）也与目标的电尺寸成正比，因此在目标尺寸一定的情况下，波长越小，RCS 就越大。这就是雷达系统通常工作在微波波段的原因。

1.2　射频/微波的发展简史

1864 年，英国物理学家麦克斯韦 （James Clerk Maxwell，1831—1879 年）提出了著名的麦克斯韦方程，从理论上预测了电磁波的存在。

1887 年，德国物理学家赫兹（Heinrich Rudolf Hertz，1857—1894 年）通过实验验证了电磁波的存在，证实了麦克斯韦的预言。赫兹和麦克斯韦因其卓越贡献而被世人铭记（见图 1.2）。

1901 年，意大利发明家马可尼（Guglielmo Marconi，1874—1937 年）首次实现了穿越大西洋的无线电通信，传输距离为 2 100 英里（1 英里=1.609 km），证明了无线电波不受地球表面曲率的影响。他的无线电通信使用的发射天线与地面之间连接着 70 kHz 的电火花发生器，接收天线由风筝支撑。马可尼及其发明的无线电报如图 1.3 所示。

1931 年，英国与法国之间建立了第一条微波通信线路。第二次世界大战后，微波中继通信得到了迅速发展，20 世纪 50—70 年代，微波中继通信是电视信号远距离传输的主要手段。

1935 年，英国的瓦特（James Watt）开展了无线电探测与测距（radio detecting and

ranging），简称"雷达"（radar）的研究，同年首次在试验中测得飞机的回波。

图1.2　赫兹（左）和麦克斯韦（右）

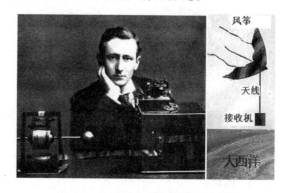

图1.3　马可尼及其发明的无线电报

1938 年，第一个调速管问世；1940 年，英国的布特和兰特尔研制出磁控管。这些微波电子管器件都是雷达不可缺少的源。

1940 年，第一台 10 cm 波长雷达问世。雷达的出现和发展，才使人们对微波理论和技术有了根本的认识。美国在麻省理工学院（MIT）专门成立"辐射实验室"，调集了大量顶尖科学家（许多人后来获得诺贝尔奖），以战时状态对雷达进行大规模、全方位研究，极大地促进了雷达与微波技术的发展。他们的工作包括波导元件的理论与实验分析，研究微波天线、小孔耦合理论以及初期的微波网络理论。

1945 年，雷神公司把磁控管用于微波加热，诞生了微波炉，如今磁控管依然是微波炉的核心源。

1963 年，国际通信卫星组织发射了第一颗同步通信卫星。

20 世纪 70 年代，雷达、卫星通信、微波中继通信成为射频/微波应用的主要领域，并迅速扩展到微波加热和微波遥感等领域。同时，射频集成电路（RFIC）、微波集成电路（MIC）开始迅速发展。

20 世纪 80—90 年代，移动通信成为射频/微波最耀眼的应用领域，如同第二次世界大战中雷达对射频/微波发展的促进作用一样，移动通信尤其是蜂窝移动通信给射频/微波带来了第二次发展浪潮，并因为应用于千家万户，因此发展迅猛，以至于彻底改变了人类的生活习惯。

2003 年，美国在伊拉克战争中使用了微波高能武器（微波炸弹），展现了射频/微波在军事应用上的突破。

如今，射频/微波的应用几乎深入各个领域，我们身边随处可见：手机、蓝牙、无线上网、卫星电视、定位导航，等等。

1.3　射频/微波的应用

射频/微波不仅在国防和国民经济中发挥着重要的作用，而且是发展现代尖端学科的一种重要的科学研究手段，应用十分广泛。射频/微波的主要应用包括作为信息载体的应用、在工业检测中的应用、在科学研究领域中的应用以及作为微波能的应用等。

1. 射频/微波作为信息载体的应用

这方面包括通信、雷达、遥感、射电天文、航空航天、导弹制导等。

与较低频率的无线电通信相比,射频/微波通信有许多独特的优点:微波波段频带很宽,可以容纳更多的无线电设备工作,可以实现多路通信;在微波波段可以采用高增益的定向天线,从而降低发射机的输出功率;微波在视距内直线、定向传播,保密性好;微波波段受工业、天气和宇宙等外界干扰较小,可以大大提高通信质量。由于较低频率的无线电波不能穿透电离层,卫星通信或地面和卫星之间的通信必须采用微波。

卫星通信是利用人造卫星作为中继站来转发无线电信号,在两个或多个地面站之间进行的通信,如图 1.4 所示。它是在地面微波中继通信和空间技术的基础上发展起来的通信方式,具有通信距离远、传输容量大、可靠性高、灵活性强以及可进行多址接入等优点。卫星通信是国内、国际乃至全球通信的重要方式之一。卫星通信系统的一条通信线路包括发送端地面站、上行链路、卫星转发器、下行链路和接收端地面站。实际上,为进行双向通信,每个地面站(又称地球站)都包括发射系统和接收系统,发射和接收系统共用一副天线,为了将收、发的信号分开,在天线与发射、接收系统连接的地方安装了双工器。发射系统包括多路复用设备、调制器和发射机。多路复用设备的作用是在传输多个用户的信号时,用以组成多路信号;调制器的作用是将频率较低的多路信号调制到中频载波上;发射机的作用主要是实现向上变频,将调制后的信号载波频率变换为微波频率,并把信号放大到规定的电平。接收系统包括接收机、解调器和多路复用设备,其作用和发射系统中相应设备的作用正好相反。接收机用来在低噪声条件下接收来自卫星的信号,接收系统中的多路复用设备用来将信号分路,以便送往各用户。装在卫星上的收、发系统称为转发器,主要由天线、接收设备、发射设备和双工器组成,其作用是接收从各地面站发来的信号,经频率变换和放大后再发送给各接收站。

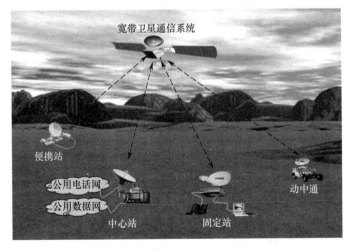

图 1.4 卫星通信示意图

2. 射频/微波在工业检测中的应用

这方面包括微波测湿、测试悬浮体浓度、测试物体厚度以及微波对材料结构完整性的测试等。

微波检测技术是以物理学、电子学和微波测试技术等为基础的一门微波技术应用学科。自第二次世界大战以来，伴随着雷达技术的发展，微波技术逐渐渗透到工业和科学技术检测中来。20 世纪 50 年代微波湿度计的问世，揭开了微波检测技术的历史序幕。随着复合材料在航空航天工业中的大量使用，微波无损检测技术得到了重视和不断发展。1963 年，美国首先使用微波法成功地检测到了导弹固体火箭发动机玻璃壳体内部的缺陷，从此，微波无损检测技术引起了工程界的广泛兴趣，并发展了对厚度等其他非电量的测试。

微波检测具有能穿透非金属材料的特点，其检测设备简单、操作方便，无损、非接触，便于实现自动化。微波检测的项目包括：塑料和各种金属、非金属复合黏接结构与蜂窝结构中的分层、脱黏；固体推进剂和飞机轮胎内部气孔、裂缝，金属加工表面光洁度、裂纹、划痕及其深度；非金属材料湿度、密度、混合物组分比、固化度；金属板与介质板的厚度以及各种线径、微小位移、微小振动和等离子体的温度等。

3. 射频/微波在科学研究领域中的应用

这方面包括微波波谱学、射电天文学、微波气象学、微波等离子体和微波超导等。

微波波谱学是一门研究在微波频率下，物质产生电磁辐射与吸收以及能量的分布情况谱，以了解分子能谱的精细和超精细结构的学科。利用微波波谱可以辨认各种有机分子，分析大分子或复杂分子的精细结构，以便做细致的研究。研究气体的微波波谱可以揭示分子内部的能级结构，通过分析波谱中的超精细结构还可以探讨原子核的性质。与红外波谱相比，微波波谱的分辨率高，灵敏度高，测量频率更精确。

射电天文学是一门通过观测天体的无线电波来研究天文现象的学科，它借助测试和分析天体所发射的波长从 1 mm 到 30 m 的电磁辐射来研究天体。地球大气层中的电离层对大部分无线电波呈反射状态（短波传播的原理），但在微波波段存在"宇宙窗口"，因此射电天文学通常采用微波波段。微波技术的发展给人类研究太阳等恒星结构、星际物质的组成和分布以及宇宙起源等基本问题提供了新的途径，极大地拓宽了人们认识宇宙的眼界。射电天文学有两种系统：一种是接收天体辐射；另一种是先从地球上发射无线电波，然后接收从天体反射回来的波。射电望远镜（见图 1.5）是射电天文学研究的重要设备，它用来检测来自天空各个方向的无线电波，由反射面、接收机、数据处理和显示设备等组成，其巨大的反射面收集和聚焦入射的电磁波，接收机检测和放大宇宙无线电信号，之后再进行数据处理和显示。

  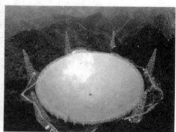

(a) 射电天文望远镜　　　　　(b) 甚大阵射电望远镜　　　　　(c) "中国天眼"——FAST

图 1.5　射电望远镜

4. 射频/微波作为微波能的应用

这方面包括医学治疗、食物加热、烘干、杀菌灭虫、育种、微波无极灯以及高能微波武器等。

1）射频/微波医学治疗

射频/微波技术对诊断医学和治疗医学有着重要的贡献。今天，微波医疗仪器已经得到广泛应用，比如微波理疗已经相当普及地用于治疗肌肉劳损、风湿等疾病；科研人员还在不断开发许多新的医疗用微波仪器，比如微波气球导管、双微波天线、微波打孔机、共形阵列天线和微波球囊系统等。把我国传统的针灸疗法与微波技术结合的微波针灸，是我国独创的治疗方法，其良好的疗效引起了国内外的重视。所有微波治疗仪器都依赖微波渗透活性肌体组织的能力，微波渗透组织的深度主要是由组织的介电常数和微波频率决定的。一般来说，组织的含水量越低，在给定频率下的微波渗透就越深。同样，给定肌体的含水量，频率越低的微波在组织里渗透得就越深。当微波渗透进细胞组织后，便会将能量传递给细胞组织；因此，微波可以用于无创加热皮下细胞组织。微波治疗仪器就是利用了微波的这个重要特性，另外还利用了这样一个事实，即任何被加热的皮下组织的部分微波热噪声功率会穿过在其上覆盖的组织而到达表面。通过测试这个噪声功率，有可能用无创的方式来估测皮下组织的温度。

肿瘤治疗的常用方式有放疗/化疗、手术切除和热疗等。热疗的原理是利用癌细胞与正常组织细胞的耐热性的差异，动物实验和临床资料证明，肿瘤细胞的致死温度阈值明显低于正常组织。当温度升高至 41～42℃时，肿瘤细胞就会发生血液淤滞，癌细胞也停止分裂；在 42.5～43℃或更高温度时，肿瘤细胞就会发生不可逆的损伤，血流停滞、血栓形成、癌细胞变性坏死。因此，可以通过对肿瘤组织的局部加热来实现肿瘤组织的"消融"。微波可以用无创的方式对许多重要的癌症部位进行热疗，特别是在皮肤和皮下部位，以及那些通过人体自然开口处可以进入的部位。用于治疗癌症的微波设备在热疗时，通常将恶性肿瘤加热到 43℃，并且在这个温度下保持大约 45 min。热疗可以提高传统的放疗和化疗的疗效，这是因为热疗对于变弱的恶性细胞来说是致命的，包括那些被传统治疗方式损伤但尚未致命的细胞或那些由于缺氧而对常规治疗手段有抵抗性的细胞。这种辅助的热疗方式，其好处是相当大的，有资料表明：人身体上的恶性肿瘤仅仅通过放疗而得到完全缓解的比例为 35%；当在放疗基础上加上热疗后，完全缓解的比例提高到 65%。热疗同样可以提高若干种化疗药物的疗效，这些药物在细胞组织温度升高以后会更活跃；热疗还可以提高肿瘤的血液流动，从而对那些缺氧恶性细胞的氧化有所帮助，并且可以刺激身体自身的抗癌免疫反应；等等。

高功率微波脉冲就像几千伏每厘米的直流脉冲一样，可以增强某些化疗药物进入恶性肿瘤细胞的能力。一种新的被称为电化学的治疗模式开始用来治疗各种各样的皮肤肿瘤，在这种治疗方法中，通过在恶性细胞膜中施加高达数千伏每厘米的短直流脉冲而产生临时微孔，使得恶性细胞对某些电化学媒质渗透的抵抗力被暂时降低了。一旦细胞被打出了微孔，电化学媒质便可以进入恶性细胞中并将它们毁灭。电化学治疗不仅可以提高某些电化学媒质的疗效，同样还可以减小副作用，因为可以用比常规化疗低得多的电化学媒质剂量将恶性细胞摧毁。微波脉冲与直流脉冲不同，可以通过无创的方式深入渗透到细胞组织内；与直流脉冲治疗相比，用微波脉冲打出微孔提供了一种通过无创方式消灭那些较深部位的恶性肿瘤细胞的新手段。图 1.6（a）所示为微波肿瘤治疗仪的简单原理框图，图 1.6（b）所示为临床微波治疗仪。

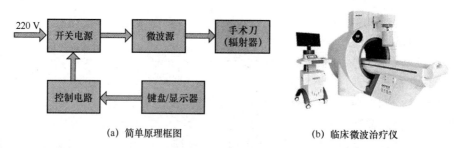

(a) 简单原理框图 (b) 临床微波治疗仪

图 1.6 微波肿瘤治疗仪

近些年来，可穿戴电子设备备受瞩目，不断发展，例如，可穿戴天线。可穿戴天线就是可以穿戴在人体上的天线，它可以集成在衣服、鞋子、帽子等穿着物上，在完成电磁波发射、接收的基础上，最大限度地避免影响附着物品外形和佩戴者的穿着舒适程度。可穿戴天线在物联网保健、医疗以及军事领域都具有极其重要的应用价值。例如，在医学方面，利用可穿戴天线可以进行乳腺癌的探测和其他一些实时的医学诊断；在军事方面，一些单兵作战的背包雷达以及单兵通信系统都广泛采用了可穿戴技术。随着纳米打印技术的日益成熟，可以通过在不同柔性基底（如纸基、布基）上打印电子墨水来制备柔性可穿戴电子器件，这在很大程度上可克服传统印刷造成的资源浪费和废料污染等弊端。

图 1.7 展示的是乳腺癌治疗用的可穿戴"微波背心"——共形阵列器。可穿戴共形阵列器有 12 个微带天线单元，对每个天线单元输送 915 MHz 的微波功率，每个天线单元的微波功率可以手动调节。图 1.7（b）所示为一个共形阵列器样机，它的 4 个天线单元，每个都含有 2 个微带天线，1 个用于微波加热，1 个用于接收来自被加热组织的噪声（螺旋天线），噪声被控制在 2 个分开的频段上。

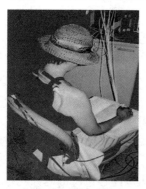

(a) 可穿戴共形阵列器 (b) 共形阵列器样机

图 1.7 乳腺癌治疗用的可穿戴"微波背心"——共形阵列器

微波肿瘤治疗的优点有：属于无创/微创手术，创伤小，病人复原较快；疗效较为明显，副作用小；费用相对较低。

2）微波无极灯

在能源消耗逐步加剧、环境污染日益严重的现代社会中，节能环保产品无疑是世界各国各行业的工程技术人员追求的目标，照明领域当然也不例外。据统计，全世界多数国家的照明耗电大体上占本国发电量的 15%～20%，而照明用电的很大一部分被消耗在效率极低的白炽灯上。在目前发电主要依赖煤电和石油的情况下，还会带来燃料短缺、温室气体排放、大气污染等一系列严重的破坏生态环境的问题。此外，传统光源产品寿命较短，替换更新的频率较高，大大增加了生产这些产品的电能和原材料损耗。同时，由于光效高的气体放电光源绝大多数都以汞（Hg）作为主要的填充物质，产品废弃后的汞污染问题非常严重。我国目前尚没有完善的回收废弃灯管这一巨大污染源的处理措施，这些废弃灯管往往会进入土壤、空气和河流中，造成严重的环境问题。如果广泛使用无极灯替代传统光源，就可有效地缓解和改善以上问题。

无极灯是一种电磁感应耦合型无极放电荧光灯，因灯泡内没有传统的灯丝和电极而得名，无极灯有以下特征：

（1）有稳定的光输出，不受环境温度影响；

（2）线路体积小，光色可以任意调整；

（3）寿命长，更换、维修次数极少，适用于维修困难的场景；

（4）发光管小型化、亮度高，有利于提高光效，实现灯具的小型化；

（5）因为没有电极，灯内填充物的选择范围大，使得从光色、光效等方面开发新型光源成为可能。

无极灯根据发光机理可分为电场无极灯、磁场无极灯、微波无极灯和表面波无极灯 4 类。其中微波无极灯的功率最大，而且微波可提高光催化效果，因此光催化中使用的无极灯目前均为微波无极灯。图 1.8 所示是安置在建筑物顶端的微波无极灯。微波无极灯的发光机理如图 1.9 所示。

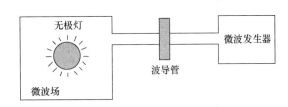

图 1.8　安置在建筑物顶端的微波无极灯　　　　图 1.9　微波无极灯的发光机理

当电磁波频率逐渐提高，波长减小到接近于灯的尺寸甚至小于灯的尺寸时，就会因其空间辐射而造成能量损失。为防止能量损失，把无极灯的放电部分放入密闭的金属壳体或金属网制成的容器中，使消耗的功率都集中于此，这就是微波放电。

微波无极灯工作原理是在石英、玻璃或其他材料形成的密闭壳体内填充可蒸发金属和稀有气体的混合物，稀有气体的作用是激发等离子体放电。当无极灯放置于微波场中时，稀有气体被激发，产生低压等离子体，通过等离子体放电产生热，使可蒸发的金属变为蒸气态，产生更多的等离子体，增大等离子体压力，释放更多的能量，形成更高的发光效率。常用的可蒸发金属包括汞、钠、硫、硒和镉等。稀有气体一般有氩、氖和氦等。无极灯所发出的光谱大致和高压汞灯相似。微波无极灯亮度高，使用寿命可达 6～10 万小时，非常适用于换灯困难且维护费用昂贵的重要场所。

微波无极灯也有缺点。由于它是通过等离子体释放能量来发出可见光及紫外光的，在发光的同时，一部分能量以热的形式释放出来，造成无极灯温度急剧上升。温度过高会引起无极灯淬灭，停止发光，因此需要辅助措施来降低无极灯温度。当用于光催化氧化技术处理水中污染物时，无极灯可以直接放置在溶液中，依靠溶液来降温，这虽然节省了降温设施，但由于水为极性物质，对微波有较强的吸收能力，因此存在和无极灯争夺微波源的问题。而当用于处理气态污染物时，需要通过输入冷空气、冷水或高效散热装置来降温。微波辐射对人的神经中枢、心血管系统、生殖系统和免疫机能等都有较大危害，一般认为，微波辐射的功率密度不得超过 10 mW/cm^2。因此，在使用微波无极灯时一定要谨防微波泄漏，造成不必要的伤害。

3）微波无线输能

能源是人类活动的物质基础。从可持续发展的长远目标来考虑，未来世界的能源将是核能和太阳能；而相比于核能的局限性，太阳能是最有前途者。太阳能卫星、月球太阳能系统等，都是为了解决太阳能的有效利用而提出的挑战性课题。太阳能卫星是运行在地球同步轨道上的一种特殊卫星，这些卫星表面覆盖有太阳能电池板，能在高空将太阳能转化为电能，再由微波功率发生器转换成微波能，最后由天线定向辐射到地球上的接收天线。也就是说，太阳能卫星将太阳能转换成电能以后，再用微波波束将电能输送到地面上。在这些系统中，微波无线输能是最关键的技术。

微波无线输能是指在真空或大气中不借助其他任何传输线或波导来达到能量传递目的的一种手段。简单来说，就是将一种能量转换为微波能，再将微波能发射出去，最后接收微波能并将其转换成所需的能量。因此，微波无线输能系统可以用如图 1.10 所示的框图来表示。

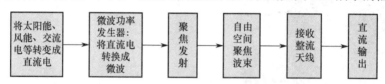

图 1.10　微波无线输能系统框图

该系统主要由四部分组成：一是将太阳能、风能和交流电等转变成直流电；二是通过微波功率发生器，将直流电转换成微波；三是通过发射天线，将微波能量以聚焦的方式高效地发射出去；四是通过高效的接收整流天线将微波转换成直流电或工业用电。

在微波功率传输过程中，整流天线是十分关键的部件。整流天线就是天线加整流器，其作用是将高频微波转换成直流电。研制整流天线的关键在于提高功率转换效率，典型的功率转换效率可达 85% 以上，在 Ka 波段可达 70% 以上。当频率较高 （例如高于94 GHz）时，宜采用微波单片集成电路（MMIC），以提高功率转换效率。

整流天线原理图如图 1.11 所示，它主要由以下四部分组成。

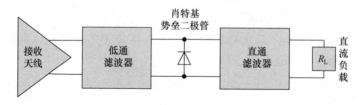

图 1.11　整流天线原理图

（1）接收天线：接收空间电磁波能量至馈线。

（2）低通滤波器：使工作频点的能量低插损通过，同时阻碍整流电路产生的二次或更高次谐波通过天线又辐射到自由空间去。低通滤波器的设计，一方面需要实现基频能量的低损耗传输，并阻碍整流电路产生的高次谐波能量传输到天线上；另一方面还要实现与天线和二极管的阻抗匹配。一般整流天线内的低通滤波器可分为输入低通滤波器和输出低通滤波器。输入低通滤波器的作用在于使基波无损耗通过，使谐波截止，以防止谐波回流到天线。而输出低通滤波器由于电容足够大，可以有效地短路高频能量，让直流通过，并阻止基波和高次谐波通过；另外，当二极管截止时，输出低通滤波器和输入低通滤波器一起，起着储能的作用，把高次谐波约束在两者中间，以提高二极管的整流效率。

（3）整流电路：将射频能量转化为直流能量。

（4）直通滤波器：将直流能量低插损传到负载，而对基频以及由整流电路产生的二次及以上谐波能量则起阻碍作用。

整流电路产生的二次和高次谐波就在低通滤波器和整流电路间来回反射，基频和二次、高次谐波在直通滤波器和整流电路间来回反射、转换，这样就大大提高了将射频能量转换为直流能量的效率。这也是射频整流与检波的最大区别，后者虽然也能把射频能量转化为直流能量，但其侧重于信号的检测，而前者侧重于直流能量的提取。因而两者采取的技术途径是不一样的。20 世纪 80 年代中期以后，整流天线的开发转向了较高的频率、双极化和圆极化，以及印制电路板模式。

微波无线输能具有下列特点：

（1）源到负载之间的能量传递可以不借助任何导波系统；

（2）能量的传递速度为光速；

（3）能量的传递方向可以迅速改变；

（4）电磁波在真空中传输没有损耗，在大气中的损耗也可以做到很小。

微波无线输能在军事上也具有极其重要的应用。我们知道，一片聚光镜可以将太阳光聚成一个点，多片聚光镜将太阳光聚成一个点即可引起物体的燃烧。根据光的电磁波性质，将太阳光聚焦的原理应用在微波领域，就是当今高能微波武器的基本原理。一种微波高能武器——微波炸弹（电磁波炸弹）的模型、组成和应用分别如图 1.12（a）、（b）和（c）所示。与激光武器相比，高能微波束受气候影响小，技术上易于实现。

 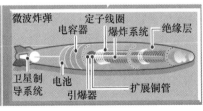 

(a) 实物模型　　　　　(b) 组成部分　　　　　(c) 应用示意图

图 1.12　微波炸弹

微波炸弹的工作原理：高功率微波经过天线聚集成一束很窄、方向性很强的电磁波射向目标，依靠这束电磁波产生的高温、电离、辐射等综合效应，在目标内部的电子线路中产生很高的电压和电流，击穿或烧毁其中的敏感元器件，毁损计算机中存储的数据，使目标遭受物理性破坏，不能修复，从而丧失作战能力。高能微波武器可用于攻击卫星、弹道导弹、巡航导弹、飞机、舰艇、坦克、通信系统以及雷达、计算机设备，尤其是指挥通信枢纽、作战联络网等重要的信息战节点和部位。高能微波武器强大的电磁辐射还可以使人神经错乱、致盲、导致皮肤烧伤甚至死亡。微波炸弹可由巡航导弹投放，也可从 155 mm 远程火炮或多管火箭炮发射装置发射。微波炸弹的弹壳在目标上空炸裂，同时打开其发射天线，瞬间发射出高能电磁脉冲，攻击地面上电磁波覆盖半径内所有的电子设备。2003 年的伊拉克战争中，美军就曾使用微波炸弹破坏了伊拉克的军事指挥系统和供电网络等关键设施，在较短时间内以很少的人员伤亡就达成了自己的作战目标。

卫星太阳能电站在和平时期主要用于发电，一旦爆发战争，通过相控阵天线改变波束方向，就可以将高功率的电磁能辐射到敌方阵地，从而干扰敌方的军事活动甚至打击其军事设施。我国的三峡大坝是一个举世瞩目的巨型水电工程，非和平时期也将是一个巨大的军事目标。能不能利用三峡大坝丰富的电能资源和微波无线输能技术组成微波防护网呢？答案是肯定的。

1.4 射频/微波平面电路和系统的组成

1. 常规电路元件的射频特性

在常规电路中，最常用的电路元件是电阻 R，电感 L，电容 C 和连接这些元件的导线。在低频段，电路用集总参数元件表征，电阻器、电感器和电容器分别对应于热能、磁场能和电场能量集中的区域，这时 R、L、C 基本为常数，不随频率变化，导线也是与频率无关的短路线段。

在射频/微波频段，由于导体的趋肤效应、介质损耗效应、电磁感应等，R、L、C 这些元件区域不再单纯是能量的集中区，而会向外辐射，呈现分布特性。也就是说，在微波频段，当波长与电路的尺寸可比拟，电磁波波动性呈主流时，必须采用电磁场理论和传输线形式的分布参数电路模型去研究和设计电路，原来低频中 R、L、C 的电路功能要用微波传输线去替代。

2. 射频/微波平面电路的概念和组成

射频/微波平面电路是一种二维分布参数电路，包括平面传输线和平面谐振器、滤波器、功率分配器等各种功能电路。这类电路沿 x 轴和 y 轴方向的尺寸与波长的数量级相当，而沿 z 轴方向的尺寸（基板厚度）远小于波长。因此，若以微带为例，其电磁场在中心导体片与接地板之间的空间里振荡，其电场只有 z 轴分量（不计边缘场），磁场平行于 xy 平面，是 TM 模。

射频/微波平面电路是小型化、集成化发展的雷达、通信系统的重要组成部分。平面电路由平面传输线、有独立功能的电路芯片和一些基本元器件（如贴片电阻、电容、电感、二极管和晶体管）等组成。射频/微波平面电路的构成框图如图 1.13 所示。相对于平面传输线，功能电路图案和基本元器件就相当于不连续性网络，所以任何射频/微波平面电路都可以看作由若干平面传输线和不连续性网络构成。

射频/微波平面电路的建模在本质上是电磁场问题，最基本的方法是求解电磁场，但是在整个电路范围内求解电磁场非常繁杂，难以在工程上应用。如果把射频/微波平面电路等效为如图 1.13（a）所示的由平面传输线和不连续性网络构成的电路，用电路理论分析和设计，就把复杂的三维电磁场问题变为一维电路问题，大大降低了处理、分析问题的难度，这就是网络的方法。其实网络的方法是一种"黑箱思想"，也就是不管不连续性网络内部如何构成，统一看成一个"黑箱"（网络），如图 1.13（b）所示，通过"黑箱"（网络）各端口上激励与响应之间的关系表征"黑箱"的特性。

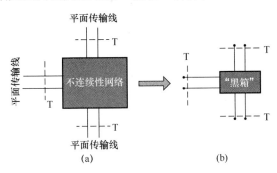

图 1.13　射频/微波平面电路的构成框图（T 是参考面）

射频/微波平面电路具有加工方便、造价低廉、体积小、重量轻、易集成等突出优点，在微波系统中具有重要的应用价值。平面电路结构类型包括微带、带状线、共面波导（CPW）、接地共面波导（GCPW/CBCPW）、槽线以及它们的变形种类和结构，如图 1.14 所示，由这些结构实现的各种功能电路都是平面电路。共面波导结构电路和接地共面波导结构电路相似，但具有不同的特性阻抗，因此是两种不同的平面电路。

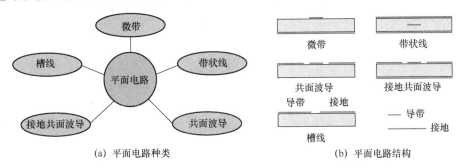

图 1.14　射频/微波平面电路种类和结构

3. 射频/微波平面系统的组成

射频/微波平面系统通常由下面几类装置组成：

平面传输线：传输电磁波的平面电路装置。

平面无源电路（passive circuit）：在不需要外加电源的条件下，只要有信号，就可以显示其特性的平面电路，也就是没有进行微波能量与其他能量（如直流）的转换的平面电路。例如，平面谐振器、平面滤波器、平面双工器、平面功率分配器等。

平面有源电路（active circuit）：产生、放大、变换微波信号和功率的平面电路装置，

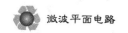

一般要将微波能量与其他能量进行转换。例如，功率放大器等。

天线：发射、接收电磁波的平面无线电装置。例如，微带天线、共面波导天线等，没有天线就没有无线通信。

由平面滤波器、天线、低噪声放大器、高功率放大器等可构成平面射频前端系统，如图 1.15 所示。发射和接收滤波器组成双工器，双工器和一个双频天线连接可以同时实现信号的发射和接收任务。为了消除由天线馈入接收机所产生的交调干扰，发射滤波器必须要有很强的滤波性能，接收滤波器用来在低噪声放大和下行变换之前滤掉带外干扰。

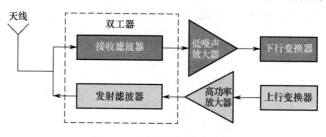

图 1.15　平面射频前端系统

第 2 章　平面电路的电磁理论基础

可以由麦克斯韦方程组推导出 TEM 波（带状线）的场分量。对于一般平面电路，如果用本征矢量把平面电路内的电磁场矢量展开，再用麦克斯韦方程组确定展开系数，就可以用集总参数等效电路表示平面电路，从而将场和路统一起来。

2.1　麦克斯韦方程组及带状线场方程的导出

1864 年，詹姆斯·克拉克·麦克斯韦（James Clerk Maxwell）发表了著名的麦克斯韦方程组，描述了宏观电磁现象的基本规律，从理论上预测了电磁波的存在。后来赫维赛德（Heaviside）和赫兹（Hertz）将麦克斯韦方程组整理成现代的形式：

$$\text{微分形式：}\begin{cases} \nabla \times \boldsymbol{H} = \boldsymbol{J} + \dfrac{\partial \boldsymbol{D}}{\partial t} \\[4pt] \nabla \times \boldsymbol{E} = -\dfrac{\partial \boldsymbol{B}}{\partial t} \\[4pt] \nabla \cdot \boldsymbol{D} = \rho \\[4pt] \nabla \cdot \boldsymbol{B} = 0 \\[4pt] \nabla \cdot \boldsymbol{J} = -\dfrac{\partial \rho}{\partial t} \end{cases} \qquad \text{积分形式：}\begin{cases} \oint_l \boldsymbol{H} \cdot \mathrm{d}\boldsymbol{l} = \int_s \left(\boldsymbol{J} + \dfrac{\partial \boldsymbol{D}}{\partial t} \right) \cdot \mathrm{d}\boldsymbol{s} \\[4pt] \oint_l \boldsymbol{E} \cdot \mathrm{d}\boldsymbol{l} = -\int_s \dfrac{\partial \boldsymbol{B}}{\partial t} \cdot \mathrm{d}\boldsymbol{s} \\[4pt] \oint_s \boldsymbol{D} \cdot \mathrm{d}\boldsymbol{s} = \int_V \rho \cdot \mathrm{d}V \\[4pt] \oint_s \boldsymbol{B} \cdot \mathrm{d}\boldsymbol{s} = 0 \\[4pt] \oint_s \boldsymbol{J} \cdot \mathrm{d}\boldsymbol{s} = -\int_V \dfrac{\partial \rho}{\partial t} \cdot \mathrm{d}V \end{cases} \tag{2.1}$$

在麦克斯韦的原著中，$\nabla \times \boldsymbol{E}$ 表达式中原本是含有磁流密度 $\boldsymbol{M}$ 的，只是迄今一直没发现这个物理量，因此很多资料就将该物理量忽略掉了。为表征电磁场作用下的媒质宏观电磁特性，媒质本构方程为

$$\begin{cases} \boldsymbol{D} = \varepsilon \boldsymbol{E}, \quad \varepsilon = \varepsilon_0 \varepsilon_{\mathrm{r}} \\[4pt] \boldsymbol{B} = \mu \boldsymbol{H}, \quad \mu = \mu_0 \mu_{\mathrm{r}} \\[4pt] \boldsymbol{J} = \sigma \boldsymbol{E} \end{cases} \tag{2.2}$$

式中，$\boldsymbol{E}$ 是电场强度（单位为 V/m），$\boldsymbol{H}$ 是磁场强度（单位为 A/m），$\boldsymbol{D}$ 是电位移矢量（单位为 C/m^2），$\boldsymbol{B}$ 是磁感应强度（单位为 T），$\boldsymbol{J}$ 是电流密度（单位为 A/m^2），ρ 是电荷密度（单位为 C/m^3），ε_0 是真空中的介电常数，μ_0 是真空中的磁导率，ε_{r} 和 μ_{r} 是媒质的相对介电常数和相对磁导率。

在图 2.1 所示的两种媒质分界面中，场量需满足如下边界条件：

$$\begin{cases} \boldsymbol{n} \times (\boldsymbol{E}_1 - \boldsymbol{E}_2) = 0 \\[4pt] \boldsymbol{n} \times (\boldsymbol{H}_1 - \boldsymbol{H}_2) = \boldsymbol{J}_{\mathrm{s}} \\[4pt] \boldsymbol{n} \cdot (\boldsymbol{D}_1 - \boldsymbol{D}_2) = \rho_{\mathrm{s}} \\[4pt] \boldsymbol{n} \cdot (\boldsymbol{B}_1 - \boldsymbol{B}_2) = 0 \end{cases} \tag{2.3}$$

式中，E_1、H_1 为媒质 1 一侧的场量，E_2、H_2 为媒质 2 一侧的场量，n 为分界面上的外法向单位矢量，方向是媒质 1 指向媒质 2；J_s 为分界面上的面电流密度；ρ_s 为面电荷密度。从两种媒质间电磁场的边值关系可知，在两种不同媒质分界面上，电场强度 E 的切向分量和磁感应强度 B 的法向分量总是连续的；而磁场强度 H 的切向分量和电位移矢量 D 的法向分量发生突变，突变量分别是分界面上的面电流密度 J_s 和面电荷密度 ρ_s。

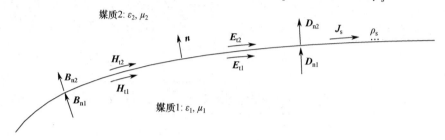

图 2.1　两媒质之间的分界面

对于频率为 ω，沿传输线 +z 轴方向传播的电磁波，其电场和磁场的一般表达式为

$$E(x,y,z,t) = E\mathrm{e}^{\mathrm{j}\omega t} = E_0(x,y)\mathrm{e}^{\mathrm{j}(\omega t - \beta z)} \tag{2.4a}$$

$$H(x,y,z,t) = H\mathrm{e}^{\mathrm{j}\omega t} = H_0(x,y)\mathrm{e}^{\mathrm{j}(\omega t - \beta z)} \tag{2.4b}$$

如果场源为零，即 $J = 0$，$\rho = 0$，则麦克斯韦方程组变为

$$\begin{cases} \nabla \times H = \dfrac{\partial D}{\partial t} = \mathrm{j}\omega\varepsilon E \\[2mm] \nabla \times E = -\dfrac{\partial B}{\partial t} = -\mathrm{j}\omega\mu H \\[2mm] \nabla \cdot D = 0 \\[2mm] \nabla \cdot B = 0 \end{cases} \tag{2.5}$$

对方程组（2.5）的前两个等式两边分别取旋度，并利用矢量恒等式 $\nabla \times \nabla \times A = \nabla(\nabla \cdot A) - \nabla^2 A$，以及方程组（2.5）的后两个等式，可得：

$$\left(\nabla^2 - \mu\varepsilon\dfrac{\partial^2}{\partial t^2}\right)\begin{bmatrix} E \\ H \end{bmatrix} = 0 \tag{2.6}$$

∇^2 是三维拉普拉斯算子。考虑时间相位因子 $\mathrm{e}^{\mathrm{j}(\omega t - \beta z)}$，则 $\dfrac{\partial^2}{\partial t^2} = -\omega^2 \mathrm{e}^{\mathrm{j}(\omega t - \beta z)}$，则式（2.6）可表示为

$$(\nabla^2 + \mu\varepsilon\omega^2)\begin{bmatrix} E \\ H \end{bmatrix} = 0 \tag{2.7}$$

由此得到矢量波动方程（矢量亥姆霍兹方程）：

$$\nabla^2 E + k^2 E = 0 \tag{2.8a}$$

$$\nabla^2 H + k^2 H = 0 \tag{2.8b}$$

其中，k 为波数，$k = \omega\sqrt{\varepsilon\mu}$，$k^2 = \omega^2\varepsilon\mu$。矢量波动方程对于电位移矢量 D 和磁感应强度 B 也是成立的。波数和截止波数、传播常数的关系可表示为

$$k^2 = k_c^2 - \gamma^2 \tag{2.9}$$

式中，k_c 表示截止波数，γ 为传播常数。$\gamma = \alpha + \mathrm{j}\beta$，$\alpha$ 是衰减因子，β 是相移常数。在无耗的情况下 $\alpha = 0$，$\gamma = \mathrm{j}\beta$，则

$$k^2 = k_c^2 + \beta^2 \tag{2.10}$$

将三维拉普拉斯算子 ∇^2 在直角坐标系下分解为横向二维拉普拉斯算子 ∇_t^2 与纵向一维拉普拉斯算子 ∇_z^2，即 $\nabla^2 = \nabla_t^2 + \nabla_z^2$，结合式（2.4）并省略掉 $\mathrm{e}^{\mathrm{j}\omega t}$，则有

$$\nabla^2 \boldsymbol{E} = (\nabla_t^2 + \nabla_z^2)\boldsymbol{E} = \nabla_t^2 \boldsymbol{E}_0 - \beta^2 \boldsymbol{E}_0 \tag{2.11}$$

此时矢量亥姆霍兹方程演化为

$$\nabla_t^2 \boldsymbol{E}_0 + (k^2 - \beta^2)\boldsymbol{E}_0 = 0 \tag{2.12a}$$

$$\nabla_t^2 \boldsymbol{H}_0 + (k^2 - \beta^2)\boldsymbol{H}_0 = 0 \tag{2.12b}$$

对于 TEM 波，有 $E_{0z}=0$，$H_{0z}=0$，则由场源为零情况下的麦克斯韦方程 $\nabla \times \boldsymbol{E} = -\mathrm{j}\omega\mu\boldsymbol{H}$，$\nabla \times \boldsymbol{H} = \mathrm{j}\omega\varepsilon\boldsymbol{E}$，可得：

$$\begin{cases} -\mathrm{j}\beta E_x = -\mathrm{j}\omega\mu H_y \\ \mathrm{j}\beta H_y = \mathrm{j}\omega\varepsilon E_x \end{cases}, \quad \begin{cases} \mathrm{j}\beta E_y = -\mathrm{j}\omega\mu H_x \\ -\mathrm{j}\beta H_x = \mathrm{j}\omega\varepsilon E_y \end{cases} \tag{2.13}$$

由此可得传播常数与波数之间的关系为

$$\beta^2 = \omega^2\varepsilon\mu = k^2 \Rightarrow \beta = k \tag{2.14}$$

也就是说，TEM 波的波数等于相移常数。根据式（2.12），TEM 波的场的横向分量满足

$$\nabla_t^2 \boldsymbol{E}_0 = 0, \qquad \nabla_t^2 \boldsymbol{H}_0 = 0 \tag{2.15}$$

TEM 波只能存在于那些允许二维静电场存在的系统中，对平面传输线来说，带状线是典型的 TEM 波传输线。TEM 波的相速度（也称相速）为

$$v_p = \frac{\omega}{\beta} = \frac{1}{\sqrt{\varepsilon\mu}} \tag{2.16}$$

TEM 波的波阻抗为

$$Z_{\text{TEM}} = \frac{E_x}{H_y} = \frac{\omega\mu}{\beta} = \sqrt{\frac{\mu}{\varepsilon}} \tag{2.17}$$

微带、共面波导等平面传输线由于结构的不均匀性，传输准 TEM 波。微带、共面波导等平面传输线将在本书第 3 章介绍。

2.2 平面电路的电磁场展开

平面电路可以分为短路边界平面电路和开路边界平面电路[1]。通常的平面电路比如微带、带状线等都是开路边界平面电路；短路边界平面电路是厚度非常薄的腔体电路，除了端口以外的边界都是电壁，侧壁金属封闭的 CBCPW（具有地平面的共面波导）、侧壁金属封闭的带状线可近似看作短路边界平面电路。在实际平面电路设计中，侧壁金属封闭可以防止电磁泄漏甚至能使腔内电磁场更强，其他方面和一般平面电路没有明显区别，因此这里主要介绍开路边界平面电路的电磁场展开。用本征矢量把平面电路内的电磁场矢量展开，再借助麦克斯韦方程组确定展开系数。

无论是开路边界平面电路还是短路边界平面电路，其电路结构在 z 轴方向上都非常薄，因此可以认为电磁场在 z 轴方向是均匀的。平面电路通常被上下导体夹起来，所以不存在 z

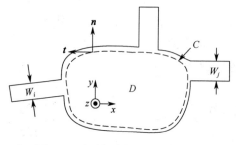

图 2.2　平面电路的一般分析模型

轴方向的磁场，即 $H_z = 0$，从而 E_x、E_y 也是零，这样平面电路就可看成是电场、磁场分别为 $\boldsymbol{E} = (0,0,E_z)$ 和 $\boldsymbol{H} = (H_x, H_y, 0)$ 的一种空腔谐振器，空腔谐振器的一般理论就能应用于平面电路。开路边界平面电路侧壁都可以作为磁壁处理。平面电路的一般分析模型如图 2.2 所示。其中，C 是开路边界，D 为电路区域，$\boldsymbol{t}$ 是切向单位矢量，$\boldsymbol{n}$ 是外法向单位矢量，电路有多个端口，其宽度为 W_i、W_j……

通常，矢量场可用散度为零的环流场和旋度恒为零的梯度场来表示。若把平面电路内的电磁场矢量场用环流场和梯度场展开，则可表示为[1]

$$\boldsymbol{E} = \sum_a e_a \boldsymbol{E}_{za} + \sum_v f_v \boldsymbol{F}_{zv} \tag{2.18a}$$

$$\boldsymbol{H} = \sum_a h_a \boldsymbol{H}_a + \sum_\lambda g_\lambda \boldsymbol{G}_\lambda \tag{2.18b}$$

其中，$\boldsymbol{E}_{za}$ 和 $\boldsymbol{F}_{zv}$ 为 z 轴方向电场的本征矢量，$\boldsymbol{H}_a$ 和 $\boldsymbol{G}_\lambda$ 为 x-y 平面上磁场的本征矢量，e_a、f_v、h_a 和 g_λ 都是展开系数。$\boldsymbol{E}_{za}$、$\boldsymbol{H}_a$ 表示环流场，$\boldsymbol{F}_{zv}$、$\boldsymbol{G}_\lambda$ 表示梯度场，它们分别满足：

$$\nabla \cdot \boldsymbol{E}_{za} = 0 \tag{2.19a}$$

$$\nabla \times \boldsymbol{E}_{za} = k_a \boldsymbol{H}_a \tag{2.19b}$$

$$\nabla \cdot \boldsymbol{H}_a = 0 \tag{2.19c}$$

$$\nabla \times \boldsymbol{H}_a = k_a \boldsymbol{E}_{za} \tag{2.19d}$$

$$\nabla \times \boldsymbol{F}_{zv} = 0 \tag{2.19e}$$

$$\nabla \times \boldsymbol{G}_\lambda = 0 \tag{2.19f}$$

根据式（2.19a）～式（2.19d），环流场本征矢量在开路边界条件下，满足[1]

$$\nabla^2 \boldsymbol{E}_{za} + k_a^2 \boldsymbol{E}_{za} = 0 \quad （在 D 内）$$

$$\nabla^2 \boldsymbol{H}_a + k_a^2 \boldsymbol{H}_a = 0 \quad （在 D 内） \tag{2.20}$$

$$\boldsymbol{n} \times \boldsymbol{H}_a = 0 \quad （在 C 内）$$

在短路边界条件下，满足

$$\nabla^2 \boldsymbol{E}_{za} + k_a^2 \boldsymbol{E}_{za} = 0 \quad （在 D 内）$$

$$\nabla^2 \boldsymbol{H}_a + k_a^2 \boldsymbol{H}_a = 0 \quad （在 D 内） \tag{2.21}$$

$$\boldsymbol{n} \cdot \boldsymbol{H}_a = 0, \boldsymbol{E}_{za} = 0 \quad （在 C 内）$$

梯度场的本征矢量因为其旋度为零所以可用某一标量的梯度来表示。这些本征矢量是满足下列正交条件并且按归一化定义的矢量：

$$\iint_D \boldsymbol{E}_{zb} \cdot \boldsymbol{E}_{za} \mathrm{d}s = \delta_{ab}, \quad \iint_D \boldsymbol{H}_b \cdot \boldsymbol{H}_a \mathrm{d}s = \delta_{ab} \tag{2.22}$$

式（2.22）中的积分域 D 表示在图 2.2 中平面电路的整个区域上进行面积分。

各向同性媒质中的电磁场满足下列麦克斯韦方程：

$$\nabla \times \boldsymbol{H} = \mathrm{j}\omega\varepsilon\boldsymbol{E} \tag{2.23a}$$

$$\nabla \times \boldsymbol{E} = -\mathrm{j}\omega\mu\boldsymbol{H} \tag{2.23b}$$

将式（2.23b）乘以 $\boldsymbol{H}_a$ 并在 D 上进行面积分，可得

$$
\begin{aligned}
-\mathrm{j}\omega\mu h_a &= \iint_D \nabla \times \boldsymbol{E} \cdot \boldsymbol{H}_a \mathrm{d}s \\
&= \oint_C \boldsymbol{E} \times \boldsymbol{H}_a \cdot \boldsymbol{n}\mathrm{d}s + \iint_D \boldsymbol{E} \cdot \nabla \times \boldsymbol{H}_a \mathrm{d}s \\
&= \oint_C (\boldsymbol{n} \times \boldsymbol{E}) \cdot \boldsymbol{H}_a \mathrm{d}s + k_a e_a
\end{aligned}
\tag{2.24}
$$

再将式（2.23a）乘以 $\boldsymbol{E}_{za}$ 并在 D 上进行面积分，可得

$$\mathrm{j}\omega\varepsilon e_a = \oint_C (\boldsymbol{n} \times \boldsymbol{H}) \cdot \boldsymbol{E}_{za} \mathrm{d}s + k_a h_a \tag{2.25}$$

将式（2.23b）乘以 $\boldsymbol{G}_\lambda$，进行同样的积分运算，并考虑到 $\nabla \times \boldsymbol{G}_\lambda = 0$，则得

$$-\mathrm{j}\omega\mu g_\lambda = \oint_C (\boldsymbol{n} \times \boldsymbol{E}) \cdot \boldsymbol{G}_\lambda \mathrm{d}s \tag{2.26}$$

再将式（2.23a）乘以 $\boldsymbol{F}_{zv}$，进行同样的积分运算，并考虑到 $\nabla \times \boldsymbol{F}_{zv} = 0$，则得

$$\mathrm{j}\omega\varepsilon f_v = \oint_C (\boldsymbol{n} \times \boldsymbol{H}) \cdot \boldsymbol{F}_{zv} \mathrm{d}s \tag{2.27}$$

由式（2.24）～式（2.27）可确定满足式（2.18a）和式（2.18b）的展开系数：

$$
\begin{aligned}
e_a &= \iint_D \boldsymbol{E}_{za} \cdot \boldsymbol{E}\mathrm{d}s, & h_a &= \iint_D \boldsymbol{H}_a \cdot \boldsymbol{H}\mathrm{d}s \\
f_v &= \iint_D \boldsymbol{F}_{zv} \cdot \boldsymbol{E}\mathrm{d}s, & g_\lambda &= \iint_D \boldsymbol{G}_\lambda \cdot \boldsymbol{H}\mathrm{d}s
\end{aligned}
\tag{2.28}
$$

在开路边界条件下，把除端口以外的边界都假定为磁壁，因此，展开电磁场的本征矢量也选择在边界上满足开路边界条件的矢量：

$$\boldsymbol{E}_{za} = \varphi_a(x,y)\boldsymbol{i}_z, \quad \boldsymbol{F}_{z0} = \frac{1}{\sqrt{S}}\boldsymbol{i}_z \tag{2.29}$$

式中，$\boldsymbol{i}_z$ 是 z 轴方向的单位矢量，S 是区域 D 的面积。因为 $\boldsymbol{F}_{z0}$ 是梯度场，所以可用标量 f 表示成 $\boldsymbol{F}_{z0} = \nabla f$。$\boldsymbol{F}_{z0}$ 是 z 轴方向的矢量，若考虑到电磁场在 z 轴方向是均匀的，显然有 $f(z) = z/\sqrt{S} + K$（K 为常数）。

$$\boldsymbol{H}_a = \frac{\nabla \varphi_a \times \boldsymbol{i}_z}{k_a}(k_a \neq 0), \quad \boldsymbol{G}_\lambda = \frac{\nabla \psi_\lambda}{k_\lambda}(k_\lambda \neq 0) \tag{2.30}$$

式中，φ_a 和 ψ_λ 是本征函数。φ_a 满足 $\nabla^2\varphi_a + k_a^2\varphi_a = 0$（在 D 内），$\partial\varphi_a/\partial n = 0$（在 C 上），并且

$$\iint_D \varphi_a^2 \mathrm{d}s = 1 \tag{2.31}$$

由

$$\iint_D \boldsymbol{E}_{za} \cdot \boldsymbol{E}_{za}\mathrm{d}s = \iint_D \varphi_a^2 \mathrm{d}s = 1 \tag{2.32a}$$

$$\iint_D \boldsymbol{H}_a \cdot \boldsymbol{H}_a\mathrm{d}s = \iint_D \left\{ \left[\left(\frac{\partial\varphi_a}{\partial x} \right)^2 + \left(\frac{\partial\varphi_a}{\partial y} \right)^2 \right] \middle/ k_a^2 \right\}\mathrm{d}s = \iint_D \varphi_a^2 \mathrm{d}s = 1 \tag{2.32b}$$

可以证明，$\boldsymbol{E}_{za}$、$\boldsymbol{H}_a$ 可以同时归一化。

ψ_λ 满足 $\nabla^2\psi_\lambda + k_\lambda^2\varphi_\lambda = 0$（在 D 内），$\psi_\lambda = 0$（在 C 上），并且

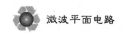

$$\iint_D \psi_\lambda^2 \mathrm{d}s = 1 \tag{2.33}$$

选择上述本征矢量，再考虑开路边界的边界条件，则式（2.24）和式（2.26）可简化为

$$k_a e_a = -\mathrm{j}\omega\mu h_a \tag{2.34}$$

$$g_\lambda = 0 \tag{2.35}$$

可见，磁场的梯度场在开路边界平面电路中是不存在的。

由式（2.34）和式（2.25）可求出展开系数 e_a 和 h_a，而 f_v 和 g_λ 可由式（2.35）和式（2.27）给出。把求得的展开系数代入式（2.18a）和式（2.18b），则平面电路内的电磁场可表示为

$$\boldsymbol{E} = \sum_a \left[\frac{\mathrm{j}\omega\mu}{k_a^2 - k^2} \int_C \boldsymbol{E}_{za} \cdot (\boldsymbol{n} \times \boldsymbol{H}) \mathrm{d}s \right] \boldsymbol{E}_{za} + \frac{1}{\mathrm{j}\omega\mu} \left[\int_C \boldsymbol{F}_{z0} \cdot (\boldsymbol{n} \times \boldsymbol{H}) \mathrm{d}s \right] \boldsymbol{F}_{z0}$$

$$= \sum_a \frac{\mathrm{j}\omega\mu}{k_a^2 - k^2} \left[\int_C -i_n(s)\varphi_a(s)\mathrm{d}s \right] \varphi_a \boldsymbol{i}_z + \frac{1}{\mathrm{j}\omega\varepsilon S} \left[\int_C -i_n(s)\mathrm{d}s \right] \boldsymbol{i}_z \tag{2.36}$$

$$\boldsymbol{H} = \sum_a \left[\frac{k_a}{k_a^2 - k^2} \int_C \boldsymbol{E}_{za} \cdot (\boldsymbol{n} \times \boldsymbol{H}) \mathrm{d}s \right] \boldsymbol{H}_a = \sum_a \frac{k_a}{k_a^2 - k^2} \left[\int_C -i_n(s)\varphi_a(s)\mathrm{d}s \right] \nabla\varphi_a \times \boldsymbol{i}_z \tag{2.37}$$

这里，$k^2 = \omega^2\varepsilon\mu$，$k_a^2 = \omega_a^2\varepsilon\mu$，$i_n$ 表示从端口流出的电流密度，$-i_n$ 表示从端口流入的电流密度，在平面电路中激励起来的电磁场如式（2.36）和式（2.37）所示。

根据式（2.36），端口 i 上的电场 $\boldsymbol{E}(s_i) = E_z(s_i)\boldsymbol{i}_z$ 可由式（2.38）给出：

$$E_z(s_i) = \int_C \left\{ \sum_a \frac{\mathrm{j}\omega\mu}{k_a^2 - k^2} \varphi_a(s)\varphi_a(s_i) + \frac{1}{\mathrm{j}\omega\varepsilon S} \right\} [-i_n(s)]\mathrm{d}s \tag{2.38}$$

如果用带线的本征模 $E_{im}(s_i)$ 把端口 i 处的电场和电流密度展开，则可表示成

$$E_z(s_i) = \sum_{m=0}^{\infty} \frac{V_{im}}{d} E_{im}(s_i) \tag{2.39}$$

$$-i_n(s_i) = \sum_{m=0}^{\infty} \frac{I_{im}}{W_i} E_{im}(s_i) \tag{2.40}$$

其中，d 是基板厚度，端口 i 的第 m 个模的特性阻抗 Z_{im} 可表示为

$$Z_{im} = \omega\mu d / \left[2\sqrt{k^2 - (m\pi/W_i)^2} W_i \right] \tag{2.41}$$

此外，再把本征模的振幅按式（2.42）归一化：

$$\int_{W_i} E_{im}E_{in}\mathrm{d}s = W_i\delta_{mn} \tag{2.42}$$

由端口 i 流入的功率按 $\mathrm{Re}\left\{ \int_{W_i} \boldsymbol{E} \times \boldsymbol{H}^* \cdot (-\boldsymbol{n})\mathrm{d}s_i \right\} \times d = \mathrm{Re}\left\{ \sum_{m=0}^{\infty} V_{im}I_{im}^* \right\}$ 归一化。

将式（2.39）和式（2.40）代入式（2.38），求以端口 i 的第 m 个模的电压振幅 V_{im} 和端口 j 的第 n 个模的电流振幅 I_{jn} 的 2 倍（考虑正反两面）之比定义的阻抗矩阵元素 $Z_{im|jn}$，可得[1]：

$$Z_{im|jn} = \frac{V_{im}}{2I_{jn}} = \frac{1}{2W_iW_j} \int_{W_i}\int_{W_j} \left[\sum_a \frac{\mathrm{j}\omega\mu}{k_a^2 - k^2} \varphi_a(s_i)\varphi_a(s_j) + \frac{d}{\mathrm{j}\omega\varepsilon S} \right] E_{jn}E_{im}\mathrm{d}s_j\mathrm{d}s_i \tag{2.43}$$

当 $m = 0$，$n = 0$ 时，即当传输 TEM 波时，$E_{jn} = E_{im} = 1$，式（2.43）变为

$$Z_{ij} = \sum_a \frac{j\omega\mu d}{2W_i W_j} \int_{W_i} \int_{W_j} \frac{\varphi_a(s_i)\varphi_a(s_j)}{k_a^2 - k^2} ds_j ds_i + \frac{d}{2j\omega\varepsilon S} \tag{2.44}$$

假定电路无损耗，令

$$C_n = \frac{2\varepsilon S}{d}, \quad L_n = \frac{d}{2\omega_a^2 \varepsilon S}, \quad C_0 = \frac{2\varepsilon S}{d} \tag{2.45}$$

$$N_{ni} = \frac{\sqrt{S}}{W_i} \int_{W_i} \varphi_a(s_i) ds_i, \quad N_{nj} = \frac{\sqrt{S}}{W_j} \int_{W_j} \varphi_a(s_j) ds_j \tag{2.46}$$

其中，S 是区域 D 的面积，$\omega_a = \omega_n$，N_{ni} 和 N_{nj} 是理想变压器的变压比，Z_{ij} 可表示为

$$Z_{ij} = \sum_{n=1}^{\infty} \frac{N_{ni} N_{nj}}{j\omega C_n + 1/(j\omega L_n)} + \frac{1}{j\omega C_0} \tag{2.47}$$

在电路有损耗的情况下，式（2.47）中将含有电导成分，可修改为

$$Z_{ij} = \sum_{n=1}^{\infty} \frac{N_{ni} N_{nj}}{j\omega C_n + 1/(j\omega L_n) + G_n} + \frac{1}{j\omega C_0 + G_0} \tag{2.48}$$

式中，G_0 与介质的损耗角正切成正比，G_n 与各个模的无载 Q 值（Q_{0n}）成反比，分别表示为

$$G_0 = C_0 \tan\delta, \quad G_n = \omega_n C_n / Q_{0n} \tag{2.49}$$

多端口平面电路的集总参数等效电路如图 2.3 所示。等效电路中的并联谐振回路对应于式（2.48）等号右边的第一项，由上述推导过程可知，它是由电磁场矢量的环流场产生的。等效电路中的静电容 C_0 对应于式（2.48）等号右边的第二项，C_0 是由电场矢量的梯度场产生的，其大小由平面电路的面积决定。

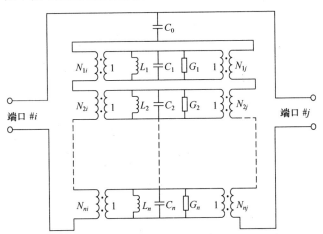

图 2.3　多端口平面电路的集总参数等效电路

2.3　麦克斯韦的贡献

詹姆斯·克拉克·麦克斯韦（James Clerk Maxwell）是英国物理学家，数学家，经典

电动力学创始人，1831 年（这一年法拉第发现电磁感应现象）出生于苏格兰爱丁堡，1879 年（这一年爱因斯坦诞生）卒于剑桥。图 2.4 所示是位于苏格兰爱丁堡的麦克斯韦雕像。麦克斯韦自幼聪明好学，酷爱科学研究，他治学严谨，有一股为科学奋斗不息的精神。1846 年，只有 15 岁的麦克斯韦就写出了一篇论文，并获准在爱丁堡的皇家学会上宣读。1847 年，麦克斯韦进入苏格兰的最高学府爱丁堡大学学习，他用 3 年时间就学习完 4 年的课程。为了进一步深造，麦克斯韦于 1850 年离开爱丁堡，到剑桥大学继续求学，在这里，他开始进行法拉第的力线的研究工作。1871 年起，麦克斯韦着手筹建卡文迪许实验室，为创建该实验室花费了很大的精力。这个实验室在以后的几十年中成为了世界上少数几个著名的科学研究中心之一，培养了许多像卢瑟福和布拉格这样曾经获得诺贝尔物理学奖的杰出科学家。

图 2.4　爱丁堡的麦克斯韦雕像

麦克斯韦一生中最重要的贡献就是建立了麦克斯韦方程组，这个方程组在电磁学中的地位可比拟甚至超越牛顿定律在力学中的地位。麦克斯韦关于电磁理论的研究大致可以分为 4 个阶段[2]：

（1）1855 年，麦克斯韦在剑桥哲学会上宣读一篇长文《论法拉第的力线》（*On Faraday's Lines of Force*）。在这篇论文中，麦克斯韦采用场论的语言，阐明了法拉第力线的意义，使法拉第的力线观念精确化、定量化。

（2）1862 年，麦克斯韦在英国的《哲学杂志》上发表了第 2 篇关于电磁理论方面的论文，题为《论物理力线》（*On Physical Lines of Force*）。在此研究中他提出了位移电流概念，为建立普遍电磁理论跨出了关键的一步。

（3）1865 年，麦克斯韦发表了著名的论文《电磁场的动力学理论》（*A Dynamical Theory of Electromagnetic Field*）。这标志了麦克斯韦电磁理论的正式诞生。在这篇论文中，麦克斯韦总结了前人和他自己关于电磁理论方面的研究成果，成功地统一了电磁现象，建立了麦克斯韦方程组，并预言了电磁波的存在，指出光也是一种电磁波。这篇论文曾于 1864 年在伦敦皇家学会上宣读过。

（4）1873 年，麦克斯韦公开出版了电磁场理论的经典著作《电磁通论》（*Treatise on Electricity and Magnetism*）。在这套两卷本的著作中，麦克斯韦系统地总结了关于电磁现象的知识，其中有库仑、奥斯特、安培以及法拉第等人的开山之功，也有他本人创造性的成果。其中"电磁现象的动力学理论"和"光的电磁理论"这两章内容主要是他自己研究成果的总结。

麦克斯韦方程组的贡献（见图 2.5）：

（1）完整地反映和概括了电磁场的运动规律，能推断和解释一切电磁现象，完美地用数学公式表达了变化的电场产生磁场、变化的磁场产生电场、运动的电荷产生电流的物理概念。参与磁场形成的不仅有变化的电场，而且有电荷运动形成的电流。

（2）预言了光的电磁本性，将光学和电磁学统一起来。

（3）电磁场是最简单的规范场，蕴藏着完美的对称结构——时空对称、电磁对称，为相对论的产生提供了雏形。

（4）为无线电技术提供了理论依据，它在技术上的应用促进了电子技术的高度发展，可以说一切无线电技术包括卫星通信、雷达、深空探测等都是麦克斯韦方程组的应用。

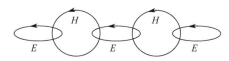

图 2.5　麦克斯韦方程组的贡献

麦克斯韦理论是爱因斯坦相对论的模板，是量子力学的模板，是将场和粒子统一起来的理论，是粒子物理的标准模型。所有这些理论都是基于麦克斯韦在 1865 年所引入的动态场这个概念之上的。爱因斯坦建立了相对论之后，人们发现在高速运动下牛顿定律必须修改，但麦克斯韦方程不必修改。建立了量子理论之后，人们又发现微观领域中牛顿定律不再适用，而麦克斯韦方程组却仍然正确。当我们回顾一百多年电磁学发展的历史时，不能不对麦克斯韦的巨大成就惊叹不已！正如爱因斯坦的评价所说："这个理论从超距作用过渡到以场为基本量，以致成为一个革命的理论。"

参 考 文 献

[1] 大越孝敬，三好旦六. 平面电路[M]. 王积勤，杨逢春，译. 北京：科学出版社，1982.

[2] 徐在新，宓子宏. 从法拉第到麦克斯韦[M]. 北京：科学出版社，1992.

第3章 平面传输线

平面传输线包括微带、带状线、共面波导和共面带线、槽线等，在微波（毫米波）电路和系统（如雷达、无线通信系统、可穿戴装备）等诸多领域具有广泛应用。使用平面传输线的平面电路，其特点是体积小，重量轻，便于设计微波（毫米波）元件，便于加工，便于与微波集成电路连接。主要缺点是 Q 值较低，难以承受较大功率。

3.1 微 带

微带是由双导线演化而成的，如图 3.1 所示。在微带介质基片顶部有一个宽为 W、厚度为 t 的导带，介质基片的厚度为 h，相对介电常数为 ε_r，介质基片底部由接地面覆盖。微带主模的电磁场分布如图 3.2 所示。因为微带接地的金属表面仅覆盖介质基片的一面，因此电力线与磁力线位于两个电介质区，一个是带状实体和接地板之间的区域，另一个是介质板上面的空气介质区域，也就是说微带结构是不均匀的。电磁波不能沿微带传输纯的 TEM 波，因为在这两个区域的相速度是不同的。但是，在准静态近似情况下，只要介质基片的厚度与波形相比足够小，给出的结果就是足够准确的，也就可以得到电特性的解析表达式。

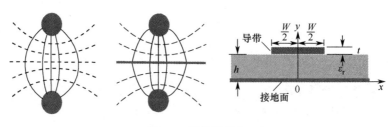

图 3.1 微带的演化

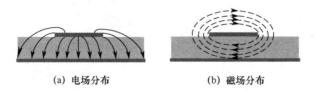

(a) 电场分布　　　　　　　　(b) 磁场分布

图 3.2 微带主模的电磁场分布

3.1.1 微带的模式和特性

1. 微带结构的电磁场理论分析

根据图 3.1 中的微带结构，在 $y=h$、$|x|>W/2$ 的介质-空气分界处必须满足电磁场的边界条件。

切向电场：

$$E_{z1} = E_{z2}, \quad E_{x1} = E_{x2} \tag{3.1a}$$

法向电场：

$$\varepsilon_{r} E_{y1} = E_{y2} \tag{3.1b}$$

切向磁场：

$$H_{x1} = H_{x2}, \quad H_{z1} = H_{z2} \tag{3.1c}$$

法向磁场：

$$H_{y1} = H_{y2} \quad (\mu_{r} = 1) \tag{3.1d}$$

其中，介质一侧的场量用下标"1"表示，空气一侧的场量用下标"2"表示。分界面两侧的电磁场当然都必须满足麦克斯韦方程。

介质中：

$$\nabla \times \boldsymbol{H}_{1} = j\omega\varepsilon_{0}\varepsilon_{r}\boldsymbol{E}_{1} \tag{3.2a}$$

空气中：

$$\nabla \times \boldsymbol{H}_{2} = j\omega\varepsilon_{0}\boldsymbol{E}_{2} \tag{3.2b}$$

分别对式（3.2a）和（3.2b）两边取 x 轴分量，可得：

$$\left(\frac{\partial H_{z1}}{\partial y}\right) - \left(\frac{\partial H_{y1}}{\partial z}\right) = j\omega\varepsilon_{0}\varepsilon_{r}E_{x1} \tag{3.3a}$$

$$\left(\frac{\partial H_{z2}}{\partial y}\right) - \left(\frac{\partial H_{y2}}{\partial z}\right) = j\omega\varepsilon_{0}E_{x2} \tag{3.3b}$$

在分界面上利用边界条件（3.1a）可得：

$$\left(\frac{\partial H_{z1}}{\partial y}\right) - \left(\frac{\partial H_{y1}}{\partial z}\right) = \varepsilon_{r}\left[\left(\frac{\partial H_{z2}}{\partial y}\right) - \left(\frac{\partial H_{y2}}{\partial z}\right)\right] \tag{3.4}$$

再利用边界条件（3.1d），并注意到对于相位常数为 β 的单模导行波，有

$$\frac{\partial H_{y2}}{\partial z} = \pm j\beta H_{y2} \tag{3.5a}$$

$$\frac{\partial H_{y1}}{\partial z} = \pm j\beta H_{y1} = \pm j\beta H_{y2} \tag{3.5b}$$

把这些关系式代入式（3.2），整理后可得：

$$\left(\frac{\partial H_{z1}}{\partial y}\right) - \varepsilon_{r}\left(\frac{\partial H_{z2}}{\partial y}\right) = \pm j\beta(\varepsilon_{r} - 1)H_{y2} \tag{3.6}$$

这是介质界面两侧的磁场必须满足的关系。由于在介质-空气分界面上，垂直于界面的磁场分量 H_{y} 不可能处处为零，而且介质侧的 $\varepsilon_{r} > 1$，故式（3.6）中等号右边不等于零。由此可知等号左边也不为零，这就证明了必定有磁场的纵向分量存在。

同理可得：

$$\left(\frac{\partial E_{z1}}{\partial y}\right) - \left(\frac{\partial E_{z2}}{\partial y}\right) = \pm j\beta\left(1 - \frac{1}{\varepsilon_{r}}\right)E_{y2} \tag{3.7}$$

因此，只要垂直于界面的电场分量 E_{y} 不处处为零，则必定存在电场的纵向分量。

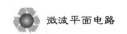

这样就一般性地证明了微带中的任何导行波必定有纵向场分量。换句话说，纯的 TEM 波是不可能在微带中单独存在的。由以上分析可以看出，微带结构的非 TEM 性质，是由介质-空气分界面处的边缘场分量 E_x 和 H_x 引起的。与导带下面介质基片中的场量相比，这些边缘场分量很小，所以微带主模的特性与 TEM 模相差很小，称之为准 TEM 模。

微带中这种类似 TEM 的主模实际上是一种混合模，是有色散的[1]。不过在较低微波频率下，微带基片厚度 h 远小于微带波长，微带中的大部分能量集中在中心导体下面的介质基片内，而此区域内的纵向场量 H_z、E_z 比较弱，因此可将这种模式近似看成 TEM 模。所以微带主模的电磁场分布一般只画其横截面上的分布（参见图 3.2），而将主模中存在的纵向场量 H_z、E_z 忽略。当工作频率提高以后，微带中除主模——准 TEM 模以外，还会出现高次模。

2. 微带的尺寸选择

为防止高次模的出现，微带的尺寸应满足如下条件[1]：

$$2W + 0.8h < \frac{\lambda_{\min}}{\sqrt{\varepsilon_{\mathrm{r}}}} \tag{3.8a}$$

$$h < \frac{\lambda_{\min}}{2\sqrt{\varepsilon_{\mathrm{r}}}} \tag{3.8b}$$

式中，$\lambda_{\min}$ 为最短工作波长，由导带厚度引起的导带宽度增加量（$\Delta W = 0.4h$）近似计算。

另外，准 TEM 模与最低型表面波之间存在强耦合区，即两个模式的相速度 v_{p} 近似相等的区域。分析表明，强耦合频率为

$$f_{\mathrm{TM0}} \approx \frac{c\sqrt{2}}{4h\sqrt{\varepsilon_{\mathrm{r}} - 1}} \tag{3.9a}$$

$$f_{\mathrm{TE1}} \approx \frac{3c\sqrt{2}}{8h\sqrt{\varepsilon_{\mathrm{r}} - 1}} \tag{3.9b}$$

因此，通常令微带工作频率低于 f_{TM0} 和 f_{TE1}，以避免产生强耦合，否则微带不可能工作于准 TEM 波，工作状况将被完全破坏。当微带工作于毫米波时，此种情况易于发生，故毫米波的微带电路常采用介电常数较低的石英作为介质基片材料，并选择较小的 h，以尽量减小各种高次模的临界波长，尽量提高强耦合频率 f_{TM0} 和 f_{TE1}，以保证正常工作。

微带电路的损耗和 Q 值还受到不连续性辐射损耗的限制。为了防止辐射，可以加封装。封装盒的高度 H 应当大于 $3h \sim 5h$。为了减小封装盒对电磁波的反射，以免影响电路性能，可在封装盒的内壁涂上吸波材料。

3. 微带的色散特性

由于微带的传输模是混合模，因此微带中波的传播速度将随频率而变化，表现为特性阻抗 Z_{c} 和有效相对介电常数 $\varepsilon_{\mathrm{re}}$ 随频率变化，这就是微带的色散特性。微带的色散问题是个多模式、复杂边界条件下的电磁场问题，理论求解很复杂，在电路设计中用工程近似处理更方便有效。

随着频率升高，电磁场集中于介质基片内，为此引入一个与频率有关的有效相对介电常数 $\varepsilon_{\mathrm{re}}(f)$。微带的两个主要特性参数是特性阻抗 Z_{c} 和相速度 v_{p}，可分别表示为

$$Z_c = \sqrt{\frac{L_0}{C_0}} = \frac{1}{v_p C_0} \,, \quad v_p = \frac{1}{\sqrt{L_0 C_0}} = \frac{c}{\sqrt{\varepsilon_{re}}} \tag{3.10}$$

式中，L_0 和 C_0 分别是微带的分布电感和分布电容，c 是真空中的光速。根据式（3.10），可将 $\varepsilon_{re}(f)$ 和 $Z_c(f)$ 分别表示为

$$\varepsilon_{re}(f) = \left(\frac{c}{v_p(f)}\right)^2 \,, \quad Z_c(f) = \frac{1}{v_p(f)C_0} \tag{3.11}$$

随着频率升高，$\varepsilon_{re}(f)$ 增大，因而相速度 v_p 减小，特性阻抗 Z_c 增大，这样微带的色散问题基本上可以转变为求解微带场的相速度 $v_p(f)$ 的问题。微带有效相对介电常数随频率的变化曲线如图 3.3 所示，即

$$\varepsilon_{re}(f) \to \begin{cases} \varepsilon_{re} & (f \to 0) \\ \varepsilon_r & (f \to \infty) \end{cases} \tag{3.12}$$

在某一频率以下，微带的色散特性可以忽略，此频率可表示为

$$f_0 = \frac{0.95}{(\varepsilon_r - 1)^{1/4}} \sqrt{\frac{Z_c}{h}} \tag{3.13}$$

式中，h 是介质基片厚度，单位为 mm；Z_c 是微带的特性阻抗，单位是 Ω。

4. 微带的特性阻抗和损耗

微带结构中是一种非均匀介质，即存在空气和基片两种不同的介质。在传输准 TEM 模时，为分析方便，可以用一种具有有效相对介电常数的均匀介质来代替这种非均匀介质。当导体厚度足够薄（$t \to 0$）时，闭合形式的有效相对介电常数 ε_{re} 和特性阻抗 Z_c 可表示为[2]：

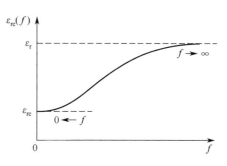

图 3.3 微带有效相对介电常数随频率的变化曲线

当 $W / h \leqslant 1$ 时，

$$\varepsilon_{re} = \frac{\varepsilon_r + 1}{2} + \frac{\varepsilon_r - 1}{2}\left[\left(1 + 12\frac{h}{W}\right)^{-0.5} + 0.04\left(1 - \frac{W}{h}\right)^2\right] \tag{3.14a}$$

$$Z_c = \frac{\eta}{2\pi\sqrt{\varepsilon_{re}}}\ln\left(\frac{8h}{W} + 0.25\frac{W}{h}\right) \tag{3.14b}$$

其中，$\eta = 120\pi\Omega$，表示自由空间中的波阻抗。

当 $W / h > 1$ 时，

$$\varepsilon_{re} = \frac{\varepsilon_r + 1}{2} + \frac{\varepsilon_r - 1}{2}\left(1 + 12\frac{h}{W}\right)^{-0.5} \tag{3.15a}$$

$$Z_c = \frac{\eta}{\sqrt{\varepsilon_{re}}}\left[\frac{W}{h} + 1.393 + 0.677\ln\left(\frac{W}{h} + 1.44\right)\right]^{-1} \tag{3.15b}$$

Hammerstad 和 Jensen[3]提出了计算有效相对介电常数和特性阻抗的更为准确的表达式：

$$\varepsilon_{\mathrm{re}} = \frac{\varepsilon_{\mathrm{r}}+1}{2} + \frac{\varepsilon_{\mathrm{r}}-1}{2}\left(1+\frac{10}{u}\right)^{-ab} \tag{3.16a}$$

$$Z_{\mathrm{c}} = \frac{\eta}{2\pi\sqrt{\varepsilon_{\mathrm{re}}}} \ln\left[\frac{F}{u} + \sqrt{1+\left(\frac{2}{u}\right)^2}\right] \tag{3.16b}$$

其中，$u = W/h$，$\eta = 120\pi\,\Omega$，并且，

$$a = 1 + \frac{1}{49}\ln\left(\frac{u^4 + \left(\dfrac{u}{52}\right)^2}{u^4 + 0.432}\right) + \frac{1}{18.7}\ln\left[1+\left(\frac{u}{18.1}\right)^3\right] \tag{3.17a}$$

$$b = 0.564\left(\frac{\varepsilon_{\mathrm{r}}-0.9}{\varepsilon_{\mathrm{r}}+3}\right)^{0.053} \tag{3.17b}$$

$$F = 6 + (2\pi-6)\exp\left[-\left(\frac{30.666}{u}\right)^{0.7528}\right] \tag{3.17c}$$

当 $\varepsilon_{\mathrm{r}} \leqslant 128$，且 $0.01 \leqslant u \leqslant 100$ 时，有效相对介电常数 $\varepsilon_{\mathrm{re}}$ 的计算精度高于 0.2%；当 $u \leqslant 1$ 时，$Z_{\mathrm{c}}\sqrt{\varepsilon_{\mathrm{re}}}$ 的计算精度可达 0.01%；当 $u \leqslant 1000$ 时，$Z_{\mathrm{c}}\sqrt{\varepsilon_{\mathrm{re}}}$ 的计算精度可达 0.03%。

微带的衰减包括两部分：导体损耗 α_{c} 和介质损耗 α_{d}。在小衰减情况下认为 α_{c} 和 α_{d} 相互不交叉影响，有 $\alpha = \alpha_{\mathrm{c}} + \alpha_{\mathrm{d}}$。

微带的导体损耗 α_{c}（单位是 dB/m）可表示为

$$\alpha_{\mathrm{c}} = \begin{cases} 1.38A \cdot \dfrac{R_{\mathrm{s}}}{hZ_{\mathrm{c}}} \cdot \dfrac{32-(W_{\mathrm{e}}/h)^2}{32+(W_{\mathrm{e}}/h)^2}, & \dfrac{W}{h} \leqslant 1 \\[4mm] 6.1\times10^{-5}A \cdot \dfrac{R_{\mathrm{s}}Z_{\mathrm{c}}\varepsilon_{\mathrm{re}}}{h}\left(\dfrac{W_{\mathrm{e}}}{h} + \dfrac{0.667W_{\mathrm{e}}/h}{1.444+W_{\mathrm{e}}/h}\right), & \dfrac{W}{h} > 1 \end{cases} \tag{3.18}$$

式中，R_{s} 是导体材料的表面电阻，Z_{c} 是微带的特性阻抗，W_{e} 是导带的有效宽度；参数 A、B 以及 W_{e}/h 可分别表示为

$$A = 1 + \frac{h}{W_{\mathrm{e}}}\left(1+\frac{1}{\pi}\ln\frac{2B}{t}\right) \tag{3.19a}$$

$$B = \begin{cases} 2\pi W, & \dfrac{W}{h} \leqslant 1/(2\pi) \\[3mm] h, & \dfrac{W}{h} > 1/(2\pi) \end{cases} \tag{3.19b}$$

$$\frac{W_{\mathrm{e}}}{h} = \frac{W}{h} + \frac{\Delta W}{h} \tag{3.19c}$$

其中，

$$\frac{\Delta W}{h} = \begin{cases} \dfrac{1.25}{\pi} \cdot \dfrac{t}{h}\left(1+\ln\dfrac{4\pi W}{t}\right), & \dfrac{W}{h} \leqslant \dfrac{1}{2\pi} \\[4mm] \dfrac{1.25}{\pi} \cdot \dfrac{t}{h}\left(1+\ln\dfrac{2h}{t}\right), & \dfrac{W}{h} > \dfrac{1}{2\pi} \end{cases} \tag{3.20}$$

介质损耗 $\alpha_{\rm d}$（单位是 dB/m）可由式（3.21）计算：

$$\alpha_{\rm d} = 27.3 \times \frac{\varepsilon_{\rm r}}{\varepsilon_{\rm r} - 1} \frac{\varepsilon_{\rm re} - 1}{\sqrt{\varepsilon_{\rm re}}} \frac{\tan\delta}{\lambda_0} \qquad (3.21)$$

对大多数微带（除了一些种类的半导体基板以外）来说，导体损耗比介质损耗更重要，一些导体材料的电阻率见表 3.1。从表 3.1 可以看到，铜和银的电阻率最低，而铜的造价低，因此通常微带都是在介质基板上敷铜作为导体。一些基板材料的主要电特性和热特性的典型值见表 3.2，从中可知，FR-4 基板的损耗最大；聚四氟乙烯基板损耗小，但是其热膨胀系数大，即这种基板遇热更容易膨胀变形。

表 3.1　一些导体材料的电阻率

材　料	符　号	电阻率 μ/（$10^{-8}\Omega\cdot{\rm m}$）	材　料	符　号	电阻率 μ/（$10^{-8}\Omega\cdot{\rm m}$）
铝	Al	2.65	钯	Pd	10.69
铜	Cu	1.67	铂	Pt	10.62
金	Au	2.44	银	Ag	1.59
铟	In	15.52	钛	Ta	15.52
铁	Fe	9.66	锡	Sn	11.55
铅	Pb	21	锑	Ti	55
钼	Mo	5.69	钨	W	5.6
镍	Ni	8.71	锌	Zn	5.68

表 3.2　一些基板材料的主要电特性和热特性的典型值

典型基板	相对介电常数 $\varepsilon_{\rm r}$	损耗角 $\tan\delta$	热膨胀系数（CTE）/（ppm/℃）
99.5%氧化铝	9.8	0.000 3	6.7
氧化铝	8.7	0.001	4.5
四钛酸钡	37	0.000 2	8.3
99.5%氧化铍	6.6	0.000 3	7.5
环氧玻璃纤维板 FR-4	4.4	0.01	3.0
可熔晶体	3.78	0.001	0.5
砷化镓	13.1	0.000 6	6.5
硅	11.7	0.004	4.2
聚四氟乙烯	2.5	0.000 8	12

在微带电路设计过程中，还要用到很多参数，例如波导波长 $\lambda_{\rm g}$、相移常数 β，以及物理长度为 l 的传输线的电长度 θ 和相速度 $v_{\rm p}$ 等。当传输线的有效相对介电常数 $\varepsilon_{\rm re}$ 计算出来后，可以根据式（3.22）计算出这些参数。

$$\lambda_{\rm g} = \frac{\lambda_0}{\sqrt{\varepsilon_{\rm re}}} \qquad (3.22{\rm a})$$

$$\beta = \frac{2\pi}{\lambda_{\rm g}} \qquad (3.22{\rm b})$$

$$\theta = \beta l \qquad (3.22{\rm c})$$

$$v_{\mathrm{p}} = \frac{\omega}{\beta} = \frac{c}{\sqrt{\varepsilon_{\mathrm{re}}}} \tag{3.22d}$$

3.1.2 微带不连续性

微带不连续性广泛应用于实际电路设计当中，如滤波器、天线、功分器等。不连续性包括微带阶梯、末端开路、微带间隙和微带弯折等，下面给出各种情况的理论公式。

1. 微带阶梯

对于对称阶梯，其等效电路如图3.4所示。

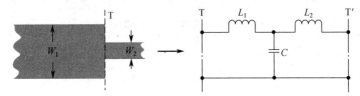

图 3.4 对称阶梯等效电路

电容和电感可以近似表示如下[2]：

$$C = 0.00137 h \frac{\sqrt{\varepsilon_{\mathrm{re}_1}}}{Z_{\mathrm{c}_1}} \left(1 - \frac{W_2}{W_1}\right) \left(\frac{\varepsilon_{\mathrm{re}_1} + 0.3}{\varepsilon_{\mathrm{re}_1} - 0.258}\right) \left(\frac{W_1/h + 0.264}{W_1/h + 0.8}\right) \tag{3.23}$$

$$L_1 = \frac{L_{W_1}}{L_{W_1} + L_{W_2}} L, \quad L_2 = \frac{L_{W_2}}{L_{W_1} + L_{W_2}} L \tag{3.24}$$

式中，

$$L_{W_i} = Z_{\mathrm{c}_i} \sqrt{\varepsilon_{\mathrm{re}_i}} / c \tag{3.25a}$$

$$L = 0.000987 h \left(1 - \frac{Z_{\mathrm{c}_1}}{Z_{\mathrm{c}_2}} \sqrt{\frac{\varepsilon_{\mathrm{re}_1}}{\varepsilon_{\mathrm{re}_2}}}\right)^2 \tag{3.25b}$$

这里的 L_{W_i}（$i=1,2$）是宽为 W_1 或 W_2 的微带单位长度的电感，Z_{c_i} 和 $\varepsilon_{\mathrm{re}_i}$ 分别是微带宽度为 W_i 时的特性阻抗和有效相对介电常数，c 为真空中光速，h 为微带中介质基板的厚度。

2. 末端开路

宽度为 W 的微带在末端开路时，电磁场不会突然中断，会受边缘场效应影响而有所延伸。这种影响可以用接地电容 C_{p} 或等效长度为 Δl 的传输线来表征，如图3.5所示。

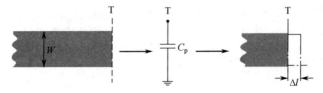

图 3.5 末端开路

等效长度法更便于滤波器设计，两等效参数的关系可表示为[2]

$$\Delta l = \frac{c Z_{\mathrm{c}} C_{\mathrm{p}}}{\sqrt{\varepsilon_{\mathrm{re}}}} \tag{3.26}$$

式中，c 表示真空中的光速。

$\Delta l / h$ 的闭合形式的表达式如下：

$$\frac{\Delta l}{h} = \frac{\xi_1 \xi_3 \xi_5}{\xi_4} \tag{3.27}$$

式中，

$$\xi_1 = 0.434907 \frac{\varepsilon_{re}^{0.81} + 0.26(W/h)^{0.8544} + 0.236}{\varepsilon_{re}^{0.81} - 0.189(W/h)^{0.8544} + 0.87} \tag{3.28a}$$

$$\xi_2 = 1 + \frac{(W/h)^{0.371}}{2.35\varepsilon_r + 1} \tag{3.28b}$$

$$\xi_3 = 1 + \frac{0.5274 \arctan\left[0.084(W/h)^{1.9413/\xi_2}\right]}{\varepsilon_{re}^{0.9236}} \tag{3.28c}$$

$$\xi_4 = 1 + 0.037 \arctan[0.067(W/h)^{1.456}]\{6 - 5\exp[0.036(1-\varepsilon_r)]\} \tag{3.28d}$$

$$\xi_5 = 1 - 0.218\exp(-7.5W/h) \tag{3.28e}$$

3. 微带间隙

微带间隙可以用图 3.6 所示的等效电路来表示。

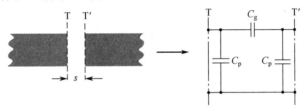

图 3.6　微带间隙等效电路

接地电容 C_p 和串联电容 C_g 可分别表示为[2]

$$C_p = 0.5C_e, \quad C_g = 0.5C_o - 0.25C_e \tag{3.29}$$

式中，

$$\frac{C_o}{W} = \left(\frac{\varepsilon_r}{9.6}\right)^{0.8} \left(\frac{s}{W}\right)^{m_o} \exp(k_o) \tag{3.30a}$$

$$\frac{C_e}{W} = 12\left(\frac{\varepsilon_r}{9.6}\right)^{0.9} \left(\frac{s}{W}\right)^{m_e} \exp(k_e) \tag{3.30b}$$

当 $0.1 \leqslant s/W \leqslant 1.0$ 时，

$$m_o = \frac{W}{h}[0.619\log(W/h) - 0.3853] \tag{3.31a}$$

$$k_o = 4.26 - 1.453\log(W/h) \tag{3.31b}$$

当 $0.1 \leqslant s/W < 0.3$ 时，

$$m_e = 0.8675, \quad k_e = 2.043\left(\frac{W}{h}\right)^{0.12} \tag{3.32}$$

当 $0.3 \leqslant s/W \leqslant 1.0$ 时，

$$m_e = \frac{1.565}{(W/h)^{0.16}} - 1, \quad k_e = 1.97 - \frac{0.03}{W/h} \tag{3.33}$$

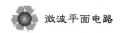

当 $0.5 \leqslant W/h \leqslant 2$，$2.5 \leqslant \varepsilon_r \leqslant 15$ 时，计算精度在 7% 以内。

4. 微带弯折

直角弯折的微带可以等效为 T 型网络，如图 3.7 所示。Gupta 等人[4]给出了计算等效电容和电感的闭合形式的表达式：

$$\frac{C}{W} = \begin{cases} \dfrac{(14\varepsilon_r + 12.5)W/h - (1.83\varepsilon_r - 2.25)}{\sqrt{W/h}} + \dfrac{0.02\varepsilon_r}{W/h}, & W/h < 1 \\ (9.5\varepsilon_r + 1.25)W/h + 5.2\varepsilon_r + 7, & W/h \geqslant 1 \end{cases} \tag{3.34}$$

$$\frac{L}{h} = 100 \left\{ 4\sqrt{\frac{W}{h}} - 4.21 \right\} \tag{3.35}$$

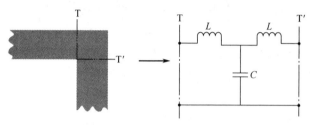

图 3.7　直角弯折的微带可以等效为 T 型网络

当 $0.1 \leqslant W/h \leqslant 5$，$2.5 \leqslant \varepsilon_r \leqslant 15$ 时，电容计算精度在 5% 以内。当 $0.5 \leqslant W/h \leqslant 2.0$ 时，电感计算精度约为 3%。

3.1.3　其他类型的微带结构

除了传统的微带结构，还有多层微带结构，例如悬置型微带和倒置型微带，如图 3.8 所示。悬置型微带和倒置型微带具有比传统微带更高的品质因数 Q（对于常用导体，Q 值为 500～1 500）。通过使用具有低介电常数的、薄的介质基片来降低介质损耗。

对于图 3.8（a）所示的悬置型微带，其特性阻抗可表示为[2]

$$Z_c = \frac{\eta}{2\pi\sqrt{\varepsilon_{re}}} \ln\left[\frac{F}{u} + \sqrt{1 + \left(\frac{2}{u}\right)^2} \right] \tag{3.36}$$

式中，

$$\eta = 120\pi，\quad u = W/(h_1 + h_2) \tag{3.37a}$$

$$F = 6 + (2\pi - 6)\exp\left[-\left(\frac{30.666}{u}\right)^{0.7528} \right] \tag{3.37b}$$

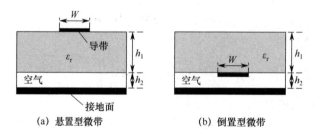

(a) 悬置型微带　　　　　　　(b) 倒置型微带

图 3.8　其他类型的微带

有效相对介电常数 ε_{re} 可表示为

$$\sqrt{\varepsilon_{\text{re}}} = \left[1 + \frac{h_1}{h_2}\left(a - b\ln\frac{W}{h_2}\right)\left(\frac{1}{\sqrt{\varepsilon_{\text{r}}}} - 1\right)\right]^{-1} \tag{3.38}$$

式中,

$$a = [0.8621 - 0.1251\ln(h_1/h_2)]^4 \tag{3.39a}$$

$$b = [0.4986 - 0.1397\ln(h_1/h_2)]^4 \tag{3.39b}$$

对于图 3.8（b）所示的倒置型微带,其特性阻抗依然可由式（3.36）表示,而参量 u 和有效相对介电常数 ε_{re} 分别表示为

$$u = W/h_2 \tag{3.40a}$$

$$\sqrt{\varepsilon_{\text{re}}} = 1 + \frac{h_1}{h_2}\left(a - b\ln\frac{W}{h_2}\right)\left(\sqrt{\varepsilon_{\text{r}}} - 1\right) \tag{3.40b}$$

式中,

$$a = [0.5173 - 0.1515\ln(h_1/h_2)]^2 \tag{3.41a}$$

$$b = [0.3092 - 0.1047\ln(h_1/h_2)]^2 \tag{3.41b}$$

3.2 带 状 线

带状线是由同轴线演化而来的,其结构如图 3.9（a）所示,电磁场分布如图 3.9（b）所示。带状线导带位于均匀介质基板中间,宽度为 W,基板的上下表面金属化,作为接地导体（接地面）。带状线的导带夹在两个接地面之间,基板填充均匀介质,因此它支持纯 TEM 传播模式。实际上,带状线通常是把一个介质厚度为 $h/2$ 的微带基片,覆盖上一个介质厚度相同并且相对介电常数相同的、有接地面的基片而构成的,也就是说两个接地面之间的间距为 h。

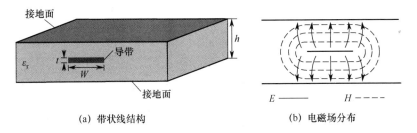

(a) 带状线结构　　　　　　　(b) 电磁场分布

图 3.9　带状线的结构与电磁场分布

零厚度无耗带状线特性阻抗的准确表达式如下:

$$Z_{\text{c}} = \frac{30\pi}{\sqrt{\varepsilon_{\text{r}}}}\frac{K(k)}{K(k')} \tag{3.42}$$

式中, $k = \text{sech}[\pi W/(2h)]$; $k' = \sqrt{1 - k^2}$; $K(\cdot)$ 是第一类完全椭圆积分,即

$$K(k) = \int_0^{\pi/2} \frac{\text{d}\phi}{\sqrt{1 - k^2\sin^2\varphi}} \tag{3.43}$$

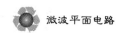

$K(k)/K(k')$ 的近似表达式可以由式（3.44）给出，其误差小于 3×10^{-6}。

$$\frac{K(k)}{K(k')}=\begin{cases}\pi/\ln\left(2\dfrac{1+\sqrt{k'}}{1-\sqrt{k'}}\right), & 0\leqslant k\leqslant\dfrac{1}{\sqrt{2}}\\[4mm]\dfrac{1}{\pi}\ln\left(2\dfrac{1+\sqrt{k}}{1-\sqrt{k}}\right), & \dfrac{1}{\sqrt{2}}\leqslant k\leqslant1\end{cases}\tag{3.44}$$

带状线特性阻抗的一个近似表达式为

$$Z_{\mathrm{c}}=\frac{30\pi}{\sqrt{\varepsilon_{\mathrm{r}}}}\cdot\frac{h}{W_{\mathrm{e}}+0.441h}\tag{3.45}$$

此近似表达式的计算结果与准确结果的误差在 1%以内。式（3.45）中的 W_{e} 是中心导体的有效宽度，其定义如下：

$$\frac{W_{\mathrm{e}}}{h}=\frac{W}{h}-\begin{cases}0, & \dfrac{W}{h}>0.35\\[3mm]\left(0.35-\dfrac{W}{h}\right)^2, & \dfrac{W}{h}\leqslant0.35\end{cases}\tag{3.46}$$

如果已知带状线的介质厚度、介电常数、特性阻抗，可以由上述结果求出带状线的宽度。当 $\sqrt{\varepsilon_{\mathrm{r}}}Z_{\mathrm{c}}<120$ 时，有

$$W=\left(\frac{30\pi}{\sqrt{\varepsilon_{\mathrm{r}}}Z_{\mathrm{c}}}-0.441\right)h\tag{3.47a}$$

当 $\sqrt{\varepsilon_{\mathrm{r}}}Z_{\mathrm{c}}>120$ 时，有

$$W=(0.85-\sqrt{0.6-p})h,\quad p=\frac{30\pi}{\sqrt{\varepsilon_{\mathrm{r}}}Z_{\mathrm{c}}}-0.441\tag{3.47b}$$

带状线的导体损耗 α_{c}（单位为 Np/m）可近似表示为[5]

$$\alpha_{\mathrm{c}}=\begin{cases}A\cdot\dfrac{2.7\times10^{-3}R_{\mathrm{s}}\varepsilon_{\mathrm{r}}Z_{\mathrm{c}}}{30\pi(h-t)}, & Z_{\mathrm{c}}\sqrt{\varepsilon_{\mathrm{r}}}\leqslant120\\[4mm]B\cdot\dfrac{0.16R_{\mathrm{s}}}{Z_{\mathrm{c}}h}, & Z_{\mathrm{c}}\sqrt{\varepsilon_{\mathrm{r}}}>120\end{cases}\tag{3.48}$$

式中，t 是中心导体厚度，R_{s} 是导体材料的表面电阻，10 GHz 下铜的表面电阻为 $R_{\mathrm{s}}=0.026\,\Omega$；参数 A 和 B 可分别表示为

$$A=1+\frac{2W}{h-t}+\frac{1}{\pi}\cdot\frac{h+t}{h-t}\cdot\ln\frac{2h-t}{t}\tag{3.49a}$$

$$B=1+\frac{h}{0.5W+0.7t}\left(0.5+\frac{0.414t}{W}+\frac{1}{2\pi}\cdot\ln\frac{4\pi W}{t}\right)\tag{3.49b}$$

因为都是 TEM 波传输线，带状线的介质损耗 α_{d}（单位为 Np/m）可由与同轴线相同的公式求得，也可以表示为

$$\alpha_{\mathrm{d}}=\frac{\omega\sqrt{\varepsilon_{\mathrm{r}}}\tan\delta}{2c}\tag{3.50}$$

式中，$\tan\delta$ 是介质的损耗角正切，ω 是工作角频率，c 是真空中的光速。总衰减常数为

$\alpha = \alpha_c + \alpha_d$（单位为 Np/m）。如果以 dB/m 为单位，则 $\alpha(\text{dB/m}) = 20\lg e^{\alpha}(\text{Np/m})$。

带状线高阶模的截止频率（单位为 GHz）可表示为

$$f_c = \frac{15}{h\sqrt{\varepsilon_r}} \frac{1}{W/h + \pi/4} \tag{3.51}$$

式中，W 和 h 的单位均为 cm。与微带类似，带状线也存在不连续性问题。Oliner 和 Altschuler 对带状线中心导体的不连续性进行了较为全面的研究[6-7]。带状线的不连续性类型及等效电路见表 3.3。其中，电抗或电纳上的"横杠"分别表示归一化的特性阻抗或特性导纳。在不连续性分析中，用中心导体的等效宽度 D 替换原来的导体宽度 W，表示为

$$D = \begin{cases} h\dfrac{K(k)}{K(k')} + \dfrac{t}{\pi}\left(1 - \ln\dfrac{2t}{h}\right), & \dfrac{W}{h} \leqslant 0.5 \\[3mm] W + \dfrac{2h}{\pi}\ln 2 + \dfrac{t}{\pi}\left(1 - \ln\dfrac{2t}{h}\right), & \dfrac{W}{h} > 0.5 \end{cases} \tag{3.52}$$

式中，$k = \tanh[\pi W/(2h)]$，W 是导体宽度，t 是导体厚度，h 为带状线两接地面的间距。

表 3.3 带状线不连续性类型及等效电路

不连续性类型	等 效 电 路	表 达 式
开路		$C_{0c} = \dfrac{\beta\Delta l}{\omega Z_c}$，$\beta = \dfrac{2\pi}{\lambda_g}$，$\lambda_g = \dfrac{\lambda_0}{\sqrt{\varepsilon_r}}$ $\beta\Delta l = \arctan\left[\dfrac{\delta + 2W}{4\delta + 2W}\tan(\beta\delta)\right]$，$\delta = \dfrac{h\ln 2}{\pi}$
间隙		$\bar{B}_A = \dfrac{1 + \bar{B}_a\cot(\beta s/2)}{\cot(\beta s/2) - \bar{B}_a} = \dfrac{\omega C_1}{Y_c}$ $2\bar{B}_B = \dfrac{1 + (2\bar{B}_b + \bar{B}_a)\cot(\beta s/2)}{\cot(\beta s/2) - (2\bar{B}_b + \bar{B}_a)} - \bar{B}_A = \dfrac{2\omega C_{12}}{Y_c}$ $\lambda_g\bar{B}_a = -2h\ln\cosh\dfrac{\pi s}{2h}$，$\lambda_g\bar{B}_b = h\ln\coth\dfrac{\pi s}{2h}$
圆孔		$\bar{B}_A = \dfrac{1 + \bar{B}_a\cot(\beta r)}{\cot(\beta r) - \bar{B}_a}$ $2\bar{B}_B = \dfrac{1 + 2\bar{B}_b\cot(\beta r)}{\cot(\beta r) - 2\bar{B}_b} - \bar{B}_A$ $\bar{B}_b = -\dfrac{3}{16\beta}\dfrac{hD}{r^3}$，$\bar{B}_a = \dfrac{1}{4\bar{B}_b}$
宽度突变		$\dfrac{X}{Z_1} = \dfrac{2D_1}{\lambda_g}\ln\csc\dfrac{\pi D_2}{2D_1}$ $l_1 = -l_2 = \dfrac{h\ln 2}{\pi}$

对于终端开路的带状线，边缘场效应可以用并联电容 C_{0c} 或等效长度为 Δl 的传输线来表征，即等效电路中的并联电容对应传输线长度增加 Δl。对于间隙耦合带状线，用串联电容 C_{12}（电纳 B_B）表示不连续性间隙，用并联电容 C_1（电纳 B_A）表示间隙边缘电场分布

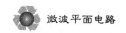

受到的干扰；对于非常大的间隙（$s \to \infty$），C_{12} 减小到零，C_1 趋近于开路端电容值。Y_c 是特性导纳，$Y_c = 1/Z_c$。

3.3 共面波导和共面带线

3.3.1 共面波导

共面波导（coplanar waveguide，CPW）是由 C. P. Wen 于 1969 年提出的一种所有导体都位于介质基片的同一表面上的平面传输线，共面波导结构和电磁场分布如图 3.10 所示。共面波导的导带与接地面处于同一个平面上，这样和地接通时不需要像微带那样在介质基片上打孔，给加工制作带来很大方便。共面波导传输的模式是准 TEM 模，不存在下限截止频率。准 TEM 模又可分为奇准 TEM 模和偶准 TEM 模，取决于两槽之间的电场是同向的还是反向的，同向的为前者，反向的为后者。

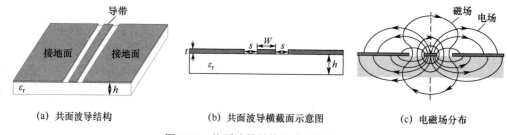

(a) 共面波导结构　　　　　(b) 共面波导横截面示意图　　　　　(c) 电磁场分布

图 3.10　共面波导结构和电磁场分布

假设金属厚度为零，介质基片无穷宽，在此条件下，共面波导的特性阻抗 Z_c 近似表示为：

$$Z_c = \frac{30\pi}{\sqrt{\varepsilon_{re}}} \cdot \frac{K(k')}{K(k)} \tag{3.53}$$

$$\varepsilon_{re} = 1 + \frac{\varepsilon_r - 1}{2} \cdot \frac{K(k')}{K(k)} \cdot \frac{K(k_1)}{K(k_1')} \tag{3.54}$$

其中，$k = \dfrac{W}{W + 2s}$；$k_1 = \sinh\dfrac{\pi W}{4h} / \sinh\dfrac{\pi(W + 2s)}{4h}$；$k' = \sqrt{1 - k^2}$；$k_1' = \sqrt{1 - k_1^2}$。$K$ 是第一类完全椭圆积分；$K(k)/K(k')$ 和 $K(k_1)/K(k_1')$ 的比值由式（3.44）定义。

共面波导的优点：

（1）由于导带和接地面共平面，更容易与有源、无源电路串联或并联而不需要在基片上打接地通孔，特别适合制作包含有源器件的混合电路和单片集成电路。相比之下，微带电路接地必须使用通孔。对于毫米波频段的微波单片集成电路（MMIC）设计，即使是难以触摸的接地效应也会变得明显起来。例如，两个靠得很近的通孔之间就有明显的耦合效应，在这种情况下，电流会拥挤到每个通孔的一边，电感量将远高于预期值。

（2）相邻信号线之间接地面的存在（相当于提供了屏蔽），使得信号之间的串扰很小，通过降低寄生量（比如减小集总元件的寄生电容量），可以提高电路的密集程度。

（3）具有椭圆极化磁场，可以用来制作非互易铁氧体器件。

（4）特性阻抗由导带宽度和槽线宽度共同决定，设计的灵活度更大。给定的特性阻抗可通过任意导带和槽线宽度的组合来实现。

（5）传输的准 TEM 模色散非常低，具有构建宽带电路和器件的潜力。

（6）更适合设计毫米波电路。在毫米波频段，GaAs 基片上共面波导的损耗和色散效应等于或者优于同一基片上的微带。在给定横截面的情况下，共面波导的最小损耗发生在特性阻抗约为 60Ω 处；而微带的最小损耗发生在其特性阻抗约为 25Ω 处，此时微带的物理尺寸远远大于共面波导。

共面波导与微带的特性对比见表 3.4。

表 3.4   共面波导和微带的特性对比

	微　　带	共　面　波　导
色散	较大	较小
耦合效应	强	弱
电路尺寸	大	小
设计灵活性	低	高
设计器件需要接地时	需要打通孔	不需要打通孔
与集总参数元件集成	容易	更容易，易于构造混合电路
加工制作难度	小	更小

3.3.2 背面导体覆盖的共面波导

背面导体覆盖的共面波导（conductor-backed coplanar waveguide，CBCPW）有时也称为接地共面波导（grounded coplanar waveguide，GCPW），其物理结构和横截面示意图如图 3.11 所示。这种波导的导波结构结合了微带和共面波导的特点，由于背面金属导体的存在，不仅增强了电路的机械强度，也增加了功率容量[8]，背面导体还可以作为有源电路的散热片。CBCPW 的两侧还可以封闭起来使基板上层的接地面和背面的接地面连接，构造侧面封闭的电路结构[9]（如图 3.12 所示），进一步减少电磁泄漏。由于 CBCPW 不仅在介质底面有接地面，且在介质顶部信号传输线两侧也分布着接地面，因此具有更大的接地面积。得益于这种增强的接地结构，通过适当的设计，CBCPW 电路能够获得比微带电路宽得多的阻抗范围，并且能够更好地抑制寄生模式。随着频率的变化，CBCPW 的有效相对介电常数的变化比微带要小[10]。CBCPW 电路能够显著地减少辐射损耗、色散，以及寄生模式传播，因此经常使用在比微带电路高得多的频率（如毫米波频段）上[10]。

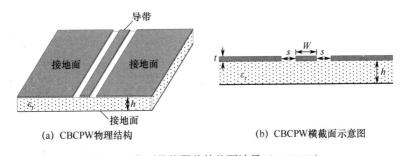

（a）CBCPW物理结构　　　　　　（b）CBCPW横截面示意图

图 3.11　背面导体覆盖的共面波导（CBCPW）

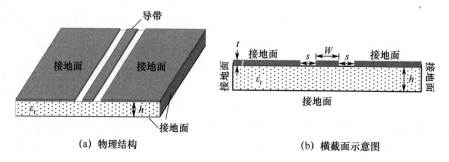

<table>
<tr><td>(a) 物理结构</td><td>(b) 横截面示意图</td></tr>
</table>

图 3.12 侧面封闭的 CBCPW

CBCPW 的有效相对介电常数 ε_{re} 和特性阻抗 Z_c 可以通过式（3.55）和式（3.56）计算[11]：

$$\varepsilon_{re} = \frac{1 + \varepsilon_r \dfrac{K(k_1')}{K(k_1)} \cdot \dfrac{K(k_2)}{K(k_2')}}{1 + \dfrac{K(k_1')}{K(k_1)} \cdot \dfrac{K(k_2)}{K(k_2')}} \tag{3.55}$$

$$Z_c = \frac{60\pi}{\sqrt{\varepsilon_{re}}} \cdot \frac{1}{\dfrac{K(k_1)}{K(k_1')} + \dfrac{K(k_2')}{K(k_2)}} \tag{3.56}$$

式中，$k_1 = \dfrac{W}{W + 2s}$，$k_2 = \dfrac{\tanh(\pi W / 4h)}{\tanh[\pi(W + 2s) / 4h]}$，$k_1' = \sqrt{1 - k_1^2}$，$k_2' = \sqrt{1 - k_2^2}$。其中，$h$ 为介质基板的厚度，ε_r 为介质基板的相对介电常数，t 为介质基板四周金属镀层的厚度，W 为中心导体的宽度，s 为中心导体与两侧接地面之间的空气间隙宽度，$K(k)$ 为第一类完全椭圆积分。上述计算公式也适用于侧面封闭的 CBCPW。

CBCPW 还可以构造折叠型电路，其折叠结构如图 3.13 所示，也就是将对称结构变为不对称结构。由于 CBCPW 背面有接地面，可以将正面的接地面折叠到背面来减小电路尺寸，同时不会引起电路性能的较大变化[12]。图 3.13 中折叠结构可看成将 CBCPW 正面的一半接地面折叠到背面，与背面的接地面相连（其中一部分重合）。其中，1、3、4 为接地面，2 为导带，5 和 6 为侧面金属导体。

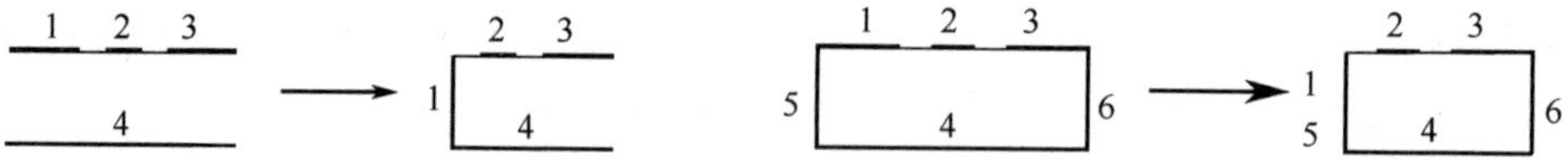

<table>
<tr><td>(a) CBCPW折叠前后</td><td>(b) 侧面封闭的CBCPW折叠前后</td></tr>
</table>

图 3.13 CBCPW 折叠结构

需要说明的是，共面波导（CPW）和 CBCPW 是两种不同的传输线，相同条件下两者的特性阻抗相差较大。CBCPW 具有背面的接地，因此也可以打接地通孔，不仅可更灵活接地，还可抑制谐波，而且有可能构造类似基片集成波导（SIW）那样的新型电路。

3.3.3 共面带线

共面带线（coplanar strips，CPS）的结构如图 3.14 所示。其特性阻抗 Z_c 和有效相对

介电常数 ε_{re} 可分别表示为[13]

$$Z_c = \frac{120\pi}{\sqrt{\varepsilon_{re}}} \frac{K(k)}{K(k')} \quad (3.57)$$

$$\varepsilon_{re} = 1 + \frac{\varepsilon_r - 1}{2} \frac{K(k')K(k_1)}{K(k)K(k_1')} \quad (3.58)$$

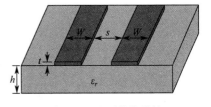

图 3.14　共面带线结构

式中，

$$k = \frac{a}{b}, \quad a = \frac{s}{2}, \quad b = \frac{s}{2} + W, \quad k_1 = \frac{\sinh[\pi a / (2h)]}{\sinh[\pi b / (2h)]}, \quad k' = \sqrt{1 - k^2} \quad (3.59a)$$

$$\frac{K(k)}{K'(k)} = \begin{cases} \left[\frac{1}{\pi} \ln\left(2\frac{1+\sqrt{k'}}{1-\sqrt{k'}}\right)\right]^{-1}, & 0 \leqslant k \leqslant 0.7 \\ \frac{1}{\pi} \ln\left(2\frac{1+\sqrt{k}}{1-\sqrt{k}}\right), & 0.7 < k \leqslant 1 \end{cases} \quad (3.59b)$$

$K(k')$ 有时候也写作 $K'(k)$。

3.4　槽　　线

槽线[14-18]为另一种平面传输线。当需要较高特性阻抗时，可使用槽线实现。槽线是一种双带线，两导体表面之间有一个窄的槽，其中一个导体是接地的，改变槽的宽度就能很容易地改变槽线的特性阻抗。槽线的物理结构如图 3.15（a）所示，基板的另一侧没有任何金属。沿槽线方向传输的是横电波（TE/H 波），而不是 TEM 波。

槽线没有下限截止频率，因此不同于波导等的导波结构。为了减小辐射，槽线一般均由高介电常数基片构成，其波导波长 λ_g 小于自由空间波长 λ_0，使得槽线中的电磁场紧密地限制/集中在槽的附近，辐射损耗可忽略不计[14]。电场线横向跨过槽平面，因而槽的两侧存在电位差，这种结构便于连接并联元件（如二极管、电阻器和电容器等）。槽线的磁场沿纵向垂直于槽平面，在半波长内交替变化而构成闭合曲线，因而槽线中存在磁场的椭圆极化区。槽线的电磁场分布如图 3.15（b）所示。

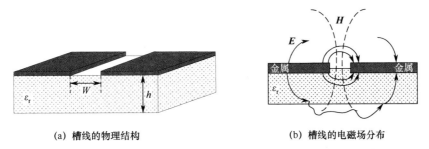

（a）槽线的物理结构　　　　　　　　　（b）槽线的电磁场分布

图 3.15　槽线的物理结构及电磁场分布

槽线的特性阻抗和相速度等参量随频率缓慢变化，因而它是一种宽频带平面传输线。

可用作宽频带微波元件，如宽带匹配转换元件、定向耦合器等。另外，在微波集成电路中，可以将介质基片的一面制作成槽线，另一面是微带，利用两者的耦合制作定向耦合器、滤波器等器件。通过在微带或共面波导电路的接地面上蚀刻槽线电路，可以将槽线包含在微带或共面波导电路中。这种类型的混合结构增加了平面电路设计的灵活性。

槽线的基本电参量是特性阻抗 Z_c 和有效相对介电常数 ε_{re}，$\lambda_g / \lambda_0 = 1/\sqrt{\varepsilon_{re}}$。由于槽线不支持 TEM 模，因此这些参量都不是恒定的，而是随着频率变化。槽线的特性阻抗可估算为[15]

$$Z_c = \frac{60\pi}{\sqrt{\varepsilon_{re}}}\left[\frac{K(k_a)}{K(k_a')}\right] \tag{3.60}$$

槽线的有效相对介电常数可表示为[16]

$$\varepsilon_{re} = 1 + \left(\frac{\varepsilon_r - 1}{2}\right)\left[\frac{K(k_b')}{K(k_b)}\right]\left[\frac{K(k_a)}{K(k_a')}\right] \tag{3.61}$$

式中，

$$k_a = \sqrt{\frac{2a}{1+a}}，\quad k_a' = \sqrt{1 - k_a^2} \tag{3.62a}$$

$$k_b = \sqrt{\frac{2b}{1+b}}，\quad k_b' = \sqrt{1 - k_b^2} \tag{3.62b}$$

$$a = \tanh\left\{\left(\frac{\pi}{2}\right)\cdot\left(\frac{W}{h}\right)\cdot\left[1 + \frac{0.0133}{\varepsilon_r + 2}\cdot\left(\frac{\lambda_0}{h}\right)^2\right]^{-1}\right\} \tag{3.62c}$$

$$b = \tanh\left[\left(\frac{\pi}{2}\right)\cdot\left(\frac{W}{h}\right)\right] \tag{3.62d}$$

$$\frac{K(k')}{K(k)} = \begin{cases} \dfrac{1}{\pi}\ln\left(2\dfrac{1+\sqrt{k'}}{1-\sqrt{k'}}\right)， & 0 \leqslant k^2 \leqslant 0.5 \\[3mm] \dfrac{\pi}{\ln\left(2\dfrac{1+\sqrt{k}}{1-\sqrt{k}}\right)}， & 0.5 < k^2 \leqslant 1 \end{cases} \tag{3.62e}$$

当 $9.7 \leqslant \varepsilon_r \leqslant 20$，$0.02 \leqslant W/h \leqslant 1.0$ 时，式（3.62）的计算结果较好[15]。需要注意的是，槽线不支持 TEM 模，它的特性阻抗有一定的不确定性[16]。槽线比微带和共面波导色散大。

另一种计算槽线特性阻抗的方法是利用零导体厚度和整个槽线系统无穷宽的假设条件，通过数值计算和曲线拟合得到[14]：

当 $0.02 \leqslant W/h \leqslant 0.2$ 时，

$$\frac{\lambda_g}{\lambda_0} = 0.923 - 0.195\ln\varepsilon_r + \frac{0.2W}{h} - \left(\frac{0.126W}{h} + 0.02\right)\ln\left(\frac{100h}{\lambda_0}\right) \tag{3.63}$$

$$Z_c = 72.62 - 15.283\ln\varepsilon_r + 50\left(1 - 0.02\frac{h}{W}\right)\left(\frac{W}{h} - 0.1\right) + (19.23 - 3.693\ln\varepsilon_r)\ln\left(10^2\frac{W}{h}\right) -$$

$$\left(11.4 - 2.636\ln\varepsilon_r - 10^2\frac{h}{\lambda_0}\right)^2 \times \left[0.139\ln\varepsilon_r - 0.11 + \frac{W}{h}(0.465\ln\varepsilon_r + 1.44)\right] \tag{3.64}$$

当 $0.2 \leqslant W/h \leqslant 1.0$ 时，

$$\frac{\lambda_g}{\lambda_0} = 0.987 - 0.21\ln\varepsilon_r + \frac{W}{h}(0.111 - 0.0022\varepsilon_r) - \left(0.053 + \frac{0.041W}{h} - 0.0014\varepsilon_r\right)\ln\left(\frac{100h}{\lambda_0}\right) \tag{3.65}$$

$$Z_c = 113.19 - 23.257\ln\varepsilon_r + 1.25\frac{W}{h}(114.59 - 22.531\ln\varepsilon_r) + 20\left(1 - \frac{W}{h}\right)\left(\frac{W}{h} - 0.2\right) -$$

$$\left[0.15 + 0.1\ln\varepsilon_r + \frac{W}{h}(0.899\ln\varepsilon_r - 0.79)\right] \times \left[10.25 - 2.171\ln\varepsilon_r + \right.$$

$$\left. \frac{W}{h}(2.1 - 0.617\ln\varepsilon_r) - 10^2\frac{h}{\lambda_0}\right]^2 \tag{3.66}$$

式（3.63）～式（3.66）中，$0.01 \leqslant h/\lambda_0 \leqslant 0.25/\sqrt{\varepsilon_r - 1}$。

3.5 传输线方程及传输线分析

各种各样的传输线尽管横截面的构成各不相同，传输模式也不一样，但有一个特点是共同的：横截面沿纵向分布。不同的传输线横向问题是不一样的（边界条件不同），因而求解方法也不尽相同，但纵向问题的解的形式是一样的。横截面构成以及传输模式的不同，仅仅造成纵向问题参量（如传播常数、特性阻抗等）的不同。

传输线问题可以分解为横向问题和纵向问题。横向问题反映了传输线的个性，而纵向问题反映了共性。任何传输线的纵向问题在形式上是相同的，均满足电报方程，解的形式也相同。用双导线的集总参数电路模型可以方便地推导电报方程。考虑到高频效应，双导线的集总参数电路模型如图 3.16 所示，其中，一个微分段 dz 的等效电路和全部双导线的等效电路分别如图 3.16（a）和（b）所示。

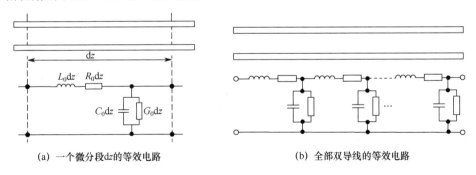

(a) 一个微分段dz的等效电路　　　　　　(b) 全部双导线的等效电路

图 3.16　双导线的集总参数电路模型

3.5.1 传输线方程

在传输线上，电压和电流不仅是时间 t 的函数，而且是空间位置即坐标 z 的函数，分别可表示为 $u(z,t)$ 和 $i(z,t)$。如果电压、电流随时间呈简谐变化，则可用电路理论中的复数

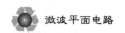

方法写成 $u(z,t)=\text{Im}[\dot{U}(z)e^{\text{j}wt}]$，$i(z,t)=\text{Im}[\dot{I}(z)e^{\text{j}wt}]$，其中 $\dot{U}(z)$ 和 $\dot{I}(z)$ 分别为电压和电流的复数振幅，它们都只是 z 的函数。为简化书写，后面将省略复数上的点。

1. 传输线方程的导出

在传输线上，$U(z)$ 和 $I(z)$ 沿 z 轴的变化率为 $\dfrac{\mathrm{d}U(z)}{\mathrm{d}z}$ 和 $\dfrac{\mathrm{d}I(z)}{\mathrm{d}z}$。传输线的一个微分段 $\mathrm{d}z$ 的两端与地之间的电压分别为 $U(z)$ 和 $U(z+\mathrm{d}z)$，电流分别为 $I(z)$ 和 $I(z+\mathrm{d}z)$，则有下列关系：

$$\frac{\mathrm{d}U(z)}{\mathrm{d}z}\mathrm{d}z=U(z+\mathrm{d}z)-U(z) \tag{3.67a}$$

$$\frac{\mathrm{d}I(z)}{\mathrm{d}z}\mathrm{d}z=I(z+\mathrm{d}z)-I(z) \tag{3.67b}$$

传输线一个微分段的等效电路如图 3.17 所示。

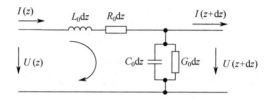

图 3.17　传输线一个微分段的等效电路

按照电路理论，列出其回路方程及节点方程[1]：

$$-U(z)+(R_0+\mathrm{j}\omega L_0)\mathrm{d}zI(z)+U(z+\mathrm{d}z)=0 \tag{3.68a}$$

$$-I(z)+(G_0+\mathrm{j}\omega C_0)\mathrm{d}zU(z+\mathrm{d}z)+I(z+\mathrm{d}z)=0 \tag{3.68b}$$

即

$$U(z+\mathrm{d}z)-U(z)=-(R_0+\mathrm{j}\omega L_0)\mathrm{d}zI(z) \tag{3.69a}$$

$$I(z+\mathrm{d}z)-I(z)=-(G_0+\mathrm{j}\omega C_0)\mathrm{d}zU(z+\mathrm{d}z) \tag{3.69b}$$

代入式（3.67a）和式（3.67b），并忽略 $\mathrm{d}z$ 的平方项，得到：

$$\frac{\mathrm{d}U(z)}{\mathrm{d}z}=-(R_0+\mathrm{j}\omega L_0)I(z) \tag{3.70a}$$

$$\frac{\mathrm{d}I(z)}{\mathrm{d}z}=-(G_0+\mathrm{j}\omega C_0)U(z) \tag{3.70b}$$

令 $R_0+\mathrm{j}\omega L_0=Z$，$G_0+\mathrm{j}\omega C_0=Y$，可得：

$$\frac{\mathrm{d}U(z)}{\mathrm{d}z}=-ZI(z) \tag{3.71a}$$

$$\frac{\mathrm{d}I(z)}{\mathrm{d}z}=-YU(z) \tag{3.71b}$$

令式（3.71a）和式（3.71b）再对 z 微分一次，得到：

$$\frac{\mathrm{d}^2U(z)}{\mathrm{d}z^2}-YZU(z)=0 \tag{3.72a}$$

$$\frac{\mathrm{d}^2I(z)}{\mathrm{d}z^2}-YZI(z)=0 \tag{3.72b}$$

这就是均匀传输线方程（电报方程），其解为

$$U(z) = U_0^+ e^{-\gamma z} + U_0^- e^{\gamma z} \tag{3.73a}$$

$$I(z) = I_0^+ e^{-\gamma z} + I_0^- e^{\gamma z} \tag{3.73b}$$

式中，$\gamma = \sqrt{YZ}$，$e^{-\gamma z}$ 和 $e^{\gamma z}$ 是电报方程的两个独立解，它们分别表示朝 z 轴正方向和朝 z 轴负方向传播的两个行波，即入射波和反射波。U_0^+、U_0^-、I_0^+ 和 I_0^- 分别表示相应的电压波及电流波的初始振幅，也就是 $z = 0$ 处的复数振幅。两个行波的传播常数为

$$\gamma = \sqrt{YZ} = \alpha + j\beta \tag{3.74}$$

式中，α 为衰减常数，β 为相移常数。$e^{-\gamma z} = e^{-\alpha z - j\beta z}$ 表示沿 z 轴正方向传播但振幅衰减的波，$e^{\gamma z} = e^{\alpha z + j\beta z}$ 表示沿 z 轴负方向传播但振幅衰减的波。

2. 特性阻抗和特性导纳

由式（3.71a）可知 $I(z)$ 和 $U(z)$ 的关系为

$$I(z) = -\frac{1}{Z} \frac{dU(z)}{dz} \tag{3.75}$$

将式（3.73a）代入式（3.75），得：

$$I(z) = \frac{\gamma}{Z} U_0^+ e^{-\gamma z} - \frac{\gamma}{Z} U_0^- e^{\gamma z} \tag{3.76}$$

式中，

$$\frac{\gamma}{Z} = \frac{\sqrt{YZ}}{Z} = \sqrt{\frac{Y}{Z}} = Y_c = \frac{1}{Z_c} \tag{3.77}$$

式中，$Y_c = \sqrt{\dfrac{Y}{Z}}$ 为传输线的特性导纳，$Z_c = \sqrt{\dfrac{Z}{Y}}$ 为传输线的特性阻抗。

传输线上的电压是入射波电压和反射波电压之和：

$$U(z) = U_0^+ e^{-\gamma z} + U_0^- e^{\gamma z} = U^+ + U^- \tag{3.78}$$

传输线上的电流是入射波电流和反射波电流之和：

$$I(z) = \frac{\gamma}{Z} U_0^+ e^{-\gamma z} - \frac{\gamma}{Z} U_0^- e^{\gamma z} = I^+ + I^- \tag{3.79}$$

特性阻抗 Z_c 的物理意义是入射波电压与入射波电流之比，即

$$Z_c = \frac{U^+}{I^+} \tag{3.80}$$

3. 不同情况下的衰减因子、相移常数和特性阻抗

下面讨论传输线的衰减因子、相移常数和特性阻抗在不同情况下的变化。

（1）一般情况。

根据式（3.74）和式（3.77），可得[1]：

$$\gamma = \alpha + j\beta = \sqrt{YZ} = \sqrt{(R_0 + j\omega L_0)(G_0 + j\omega C_0)} \tag{3.81}$$

$$\alpha = \sqrt{\frac{1}{2}\left[\sqrt{(R_0^2 + \omega^2 L_0^2)(G_0^2 + \omega^2 C_0^2)} - (\omega^2 L_0 C_0 - R_0 G_0)\right]} \tag{3.82}$$

$$\beta = \sqrt{\frac{1}{2}\left[\sqrt{(R_0^2 + \omega^2 L_0^2)(G_0^2 + \omega^2 C_0^2)} + (\omega^2 L_0 C_0 - R_0 G_0)\right]} \tag{3.83}$$

$$Z_c = \frac{\sqrt{R_0 + j\omega L_0}}{\sqrt{G_0 + j\omega C_0}} = \sqrt{\frac{L_0}{C_0}}\sqrt{\frac{1 - j\dfrac{R_0}{\omega L_0}}{1 - j\dfrac{G_0}{\omega C_0}}} \tag{3.84}$$

其中，γ 和 Z_c 都是复数。

（2）低频大损耗情况。

此时，$\omega L_0 \ll R_0$，$\omega C_0 \ll G_0$，则

$$\alpha = \sqrt{R_0 G_0}, \quad \beta = 0, \quad Z_c = \sqrt{\frac{R_0}{G_0}} \tag{3.85}$$

这时，传输线上不呈现波动过程，只是带来一定衰减。

（3）高频小损耗情况[1]。

此时，$\omega L_0 \gg R_0$，$\omega C_0 \gg G_0$，式（3.74）变为

$$\gamma = \sqrt{YZ} = j\omega\sqrt{L_0 C_0}\sqrt{\left(1 - j\frac{R_0}{\omega L_0}\right)\left(1 - j\frac{G_0}{\omega C_0}\right)}$$

$$\approx j\omega\sqrt{L_0 C_0}\left(1 - j\frac{R_0}{2\omega L_0}\right)\left(1 - j\frac{G_0}{2\omega C_0}\right) \tag{3.86}$$

$$= \left[\frac{R_0}{2}\sqrt{\frac{C_0}{L_0}} + \frac{G_0}{2}\sqrt{\frac{L_0}{C_0}}\right] + j\omega\sqrt{L_0 C_0}$$

因此，

$$\alpha \approx \frac{1}{2}\left[R_0\sqrt{\frac{C_0}{L_0}} + G_0\sqrt{\frac{L_0}{C_0}}\right] \tag{3.87}$$

$$\beta \approx \omega\sqrt{L_0 C_0} \tag{3.88}$$

此时，β 与 R_0、G_0 近似无关。特性阻抗 Z_c 可写为

$$Z_c \approx \sqrt{\frac{L_0}{C_0}}\left[1 - \frac{j}{2}\left(\frac{R_0}{\omega L_0} - \frac{G_0}{\omega C_0}\right)\right] \approx \sqrt{\frac{L_0}{C_0}} \tag{3.89}$$

（4）无损耗情况。

若传输线由良导体和低损耗介质构成，则在短距离传输时，常可以忽略损耗的影响，认为 $R_0 = 0$，$G_0 = 0$。因此，式（3.87）、式（3.88）和式（3.89）分别变为

$$\alpha = 0 \tag{3.90}$$

$$\beta = \omega\sqrt{L_0 C_0} \tag{3.91}$$

$$Z_c = \sqrt{\frac{L_0}{C_0}} \tag{3.92}$$

相应地，式（3.78）和式（3.79）分别变为

$$U(z) = U_0^+ e^{-j\beta z} + U_0^- e^{j\beta z} \tag{3.93a}$$

$$I(z) = I_0^+ e^{-j\beta z} + I_0^- e^{j\beta z} = \frac{U_0^+}{Z_c} e^{-j\beta z} - \frac{U_0^-}{Z_c} e^{j\beta z} \tag{3.93b}$$

此时，传输线上的电压、电流呈现正向和反向的等幅行波，特性阻抗 Z_c 为实数，即电流与电压同相，称为无损传输线或理想传输线，其等效电路如图 3.18 所示。

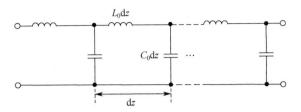

图 3.18　无损耗传输线的等效电路

3.5.2　端接负载的传输线分析

1. 端接负载的无耗传输线分析

1）传输线阻抗方程

端接负载的无耗传输线模型如图 3.19 所示。假设入射波从 $z<0$ 处的源发出，遇到负载后可能产生反射波。无耗传输线上的电压、电流分别为

$$U(z) = U_0^+ e^{-j\beta z} + U_0^- e^{j\beta z} = U^+ + U^- \tag{3.94a}$$

$$I(z) = \frac{U_0^+}{Z_c} e^{-j\beta z} - \frac{U_0^-}{Z_c} e^{j\beta z} = I^+ + I^- \tag{3.94b}$$

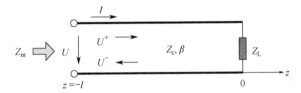

图 3.19　端接负载的无耗传输线模型

传输线上任一点往负载看去的输入阻抗定义为

$$Z_{in}(z) = \frac{U(z)}{I(z)} = Z_c \frac{U_0^+ e^{-j\beta z} + U_0^- e^{j\beta z}}{U_0^+ e^{-j\beta z} - U_0^- e^{j\beta z}} \tag{3.95}$$

根据欧拉公式可得：

$$Z_{in}(z) = Z_c \frac{Z_L - jZ_c \tan(\beta z)}{Z_c - jZ_L \tan(\beta z)} \tag{3.96}$$

由图 3.19 可知，在距离负载 l 处（$z = -l$）的输入阻抗为

$$Z_{in}(z) = Z_c \frac{Z_L + jZ_c \tan(\beta l)}{Z_c + jZ_L \tan(\beta l)} \tag{3.97}$$

式（3.97）为传输线输入阻抗方程。

由图 3.19 可知，$z=0$ 处为端接负载，则负载阻抗可表示为

$$Z_L = Z_{in}(0) = Z_c \frac{U_0^+ + U_0^-}{U_0^+ - U_0^-} \tag{3.98}$$

由式（3.98）可得：

$$\frac{U_0^-}{U_0^+} = \frac{Z_L - Z_c}{Z_L + Z_c} \tag{3.99}$$

由 $\lambda_g = \dfrac{2\pi}{\beta}$，可得：

$$\tan(\beta l + n\pi) = \tan\left[\beta\left(l + \frac{n\pi}{\beta}\right)\right] = \tan\left[\beta\left(l + \frac{n\lambda_g}{2}\right)\right] = \tan(\beta l) \tag{3.100}$$

显然，输入阻抗是以 π 为周期，即 $Z_{in}\left(l + n\dfrac{\lambda_g}{2}\right) = Z_{in}(l)$，这是半波长的阻抗重复性。又因为

$$\tan\left(\beta l + \frac{\pi}{2} + n\pi\right) = \tan\left\{\beta\left[l + (2n+1)\frac{\lambda_g}{4}\right]\right\} = -\cot(\beta l) \tag{3.101}$$

可得：

$$Z_{in}\left[l + (2n+1)\frac{\lambda_g}{4}\right] = \frac{Z_c^2}{Z_{in}(l)} \tag{3.102}$$

这是四分之一波长的阻抗倒置性。

2）开路和短路的短截线

根据传输线输入阻抗方程，可以求得开路和短路短截线的输入阻抗（导纳）。一段无耗的微带开路短截线可以等效成一个接地电容，一段无耗的微带短路短截线可以等效成一个接地电感，分别如图 3.20（a）和（b）所示。

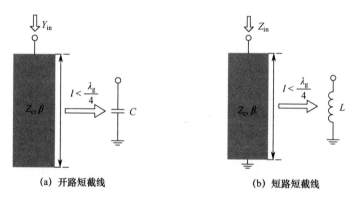

(a) 开路短截线　　　　　　　　(b) 短路短截线

图 3.20　无耗的微带开路、短路短截线及其等效电路

根据传输线输入阻抗方程，开路短截线的输入导纳和短路短截线的输入阻抗分别如下。
开路短截线：

$$Y_{in} = j\frac{1}{Z_c}\tan(\beta l) \tag{3.103}$$

短路短截线：

$$Z_{in} = jZ_c\tan(\beta l) \tag{3.104}$$

3）反射和匹配

反射系数定义如下。

反射波与入射波之比：

$$\Gamma(z) = \frac{U^-}{U^+} = \frac{U_0^-}{U_0^+} e^{2j\beta z} \qquad (3.105)$$

负载反射系数：

$$\Gamma_L = \Gamma(z=0) = \frac{U_0^-}{U_0^+} \qquad (3.106)$$

因此，$\Gamma(z) = \Gamma_L e^{2j\beta z}$，在距离负载 l 处（$z=-l$）的反射系数为 $\Gamma(z) = \Gamma_L e^{-2j\beta l}$。从反射系数与负载反射系数的关系式可知，在无耗传输线上反射系数的模不变，即

$$|\Gamma| = |\Gamma_L| \qquad (3.107)$$

根据输入阻抗和反射系数的表达式可以推导出以下几个重要关系式：

$$Z_{in} = Z_c \frac{1+\Gamma}{1-\Gamma} \qquad (3.108a)$$

$$\Gamma_L = \frac{Z_L - Z_c}{Z_L + Z_c} \qquad (3.108b)$$

$$\Gamma = \frac{Z_{in} - Z_c}{Z_{in} + Z_c} \qquad (3.108c)$$

引入反射系数的概念以后，电压、电流可分别表示为

$$U(z) = U^+ + U^- = U_0^+ e^{-j\beta z} + U_0^+ \Gamma e^{-j\beta z} = U^+(1+\Gamma) \qquad (3.109a)$$

$$I(z) = \frac{U^+}{Z_c}(1-\Gamma) \qquad (3.109b)$$

当 $\Gamma_L = 0$ 时，$\Gamma = 0$，此时传输线上没有反射波，称为匹配。匹配时，负载吸收全部入射波功率，并且有

$$Z_{in} = Z_c = Z_L \qquad (3.110)$$

当 $|\Gamma_L| = 1$ 时，$|\Gamma| = 1$，称为全反射。

当负载失配时，负载不能完全吸收入射波功率，一部分功率被反射波带走，形成回波损耗（return loss，RL）。回波损耗定义为

$$RL = -20\log|\Gamma| \qquad (3.111)$$

匹配时，$\Gamma = 0$，因此 $RL = \infty$；全反射时，$RL = 0$。

近年来，文献报道中的无反射滤波器（reflectionless filter）[19-21]和匹配的负群时延电路（matched negative group delay circuit）[22-24]都是基于吸收或匹配思想而设计的。它们通过引入耦合线、电阻等手段吸收反射波，让回波损耗衰减，达到减少反射波对信号源的干扰之目的，从而帮助减少不需要的驻波，降低系统终端的不稳定性。这些电路将在后续内容中介绍。

反映负载失配状态的另一个量是电压驻波比（voltage standing wave ratio，VSWR），定义为线上电压最大值与最小值之比，即

$$\rho = \frac{U_{max}}{U_{min}} = \frac{1+|\Gamma|}{1-|\Gamma|} \qquad (3.112)$$

匹配时，$\Gamma = 0$，因此 $\rho = 1$；全反射时，$|\Gamma| = 1$，因此 $\rho = \infty$。电压驻波比总是大于等于 1 的，不可能小于 1，即 $\rho \geqslant 1$。

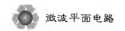

4）无耗传输线上的传输功率

无耗传输线上的传输功率（=输入功率）表示为

$$P_{in} = \frac{1}{2} \mathrm{Re}\{U(z)I^*(z)\} = \frac{\left|U^+\right|^2}{2Z_c}(1 - \left|\varGamma\right|^2) = P_i - P_r \tag{3.113}$$

可见，无耗传输线上传输功率不随位置而变，也就是说传输线上任一点的传输功率相同。式（3.113）中，

$$P_i = \frac{\left|U^+\right|^2}{2Z_c}, \quad P_r = \frac{\left|U^+\right|^2}{2Z_c}\left|\varGamma\right|^2 \tag{3.114}$$

P_i 和 P_r 分别为传输线 z 处的入射波功率和反射波功率。传输线上任一点的传输功率等于入射波功率与反射波功率之差。

因为无耗传输线上任一点的传输功率相同，因此可以取线上任一点的电压和电流来计算功率。为方便起见，一般取电压腹点或节点处计算，因为这些点处的阻抗为纯电阻，电压与电流同相。若取电压腹点，则传输功率为

$$P_{in} = \frac{1}{2}\left|U_{max}\right| \cdot \left|I_{min}\right| = \frac{1}{2} \cdot \frac{\left|U_{max}\right|^2}{Z_c\rho} \tag{3.115}$$

若取电压节点，则传输功率为

$$P_{in} = \frac{1}{2}\left|U_{min}\right| \cdot \left|I_{max}\right| = \frac{1}{2} \cdot \frac{Z_c\left|I_{max}\right|^2}{\rho} \tag{3.116}$$

可见，当传输线上耐压一定或载流一定时，电压驻波比 ρ 越趋近于 1，传输功率越大。

在不发生电压击穿的前提下，传输线允许传输的最大功率称为传输线的功率容量，可表示为

$$P_{br} = \frac{1}{2} \cdot \frac{\left|U_{br}\right|^2}{Z_c\rho} \tag{3.117}$$

式中，U_{br} 为线间的击穿电压。

2. 端接负载的有耗传输线分析

当考虑传输线损耗时，$\alpha \neq 0$，$\gamma = \alpha + \mathrm{j}\beta$。端接负载的有耗传输线模型如图 3.21 所示，可得：

$$U(z) = U_0^+ \mathrm{e}^{-\gamma z} + U_0^- \mathrm{e}^{\gamma z} = U_0^+ [\mathrm{e}^{-\gamma z} + \varGamma \mathrm{e}^{\gamma z}] \tag{3.118a}$$

$$I(z) = \frac{U_0^+}{Z_c}[\mathrm{e}^{-\gamma z} - \varGamma \mathrm{e}^{\gamma z}] \tag{3.118b}$$

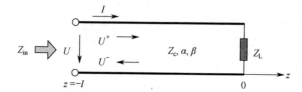

图 3.21 端接负载的有耗传输线模型

在距离负载 l 处（ $z = -l$ ）的输入阻抗为

$$Z_{in} = \frac{U(z)}{I(z)} = Z_c \cdot \frac{Z_L + Z_c \tan(h\gamma l)}{Z_c + Z_L \tan(h\gamma l)} \qquad (3.119)$$

传输线输入端（ $z = -l$ ）的功率为

$$P_{in} = \frac{1}{2} \text{Re}\{U(z)I^*(z)\} = \frac{|U^+|^2}{2Z_c}\left(1 - |\Gamma|^2\right)e^{2\alpha l} \qquad (3.120)$$

实际传到负载的功率为

$$P_L = \frac{1}{2} \text{Re}\{U(0)I^*(0)\} = \frac{|U^+|^2}{2Z_c}\left(1 - |\Gamma|^2\right) \qquad (3.121)$$

则传输线上的功率损耗为 $P_{in} - P_L$ 。

3.6 阻 抗 匹 配

3.6.1 传输系统的匹配状态

微波传输系统具 3 种不同的匹配状态：负载阻抗匹配、源阻抗匹配和共轭阻抗匹配，下面分别介绍。具有源和负载的传输线电路如图 3.22 所示。

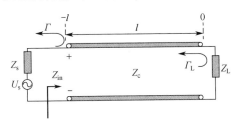

图 3.22 具有源和负载的传输线电路

1. 负载阻抗匹配

负载阻抗匹配对于微波传输系统的工作非常有利。我们知道，反射波会影响微波源工作的稳定性，在大功率系统中严重的反射甚至会损坏微波功率源。匹配负载可以将微波源传输过来的功率全部吸收，而不匹配负载则会将一部分功率反射回去[1]。反射波将使传输系统上出现驻波，影响系统的稳定性。

负载阻抗匹配时，传输系统上只有单一的入射行波而无反射波，所接的负载叫匹配负载，负载阻抗等于传输系统的等效特性阻抗。即 $Z_L = Z_c$ ，无反射。

2. 源阻抗匹配（源与带负载的传输线匹配）

当源的内阻等于传输系统的输入阻抗时，源和传输系统是匹配的，这种源称为匹配源。也就是当 $Z_s = Z_{in}$ 时，源与带负载的传输线匹配。匹配源只是对和它匹配的传输系统而言的，如果改变匹配源所接传输系统的特性阻抗，那么该匹配源就与传输系统不匹配了。

对于匹配源来说，它给传输系统的入射波功率是不随负载变化的。负载匹配时，它所得到的功率最大；负载有反射时，反射波被匹配源吸收，但是源给出的入射波功率不变。一般在测量系统中总是希望源是匹配的。

把不匹配的源变成匹配源可以用阻抗变换法，但是最常用的方法是加一个去耦衰减器或一个非互易元件，如隔离器或环形器，它们的作用都是把反射波吸收掉[1]。由于去耦衰减器同时使入射波功率受到衰减，因此，它只适用于小功率系统，且源给出的功率比系统所要求的功率大得多。

3. 共轭阻抗匹配

对于匹配源来说，匹配的负载可以得到最大的功率。但是，如果源与传输系统不匹配又会怎样呢？

源与传输系统不匹配时，源给传输线的入射功率随负载的变化而变化。在某些负载情况下，源给出的入射波功率比给匹配负载的功率要小，这时负载所得到的功率当然比匹配负载所得到的功率要小。但是在有些负载情况下，源给出的入射波功率比给匹配负载的功率还要大，这时不匹配负载虽然不能全部吸收入射波功率,但是它却可能比匹配负载得到的功率还要大。

下面就来求从不匹配源中能得到最大功率的负载阻抗,不匹配源的微波传输系统在源参考面的等效电路如图 3.23 所示。

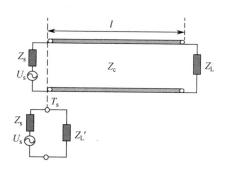

图 3.23　不匹配源的微波传输系统在源参考面的等效电路

设内阻抗为 $Z_s = R_s + jX_s$ 的不匹配电压源 U_s 经一特性阻抗为 Z_c 的微波传输系统和负载 Z_L 相连。负载阻抗 Z_L 经长度为 l、特性阻抗为 Z_c 的传输系统折合到有源参考面上的值为 Z_L'，即从参考面 T_s 向右看的输入阻抗为

$$Z_{in} = Z_L' = Z_c \frac{Z_L + jZ_c \tan\beta l}{Z_c + jZ_L \tan\beta l} = R_L' + jX_L' \tag{3.122}$$

这时得到的功率为

$$P_L = \frac{1}{2} \frac{U_s U_s^*}{(Z_s + Z_L')(Z_s + Z_L')^*} R_L' = \frac{1}{2} \frac{|U_s|^2 R_L'}{(R_s + R_L')^2 + (X_s + X_L')^2} \tag{3.123}$$

可见要使负载得到最大功率，应使 $X_L' = -X_s$。而 R_L' 的值可由功率的偏导数等于零求得：

$$\frac{\partial P_L}{\partial R_L'} = \frac{1}{2}|U_s|^2 \left[\frac{1}{(R_s + R_L')^2} - \frac{2R_L'}{(R_s + R_L')^3} \right] = 0 \tag{3.124}$$

可以得到：

$$R_L' = R_s \tag{3.125}$$

因此，对于不匹配源，当 $Z_L' = R_s - X_s$ 时，也就是当负载阻抗折合到源参考面上的值为源内阻抗的共轭值时，即 $Z_L' = Z_s^*$ 时，负载可以获得最大功率。这种匹配叫作共轭匹配。

如果在源参考面上负载阻抗和源的内阻抗共轭匹配，则在传输系统任意截面上向负载看去的负载阻抗和向源看去的源内阻抗也是共轭匹配的。

可用等效波源来解释共轭匹配负载能从不匹配源中得到比匹配负载还大的功率这种现象。因为当从负载反射回源的反射波再经源的反射而向负载传输时,其相位和源的相位相同，波的振幅相干加强，这种反射可以一次次持续下去，从而使传输系统的入射波振幅增大，入射波功率增大。在这种情况下，即使负载有反射，它所获得的功率也比负载匹配时还要大。

最后还需要指出，无论是无反射的匹配（$Z_L = Z_c$）还是共轭匹配（$Z_L' = Z_s^*$），都不一定能使系统有最高效率。例如，如果 $Z_s = Z_L = Z_c$，则这时负载和源都是匹配的（无反射），但是由源产生的功率只有一半传输到负载，另一半损耗在源的内阻抗 Z_s 中，传输线的效率为 50%。这个效率只有通过尽量减小 Z_s 才能提高。

3.6.2 阻抗匹配器

当负载不匹配时，传输系统不能获得最佳工作状态，因此要设法使负载阻抗匹配。为此可在负载前面加上阻抗匹配器。一般情况下，源是匹配的，所以要使负载得到最大功率只需把负载调节至匹配。阻抗匹配器的作用就是把不匹配负载变成匹配负载。

从阻抗的观点看，就是调节匹配器使匹配器前的传输系统输入阻抗的电抗部分为零，电阻部分等于传输系统特性阻抗。所以匹配器要调节 2 个量即阻抗（或导纳）的实部和虚部。从反射的观点看，可以认为匹配器的作用是在传输系统上再产生一个幅度和相位合适的反射波，使之与负载反射波相抵消。由于对附加反射波有幅度与相位两个要求，所以匹配器也要调节 2 个量。有时幅度和相位都合适的反射是由不止一个反射波合成的。总之，阻抗匹配器一般是可以调节的，而且至少有 2 个量可以调节。

四分之一波长变换器（或称四分之一波长匹配线）是一种非常有用的阻抗匹配电路，是由特性阻抗为 Z_c 的传输线与一段特性阻抗为 Z、长度为四分之一波长的传输线连接构成的，如图 3.24 所示。图中，λ_{g_0} 是某个特定频率 f_0 所对应的波导波长。由图 3.24 和传输线理论可知，

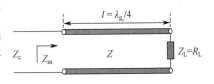

图 3.24 四分之一波长变换器

$$Z_{in} = \frac{Z^2}{R_L} \qquad (3.126)$$

为了匹配（$\Gamma = 0$），必须满足 $Z_{in} = Z_c$，可以得到：

$$Z = \sqrt{Z_c \cdot R_L} \qquad (3.127)$$

例如，负载电阻 $R_L = 100\,\Omega$，用一个四分之一波长变换器匹配到 $50\,\Omega$ 馈线上，则匹配段的特性阻抗根据式（3.127）可求得为 $Z = \sqrt{50 \times 100} = 70.71\,\Omega$。在 Wilkinson 功率分配器设计中常用到四分之一波长变换器来实现电路匹配。

需要指出的是，四分之一波长变换器只能匹配纯电阻负载。如果负载不是纯电阻，仍要采用四分之一波长变换器进行匹配时，需将其接在离负载一段距离的电压波节点或电压波腹点处。无耗传输线的特性阻抗为纯电阻，低耗传输线的特性阻抗也为纯电阻（近似），所以常用四分之一波长变换器来连接两条不同特性阻抗的传输系统以保证电磁波匹配传输。

显然，四分之一波长变换器只能对一个频率 f_0（对应的波导波长为 λ_{g_0}）产生理想的匹配。当频率变化时，匹配将被破坏。下面讨论主传输线上反射系数的模与频率及变换比 (R_L / Z_c) 的关系。

对于图 3.24 中给出的传输线电路，为了使反射系数 $\Gamma = 0$，在 $l = \lambda_{g_0} / 4$，$Z = \sqrt{R_L Z_c}$，

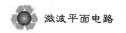
$f = f_0$ 条件下，有

$$Z_{in} = Z^2 / R_L = Z_c \tag{3.128}$$

若 $f \neq f_0$ 时，则

$$Z_{in} = Z \cdot \frac{R_L + jZ\tan\beta l}{Z + jR_L\tan\beta l} = Z \cdot \frac{R_L + jZ\tan\left(\dfrac{2\pi}{\lambda_g} \cdot \dfrac{\lambda_{g0}}{4}\right)}{Z + jR_L\tan\left(\dfrac{2\pi}{\lambda_g} \cdot \dfrac{\lambda_{g0}}{4}\right)} = Z \cdot \frac{R_L + jZ\tan\left(\dfrac{\pi}{2} \cdot \dfrac{\lambda_{g0}}{\lambda_g}\right)}{Z + jR_L\tan\left(\dfrac{\pi}{2} \cdot \dfrac{\lambda_{g0}}{\lambda_g}\right)} \tag{3.129}$$

反射系数的幅值为

$$|\Gamma| = \left|\frac{Z_{in} - Z_c}{Z_{in} + Z_c}\right| = \left|\frac{\dfrac{R_L}{Z_c} - 1}{\sqrt{\left(\dfrac{R_L}{Z_c} + 1\right)^2 + 4\left(\dfrac{R_L}{Z_c}\right)\tan^2\left(\dfrac{\pi}{2}\dfrac{\lambda_{g0}}{\lambda_g}\right)}}\right| \tag{3.130}$$

如果四分之一波长变换器是传播 TEM 波的传输线，则 $\lambda_{g0} / \lambda_g = f / f_0$，式（3.130）就是 $|\Gamma|$ 与 f / f_0 的关系式。可以看出，当工作频率偏离中心频率时，反射系数的模 $|\Gamma|$ 和电压驻波比 ρ 都要变大。变换比（R_L / Z_c）越大，则 $|\Gamma|$ 和 ρ 增加越快。因此，为了使匹配效果好，阻抗变换比不宜过大。

四分之一波长变换器的缺点之一是适应频带窄。当变换比过大或为了能在更宽频带工作时，可采用两节或多节四分之一波长变换器，两节四分之一波长变换器模型如图 3.25 所示。当满足如下关系时可获得最佳匹配效果：

$$\left(\frac{Z_1}{Z_2}\right)^2 = \frac{Z_{c_1}}{Z_{c_2}} \tag{3.131}$$

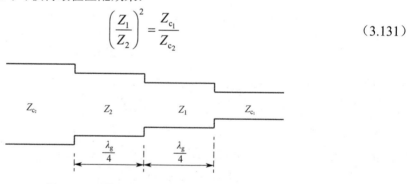

图 3.25 两节四分之一波长变换器模型

3.7 耦合传输线

3.7.1 耦合微带和耦合带状线

耦合传输线由两个相互靠近的并联传输线构成，两个传输线有持续的电磁场耦合。耦合线包括耦合微带、耦合带状线、耦合共面波导以及宽边耦合的带状线等，可广泛应用于定向耦合器、滤波器、移相器、巴伦（参见第 9 章）以及匹配网络的设计。因为电磁场的耦合，一对耦合传输线有两种不同的传播模式，即奇模和偶模，这两个模式具有不同的特性阻抗。对于耦合带状线，因为封闭在均匀的介质内，因此奇模、偶模具有相同的相速度；但是对于耦合微带，因为有空气和基片两种不均匀的介质，因此奇模、偶模的有效相对介电常数和相速度是不同的。

耦合微带和耦合带状线的横截面结构如图 3.26 所示。

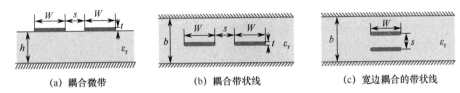

(a) 耦合微带　　　　　　(b) 耦合带状线　　　　　　(c) 宽边耦合的带状线

图 3.26　耦合微带和耦合带状线的横截面结构

1. 耦合微带

耦合微带的奇模、偶模特性阻抗可表示为[13]

$$Z_{0i} = \left[c\sqrt{C_i C_i^a} \right]^{-1}, \quad i \text{表示e或o} \tag{3.132}$$

式中，下标"e"表示偶模，下标"o"表示奇模，且

$$C_e = C_P + C_f + C_f', \quad C_o = C_P + C_f + C_{ga} + C_{gd} \tag{3.133a}$$

$$C_P = \varepsilon_0 \varepsilon_r \frac{W}{h}, \quad 2C_f = \sqrt{\varepsilon_{re}} / (cZ_0) - C_P, \quad c = 3 \times 10^8 \, \text{m/s} \tag{3.133b}$$

$$C_f' = \frac{C_f \sqrt{\varepsilon_r / \varepsilon_e}}{1 + \exp[-0.1 \exp(2.33 - 2.53 W/h)](h/s)\tanh(10s/h)} \tag{3.133c}$$

$$C_{ga} = \varepsilon_0 \frac{K(k')}{K(k)}; \quad k = \frac{s/h}{s/h + 2W/h} \tag{3.133d}$$

$$C_{gd} = \frac{\varepsilon_0 \varepsilon_r}{\pi} \ln\left[\coth\left(\frac{\pi s}{4h}\right) \right] + 0.65 C_f \left[\frac{0.02}{s/h}\sqrt{\varepsilon_r} + 1 - \varepsilon_r^{-2} \right] \tag{3.133e}$$

$$\varepsilon_e^i = \frac{C_i}{C_i^a} \tag{3.133f}$$

2. 耦合带状线

耦合带状线的奇模、偶模特性阻抗可分别表示为[13]

$$Z_{0o} = \frac{30\pi(b-t)}{\sqrt{\varepsilon_r}\left\{ W + \dfrac{bC_f}{2\pi} A_o \right\}} \tag{3.134}$$

$$Z_{0e} = \frac{30\pi(b-t)}{\sqrt{\varepsilon_r}\left\{ W + \dfrac{bC_f}{2\pi} A_e \right\}} \tag{3.135}$$

其中，

$$A_o = 1 + \frac{\ln(1 + \coth\theta)}{\ln 2}, \quad A_e = 1 + \frac{\ln(1 + \tanh\theta)}{\ln 2} \tag{3.136a}$$

$$\theta = \frac{\pi s}{2b} \tag{3.136b}$$

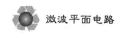

$$C_{\mathrm{f}} = 2\ln\left(\frac{2b-t}{b-t}\right) - \frac{t}{b}\ln\left[\frac{t(2b-t)}{(b-t)^2}\right] \tag{3.136c}$$

3. 宽边耦合带状线

宽边耦合带状线的奇模、偶模特性阻抗可分别表示为[13]

$$Z_{0\mathrm{o}} = \frac{60\pi/\sqrt{\varepsilon_{\mathrm{r}}}}{\dfrac{W}{b-s} + C_{\mathrm{f0}} + 2[(1+t/s)\ln(1+t/s) - (t/s)\ln(t/s)]/\pi} \tag{3.137}$$

$$Z_{0\mathrm{e}} = \frac{60\pi/\sqrt{\varepsilon_{\mathrm{r}}}}{\dfrac{W}{b-s} + 0.443 + \left\{\ln\dfrac{b+2t}{b-s} + \dfrac{s+2t}{b-s}\ln\left[(b+2t)/(s+2t)\right]\right\}/\pi} \tag{3.138}$$

其中，

$$C_{\mathrm{f0}} = \frac{b}{s\pi}\left(\ln\frac{1}{1-s/b} + \frac{s/b}{1-s/b}\ln\frac{b}{s}\right) \tag{3.139}$$

3.7.2 平行耦合线的参量

理论比较成熟的平行耦合线主要包括耦合微带和耦合带状线。平行耦合线又进一步分为不对称平行耦合线和对称平行耦合线，对称平行耦合线可看作不对称平行耦合线的特殊情况。下面以耦合带状线为模型进行分析，其分析结果对于耦合带状线来说是完全正确的，而对于耦合微带来说是近似正确的，这时公式中电长度应取奇模电长度和偶模电长度的平均值。

1. 不对称平行耦合线的导纳参量

两条线宽不等的带状线耦合在一起，构成不对称平行耦合线，其横截面如图 3.27（a）所示，导带 a 的宽度 W_a 不等于导带 b 的宽度 W_b。偶模和奇模激励时的电场分布分别如图 3.27（b）和（c）所示。令导带 a 和导带 b 的偶模特性导纳分别为 $Y_{0\mathrm{e}}^a$ 及 $Y_{0\mathrm{e}}^b$，奇模特性导纳分别为 $Y_{0\mathrm{o}}^a$ 及 $Y_{0\mathrm{o}}^b$，从电场分布情况可见，$Y_{0\mathrm{e}}^a$ 不等于 $Y_{0\mathrm{e}}^b$，$Y_{0\mathrm{o}}^a$ 不等于 $Y_{0\mathrm{o}}^b$。

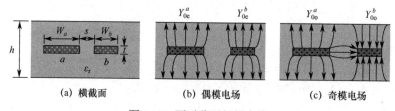

(a) 横截面　　　　　　(b) 偶模电场　　　　　　(c) 奇模电场

图 3.27　不对称平行耦合线

不对称平行耦合线的导纳参量可用奇模、偶模方法导出，如图 3.28 所示[25]。在图 3.28（a）中，各路电流和电压分别为 I_1、I_2、I_3、I_4 和 V_1、V_2、V_3、V_4；在图 3.28（b）中，各路电压分解成奇模、偶模电压。设 Y 为导纳矩阵，则有

$$\begin{bmatrix} I_1 \\ I_2 \\ I_3 \\ I_4 \end{bmatrix} = Y\begin{bmatrix} V_1 \\ V_2 \\ V_3 \\ V_4 \end{bmatrix} = \begin{bmatrix} Y_{11} & Y_{12} & Y_{13} & Y_{14} \\ Y_{21} & Y_{22} & Y_{23} & Y_{24} \\ Y_{31} & Y_{32} & Y_{33} & Y_{34} \\ Y_{41} & Y_{42} & Y_{43} & Y_{44} \end{bmatrix}\begin{bmatrix} V_1 \\ V_2 \\ V_3 \\ V_4 \end{bmatrix} \tag{3.140}$$

可得：

$$I_1 = Y_{11}V_1 + Y_{12}V_2 + Y_{13}V_3 + Y_{14}V_4 \qquad (3.141a)$$

$$I_2 = Y_{21}V_1 + Y_{22}V_2 + Y_{23}V_3 + Y_{24}V_4 \qquad (3.141b)$$

$$I_3 = Y_{31}V_1 + Y_{32}V_2 + Y_{33}V_3 + Y_{34}V_4 \qquad (3.141c)$$

$$I_4 = Y_{41}V_1 + Y_{42}V_2 + Y_{43}V_3 + Y_{44}V_4 \qquad (3.141d)$$

把各路电压分别用它们的奇模电压和偶模电压表示，则

$$\begin{cases} V_1 = V_{1e} + V_{1o} \\ V_2 = V_{2e} + V_{2o} \\ V_3 = V_{1e} - V_{1o} \\ V_4 = V_{2e} - V_{2o} \end{cases} \qquad (3.142)$$

可以求得：

$$V_{1e} = \frac{1}{2}(V_1 + V_3), \quad V_{1o} = \frac{1}{2}(V_1 - V_3) \qquad (3.143)$$

$$V_{2e} = \frac{1}{2}(V_2 + V_4), \quad V_{2o} = \frac{1}{2}(V_2 - V_4) \qquad (3.144)$$

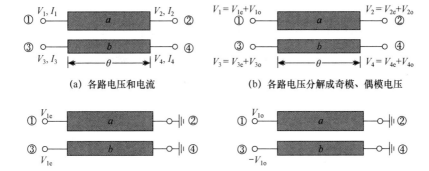

(a) 各路电压和电流   (b) 各路电压分解成奇模、偶模电压

(c) ①、③端口施加偶模电压，②、④端口短路   (d) ①、③端口施加奇模电压，②、④端口短路

(e) ①、③端口短路，②、④端口施加偶模电压   (f) ①、③端口短路，②、④端口施加奇模电压

图 3.28 不对称平行耦合线的导纳参量

四端网络的导纳参量可用叠加原理求得，具体步骤如下：

（1）假定偶模电压 V_{1e} 分别从①、③端口激励耦合线，②、④端口短路（接地），如图 3.28（c）所示，求出各路电流。

（2）假定奇模电压 V_{1o} 和 $-V_{1o}$ 分别从①、③端口激励耦合线，②、④端口短路，如图 3.28（d）所示，求出各路电流。

（3）假定①、③端口短路，偶模电压 V_{2e} 分别从②、④端口输入，如图 3.28（e）所示，求各路电流。

（4）假定①、③端口短路，奇模电压 V_{2o} 及 $-V_{2o}$ 分别从②、④端口输入，如图 3.28（f）所示，求各路电流。

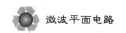

最后，利用叠加原理，求出各路的总电流 I_1、I_2、I_3 和 I_4。把式（3.143）和式（3.144）代入，得到不对称平行耦合线的导纳参量计算公式。

在计算过程中，都要应用终端短路的传输线电压和电流计算公式，已知

$$\begin{bmatrix} V_1 \\ I_1 \end{bmatrix} = \begin{bmatrix} \cos\theta & jZ_0\sin\theta \\ \dfrac{j\sin\theta}{Z_0} & \cos\theta \end{bmatrix} \begin{bmatrix} V_2 \\ -I_2 \end{bmatrix} \tag{3.145}$$

即

$$V_1 = (\cos\theta)V_2 - jZ_0(\sin\theta)I_2 , \quad I_1 = j\frac{\sin\theta}{Z_0}V_2 - (\cos\theta)I_2 \tag{3.146}$$

当终端短路（接地）时，$V_2 = 0$，故得：

$$I_2 = jY_0(\csc\theta)V_1 , \quad I_1 = -jY_0(\cot\theta)V_1 \tag{3.147}$$

当始端短路时，$V_1 = 0$，得：

$$I_2 = -jY_0(\cot\theta)V_2 , \quad I_1 = jY_0(\csc\theta)V_2 \tag{3.148}$$

在图 3.28（c）和（e）中，Y_0 用 Y_{0e}^a 和 Y_{0o}^a 代替；在图 3.28（d）和（f）中，Y_0 用 Y_{0e}^b 和 Y_{0o}^b 代替。表 3.5 给出了 4 种不同情况的各路电流表达式，①路总电流等于表中第 2 列 4 个电流之和，②路总电流等于表中第 3 列 4 个电流之和，依此类推。

表 3.5　4 种不同情况的各路电流表达式[25]

外加电压	①路电流	②路电流	③路电流	④路电流
V_{1e}, V_{1e}	$-jY_{0e}^a(\cot\theta)V_{1e}$	$jY_{0e}^a(\csc\theta)V_{1e}$	$-jY_{0e}^b(\cot\theta)V_{1e}$	$jY_{0e}^b(\csc\theta)V_{1e}$
$V_{1o}, -V_{1o}$	$-jY_{0o}^a(\cot\theta)V_{1o}$	$jY_{0o}^a(\csc\theta)V_{1o}$	$jY_{0o}^b(\cot\theta)V_{1o}$	$-jY_{0o}^b(\csc\theta)V_{1o}$
V_{2e}, V_{2e}	$jY_{0e}^a(\csc\theta)V_{2e}$	$-jY_{0e}^a(\cot\theta)V_{2e}$	$jY_{0e}^b(\csc\theta)V_{2e}$	$-jY_{0e}^b(\cot\theta)V_{2e}$
$V_{2o}, -V_{2o}$	$jY_{0o}^a(\csc\theta)V_{2o}$	$-jY_{0o}^a(\cot\theta)V_{2o}$	$-jY_{0o}^b(\csc\theta)V_{2o}$	$jY_{0o}^b(\cot\theta)V_{2o}$

根据上述求解过程，可得不对称平行耦合线的导纳参量为

$$\left.\begin{aligned}
Y_{11} &= -j\frac{\cot\theta}{2}(Y_{0e}^a + Y_{0o}^a) & Y_{21} &= j\frac{\csc\theta}{2}(Y_{0e}^a + Y_{0o}^a) \\
Y_{12} &= j\frac{\csc\theta}{2}(Y_{0e}^a + Y_{0o}^a) & Y_{22} &= -j\frac{\cot\theta}{2}(Y_{0e}^a + Y_{0o}^a) \\
Y_{13} &= -j\frac{\cot\theta}{2}(Y_{0e}^a - Y_{0o}^a) & Y_{23} &= j\frac{\csc\theta}{2}(Y_{0e}^a - Y_{0o}^a) \\
Y_{14} &= j\frac{\csc\theta}{2}(Y_{0e}^a - Y_{0o}^a) & Y_{24} &= -j\frac{\cot\theta}{2}(Y_{0e}^a - Y_{0o}^a)
\end{aligned}\right\} \tag{3.149}$$

$$\left.\begin{aligned}
Y_{31} &= -j\frac{\cot\theta}{2}(Y_{0e}^b - Y_{0o}^b) & Y_{41} &= j\frac{\csc\theta}{2}(Y_{0e}^b - Y_{0o}^b) \\
Y_{32} &= j\frac{\csc\theta}{2}(Y_{0e}^b - Y_{0o}^b) & Y_{42} &= -j\frac{\cot\theta}{2}(Y_{0e}^b - Y_{0o}^b) \\
Y_{33} &= -j\frac{\cot\theta}{2}(Y_{0e}^b + Y_{0o}^b) & Y_{43} &= j\frac{\csc\theta}{2}(Y_{0e}^b + Y_{0o}^b) \\
Y_{34} &= j\frac{\csc\theta}{2}(Y_{0e}^b + Y_{0o}^b) & Y_{44} &= -j\frac{\cot\theta}{2}(Y_{0e}^b + Y_{0o}^b)
\end{aligned}\right\} \tag{3.150}$$

因为平行耦合线是一个可逆四端网络，故 $Y_{mn} = Y_{nm}$，例如 Y_{14} 必等于 Y_{41}，对比式（3.149）和式（3.150），可知

$$Y_{0e}^a - Y_{0o}^a = Y_{0e}^b - Y_{0o}^b \tag{3.151}$$

2. 对称平行耦合线的导纳参量与阻抗参量

由于对称耦合线的导体宽度相等，电力线对称分布，故

$$Y_{0e}^a = Y_{0e}^b = Y_{0e}, \quad Y_{0o}^a = Y_{0o}^b = Y_{0o} \tag{3.152}$$

代入式（3.149）和式（3.150），得：

$$
\begin{aligned}
Y_{11} = Y_{22} = Y_{33} = Y_{44} &= -\mathrm{j}\frac{\cot\theta}{2}(Y_{0e} + Y_{0o}) \\
Y_{12} = Y_{21} = Y_{34} = Y_{43} &= \mathrm{j}\frac{\csc\theta}{2}(Y_{0e} + Y_{0o}) \\
Y_{13} = Y_{31} = Y_{24} = Y_{42} &= -\mathrm{j}\frac{\cot\theta}{2}(Y_{0e} - Y_{0o}) \\
Y_{14} = Y_{41} = Y_{23} = Y_{32} &= \mathrm{j}\frac{\csc\theta}{2}(Y_{0e} - Y_{0o})
\end{aligned}
\tag{3.153}
$$

利用导纳参量与阻抗参量的转换公式，或先把电流分解成奇模电流和偶模电流，然后进行分析，可得如下阻抗参量：

$$
\begin{aligned}
Z_{11} = Z_{22} = Z_{33} = Z_{44} &= -\mathrm{j}\frac{\cot\theta}{2}(Z_{0e} + Z_{0o}) \\
Z_{12} = Z_{21} = Z_{34} = Z_{43} &= -\mathrm{j}\frac{\csc\theta}{2}(Z_{0e} + Z_{0o}) \\
Z_{13} = Z_{31} = Z_{24} = Z_{42} &= -\mathrm{j}\frac{\cot\theta}{2}(Z_{0e} - Z_{0o}) \\
Z_{14} = Z_{41} = Z_{23} = Z_{32} &= -\mathrm{j}\frac{\csc\theta}{2}(Z_{0e} - Z_{0o})
\end{aligned}
\tag{3.154}
$$

3. 平行耦合线节的等效参量

平行耦合线一般来说是一个四端网络，但是在特殊情况下可当作二端口网络。例如，两路开路或短路，一路与另一路内部连接在一起。这种二端口网络称为平行耦合线节。微波滤波器的倒置变换器可用多种方法实现，其中应用平行耦合线节是最常见的一种方法。平行耦合线节的等效电路及等效参量可直接根据平行耦合线的导纳参量或阻抗参量公式和终端条件导出。例如，当某一路开路时，它的电流等于零；反之当这路短路时，它的电压等于零；而当第 n 路与第 m 路连接时，则 $I_n = -I_m$。几种平行耦合线节的等效参量见表 3.6。

表 3.6　几种平行耦合线节的等效参量

平行耦合线节	等 效 参 量
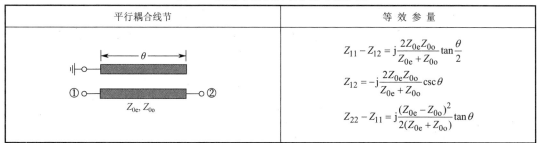	$Z_{11} - Z_{12} = \mathrm{j}\dfrac{2Z_{0e}Z_{0o}}{Z_{0e} + Z_{0o}}\tan\dfrac{\theta}{2}$ $Z_{12} = -\mathrm{j}\dfrac{2Z_{0e}Z_{0o}}{Z_{0e} + Z_{0o}}\csc\theta$ $Z_{22} - Z_{11} = \mathrm{j}\dfrac{(Z_{0e} - Z_{0o})^2}{2(Z_{0e} + Z_{0o})}\tan\theta$

（续表）

平行耦合线节	等 效 参 量
短路式平行耦合线节	$Y_{11} = Y_{22} = -\mathrm{j}\dfrac{\cot\theta}{2}(Y_{0\mathrm{o}} + Y_{0\mathrm{e}})$ $Y_{12} = -\mathrm{j}\dfrac{\csc\theta}{2}(Y_{0\mathrm{o}} - Y_{0\mathrm{e}})$
开路式平行耦合线节	$Z_{11} = Z_{22} = -\mathrm{j}\dfrac{\cot\theta}{2}(Z_{0\mathrm{e}} + Z_{0\mathrm{o}})$ $Z_{12} = -\mathrm{j}\dfrac{\csc\theta}{2}(Z_{0\mathrm{e}} - Z_{0\mathrm{o}})$

我们知道，一个二端口网络可以由耦合线段构成，只要把 4 个端口中的两个端口终端开路或短路即可，有 10 种可能的组合，具体见表 3.7。其中，镜像阻抗 Z_{i1} 和 Z_{i2} 在图 3.29 所示的二端口网络中定义如下：Z_{i1} 表示当端口 2 端接 Z_{i2} 时，端口 1 的输入阻抗；Z_{i2} 表示当端口 1 端接 Z_{i1} 时，端口 2 的输入阻抗。

表 3.7　10 种标准的耦合线（节）电路[5]

电　路	镜　像　阻　抗
	$Z_{i1} = \dfrac{2Z_{0\mathrm{e}}Z_{0\mathrm{o}}\cos\theta}{\sqrt{(Z_{0\mathrm{e}} + Z_{0\mathrm{o}})^2\cos^2\theta - (Z_{0\mathrm{e}} - Z_{0\mathrm{o}})^2}}$ $Z_{i2} = \dfrac{Z_{0\mathrm{e}}Z_{0\mathrm{o}}}{Z_{i1}}$
	$Z_{i1} = \dfrac{2Z_{0\mathrm{e}}Z_{0\mathrm{o}}\sin\theta}{\sqrt{(Z_{0\mathrm{e}} - Z_{0\mathrm{o}})^2 - (Z_{0\mathrm{e}} + Z_{0\mathrm{o}})^2\cos^2\theta}}$
	$Z_{i1} = \dfrac{\sqrt{(Z_{0\mathrm{e}} - Z_{0\mathrm{o}})^2 - (Z_{0\mathrm{e}} + Z_{0\mathrm{o}})^2\cos^2\theta}}{2\sin\theta}$
	$Z_{i1} = \dfrac{\sqrt{Z_{0\mathrm{e}}Z_{0\mathrm{o}}}\sqrt{(Z_{0\mathrm{e}} - Z_{0\mathrm{o}})^2 - (Z_{0\mathrm{e}} + Z_{0\mathrm{o}})^2\cos^2\theta}}{(Z_{0\mathrm{e}} + Z_{0\mathrm{o}})\sin\theta}$ $Z_{i2} = \dfrac{Z_{0\mathrm{e}}Z_{0\mathrm{o}}}{Z_{i1}}$
	$Z_{i1} = \dfrac{Z_{0\mathrm{e}} + Z_{0\mathrm{o}}}{2}$
	$Z_{i1} = \dfrac{2Z_{0\mathrm{e}}Z_{0\mathrm{o}}}{Z_{0\mathrm{e}} + Z_{0\mathrm{o}}}$

（续表）

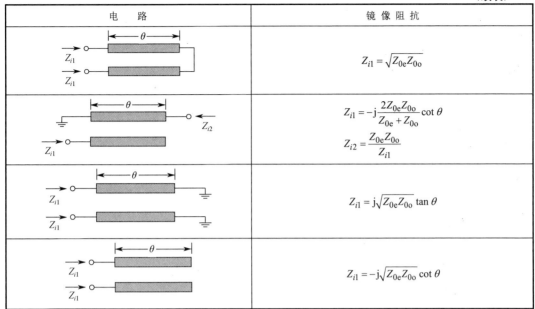

电　　路	镜 像 阻 抗
	$Z_{i1} = \sqrt{Z_{0e}Z_{0o}}$
	$Z_{i1} = -\mathrm{j}\dfrac{2Z_{0e}Z_{0o}}{Z_{0e} + Z_{0o}} \cot\theta$ $Z_{i2} = \dfrac{Z_{0e}Z_{0o}}{Z_{i1}}$
	$Z_{i1} = \mathrm{j}\sqrt{Z_{0e}Z_{0o}}\,\tan\theta$
	$Z_{i1} = -\mathrm{j}\sqrt{Z_{0e}Z_{0o}}\,\cot\theta$

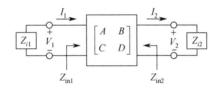

图 3.29　端接其镜像阻抗的二端口网络

当端接它们的镜像阻抗时，两个端口是匹配的。从图 3.29 和镜像阻抗的定义可知：

$$Z_{\mathrm{in}1} = Z_{i1}, \quad Z_{\mathrm{in}2} = Z_{i2} \tag{3.155}$$

此二端口网络的端口电压和电流的关系为

$$\begin{bmatrix} V_1 \\ I_1 \end{bmatrix} = \begin{bmatrix} A & B \\ C & D \end{bmatrix} \cdot \begin{bmatrix} V_2 \\ I_2 \end{bmatrix} \tag{3.156}$$

4. 耦合线终端加载结构

根据前面的分析，对于图 3.30（a）所示的对称平行耦合线，其阻抗参量可表示为

$$Z_1 = Z_{11} = Z_{22} = Z_{33} = Z_{44} = -\mathrm{j}\frac{Z_{0e} + Z_{0o}}{2\tan\theta} \tag{3.157a}$$

$$Z_2 = Z_{12} = Z_{21} = Z_{34} = Z_{43} = -\mathrm{j}\frac{Z_{0e} - Z_{0o}}{2\tan\theta} \tag{3.157b}$$

$$Z_3 = Z_{13} = Z_{31} = Z_{24} = Z_{42} = -\mathrm{j}\frac{Z_{0e} - Z_{0o}}{2\sin\theta} \tag{3.157c}$$

$$Z_4 = Z_{14} = Z_{41} = Z_{23} = Z_{32} = -\mathrm{j}\frac{Z_{0e} + Z_{0o}}{2\sin\theta} \tag{3.157d}$$

这里，平行耦合线的端口序号与前面的分析不同，因此阻抗参量公式（3.157）与式（3.154）形式上有所不同，但是本质上是一致的。

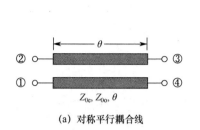

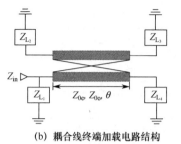

(a) 对称平行耦合线　　　　　　　　　　(b) 耦合线终端加载电路结构

图 3.30　对称平行耦合线及其终端加载电路结构

耦合线终端加载电路结构如图 3.30（b）所示，Z_{L_1}、Z_{L_2}、Z_{L_3}、Z_{L_4} 为耦合线 4 个端口所加负载，Z_{in} 为输入阻抗，可表示为[26]

$$Z_{\text{in}} = \frac{Z_{L_1}(Z_1 Q + Z_2 M + Z_3 N + Z_4 P)}{Z_{L_1} Q + Z_1 Q + Z_2 M + Z_3 N + Z_4 P} \tag{3.158}$$

$$\begin{aligned} M = &[Z_2 Z_4 - Z_3(Z_1 + Z_{L_3})][Z_3 Z_4 - Z_2(Z_1 + Z_{L_4})] + \\ &(Z_3^2 - Z_2^2)[Z_2 Z_3 - Z_4(Z_1 + Z_{L_4})] \end{aligned} \tag{3.159a}$$

$$N = Z_3[(Z_1 Z_3 - Z_2 Z_4)(Z_1 + Z_{L_2} + Z_{L_4}) + Z_3(Z_2^2 - Z_3^2 + Z_4^2 + Z_{L_2} Z_{L_4}) - Z_1 Z_2 Z_4] \tag{3.159b}$$

$$P = Z_3[(Z_1 Z_4 - Z_2 Z_3)(Z_1 + Z_{L_2} + Z_{L_3}) + Z_4(Z_2^2 + Z_3^2 - Z_4^2 + Z_{L_2} Z_{L_3}) - Z_1 Z_2 Z_3] \tag{3.159c}$$

$$\begin{aligned} Q = &[Z_2(Z_1 + Z_{L_2}) - Z_3 Z_4][Z_2 Z_3 - Z_4(Z_1 + Z_{L_4})] + \\ &[Z_3(Z_1 + Z_{L_3}) - Z_2 Z_4][Z_3^2 - (Z_1 + Z_{L_2})(Z_1 + Z_{L_4})] \end{aligned} \tag{3.159d}$$

参 考 文 献

[1] 应嘉年，顾茂章，张克潜. 微波与光导波技术[M]. 北京：国防工业出版社，1994.

[2] HONG J S, LANCASTER M J. Microstrip filters for RF/Microwave applications[M]. New York: John Wiley & Sons Press, 2001.

[3] HAMMERSTAD E O, JENSEN O. Accurate models for microstrip computer-aided design[J]. IEEE MTT-S, 1980, Digest: 407-409.

[4] HUNTER K C, GARG R, BAHL I, et al. Microstrip lines and slotlines[M]. 2nd Edition., Boston: Artech House, 1996.

[5] POZAR D M. 微波工程（第三版）[M]. 张肇仪，周乐柱，吴德明，等译. 北京：电子工业出版社，2006.

[6] OLINER A A. Equivalent circuits for discontinuities in balanced strip transmission line[J]. IRE Trans. Microwave Theory Tech., Vol. MTT-3, 1955: 134-143.

[7] ALTSCHULER H M, OLINER A A. Discontinuities in the center conductor of symmetric strip transmission line[J]. IRE Trans. Microwave Theory Tech., Vol. MTT-8, 1960: 328-339.

[8] WOLFF I. Coplanar microwave integrated circuits[M]. New Jersey: John Wiley & Sons Press, 2006.

[9] XIAO J K, ZHU M, MA J G, et al. Conductor-backed CPW bandpass filters with electromagnetic couplings[J]. IEEE Microwave and Wireless Components Letters, Vol.26, No.6, 2016: 401-403.

[10] COONROD J, RAUTIO B. Comparing microstrip and CPW performance[J]. Microwave Journal China, Nov./Dec.2012: 46-53.

[11] RAINEE N. Simons. Coplanar waveguide circuits, components, and Systems[M]. New Jersey: John Wiley & Sons Press, 2001: 87-104.

[12] 张敏，肖建康. 折叠地型 CBCPW 有耗滤波器[C]//2018 年全国微波毫米波会议论文集（下册）. 北京：电子工业出版社，657-660.

[13] BAHL I, BHARTIA P. Microwave solid state circuit design[M]. New Jersey: John Wiley & Sons Press, 1988.

[14] COHN S B. Slot line on a dielectric substrate[J]. IEEE Trans Microwave Theory Tech., Vol.17, 1969: 768-778.

[15] SVACINA J. Dispersion characteristics of multilayered slotlines-a simple approach[J]. IEEE Trans. Microwave Theory Tech., Vol.47, 1999: 1826-1829.

[16] MARIANI E A, HEINZMAN C P, AGRIOS J P , et al. Slotline characteristics[J]. IEEE Trans. Microwave Theory Tech., Vol.17, 1969: 1091-1096.

[17] GARG R, GUPTA K C. Expressions for wavelength and impedance of a slotline[J]. IEEE Trans. Microwave Theory Tech., Vol.24, 1976: 532.

[18] JANASWASMY R, SCHAUBERT D H. Characteristic impedance of a wide slotline on low-permittivity substrates[J]. IEEE Trans. Microwave Theory Tech., Vol.34, 1986: 900-902.

[19] MORGAN M A, BOYD T A. Theoretical and experimental study of a new class of reflectionless filter[J]. IEEE Trans. Microwave Theory and Techniques, vol. 59, no.5, 2011: 1214-1221.

[20] SHAO J Y, LIN Y S. Narrowband coupled-line bandstop filter with absorptive stopband[J]. IEEE Trans. Microwave Theory and Techniques, vol. 63, no.10, 2015: 3469-3478.

[21] XIAO J, PU J. Synthesis of absorption reflectionless bandstop filter and its design using multi-layer self-packaged SCPW[J]. IEEE Access, Vol.8, 2020: 218803-218812.

[22] QIU L, WU L, YIN W, et al. Absorptive bandstop filter with prescribed negative group delay and bandwith[J]. IEEE Microwave and Wireless Components Letters, Vol.27, No.7, 2017: 639-641.

[23] SHAO T, WANG Z, FANG S, et al. A compact transmission-line self-matched negative group delay microwave circuit[J]. IEEE Access, Vol.5, 2017: 22836-22843.

[24] XIAO J, WANG Q, MA J. Matched NGD circuit with resistor-connected coupled lines[J]. Electronics Letters, Vol.55, No.16, 2019: 903-905.

[25] 李嗣范. 微波元件原理与设计[M]. 北京：人民邮电出版社，1982.

[26] ZHANG B, WU Y L, LIU Y N. Wideband single-ended and differential bandpass filters based on terminated coupled line structures[J]. IEEE Trans. Microwave Theory and Techniques, Vol.65, No.3, 2017: 761-774.

第4章 平面元件

平面元件是平面电路不可或缺的组成部分。平面元件包括平面谐振器，平面可集成电感、电容，以及短截线型谐振器等。本章重点研究平面谐振器。

微波谐振器一般由任意形状的电壁或磁壁所限定的体积构成，其内产生微波电磁振荡，是一种具有储能和选频特性的微波谐振元器件。微波谐振器在微波电路和系统中具有非常广泛的应用，是微波滤波器、双/多工器、滤波功分器、振荡器、天线/滤波天线、调谐放大器等不可或缺的组成部分，也是滤波电路和天线等设计的基础。平面谐振器是利用微带、带状线、CPW、CBCPW 等类型的平面传输线设计实现的微波谐振器，具有类似于集总参数 RLC 谐振回路功能的分布参数电路，可等效成 RLC 串联或者并联谐振回路。平面谐振器体积小、重量轻、造价低廉，易于和其他微波电路集成，是目前微波元器件设计开发的热点。平面谐振器中研究最多、应用最广的是微带谐振器，其他传输线形式的平面谐振器与微带谐振器的特征类似。图 4.1 给出了几种典型的微带谐振器，四分之一波长短路谐振器、圆环谐振器、圆形谐振器和三角形谐振器分别如图 4.1（a）~（d）所示。这些谐振器也可以用 CPW、CBCPW 等实现。谐振器短路可以用接地通孔（对于微带）或者接地短截线（对于 CPW 和 CBCPW）实现。

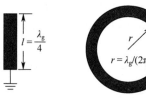  

(a) 四分之一波长短路谐振器 (b) 圆环谐振器 (c) 圆形谐振器 (d) 三角形谐振器

图 4.1 几种典型的微带谐振器

4.1 平面谐振器基本理论

4.1.1 微波谐振器谐振的基本特性

微波谐振器是很多微波电路设计的基本单元，其功能和低频电路中的集总参数 RLC 谐振回路（如果不考虑损耗，则为 LC 谐振回路）十分相似。从本质上讲，微波谐振器（包括平面谐振器）和集总参数 RLC 谐振回路，二者产生谐振/振荡的物理过程都是电场能量和磁场能量相互转换的过程，但二者又有明显区别：

（1）RLC 谐振回路是集总参数电路，微波谐振器则是分布参数电路；

（2）RLC 谐振回路只有一个谐振频率（ $f = 1/(2\pi\sqrt{LC})$ ），而微波谐振器则具有多谐振性，当尺寸一定时可有无限多个分立的谐振频率，这些谐振频率对应不同的谐振模式；

（3）微波谐振器的品质因数比 RLC 谐振回路高得多。

这里以图 4.2 所示的任意形状的空腔谐振器（由理想导体构成）来说明微波谐振器的基本特性。任意形状的空腔谐振器在理想导体边界条件下，同时满足麦克斯韦方程和电磁场边界条件，其谐振频率由这些条件限制。由麦克斯韦方程

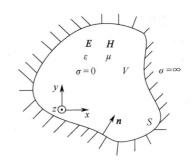

图 4.2　由理想导体构成的任意形状的空腔谐振器

$$\nabla \times \boldsymbol{H} = \mathrm{j}\omega\varepsilon\boldsymbol{E} , \quad \nabla \times \boldsymbol{E} = -\mathrm{j}\omega\mu\boldsymbol{H} \tag{4.1}$$

可得：

$$\nabla \times \nabla \times \boldsymbol{E} = k^2\boldsymbol{E} \tag{4.2}$$

式中，k 是波数。用 $\boldsymbol{E}^*$ 对式（4.2）两边求数量积，并对空腔体积 V 进行积分，得：

$$\int_V \boldsymbol{E}^* \cdot \nabla \times \nabla \times \boldsymbol{E} \mathrm{d}V = k^2 \int_V \boldsymbol{E}^* \cdot \boldsymbol{E}\mathrm{d}V \tag{4.3}$$

利用矢量恒等式

$$\nabla \cdot (\boldsymbol{A} \times \boldsymbol{B}) = (\nabla \times \boldsymbol{A}) \cdot \boldsymbol{B} - (\nabla \times \boldsymbol{B}) \cdot \boldsymbol{A} \tag{4.4}$$

可得：

$$\int_V (\nabla \times \boldsymbol{E}) \cdot (\nabla \times \boldsymbol{E}^*) \mathrm{d}V - \int_V \nabla \cdot (\boldsymbol{E}^* \times \nabla \times \boldsymbol{E})\mathrm{d}V = k^2 \int_V |\boldsymbol{E}|^2 \mathrm{d}V \tag{4.5}$$

应用高斯定理，式（4.5）等号左边第 2 项可把体积积分转变为边界面上的面积积分，利用理想导体边界条件可证明在边界面上被积函数为零，于是式（4.5）变为

$$\int_V |\nabla \times \boldsymbol{E}|^2 \mathrm{d}V = k^2 \int_V |\boldsymbol{E}|^2 \mathrm{d}V \tag{4.6}$$

由此可见，并非任意 k 值的电磁场都能在腔内满足麦克斯韦方程和边界条件。能够在腔内存在的电磁场，其 k 值必须满足

$$k_i^2 = \frac{\int_V |\nabla \times \boldsymbol{E}|^2 \mathrm{d}V}{\int_V |\boldsymbol{E}|^2 \mathrm{d}V} , \quad i=1,2,3,\cdots \tag{4.7}$$

式中，k_i 是一些分立的值。和 k_i 相对应的频率 $f_i = \dfrac{k_i}{2\pi\sqrt{\varepsilon\mu}}$ 就是谐振腔中可能存在的电磁谐振频率。由式（4.7）可得：

$$k_i^2 = \frac{\int_V |\nabla \times \boldsymbol{E}|^2 \mathrm{d}V}{\int_V |\boldsymbol{E}|^2 \mathrm{d}V} = \frac{2\omega_i^2 \mu \times \dfrac{1}{2}\int_V \mu|\boldsymbol{H}|^2 \mathrm{d}V}{\dfrac{2}{\varepsilon} \times \dfrac{1}{2}\int_V \varepsilon|\boldsymbol{E}|^2 \mathrm{d}V} = k_i^2 \frac{W_{\mathrm{m,max}}}{W_{\mathrm{e,max}}} \tag{4.8}$$

即

$$W_{\mathrm{m,max}} = W_{\mathrm{e,max}} \tag{4.9}$$

由式（4.8）和式（4.9）可知，空腔谐振器中电磁能量相互转换，当最大电场储能 $W_{\mathrm{e,max}}$ 和最大磁场储能 $W_{\mathrm{m,max}}$ 相等时，谐振器发生谐振，每个谐振都存在相应的谐振频率。这和 LC 谐振回路中的结论一致。

在稳态情况下，也就是当谐振器无损，或者谐振器有损但损耗功率可由外电源给予补偿而维持振幅恒定时，在谐振频率下电场储能最大值和磁场储能最大值相等，并等于谐振腔中任一瞬时电磁场总储能，即

$$W_0 = W_{e,max} = W_{m,max} \tag{4.10}$$

式中，

$$W_{e,max} = \frac{1}{2}\varepsilon\int_V \boldsymbol{E}\cdot\boldsymbol{E}^* \mathrm{d}V = \frac{1}{2}\varepsilon\int_V |\boldsymbol{E}|^2 \mathrm{d}V \tag{4.11a}$$

$$W_{m,max} = \frac{1}{2}\mu\int_V \boldsymbol{H}\cdot\boldsymbol{H}^* \mathrm{d}V = \frac{1}{2}\mu\int_V |\boldsymbol{H}|^2 \mathrm{d}V \tag{4.11b}$$

对于平面电路，在任何情况下，电路结构在 z 轴方向上都非常薄，因而可以认为电磁场在 z 轴方向是均匀的。又因为平面电路被上下导体夹起来，所以不存在 z 轴方向的磁场。如果把平面电路看成电场、磁场分别为 $\boldsymbol{E} = (0,0,E_z)$ 和 $\boldsymbol{H} = (H_x,H_y,0)$ 的一种空腔谐振器，那么空腔谐振器的一般理论就能应用于平面电路，因此平面谐振器的基本特性也满足式（4.7）～式（4.11）。

4.1.2 平面谐振器的基本参量

1. 谐振频率 f_0 和谐振波长 λ_0

在讨论谐振器的基本参量时，我们常使用谐振波长 λ_0 这个物理量，谐振频率 f_0 和谐振波长 λ_0 满足式（4.12）：

$$f_0 = \frac{c}{\lambda_0}, \quad \omega_0 = \frac{2\pi c}{\lambda_0} \tag{4.12}$$

从空腔谐振器谐振的定义出发，有

$$\lambda_0 = \frac{2\pi}{k_0}\bigg|_{W_{e,max}=W_{m,max}} \tag{4.13}$$

对于不同结构、不同模式的谐振器，其谐振波长不同。由谐振器谐振的基本特性分析可知，发生谐振时谐振器内分布的电磁场是纯驻波场。谐振时电磁场在谐振器内 x 轴、y 轴和 z 轴（或 γ 轴、ϕ 轴和 z 轴）3 个方向均为驻波分布，电场与磁场有 $\pi/2$ 的相位差，因而当电场能量最大时磁场能量为零，当磁场能量最大时电场能量为零。此时电场能量与磁场能量相互转换，且 $W_{e,max} = W_{m,max}$ 形成持续的电磁谐振。由波数 $k = \omega\sqrt{\varepsilon\mu} = k_0\sqrt{\varepsilon_r}$（$k_0$ 是自由空间中的波数）及 $k^2 = k_c^2 + \beta^2$，可得：

$$\lambda_0 = \frac{2\pi\sqrt{\varepsilon_r}}{\sqrt{\beta^2 + k_c^2}} \tag{4.14}$$

式（4.14）不仅适用于平面谐振器，也适用于其他传输系统型谐振器。对于带状线这类 TEM 模谐振器，因为 $k_c = 0$，则

$$\lambda_0 = \frac{2l}{p}\sqrt{\varepsilon_r} \tag{4.15}$$

式中，l 是谐振器长度，$p=1,2,3,\cdots$。谐振波长和波导波长（$\lambda_g = 2\pi/\beta$）是两个不同的概念。不论谐振器还是传输线，其波导波长 λ_g 不会发生变化，也就是说谐振器不会改变波

导波长的大小，只是对波导波长具有选择性。我们常说的四分之一波长谐振器、二分之一波长谐振器、全波长谐振器等，其中的波长指的就是波导波长。

2. 品质因数

平面谐振器的品质因数定义与集总参数 LC 谐振回路的品质因数定义类似。一个孤立的谐振器只存在空载品质因数 Q_0（也称固有品质因数），而一个与系统有耦合的平面谐振器不仅具有空载品质因数，还具有有载品质因数 Q_L 和外部品质因数 Q_e，它们分别定义为

$$Q_0 = 2\pi \times \frac{谐振器总储能}{一周期谐振器的耗能}\bigg|_{\omega=\omega_0} = \frac{\omega_0 W_0}{P_d} \tag{4.16a}$$

$$Q_L = 2\pi \times \frac{谐振器总储能}{一周期谐振器和外负载的总耗能}\bigg|_{\omega=\omega_0} = \frac{\omega_0 W_0}{P_d + P_e} \tag{4.16b}$$

$$Q_e = 2\pi \times \frac{谐振器总储能}{一周期外负载的耗能}\bigg|_{\omega=\omega_0} = \frac{\omega_0 W_0}{P_e} \tag{4.16c}$$

其中，W_0 为谐振时谐振器所存储的电磁总能量，P_d 为谐振时谐振器内的损耗功率，P_e 为谐振时通过耦合装置损耗在外匹配负载中的功率。因此，Q_0 是谐振器本身的特性参量；Q_e 和 Q_L 是耦合谐振器的特性参量。就拿滤波器来说，外部品质因数 Q_e 提供了滤波器和外部电路（输入输出电路）之间的关系，以保证它们之间的阻抗匹配。

由式（4.16a）～式（4.16c）可知，

$$\frac{1}{Q_L} = \frac{1}{Q_0} + \frac{1}{Q_e} \tag{4.17}$$

定义耦合谐振器的耦合系数为

$$k = \frac{P_e}{P_d} = \frac{Q_0}{Q_e} \tag{4.18}$$

将式（4.18）代入式（4.17），可得：

$$Q_L = \frac{Q_0}{1+k} \tag{4.19}$$

由式（4.18）可知，$k \geqslant 0$。因此，耦合必定使耦合谐振器的有载品质因数 Q_L 小于固有品质因数 Q_0。当耦合系数 $k>1$ 时，称谐振器和系统过耦合；若 $k<1$，称为欠耦合；若 $k=1$，称为临界耦合。对耦合谐振器进行测试是实验获得谐振器耦合系数的通用方法。当 $Q_0 \gg 1$，$Q_e \gg 1$ 时，谐振器的耦合系数可近似表示为[1]

$$k \approx \frac{\omega_2 - \omega_1}{\omega_0} \tag{4.20}$$

式中，ω_0 是中心角频率，ω_1 和 ω_2 可看成电路奇模、偶模谐振峰对应的角频率。由式（4.20）可知，当 $\omega_2 - \omega_1 > \omega_0$ 时，$k>1$；当 $\omega_2 - \omega_1 < \omega_0$ 时，$k<1$。

平面谐振器具有选频特性。实际谐振器的电磁谐振/振荡总是由功率源来维护和保障的。当功率源的工作频率等于谐振器的谐振频率时，发生强迫共振，谐振器内出现最强电磁场，而且这时最大电场强度和最大磁场强度的振幅相等，谐振器呈现出纯电阻性。当功率源的工作频率偏离谐振器的谐振频率时，谐振器吸收的能量明显下降，从而使谐振器内的电磁场明显减弱。功率源的工作频率偏离谐振器的谐振频率越大，这种减弱越严重，这样就构成了谐振器的选频特性。谐振频率相同，有载品质因数 Q_L 越高，谐振曲线就越尖

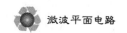

锐，选频特性也就越好。谐振器选频特性和Q_L的关系如图4.3所示。

在无外界能量供给或补充的情况下，耦合谐振器内的谐振（自由振荡）是逐渐衰减的。

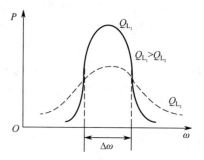

图4.3 谐振器选频特性和Q_L的关系

4.1.3 传输线型谐振器的等效电路

任何一个单模微波谐振器都可看成一个单端口网络。由网络理论可知，在某个谐振频率点上，任何单端口网络都可用 RLC 或 GLC 串联或者并联集总参数电路来等效。为简化分析，我们只讨论孤立平面谐振器的等效电路，不考虑与外电路耦合的情况。

RLC 串联、并联谐振电路如图4.4所示。图4.4（a）是RLC串联谐振电路，其输入阻抗为

$$Z_{in} = R + j\left(\omega L - \frac{1}{\omega C}\right) = R + j\omega_0 L\left(\frac{\omega}{\omega_0} - \frac{\omega_0}{\omega}\right) \tag{4.21}$$

式中，$\omega_0 = 1/\sqrt{LC}$ 是谐振频率；R 为纯电阻，也就是输入阻抗的实部，是一个与频率无关的实数；电抗 $X = \omega L - \dfrac{1}{\omega C}$ 为输入阻抗的虚部，与频率有关。

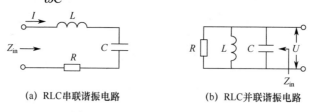

(a) RLC串联谐振电路　　　　(b) RLC并联谐振电路

图4.4 RLC 串联、并联谐振电路

在谐振（$\omega = \omega_0$）时，$X=0$，$Z_{in}=R$，相应的固有品质因数 $Q_0 = \dfrac{\omega_0 L}{R} = \dfrac{1}{\omega_0 RC}$[2]。在谐振频率点附近，令 $\omega = \omega_0 + \Delta\omega$，式（4.21）近似为

$$Z_{in} = R + jL\frac{(\omega+\omega_0)(\omega-\omega_0)}{\omega} \approx R + j2L(\omega-\omega_0) = R + jX \tag{4.22}$$

式（4.22）的电抗斜率为

$$\frac{dX}{d\omega} = \frac{d}{d\omega}[2L(\omega-\omega_0)] = 2L \tag{4.23}$$

可知 $dX/d\omega$ 是一个大于零、与频率无关的常数。若定义谐振器的电抗斜率参数为

$$x = \frac{\omega_0}{2}\frac{dX}{d\omega}\bigg|_{\omega=\omega_0} \tag{4.24}$$

则此串联谐振电路的电抗斜率参数为

$$x = \frac{\omega_0}{2}\frac{dX}{d\omega}\bigg|_{\omega=\omega_0} = \omega_0 L \tag{4.25}$$

由上述分析，可知串联谐振电路的频率特性如下：

（1）输入阻抗为纯电阻部分和电抗部分之和，电阻 R 不随频率变化，电抗与频率有关；

（2）当 $\omega = \omega_0$ 时，$X=0$，输入阻抗等于 R；

（3）在 ω_0 附近，电抗斜率是个常数，并且大于零。

对于图 4.4（b）给出的 RLC 并联谐振电路，其输入导纳表示为

$$Y_{in} = G + j\left(\omega C - \frac{1}{\omega L}\right) = G + jB \tag{4.26}$$

式中，G 为输入导纳的实部，$G = 1/R$，它是一个与频率无关的常数；$B = \omega C - \frac{1}{\omega L}$ 为输入导纳的虚部，与频率有关。当谐振频率 $\omega_0 = 1/\sqrt{LC}$ 时，$B = 0$，$Z_{in} = R$，相应的固有品质因数 $Q_0 = \omega_0 RC = \frac{R}{\omega_0 L}$[2]。同理，可定义电纳斜率和电纳斜率参数，电纳斜率参数表示为

$$k = \frac{\omega_0}{2}\frac{\mathrm{d}B}{\mathrm{d}\omega}\bigg|_{\omega=\omega_0} = \omega_0 C \tag{4.27}$$

并联谐振电路的频率特性如下：

（1）输入导纳为电导部分和电纳部分之和，电导 G 不随频率变化，电纳与频率有关；

（2）当 $\omega = \omega_0$ 时，电纳 B 等于零，输入导纳为 G；

（3）在 ω_0 附近，电纳斜率是个常数，并且大于零。

串联、并联谐振电路在谐振时都满足 $W_{e,max} = W_{m,max}$。串联、并联谐振器的谐振特性见表 4.1。

表 4.1　串联、并联谐振器的谐振特性

参　量	串联谐振器	并联谐振器
输入阻抗/导纳	$Z_{in} = R + j\omega L - j\frac{1}{\omega C}$ $\approx R + j\frac{2RQ_0\Delta\omega}{\omega_0}$	$Y_{in} = \frac{1}{R} + j\omega C - j\frac{1}{\omega L}$ $\approx \frac{1}{R} + j\frac{2Q_0\Delta\omega}{\omega_0}$
功率损耗	$P_{loss} = \frac{1}{2}|I|^2 R$	$P_{loss} = \frac{1}{2}\frac{|U|^2}{R}$
存储的磁能	$W_{m,max} = \frac{1}{4}|I|^2 L$	$W_{m\,max} = \frac{1}{4}|U|^2\frac{1}{\omega^2 L}$
存储的电能	$W_{e,max} = \frac{1}{4}|I|^2\frac{1}{\omega^2 C}$	$W_{e\,max} = \frac{1}{4}|U|^2 C$
谐振频率	$\omega_0 = \frac{1}{\sqrt{LC}}$	$\omega_0 = \frac{1}{\sqrt{LC}}$
固有品质因数 Q_0	$Q_0 = \frac{\omega_0 L}{R} = \frac{1}{\omega_0 RC}$	$Q_0 = \omega_0 RC = \frac{R}{\omega_0 L}$
外部品质因数 Q_e	$Q_e = \frac{\omega_0 L}{R_L}$	$Q_e = \frac{R_L}{\omega_0 L}$

4.1.4　平面传输线型谐振器分析

1. 二分之一波长终端短路谐振器

广义传输线型谐振器可以用双线等效电路表示。对于图 4.5（a）所示的二分之一波长终端短路谐振器，当考虑小损耗时，其输入阻抗为

$$Z_{in} = Z_c \tanh(\gamma l) = Z_c\frac{\tanh(\alpha l) + j\tan(\beta l)}{1 + j\tan(\beta l)\tanh(\alpha l)} \tag{4.28}$$

如果衰减因子 $\alpha = 0$ （无耗），则 $Z_{\text{in}} = jZ_{\text{c}}\tan(\beta l)$。对于小损耗（实际上多数传输线的损耗都很小），可假设 $\alpha l \ll 1$，则 $\tanh(\alpha l) \approx \alpha l$，式（4.28）可近似为

$$Z_{\text{in}} \approx Z_{\text{c}}[\alpha l + j\tan(\beta l)] = Z_{\text{c}}\alpha l + jZ_{\text{c}}\tan(\beta l) = R + jX$$

其电抗斜率参数为[3]

$$x = \frac{\omega_0}{2}\frac{\mathrm{d}X}{\mathrm{d}\omega}\bigg|_{\omega=\omega_0} = \frac{\omega_0}{2}Z_{\text{c}}l\sec(\beta l)\frac{\mathrm{d}\beta}{\mathrm{d}\omega}\bigg|_{\omega=\omega_0} = \frac{n\pi}{2}Z_{\text{c}}\left(\frac{\lambda_{\text{g}}}{\lambda_0}\right)^2 = \omega_0 L \tag{4.29}$$

该谐振器的输入阻抗实部为 $R = Z_{\text{c}}\alpha l$，是一个与频率无关的常数。当 $\omega = \omega_0$ 时，该谐振器的输入阻抗虚部为 $X_{\text{in}} = Z_{\text{c}}\tan\left(\dfrac{2\pi}{\lambda_{\text{g}}}\dfrac{n\lambda_{\text{g}}}{2}\right) = 0$，此时谐振器输入阻抗为 $Z_{\text{in}} = Z_{\text{c}}\alpha l$，谐振器长度为 $l = \dfrac{n\lambda_{\text{g}}}{2}$。

在 ω_0 附近，二分之一波长终端短路谐振器输入阻抗的频率特性与串联谐振电路的频率特性一致，因此可以在 ω_0 附近将其等效为集总参数的 RLC 串联谐振电路，输入阻抗为

$$Z_{\text{in}} = R + j\left(\omega L - \frac{1}{\omega C}\right) \tag{4.30}$$

当 $l = \lambda_{\text{g}}/2$ 时，

$$R = \frac{\lambda_{\text{g}}}{2}Z_{\text{c}}\alpha，\quad L = \frac{Z_{\text{c}}\pi}{2\omega_0}，\quad C = \frac{1}{\omega_0^2 L} \tag{4.31}$$

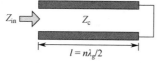 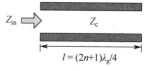

（a）二分之一波长终端短路谐振器 　　　　　（b）四分之一波长终端开路谐振器

图 4.5　等效电路为串联谐振器的平面传输线型谐振器

2. 四分之一波长终端开路谐振器

对图 4.5（b）所示的四分之一波长终端开路谐振器，$l = (2n+1)\lambda_{\text{g}}/4$，考虑小损耗时，其输入阻抗为

$$Z_{\text{in}} = Z_{\text{c}}\coth(\gamma l) = Z_{\text{c}}\frac{1 + j\tanh(\alpha l)\tan(\beta l)}{\tanh(\alpha l) + j\tan(\beta l)} \tag{4.32}$$

由于 $\alpha l \ll 1$，故式（4.32）近似为

$$Z_{\text{in}} = Z_{\text{c}}\alpha l - jZ_{\text{c}}\cot(\beta l) = R + jX \tag{4.33}$$

其电抗斜率参数为

$$x = \frac{\omega_0}{2}\frac{\mathrm{d}X}{\mathrm{d}\omega}\bigg|_{\omega=\omega_0} = \frac{\omega_0}{2}Z_{\text{c}}l\csc^2(\beta l)\frac{\mathrm{d}B}{\mathrm{d}\omega}\bigg|_{\omega=\omega_0} = \frac{2n+1}{4}\pi Z_{\text{c}}\left(\frac{\lambda_{\text{g}}}{\lambda_0}\right)^2 \tag{4.34}$$

该谐振器的输入阻抗实部为 $R = Z_{\text{c}}\alpha l$，是一个与频率无关的常数。当 $\omega = \omega_0$ 时，该谐振器的输入阻抗虚部为

$$X = Z_c \cot\left(\frac{2\pi}{\lambda_g} \frac{2n+1}{4} \lambda_g\right) = 0 \tag{4.35}$$

在 ω_0 附近，该谐振器输入阻抗的频率特性也符合串联谐振电路的特性，所以可在 ω_0 附近将其等效为一个集总参数 RLC 串联谐振电路。当 $l = \lambda_g / 4$ 时，

$$R = \frac{\lambda_g}{4} Z_c \alpha, \quad L = \frac{Z_c \pi}{4\omega_0}, \quad C = \frac{1}{\omega_0^2 L} \tag{4.36}$$

3. 二分之一波长终端开路谐振器

对于图 4.6（a）所示的二分之一波长终端开路谐振器，当 $l = \frac{n}{2}\lambda_g$ 时，其输入导纳为

$$Y_{in} = Y_c \tanh(\gamma l) = Y_c \frac{\tanh(\alpha l) + j\tan(\beta l)}{1 + j\tanh(\alpha l)\tan(\beta l)} \tag{4.37}$$

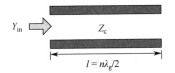 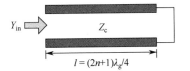

(a) 二分之一波长终端开路谐振器　　　　(b) 四分之一波长终端短路谐振器

图 4.6　等效电路为并联谐振器的平面传输线型谐振器

由于 $\alpha l \ll 1$，Y_{in} 可近似为

$$Y_{in} = Y_c \alpha l + jY_c\tan(\beta l) = G + jB \tag{4.38}$$

其电纳斜率参数可表示为[3]

$$k = \frac{\omega_0}{2} \frac{dB}{d\omega}\bigg|_{\omega=\omega_0} = \frac{n\pi}{2} Y_c \left(\frac{\lambda_g}{\lambda_0}\right)^2 \tag{4.39}$$

在 ω_0 附近，电导 $G = Y_c\alpha l$ 是一个与频率无关的常数，电纳斜率参数 $k > 0$，当 $\omega = \omega_0$ 时，$B = Y_c\tan\left(\frac{2\pi}{\lambda_g} \cdot \frac{n\lambda_g}{2}\right) = 0$，$Y_{in} = Y_c\alpha l$。可知在 ω_0 附近，二分之一波长终端开路谐振器输入导纳的频率特性与并联谐振电路相吻合，因此可以等效为一个集总参数 RLC 并联谐振电路，输入导纳为

$$Y_{in} = \frac{1}{R} + j\omega C - j\frac{1}{\omega L} \tag{4.40}$$

当 $l = \frac{\lambda_g}{2}$ 时，

$$R = \frac{Z_c}{\alpha l}, \quad C = \frac{\pi}{2\omega_0 Z_c}, \quad L = \frac{1}{\omega_0^2 C} \tag{4.41}$$

4. 四分之一波长终端短路谐振器

对于图 4.6（b）所示的 $l = (2n+1)\lambda_g / 4$ 的四分之一波长终端短路谐振器，其输入导纳为

$$Y_{in} = Y_c \tanh(\gamma l) = Y_c \frac{1 + j\tanh(\alpha l)\tan(\beta l)}{\tanh(\alpha l) + j\tan(\beta l)} \tag{4.42}$$

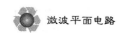

在 ω_0 附近，该谐振器输入导纳的频率特性也符合并联谐振电路特性，故可以等效为一个集总参数 RLC 并联谐振电路。当 $l = \dfrac{\lambda_g}{4}$ 时，

$$R = \frac{Z_c}{\alpha l}, \quad C = \frac{\pi}{4\omega_0 Z_c}, \quad L = \frac{1}{\omega_0^2 C} \tag{4.43}$$

在许多微波滤波器设计中，一段四分之一波长或二分之一波长终端开路或短路的短截线常被用作谐振器。表 4.2 讨论了 4 个这样的谐振器及其 RLC 等效电路，也是对常用平面传输线型谐振器的归纳。$Z_0 = 1/Y_0$，$\omega_0 = 1/\sqrt{LC}$，这里 Z_0 和 Y_0 分别是短截线的特性阻抗和特性导纳，ω_0 是短截线谐振器的谐振角频率。

表 4.2　短截线谐振器及其 RLC 等效电路

短截线谐振器类型		RLC 等效电路	元 件 值
$\lambda_g/4$ 型	$\lambda_g/4$ 终端开路短截线		$L = \dfrac{Z_c \pi}{4\omega_0}$，$C = \dfrac{1}{\omega_0^2 L}$，$R = \dfrac{\lambda_g}{4} Z_c \alpha$ $Z_c = \dfrac{4}{\pi}\sqrt{\dfrac{L}{C}}$，$Q = \dfrac{\omega_0 L}{R} = \dfrac{\pi}{4\alpha l}$
	$\lambda_g/4$ 终端短路短截线		$L = \dfrac{1}{\omega_0^2 C}$，$C = \dfrac{\pi}{4\omega_0 Z_c}$，$R = \dfrac{Z_c}{\alpha l}$，$Z_c = \dfrac{\pi}{4}\sqrt{\dfrac{L}{C}}$ $Q = \dfrac{\omega_0 C}{G} = \dfrac{\pi}{4\alpha l}$
$\lambda_g/2$ 型	$\lambda_g/2$ 终端开路短截线		$L = \dfrac{1}{\omega_0^2 C}$，$C = \dfrac{\pi}{2\omega_0 Z_c}$，$R = \dfrac{Z_c}{\alpha l}$，$Z_c = \dfrac{\pi}{2}\sqrt{\dfrac{L}{C}}$， $Q = \dfrac{\pi}{2\alpha l}$
	$\lambda_g/2$ 终端短路短截线		$L = \dfrac{Z_c \pi}{2\omega_0}$，$C = \dfrac{1}{\omega_0^2 L}$，$R = \dfrac{\lambda_g}{2} Z_c \alpha$　$Z_c = \dfrac{2}{\pi}\sqrt{\dfrac{L}{C}}$， $Q = \dfrac{\pi}{2\alpha l}$

4.2　微带贴片谐振器

微带贴片谐振器主要是指在微带介质基板上，用方形/长方形、圆形、圆环形、等边/等腰三角形等简单规则形状的金属贴片与介质和接地面构成的电磁谐振电路，如图 4.7 所示。金属贴片和接地面所限定的空间可看成由上下电壁和四周磁壁覆盖，其内产生微波电磁振荡。与窄微带谐振器相比，微带贴片谐振器具有较小的损耗。同时，微带贴片谐振器具有结构简单、易于设计和加工、适合大批量生产、造价低等优点，在工程中具有较为广泛的应用。

图 4.7　典型的微带贴片谐振器

4.2.1　矩形微带谐振器

一种计算矩形微带谐振器谐振性能的简单分析模型如图 4.8（a）所示。设矩形贴片和接地面为电壁，其余的面均为磁壁，电磁波在电壁和磁壁所包围的空间振荡。介质基片的厚度为 h，矩形贴片的宽度和长度分别是 w 和 l，当 $w=l$ 时是方形贴片。从电磁场方程出发，求解其满足特定边界条件的波动方程。通常 $h \ll \lambda_g$，谐振器中只存在 TM^z 模，这时电磁场在 z 轴方向没有变化，即 $\partial(\cdot)/\partial z = 0$。

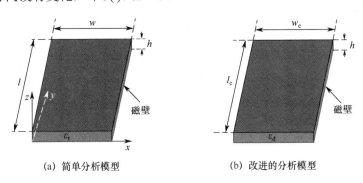

(a) 简单分析模型　　　　　　　　　(b) 改进的分析模型

图 4.8　矩形微带谐振器的分析模型（磁壁模型）

对于图 4.8（a）所示的模型，求解齐次亥姆霍兹方程并应用边界条件可得到该分析模型的势函数：

$$\varphi_e = A_{mp} \cos\left(\frac{m\pi}{w}x\right)\cos\left(\frac{p\pi}{l}y\right) \tag{4.44}$$

TM 谐振模的各电磁场分量可表示为

$$\begin{cases} E_z = \varepsilon_r k_0^2 A_{mp} \cos\left(\frac{m\pi}{w}x\right)\cos\left(\frac{p\pi}{l}y\right) \\[2mm] H_x = \frac{\mathrm{j}\omega\varepsilon p\pi}{l} A_{mp} \cos\left(\frac{m\pi}{w}x\right)\sin\left(\frac{p\pi}{l}y\right) \\[2mm] H_y = \frac{-\mathrm{j}\omega\varepsilon m\pi}{w} A_{mp} \sin\left(\frac{m\pi}{w}x\right)\cos\left(\frac{p\pi}{l}y\right) \end{cases} \tag{4.45}$$

式中，$E_x = E_y = H_z = 0$。ε 和 ε_r 分别是介电常数和相对介电常数，k_0 是自由空间的波

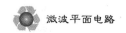

数。$m = 0, 1, 2, 3, \cdots$，$p = 0, 1, 2, 3, \cdots$，但 m 和 p 不能同时为零。根据谐振原理，$\beta l = p\pi$，β 是相移常数，则谐振波长可以表示为

$$\lambda_0 = \frac{2}{\sqrt{(m/w)^2 + (p/l)^2 + (n/h)^2}} \tag{4.46}$$

由此可以得到矩形微带谐振器的谐振频率为

$$f_0 = \frac{c\sqrt{(m/w)^2 + (p/l)^2 + (n/h)^2}}{2\sqrt{\varepsilon_r}} \tag{4.47}$$

因为没有考虑边缘场和介质的影响，式（4.47）仅是矩形微带谐振器谐振频率的近似解。当 w 和 l 较大时，该求解方法方便有效；但是对较小的 w 和 l，这种解法会带来较大误差。因此，有学者研究了一种改进的分析模型，如图 4.8（b）所示。在这个模型里，矩形微带谐振器的谐振频率可以表示为[4]

$$f_0 = \frac{c\sqrt{(m/w_e)^2 + (p/l_e)^2 + (n/h)^2}}{2\sqrt{\varepsilon_d}} \tag{4.48}$$

式中，c 是光速，ε_d 是动态有效介电常数（不同于有效介电常数），w_e 和 l_e 是贴片的有效宽度和长度，它们可以补偿边缘场的影响。对于方形贴片，有 $w_e = l_e$，w_e 和 l_e 可以分别由式（4.49）表示：

$$\begin{cases} w_e = \dfrac{Z_0 h}{2Z(w/h)} \\[3mm] l_e = \dfrac{Z_0 h}{2Z(l/h)} \end{cases} \tag{4.49}$$

式中，Z_0 是自由空间的波阻抗，$Z(w/h)$ 和 $Z(l/h)$ 分别是形状因子 w/h 和 l/h 条件下的特性阻抗。在 $x = 0$，$z = 0$ 处，电压可以写成[4]

$$U = E_y h = A_{mp} k^2 h \tag{4.50}$$

谐振器的电能表示为

$$W_e = \frac{1}{2} \int_v \varepsilon E_y E_y^* dv = \frac{\varepsilon k^4 A_{mp}^2 hwl}{2\eta\delta}, \quad \eta = \begin{cases} 1 & (m=0) \\ 2 & (m\neq 0) \end{cases}, \quad \delta = \begin{cases} 1 & (p=0) \\ 2 & (p\neq 0) \end{cases} \tag{4.51}$$

于是动态电容就表示成 $C_{0d} = 2W_e / U^2$，其中，

$$\begin{cases} C_{0d}(\varepsilon_r) = \dfrac{\varepsilon_r \varepsilon_0 wl}{h\eta\delta} \\[3mm] C_{0d}(1) = \dfrac{\varepsilon_0 wl}{h\eta\delta} \end{cases} \tag{4.52}$$

式中，$C(\varepsilon_r)$ 表示介质基片的等效电容，$C(1)$ 是 $\varepsilon_r = 1$ 时的电容，这里没有考虑边缘电容的影响。假设沿 x 轴方向的静态边缘电容为 C_{e1}，沿 z 轴方向的静态边缘电容为 C_{e2}，则相应的动态边缘电容可表示为

$$\begin{cases} C_{e1d} = C_{e1} / \delta \\ C_{e2d} = C_{e2} / \eta \end{cases} \tag{4.53}$$

式中，C_{e2} 可以近似表示为

$$C_{e2} = \frac{Z_0 h \sqrt{\varepsilon_r}}{c} \left\{ 0.412 \left(\frac{\varepsilon_e + 0.3}{\varepsilon_e - 0.258} \right) \left(\frac{w/h + 0.262}{w/h + 0.813} \right) \right\} \tag{4.54}$$

C_{e1} 可以用与式（4.54）相似的公式表示。这里，ε_e 是微带的有效介电常数，可以表示为[5]

$$\varepsilon_e = \frac{\varepsilon_r + 1}{2} + \frac{\varepsilon_r - 1}{2} F\left(\frac{w}{h}\right) - \frac{(\varepsilon_r - 1)t/h}{4.6\sqrt{w/h}} \tag{4.55}$$

$$F\left(\frac{w}{h}\right) = \begin{cases} \left(1 + 12\dfrac{h}{w}\right)^{-1/2} + 0.04\left(1 - \dfrac{w}{h}\right)^2, & w/h \leqslant 1 \\ \left(1 + 12\dfrac{h}{w}\right)^{-1/2}, & w/h > 1 \end{cases} \tag{4.56}$$

其中，t 是导体的厚度。一般情况下，介质基片都比较薄，满足 $w/h > 1$，而且 t 非常小。因此，式（4.55）可以简化为

$$\varepsilon_e = \frac{\varepsilon_r + 1}{2} + \frac{\varepsilon_r - 1}{2}\left(1 + \frac{12h}{w}\right)^{-1/2} \tag{4.57}$$

图 4.8（b）中的矩形微带谐振器的动态电容可以写成

$$\begin{cases} C_d(\varepsilon_r) = C_{0d}(\varepsilon_r) + 2C_{e1d}(\varepsilon_r) + 2C_{e2d}(\varepsilon_r) \\ C_d(1) = C_{0d}(1) + 2C_{e1d}(1) + 2C_{e2d}(1) \end{cases} \tag{4.58}$$

最后，动态有效介电常数定义为

$$\varepsilon_d = C_d(\varepsilon_r)/C_d(1) \tag{4.59}$$

准静态近似条件下矩形微带谐振器的谐振频率由文献[6]给出，即

$$f_0 = \frac{c}{2\sqrt{\varepsilon_e}(1 + 2\Delta l)} \tag{4.60}$$

式中，Δl 是微带在每个方向末端的假设扩展长度，在文献[5]中它表示为

$$\frac{\Delta l}{h} = 0.412 \frac{\varepsilon_e + 0.3}{\varepsilon_e - 0.258} \left[\frac{w/h + 0.264}{w/h + 0.8} \right] \tag{4.61}$$

可以看到，谐振器的谐振频率随着介电常数的增大而递减。

4.2.2 圆形微带谐振器

圆形微带谐振器（圆形贴片谐振器）如图 4.9（a）所示，它结构简单，设计方便，Q 值也比较高，适合设计滤波器、天线、雪崩管振荡器等。圆形微带谐振器的主模是 TM_{110} 模式，它的电磁场分布如图 4.9（b）所示。

圆形微带谐振器相当于圆柱形填充介质的金属谐振腔在 z 轴方向很薄的情况，因此其 z 轴方向的电磁场可认为是均匀的。与圆柱形金属谐振腔不同的是，$r = a$ 处是理想磁壁而不是理想电壁。把圆形微带谐振器 TM_{110} 模的场结构图与圆波导 TE_{11} 模的场结构图对比，发现仅是由于 $r = a$ 处的边界条件不同，而使 **H** 和 **E** 发生了对换。

为了求出谐振频率，可先求出圆形微带谐振器的动态电容，进而求出动态有效介电常数，然后求出谐振频率。根据物理结构模型，写出柱坐标系下的泊松方程：

$$\frac{1}{r}\frac{\partial}{\partial r}\left(r\frac{\mathrm{d}\varphi}{\mathrm{d}r}\right)+\frac{\partial^2\varphi}{\partial z^2}=-\frac{1}{\varepsilon_0}\rho(r)\delta(z-h) \tag{4.62}$$

式中，ρ 是圆形微带的电荷分布，由于这里 ρ 不随 θ 变化，故不存在 θ 项。$\delta(z-h)$ 是狄拉克 δ 函数。利用此方程可求出圆形微带谐振器的电容。

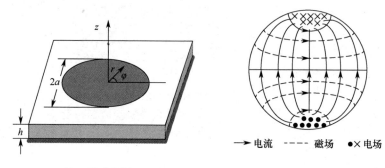

(a) 圆形微带谐振器　　　　　(b) 主模 TM_{110} 的电磁场分布

图 4.9　圆形微带谐振器及其主模电磁场分布

圆形微带谐振器的最低模式 TM_{110} 的电磁场分量为

$$E_z=A_{11}J_1(k_c r)\begin{cases}\cos\varphi\\\sin\varphi\end{cases} \tag{4.63a}$$

$$H_r=\frac{1}{\mathrm{j}\omega\mu}\left(\frac{1}{r}\cdot\frac{\partial E_z}{\partial\varphi}\right)=\pm\mathrm{j}\frac{A_{11}}{\omega\mu r}J_1(k_c r)\begin{cases}\sin\varphi\\\cos\varphi\end{cases} \tag{4.63b}$$

$$H_\varphi=\frac{-1}{\mathrm{j}\omega\mu}\frac{\partial E_z}{\partial r}=\mathrm{j}\frac{A_{11}}{\omega\mu a}J_1'(k_c r)\begin{cases}\cos\varphi\\\sin\varphi\end{cases} \tag{4.63c}$$

$$E_\varphi=E_r=H_z=0 \tag{4.63d}$$

其中，$k_c=\dfrac{q_{11}}{a_e}$，a_e 是考虑边缘场修正后圆形微带的有效半径；q_{11} 是一阶贝塞尔函数导数的第一个根。圆形微带谐振器 TM_{110} 模的谐振波长为

$$\lambda_0=\frac{2\pi a_e}{q_{11}}\sqrt{\varepsilon_e'} \tag{4.64}$$

式中，ε_e' 是修正后的动态有效介电常数。

有效半径的近似公式是：

$$a_e=a\left\{1+\frac{2h}{\pi a\varepsilon_r}\left[\ln\left(\frac{\pi a}{2h}\right)+1.7726\right]\right\}^{1/2} \tag{4.65}$$

当 $h\ll\lambda$ 时，圆形微带谐振器内只有 TM 模，谐振频率为

$$f_{mnp}=\frac{c}{2\pi a\sqrt{\varepsilon_r}}\sqrt{(k_{mn}')^2+\left(\frac{p\pi a}{n}\right)^2} \tag{4.66}$$

式中，k_{mn}' 是 $\dfrac{\partial}{\partial k}J_m(k)=0$ 的第 n 个根，$k_{01}'=0$，$k_{11}'=1.841$，$k_{21}'=3.054$，$k_{02}'=3.831$，

$k'_{31} = 4.201$，$k'_{41} = 5.317$。在该谐振器中，模式顺序是：TM_{110}，TM_{210}，TM_{020}，TM_{310}，TM_{410}，…。

4.2.3 正六边形微带谐振器

正六边形微带谐振器（正六边形贴片谐振器）可以看作是由圆形微带谐振器切掉六个边角构成的，如图 4.10 所示。它们的主体结构有一定相似性，因此谐振频率很接近。正六边形微带谐振器常被用作谐振器的连接元件和环流器，当然还可以用来设计贴片滤波器[7]和天线等电路。

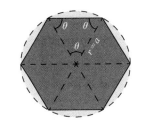

图 4.10 圆形微带和正六边形微带

在圆形微带谐振器的半径 r 和正六边形谐振器的边长 a 相同的情况下，$\theta = 60°$，参见图 4.10。如果微带介质基片的相对介电常数足够大（$\varepsilon_r > 6$），介质高度和 a 的比值 $h/a \ll 1$，它们的谐振频率有如下关系[5]：

$$\frac{f_{\text{hexagonal}}}{f_{\text{circular}}} = 1.05 \tag{4.67}$$

4.2.4 圆环形微带谐振器

圆环形微带谐振器结构如图 4.11（a）所示，圆环内外半径分别是 a 和 b，圆环宽度为 w。用磁壁法计算圆环形微带谐振器的特性，最简单的分析模型可设圆环内、外两个圆周壁为理想磁壁，即 $r=a$ 和 $r=b$ 处为理想磁壁，上、下导体贴片为理想电壁，内部填充介质，其相对介电常数为 ε_r，电磁场在电壁和磁壁所限定的介质里振荡。

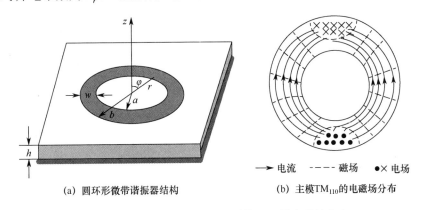

(a) 圆环形微带谐振器结构　　　　　(b) 主模TM_{110}的电磁场分布

图 4.11 圆环形微带谐振器的结构和主模电磁场分布

根据磁壁模型，圆环形微带谐振器的谐振条件可以表示为[5]

$$J'_n(kb)Y'_n(ka) - J'_n(ka)Y'_n(kb) = 0 \tag{4.68}$$

式中，J_n 和 Y_n 分别是第一类和第二类贝塞尔函数，n 是阶数。根据式（4.68）可以求得谐振波数 k_{mn0}，则谐振频率表示为

$$f_{mn0} = \frac{ck_{mn0}}{2\pi\sqrt{\varepsilon_e}} \tag{4.69}$$

为了得到更准确的解，可以用改进的磁壁模型来处理。这种模型用有效半径 a_e、b_e 分别替代内外半径 a、b，以补偿电磁场的边缘效应；用动态有效介电常数 ε'_e 替代 ε_r，以补偿部分介质填充的影响。

从谐振时相位应满足的条件可知，最低谐振模式沿 φ 方向运动一周的路径为 λ_g，即

$$2\pi r = \lambda_0 / \sqrt{\varepsilon_e} \tag{4.70}$$

式中，$r = (a+b)/2$ 考虑了场的边缘效应，所以应该用 r_e 代替它，但从环形谐振器的结构可知，$r_e \approx r$；考虑到部分介质填充情况与无穷长微带的差异，应该用 ε'_e 代替 ε_e，同样从环形谐振器结构可知，$\varepsilon'_e \approx \varepsilon_e$。于是，

$$\lambda_0 = 2\pi r \sqrt{\varepsilon'_e} \tag{4.71}$$

圆环形微带谐振器的谐振模式为 TM 模，主模为 TM_{110}，其电磁场分布如图 4.11（b）所示。可以发现，图 4.11（b）中的 TM_{110} 模的电磁场分布与同轴线中 TE_{11} 模的电磁场分布很类似。同轴线的内外圆环 $r=a$ 和 $r=b$ 处为理想电壁，因此需要将 TE 替换为 TM。

由电磁场分布可以看出，TM_{110} 模的电磁场传播路径基本上是闭合的，辐射损耗很小，故圆环形微带谐振器是微带贴片谐振器中 Q 值较高的一种谐振器。

4.2.5　椭圆环形微带谐振器

椭圆环形微带谐振器[8-10]只要适当地选择偏心率就可以实现几个不同模式的谐振，因此设计更加灵活。Kretzschmar[8]和 Sharma[9,10]在椭圆环形微带谐振器方面做了很多工作。椭圆环形微带谐振器结构如图 4.12 所示，其谐振频率为

$$ka = 2\frac{\sqrt{q}}{e} \tag{4.72}$$

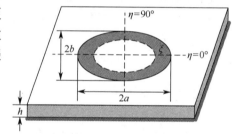

图 4.12　椭圆环形微带谐振器结构

式中，$q = \bar{q}_{c_{mn}}$ 和 $q = \bar{q}_{s_{mn}}$ 分别是修正的偶 Mathieu 函数和奇 Mathieu 函数的第 n 个零参数值，e 是偏心率。TM 模的谐振条件是从腔体波导（也就是长半轴为 a 和短半轴为 b 的椭圆波导）获得的。在谐振条件下，$\text{TM}_{c_{mn}}$ 偶模的 $\bar{q}_{c_{mn}}$ 可求解式（4.73）得到：

$$Ce'(\xi_0, \bar{q}_{c_{mn}}) = 0 \tag{4.73}$$

$\text{TM}_{s_{mn}}$ 奇模的 $\bar{q}_{s_{mn}}$ 可以求解式（4.74）得到：

$$Se'(\xi_0, \bar{q}_{s_{mn}}) = 0 \tag{4.74}$$

4.2.6　三角形微带谐振器

三角形谐振器是 1974 年由 N. Ogasawara 和 T. Noguchi[11]首先研究的，紧接着 J. Helszajn 和 D. S. James[12]研究了三角形微带谐振器并提出了几种三角形滤波器的耦合结构，后来 J. S. Hong 等[13, 14]用它实现了新型的滤波器。三角形微带谐振器主要有等边三角形微带谐振器和等腰三角形微带谐振器。等边三角形微带谐振器和等腰直角三角形微带谐

振器可实现准确的电磁场求解，其谐振频率具有解析解；其他等腰三角形微带谐振器的谐振频率可以通过曲线拟合法给出谐振频率和谐振器尺寸的关系表达式。等边三角形微带谐振器在滤波器、环形器、天线等电路设计中具有广泛应用。

1. 等边三角形微带谐振器

等边三角形微带谐振器的边长为 a，电路结构如图 4.13 所示。电磁场分布沿着谐振器的厚度方向(z 轴方向)没有变化，因此谐振器的传播模式是 TM 模。由波动方程

$$\left(\frac{\partial^2}{\partial x^2}+\frac{\partial^2}{\partial y^2}+k_{m,n,l}^2\right)E_z=0 \tag{4.75}$$

和等边三角形微带谐振器的电磁场边界条件，可求得波数为[5]

$$k_{m,n,l}=\frac{4\pi}{3a}\sqrt{m^2+mn+n^2}\ ,\quad m+m+l=0 \tag{4.76}$$

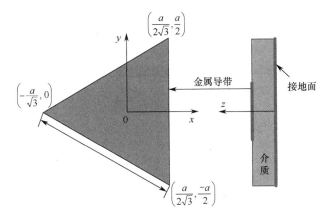

图 4.13　等边三角形微带谐振器电路结构

在磁壁模型下，谐振器的谐振频率为

$$f=\frac{c}{\lambda_0}=\frac{ck_{m,n,l}}{2\pi\sqrt{\varepsilon_r}}=\frac{2c\sqrt{m^2+mn+n^2}}{3a\sqrt{\varepsilon_r}} \tag{4.77}$$

式中，c 是真空中的光速，λ_0 是谐振波长，ε_r 是介质的相对介电常数。通常情况下，谐振器没有磁壁，这时，等边三角形微带谐振器的主模和高阶模式的谐振频率可分别表示为[15]

$$f_{1,0,-1}=\frac{2c}{3a_e\sqrt{\varepsilon_r}}\ ,\quad f_{m,n,l}=f_{1,0,-1}\sqrt{m^2+mn+n^2} \tag{4.78}$$

式中，a_e 是等边三角形边长 a 的有效值，表示为[15]

$$a_e=a\left[1+2.199\frac{h_1}{a}-12.853\frac{h_1}{a\sqrt{\varepsilon_r}}+16.436\frac{h_1}{a\varepsilon_r}+6.182\left(\frac{h_1}{a}\right)^2-9.802\frac{1}{\sqrt{\varepsilon_r}}\left(\frac{h_1}{a}\right)^2\right] \tag{4.79}$$

式中，h_1 是介质基片的厚度。一般情况下，在理论设计中用磁壁模型的计算公式即可，后面用电磁仿真软件进行优化。用 a_e 计算谐振频率较为繁杂。

等边三角形微带谐振器的电磁场分量为[13]

$$E_z=A_{m,n,l}T(x,y) \tag{4.80a}$$

$$H_x = \frac{\mathrm{j}}{\omega\mu_0} \frac{\partial E_z}{\partial y} \tag{4.80b}$$

$$H_y = \frac{-\mathrm{j}}{\omega\mu_0} \frac{\partial E_z}{\partial x} \tag{4.80c}$$

$$H_z = E_x = E_y = 0 \tag{4.80d}$$

这里，$A_{m,n,l}$ 是常数，$T(x,y)$ 可表示为[13]

$$T(x,y) = \cos\left[\left(\frac{2\pi x}{\sqrt{3}a} + \frac{2\pi}{3}\right)l\right]\cos\left[\frac{2\pi(m-n)y}{3a}\right] + \cos\left[\left(\frac{2\pi x}{\sqrt{3}a} + \frac{2\pi}{3}\right)m\right] \times$$
$$\cos\left[\frac{2\pi(n-l)y}{3a}\right] + \cos\left[\left(\frac{2\pi x}{\sqrt{3}a} + \frac{2\pi}{3}\right)n\right]\cos\left[\frac{2\pi(l-m)y}{3a}\right] \tag{4.81}$$

1）等边三角形微带谐振器的几种模式

等边三角形微带谐振器的主模为 $\mathrm{TM}_{1,0,-1}$ 模[5]。把 $m=1$, $n=0$, $l=-1$ 代入，可得 $\mathrm{TM}_{1,0,-1}$ 模的电磁场分量为

$$E_z(x,y) = A_{1,0,-1}\left[2\cos\left(\frac{2\pi x}{\sqrt{3}a} + \frac{2\pi}{3}\right)\cos\left(\frac{2\pi y}{3a}\right) + \cos\left(\frac{4\pi y}{3a}\right)\right] \tag{4.82a}$$

$$H_x = \frac{-\mathrm{j}kA_{1,0,-1}}{\omega\mu_0}\left[\cos\left(\frac{2\pi x}{\sqrt{3}a} + \frac{2\pi}{3}\right)\sin\left(\frac{2\pi y}{3a}\right) + \sin\left(\frac{4\pi y}{3a}\right)\right] \tag{4.82b}$$

$$H_y = \frac{\mathrm{j}A_{1,0,-1}}{\omega\mu_0}\left[\frac{4\pi}{\sqrt{3}a}\sin\left(\frac{2\pi x}{\sqrt{3}a} + \frac{2\pi}{3}\right)\cos\left(\frac{2\pi y}{3a}\right)\right] \tag{4.82c}$$

式（4.82b）中，

$$k = \frac{4\pi}{3a} \tag{4.83}$$

等边三角形微带谐振器的谐振模式次序依次是 $\mathrm{TM}_{1,0,-1}$ 模、$\mathrm{TM}_{1,1,-2}$ 模、$\mathrm{TM}_{2,-2,0}$ 模、$\mathrm{TM}_{1,2,-3}$ 模……等边三角形微带谐振器的主模 $\mathrm{TM}_{1,0,-1}$、第一高次模 $\mathrm{TM}_{1,1,-2}$ 和第二高次模 $\mathrm{TM}_{2,-2,0}$ 的电场和磁场分布如图 4.14 所示。和 $\mathrm{TM}_{1,0,-1}$ 模不一样，$\mathrm{TM}_{1,1,-2}$ 模的电磁场具有对称性。等边三角形微带谐振器的基片介电常数和谐振频率的关系曲线如图 4.15 所示。

2）$\mathrm{TM}_{1,0,-1}$ 模的简并模式

研究等边三角形微带谐振器的一个关键问题是研究主模 $\mathrm{TM}_{1,0,-1}$ 的简并模式。与正方形微带谐振器的一对简并模式（$\mathrm{TM}_{1,0,0}$ 和 $\mathrm{TM}_{0,1,0}$）不同，改变等边三角形微带谐振器电磁场表达式（4.80）～式（4.81）的下标 m、n 和 l，不会改变电磁场的分布。$\mathrm{TM}_{-1,0,1}$ 模、$\mathrm{TM}_{0,1,-1}$ 模和 $\mathrm{TM}_{0,-1,1}$ 模均与主模 $\mathrm{TM}_{1,0,-1}$ 具有相同的谐振频率，电磁场分布均与式（4.82）所述相同。因此，式（4.80）不能用来表达具有相同谐振频率，但电磁场分布不同的简并模式。

为此，首先考虑主模在 (x, y, z) 坐标系下的矢量表达式[13]：

$$\boldsymbol{E} = E_z(x,y)\boldsymbol{z}, \qquad \boldsymbol{H} = H_x(x,y)\boldsymbol{x} + H_y(x,y)\boldsymbol{y} \tag{4.84}$$

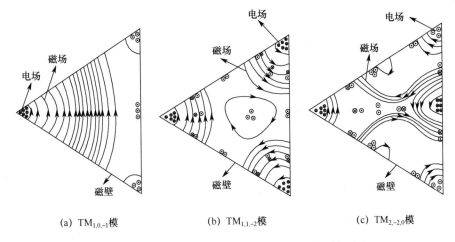

(a) TM$_{1,0,-1}$模   (b) TM$_{1,1,-2}$模   (c) TM$_{2,-2,0}$模

图 4.14 等边三角形微带谐振器几种模式的电磁场分布

式中，$E_z(x,y)$ 由式（4.82a）给出。这里主要研究电场的表达式，磁场分量可以根据电场求出。根据等边三角形的旋转对称性，旋转坐标系如图 4.16 所示，谐振器的矢量场可以分别在旋转坐标系 (x',y',z') 和 (x'',y'',z'') 中表达为

$$\boldsymbol{E}' = E_z'(x',y')\boldsymbol{z}, \qquad \boldsymbol{H}' = H_x'(x',y')\boldsymbol{x}' + H_y'(x',y')\boldsymbol{y}' \tag{4.85a}$$

$$\boldsymbol{E}'' = E_z''(x'',y'')\boldsymbol{z}, \qquad \boldsymbol{H}'' = H_x''(x'',y'')\boldsymbol{x}'' + H_y''(x'',y'')\boldsymbol{y}'' \tag{4.85b}$$

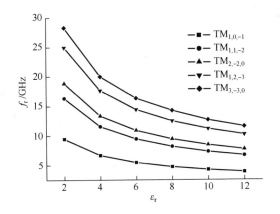

图 4.15 等边三角形微带谐振器的基片介电常数
和谐振频率的关系（$a=15\text{mm}$）

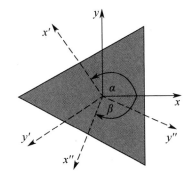

图 4.16 旋转坐标系

这里，$E_z'(x',y')$ 和 $E_z''(x'',y'')$ 在各自坐标系中的表达式均与（4.82a）相同。根据叠加原理，如果在 (x,y,z) 坐标系内存在简并模式，那么它是由这些场的叠加产生的。因此，可以用 $\boldsymbol{E}' - \boldsymbol{E}''$ 和 $\boldsymbol{H}' - \boldsymbol{H}''$ 来研究主模 TM$_{1,0,-1}$ 的简并模式。

为了得到在 (x,y,z) 坐标系内的简并模式，首先把矢量场映射到 (x,y,z) 坐标系：

$$
\begin{aligned}
x' &= x\cos(\alpha) + y\sin(\alpha), & y' &= -x\sin(\alpha) + y\cos(\alpha) \\
x'' &= x\cos(\beta) + y\sin(\beta), & y'' &= -x\sin(\beta) + y\cos(\beta)
\end{aligned}
\tag{4.86}
$$

式中，$\alpha = 2\pi/3$ 和 $\beta = -2\pi/3$ 是坐标系的旋转度数（见图 4.16）。因此，TM$_{1,0,-1}$ 的简并模式的电场分量可表示为

$$E'_z(x, y) - E''_z(x, y) = A_{1,0,-1} \left\{ \begin{array}{l} 2\cos\left(\dfrac{2\pi(x\cos(\alpha) + y\sin(\alpha))}{\sqrt{3}a} + \dfrac{2\pi}{3}\right) \times \\ \cos\left(\dfrac{2\pi(-x\sin(\alpha) + y\cos(\alpha))}{3a}\right) + \\ \cos\left(\dfrac{4\pi(-x\sin(\alpha) + y\cos(\alpha))}{3a}\right) - \\ 2\cos\left(\dfrac{2\pi(x\cos(\beta) + y\sin(\beta))}{\sqrt{3}a} + \dfrac{2\pi}{3}\right) \times \\ \cos\left(\dfrac{2\pi(-x\sin(\beta) + y\cos(\beta))}{3a}\right) - \\ \cos\left(\dfrac{4\pi(-x\sin(\beta) + y\cos(\beta))}{3a}\right) \end{array} \right\} \tag{4.87}$$

式（4.82a）和式（4.87）分别为等边三角形微带谐振器的主模 $TM_{1,0,-1}$ 和其简并模式的电场表达式。为方便起见，可令主模 $TM_{1,0,-1}$ 为模式 1，基于式（4.87）的简并模式为模式 2。模式 1 和模式 2 的等势线和电流分布如图 4.17 所示，可知模式 1 的等势线关于水平轴对称分布，如图 4.17（a）所示；模式 2 的等势线关于水平轴反对称分布，如图 4.17（b）所示，这与正方形和圆形微带谐振器中一种模式旋转 90° 可以与其简并模式重合是完全不同的。可以根据电场 E 求得磁场 H，进一步计算出两种模式的电流分布，模式 1 的电流分布如图 4.17（c）所示，模式 2 的电流分布如图 4.17（d）所示。

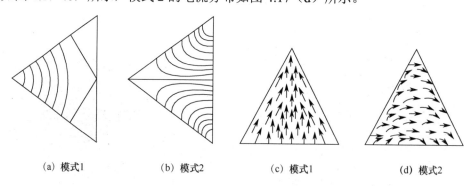

（a）模式1   （b）模式2   （c）模式1   （d）模式2

图 4.17　等边三角形微带谐振器及其简并模式的等势线和电流分布

2. 等腰直角三角形微带谐振器

边长为 a 的等腰直角三角形微带谐振器如图 4.18 所示，它是另一种有精确解的三角形微带谐振器，但是应用和关注程度远不及等边三角形微带谐振器。求解波动方程并根据边界条件，可得等腰直角三角形微带谐振器的波数为[5]

$$k_{m,n} = \frac{\pi}{a}\sqrt{m^2 + mn + 2n^2} \tag{4.88}$$

则其谐振频率为

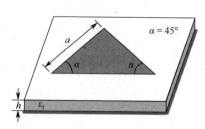

图 4.18　等腰直角三角形微带谐振器

$$f_{m,n} = \frac{c}{2a\sqrt{\varepsilon_r}}\sqrt{m^2 + mn + 2n^2} \qquad (4.89)$$

式中，c 是真空中的光速，ε_r 是基板的相对介电常数，m 和 n 是整数。

等腰直角三角形微带谐振器的主模是 $TM_{0,1}$ 模（$m=0$，$n=1$），主模的谐振频率为 $f_{0,1} = \sqrt{2}\, c\, / \,(2a\sqrt{\varepsilon_r})$。等腰直角三角形微带谐振器的几种谐振模式见表 4.3。

表 4.3 等腰直角三角形微带谐振器的几种谐振模式

模式次序	m, n	$\dfrac{ak_{m,n}}{\pi}$	$f_{m,n}$
1	0, 1	$\sqrt{2}$	$f_{0,1} = \dfrac{\sqrt{2}c}{2a\sqrt{\varepsilon_r}}$
2	1, 1	2	$f_{1,1} = \dfrac{c}{a\sqrt{\varepsilon_r}}$
3	1, −2	$\sqrt{7}$	$f_{1,2} = \dfrac{\sqrt{7}c}{2a\sqrt{\varepsilon_r}}$
4	2, 1	$2\sqrt{2}$	$f_{2,1} = \dfrac{\sqrt{2}c}{a\sqrt{\varepsilon_r}}$

除了上述微带贴片谐振器，还有一般等腰三角形微带谐振器和等腰梯形微带谐振器等。等腰梯形微带谐振器可以看成由等腰/等边三角形微带谐振器切掉顶角构成。顶角切角带来微扰，会产生模式分裂，构成双模谐振器，这种谐振器将在后面和分形谐振器一起讨论。

4.3 平面双模和多模谐振器

4.3.1 平面双模谐振器

双模谐振器是微波带通滤波器实现小型化的有效手段之一。双模特性是 20 世纪 70 年代 Ingo Wolff 在设计和制作带通滤波器时发现的。平面谐振器的双模（dual-mode）不仅包括微带贴片谐振器的谐振模式（通常主要指主模）及其简并模，还包括平面枝节加载谐振器等电路的奇偶模，这些模式都可以用来设计平面双模滤波器、天线、滤波天线、滤波功分器等功能电路，并实现电路的小型化。平面双模谐振器的电路结构不仅可以是微带，还可以是带状线、CPW/CBCPW 等。

1. 双模贴片谐振器

与各种折线型谐振器相比，贴片谐振器可以实现更低的损耗和更高的功率容量，并且结构更加简单紧凑。贴片谐振器应用于微波电路设计的基本机理是各种谐振模式的选取和应用。当前，很多贴片谐振器都被设计成双模结构。在贴片谐振器中，对于不同的场分布有无穷多个谐振模式和谐振频率，其中具有相同谐振频率的模式称为简并模。在没有微扰的情况下，该谐振模式及其简并模的谐振频率是重合的，加微扰以后会发生分裂。传统双模滤波器是通过开槽、切角等微扰源将谐振器的主模及其简并模分裂，再将这两个模式耦合构成一个通频带，因此用一个双模谐振器就能达到原来两个谐振器耦合才能产生的效果，减小一半电路尺寸，这就是双模技术。

双模不仅是指主模及其简并模，还包括高次模及其简并模，只是高次模及其简并模不容易被激发并分裂，因此传统的双模贴片谐振器主要是主模及其简并模发生分裂的贴片谐振器，而大量的高次模并没有得到利用。

在单个谐振器中加入微扰，会改变原正交简并模的电磁场分布，使得谐振模式（主要是主模）及其简并模发生分裂。常用的微扰方式有切角或加入小的贴片、内切角等，如图 4.19 所示，其中图 4.19（a）所示为带外切角的圆形双模谐振器，图 4.19（b）所示为带外切角的方形双模谐振器，图 4.19（c）所示为带内切角的圆环形双模谐振器，图 4.19（d）所示为带内切角的方环形双模谐振器，图 4.19（e）所示为带内切角的曲折环形双模谐振器。

三角形谐振器可用的微扰方式有：（1）切除三角形顶角；（2）沿垂直三角形底边的对称轴开槽线；（3）在贴片上加分形缺陷；等等。通过改变微扰的大小可以对模式分裂的程度进行控制，从而调控射频电路（如滤波器）的带宽、传输零点等。

| (a) 圆形 | (b) 方形 | (c) 圆环形 | (d) 方环形 | (e) 曲折环形 |

图 4.19 双模谐振器结构

2. 双模贴片谐振器的扰动法分析

根据双模的技术特征，需要在谐振器电路边界上产生一个微扰，解除模式简并而使本征值分离，这样就可以在两个频率上实现耦合谐振，一个简单的单贴片电路就可以作为双调谐电路来使用[16]。

图 4.20（a）所示为加载凸缘微扰的圆形双模谐振器，圆形边界加载的凸缘 Δs 可看成容性电纳，端口 1（输入端）和端口 2（输出端）分别与两个正交的简并模耦合。当没有加载凸缘 Δs 时，谐振主模及其简并模不发生分裂，相互间也不发生耦合，因此由端口 1 激励时，在端口 2 上不产生电压，反之亦然。如果将一个金属小箔片贴在 3 处，即可解除模式简并，实现一个圆形双模谐振器（可以等效为两个圆形谐振器），其等效电路如图 4.20（b）所示，图中，L 和 C 分别是等效电感和等效电容，k_0 是波数，M 是磁耦合，设耦合系数为 K。

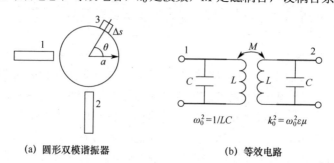

| (a) 圆形双模谐振器 | (b) 等效电路 |

图 4.20 圆形双模谐振器及其等效电路

假设有两个简并的本征函数为 φ_1 和 φ_2，本征值为 k_1，当圆形谐振器面积（贴片面积）变化 Δs 时，可根据式（4.90），用变形前的本征函数来近似变形后的本征函数[16]：

$$\varphi = A\varphi_1 + B\varphi_2 \tag{4.90}$$

式中，A 和 B 是展开系数。变化了的本征值可用变分表达式写成：

$$k^2 = \frac{\iint_{s+\Delta s}(A\nabla\varphi_1 + B\nabla\varphi_2)^2 \,\mathrm{d}s}{\iint_{s+\Delta s}(A\varphi_1 + B\varphi_2)^2 \,\mathrm{d}s} \tag{4.91}$$

利用此变分表达式，可以得到：

$$\frac{\partial k^2}{\partial A} = \frac{\partial k^2}{\partial B} = 0 \tag{4.92}$$

求解式（4.92），可得：

$$A[k_1^2 + q_1 - k^2(1+p_1)] + B(q_{12} - k^2 p_{12}) = 0 \tag{4.93}$$

$$A(q_{12} - k^2 p_{12}) + B[k_1^2 + q_2 - k^2(1+p_2)] = 0 \tag{4.94}$$

其中，$p_1 = \iint_{\Delta s}\varphi_1^2\,\mathrm{d}s$，$p_{12} = \iint_{\Delta s}\varphi_1\varphi_2\,\mathrm{d}s$，$p_2 = \iint_{\Delta s}\varphi_2^2\,\mathrm{d}s$；$q_1 = \iint_{\Delta s}(\nabla\varphi_1)^2\,\mathrm{d}s$，$q_{12} = \iint_{\Delta s}\nabla\varphi_1\nabla\varphi_2\,\mathrm{d}s$，$q_2 = \iint_{\Delta s}(\nabla\varphi_2)^2\,\mathrm{d}s$。

式（4.93）和式（4.94）可以写成矩阵的形式，由此可得展开系数 A、B 具有非零解的条件为[16]

$$\det\begin{bmatrix} k_1^2 + q_1 - k^2(1+p_1) & q_{12} - k^2 p_{12} \\ q_{12} - k^2 p_{12} & k_1^2 + q_2 - k^2(1+p_2) \end{bmatrix} = 0 \tag{4.95}$$

求解式（4.95）可确定本征值。当 $q_1 = q_2$，$p_1 = p_2$ 时，图 4.20（b）所示等效电路的波数 k_0 和耦合系数 K 可表示为

$$k_0^2 = k_1^2 + q_1 - k_1^2 p_1 \tag{4.96}$$

$$K = \frac{p_{12} - q_{12}/k_1^2}{1 + p_1 - q_1/k_1^2} \tag{4.97}$$

则本征值 k 为

$$k^2 = \frac{k_0^2}{1 \pm K} \tag{4.98}$$

简并的本征函数 φ_1 和 φ_2 可分别表示为

$$\varphi_1 = V_0 J_1(k_{11}r)\cos\theta \tag{4.99a}$$

$$\varphi_2 = V_0 J_1(k_{11}r)\sin\theta \tag{4.99b}$$

其中，V_0 表示归一化振幅，k_{11} 是圆形双模谐振器基本简并模的本征值，V_0 可以写成：

$$V_0 = \sqrt{\frac{2}{\pi a^2(1 - 1/a^2 k_{11}^2)J_1^2(k_{11}a)}} \tag{4.100}$$

当 $\theta = \pi/4$ 时，可求得 k_0^2、K 和 k^2 分别为[16]

$$k_0^2 = k_{11}^2(1 - \Delta s/\pi a^2) \tag{4.101}$$

$$K = \frac{1.83\Delta s/\pi a^2}{1 + \Delta s/\pi a^2} \tag{4.102}$$

$$k^2 = k_{11}^2\left(1 - \frac{2k_{11}^2 a^2}{k_{11}^2 a^2 - 1}\cdot\frac{\Delta s}{\pi a^2}\right) \tag{4.103}$$

和

$$k^2 = k_{11}^2 \left(1 + \frac{2}{k_{11}^2 a^2 - 1} \cdot \frac{\Delta s}{\pi a^2} \right) \tag{4.104}$$

在求各本征值时，对式（4.103）取振幅 $A=B$；对式（4.104）取 $A=-B$，因此根据 $\varphi = A\varphi_1 + B\varphi_2$，变化了的本征函数在这两种场合分别为 $J_1(k_{11}r)\cos\left(\theta - \frac{\pi}{4}\right)$， $J_1(k_{11}r)\cos\left(\theta + \frac{\pi}{4}\right)$。

图 4.21 所示为解除模式简并以后的本征模，求得的本征模值 1 为 $k^2 = k_{11}^2 \left(1 - \frac{2k_{11}^2 a^2}{k_{11}^2 a^2 - 1} \cdot \frac{\Delta s}{\pi a^2} \right)$，如图 4.21（a）所示；求得的本征模值 2 为 $k^2 = k_{11}^2 \left(1 + \frac{2}{k_{11}^2 a^2 - 1} \cdot \frac{\Delta s}{\pi a^2} \right)$，如图 4.21（b）所示。

当凸缘在 $\theta = \pi/4$ 的位置上时，传输功率最大。

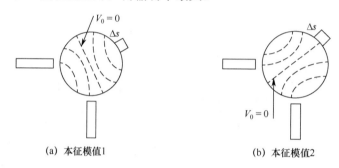

(a) 本征模值1　　　　　　　　(b) 本征模值2

图 4.21　解除模式简并以后的本征模

3. 枝节加载型双模谐振器

枝节加载型双模谐振器是另一类双模谐振器，如图 4.22 所示，可以用奇偶模法进行分析。图 4.22（a）所示为开环谐振器加载结构的双模谐振器[14]，图 4.22（b）所示为 E 形结构的双模谐振器[17]，这类双模谐振器的耦合结构如图 4.22（c）所示。

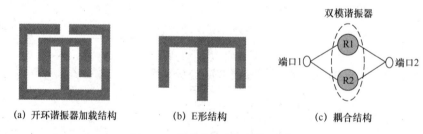

(a) 开环谐振器加载结构　　　　(b) E形结构　　　　(c) 耦合结构

图 4.22　枝节加载型双模谐振器

E 形结构的双模谐振器的奇偶模分析模型如图 4.23 所示。奇模和偶模的输入导纳可分别表示为

$$Y_{in}^o = \frac{1}{jZ_a \tan\theta_a} \tag{4.105a}$$

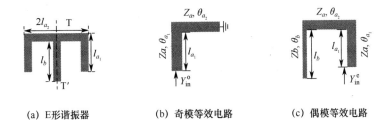

(a) E形谐振器　　　　(b) 奇模等效电路　　　　(c) 偶模等效电路

图 4.23　E 形结构的双模谐振器的奇偶模分析模型

$$Y_{in}^e = j\frac{Z_a \tan\theta_b + Z_b \tan\theta_a}{Z_a(Z_b - \tan\theta_a \tan\theta_b)} \tag{4.105b}$$

其中，电长度 $\theta_a = \theta_{a_1} + \theta_{a_2}$，根据电长度公式 $\theta = \beta l$ 可求出其具体值，这里 $\beta = 2\pi/\lambda_g$。当 $Y_{in}^o = Y_{in}^e = 0$ 时，谐振器谐振。

4.3.2　平面多模谐振器

多模谐振器技术是实现小型化宽带、超宽带滤波器的最有效方法之一。微带贴片谐振器和阶梯阻抗谐振器都可以实现多模效应，图 4.24 所示为多模宽带谐振器/滤波器的工作机理示意图。我们知道，谐振器模式的选择和利用是实现多模谐振器的关键。例如，利用单贴片谐振器实现多模宽带谐振器/滤波器必须引入某种特定的微扰，使谐振器原有的谐振发生偏离，即某些谐振相互靠近，某些谐振相互远离。通过对微扰源进行控制可以使得所需要的谐振彼此靠近，相互耦合，进而产生多模耦合的宽带响应，例如，图 4.24 所示为 M_2、M_3 和 M_4 三个高次模之间的耦合。为了得到良好的频率响应，带外邻近的谐振模应尽可能远离工作模式，以减小干扰，对应图 4.24 来说就是 d_1 和 d_2 应尽可能大。这里 d_i 表示谐振频率的间隔，M_i 表示谐振模式，f_i 表示相应模式的谐振频率。另外，为了更容易激起高次模谐振，应采用介电常数较高的介质基片材料。

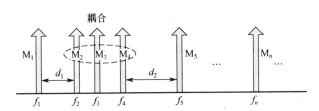

图 4.24　多模宽带谐振器/滤波器的工作机理示意图

多模谐振器也可以用来设计多频滤波器，只要谐振器中所需要的几个谐振模式单独形成频带就可以实现，但是这种方法不是设计多频滤波器的最佳方案，由于谐振器中的多个模式之间是相互关联的，因此这种多模多频滤波器的每个频带不好单独控制，更难以获得良好的频率响应。目前多频滤波器设计通常都采用不同的耦合路径和嵌套谐振器的方案，以使每个频带均可单独设计、调控，并获得理想频率响应。

一种典型的多模谐振器是如图 4.25 所示的阶梯阻抗多模谐振器，其结构如图 4.25（a）所示。以 TT′ 为对称轴，用奇偶模法进行分析，奇模和偶模等效电路分别如图 4.25（b）和（c）所示。用传输线理论可求得奇模和偶模的输入导纳分别为

$$Y_{in}^{o} = \frac{Z_2 - Z_1 \tan\theta_1 \tan\theta_2}{jZ_2(Z_1 \tan\theta_1 + Z_2 \tan\theta_2)} \qquad (4.106a)$$

$$Y_{in}^{e} = \frac{Z_2 \tan\theta_1 + Z_1 \tan\theta_2}{jZ_2(Z_2 \tan\theta_1 \tan\theta_2 - Z_1)} \qquad (4.106b)$$

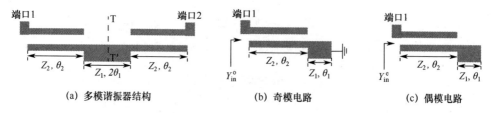

(a) 多模谐振器结构　　　　　(b) 奇模电路　　　　　(c) 偶模电路

图 4.25　阶梯阻抗多模谐振器及其奇模、偶模等效电路

当 $Y_{in}^{o} = Y_{in}^{e} = 0$ 时，奇模、偶模谐振器谐振。由此谐振条件可求得奇模和偶模的谐振频率。$Z_{in} = 1/Y_{in}$，奇模、偶模输入阻抗与 S 参数的关系式表示为

$$S_{11} = \frac{Z_{in}^{e} Z_{in}^{o} - Z_0^2}{(Z_0 + Z_{in}^{e})(Z_0 + Z_{in}^{o})} \qquad (4.107a)$$

$$S_{21} = \frac{Z_0(Z_{in}^{e} - Z_{in}^{o})}{(Z_0 + Z_{in}^{e})(Z_0 + Z_{in}^{o})} \qquad (4.107b)$$

　　通过计算和电磁仿真得到的阶梯阻抗多模谐振器的奇偶模谐振和宽频带响应如图 4.26 所示，其中，由 $S_{11} = 0$ 求得的传输极点对应奇、偶模谐振频率，奇偶模耦合得到宽带频率响应。频带内谐振模式的多少与阶梯阻抗谐振器的阻抗比和电长度有关。阶梯阻抗谐振器将在 4.4 节详细讨论。

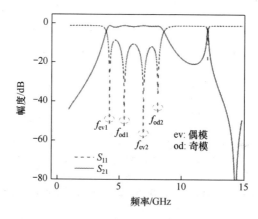

图 4.26　阶梯阻抗多模谐振器的奇模、偶模谐振和宽频带响应

4.4　阶梯阻抗谐振器

　　在微波电路设计中，均匀阻抗谐振器（uniform impedance resonator, UIR）由于其结构简单，易于设计而被广泛应用。然而在实际的电路设计当中，UIR 结构参数过于简单，调控有限，另外还存在基频整数倍的杂散频率响应等缺陷。阶梯阻抗谐振器（stepped impedance resonator, SIR）可以有效弥补 UIR 设计中的不足，并且结构简单，更有利于小型化，因而近些年得到广泛应用和发展。SIR 不仅用于设计平面/多层滤波器、天线，还在振荡器、混频器和双/多工器等电路中得到广泛的应用。SIR 不仅可以是微带结构，还可以是带状线、CPW/CBCPW 等电路结构。

SIR 的一个重要特性是可以通过改变阻抗比来调节谐振器的前几个谐振频率，这一特性使得 SIR 非常适合设计多频带滤波器，为得到不同的通带频率比，我们只需要改变 SIR 的阻抗比。

4.4.1 两节阶梯阻抗谐振器

两节阶梯阻抗谐振器（两节 SIR）是由两个具有不同特性阻抗的传输线组合而成的谐振器，如图 4.27（a）所示，可用奇偶模法对该谐振器进行分析，得到如图 4.27（b）所示的奇模电路和如图 4.27（c）所示的偶模电路。如果两节 SIR 是二分之一波长（$\lambda_g/2$）谐振器，其奇模电路是四分之一波长（$\lambda_g/4$）短路谐振器（有时也称单元 SIR），偶模电路是四分之一波长开路谐振器。

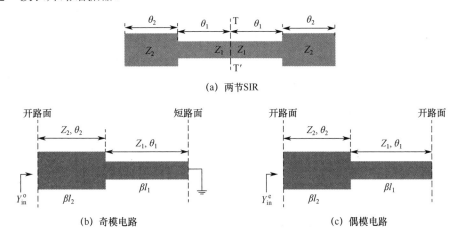

(a) 两节SIR

(b) 奇模电路　　　　　　(c) 偶模电路

图 4.27　两节 SIR 及其奇模和偶模电路

对于图 4.28 所示的二端口网络，由入射波和反射波表示的参数 S 为

$$S_{11} = \frac{b_1}{a_1}\bigg|_{a_2=0}, \quad S_{12} = \frac{b_1}{a_2}\bigg|_{a_1=0}, \quad S_{21} = \frac{b_2}{a_1}\bigg|_{a_2=0}, \quad S_{22} = \frac{b_2}{a_2}\bigg|_{a_1=0} \tag{4.108}$$

图 4.28　二端口网络

式中，a_i 代表入射波，b_i 代表反射波。$a_i = 0$ 表示端口 i 具有良好的阻抗匹配，没有来自终端负载的反射[14]。二端口网络的参数 A、B、C、D 以及端口电压和电流的关系可分别

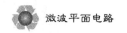

表示为

$$A = \frac{V_1}{V_2}\bigg|_{I_2=0}, \quad B = \frac{V_1}{-I_2}\bigg|_{V_2=0}, \quad C = \frac{I_1}{V_2}\bigg|_{I_2=0}, \quad D = \frac{I_1}{-I_2}\bigg|_{V_2=0} \quad (4.109a)$$

$$\begin{bmatrix} V_1 \\ I_1 \end{bmatrix} = \begin{bmatrix} A & B \\ C & D \end{bmatrix} \cdot \begin{bmatrix} V_2 \\ -I_2 \end{bmatrix} \quad (4.109b)$$

由于图 4.28 所示网络和图 3.29 所示网络标注的电流 I_2 方向不同，因此式（4.109b）中的 I_2 为负。

由参数 A、B、C、D 所构成的矩阵称为 ABCD 矩阵，有时候也称为传输矩阵。在互易网络中，参数 A、B、C、D 满足 $AD - BC = 1$，对于对称网络，有 $A = D$。

参数 S 与参数 A、B、C、D 的关系可表示为[14]

$$S_{11} = \frac{A + B/Z_0 - CZ_0 - D}{A + B/Z_0 + CZ_0 + D}, \quad S_{12} = \frac{2(AD - BC)}{A + B/Z_0 + CZ_0 + D} \quad (4.110a)$$

$$S_{21} = \frac{2}{A + B/Z_0 + CZ_0 + D}, \quad S_{22} = \frac{-A + B/Z_0 - CZ_0 + D}{A + B/Z_0 + CZ_0 + D} \quad (4.110b)$$

由 $S_{11} = 0$ 和 $S_{21} = 0$ 可以分别求得传输极点和传输零点。

我们知道，对于长度为 l 的有耗传输线，根据二端口网络模型，其参数 A、B、C、D 可分别表示为

$$A = \cosh \gamma l, \quad B = Z_c \sinh \gamma l, \quad C = \frac{\sinh \gamma l}{Z_c}, \quad D = \cosh \gamma l \quad (4.111)$$

式中，Z_c 是传输线的特性阻抗，传播常数 $\gamma = \alpha + \mathrm{j}\beta$，$\alpha$ 为衰减常数，β 为相移常数，$\sinh \gamma l$ 和 $\cosh \gamma l$ 分别为双曲正弦和双曲余弦函数。对于无耗传输线（$\alpha = 0$），参数 A、B、C、D 可分别表示为

$$A = \cos \beta l, \quad B = \mathrm{j}Z_c \sin \beta l, \quad C = \frac{\mathrm{j}\sin \beta l}{Z_c}, \quad D = \cos \beta l \quad (4.112)$$

对于阶梯阻抗谐振器，如果忽略阶梯非连续性和开路端的边缘电容，两节 SIR 的奇、偶模电路的输入导纳 Y_{in} 或输入阻抗 Z_{in} 可通过传输线理论或 ABCD 矩阵得到，$Y_{in} = 1/Z_{in}$。图 4.27（b）和（c）所示的两节 SIR 奇、偶模电路的传输矩阵为

$$F_1 = \begin{bmatrix} A_1 & B_1 \\ C_1 & D_1 \end{bmatrix} = \begin{bmatrix} \cos \theta_2 & \mathrm{j}Z_2 \sin \theta_2 \\ \mathrm{j}\sin \theta_2 / Z_2 & \cos \theta_2 \end{bmatrix} \begin{bmatrix} \cos \theta_1 & \mathrm{j}Z_1 \sin \theta_1 \\ \mathrm{j}\sin \theta_1 / Z_1 & \cos \theta_1 \end{bmatrix} \quad (4.113)$$

式中，$\theta_1 = \beta l_1$，$\theta_2 = \beta l_2$。

当终端短路时（奇模电路），输入导纳可计算为

$$Y_{in}^o = \frac{D_1}{B_1} = \frac{Z_2 - Z_1 \tan \theta_1 \tan \theta_2}{\mathrm{j}Z_2(Z_1 \tan \theta_1 + Z_2 \tan \theta_2)} \quad (4.114)$$

谐振器的谐振条件为 $Y_{in} = 0$，即 $Z_2 - Z_1 \tan \theta_1 \tan \theta_2 = 0$。

令两节 SIR 的阻抗比为 $K = Z_2/Z_1$，则阻抗比与 SIR 物理尺寸的关系为

$$\tan \theta_1 \tan \theta_2 = \frac{Z_2}{Z_1} = K \quad (4.115)$$

当终端开路时（偶模电路），输入导纳可计算为

$$Y_{\text{in}}^{\text{e}} = \frac{C_1}{A_1} = \frac{Z_2 \tan \theta_1 + Z_1 \tan \theta_2}{jZ_2(Z_2 \tan \theta_1 \tan \theta_2 - Z_1)} \tag{4.116}$$

根据谐振条件 $Y_{\text{in}} = 0$，可得 $Z_2 \tan \theta_1 + Z_1 \tan \theta_2 = 0$，此时阻抗比与 SIR 物理尺寸的关系为

$$K = -\frac{\tan \theta_2}{\tan \theta_1} \tag{4.117}$$

由上述分析可知，SIR 的谐振条件取决于 θ_1、θ_2 和阻抗比 K。一般均匀阻抗谐振器的谐振条件只取决于 UIR 的电长度，而对于 SIR 则要同时考虑电长度和阻抗比。因此 SIR 比 UIR 多了一个设计自由度。

对于两节 SIR 奇模电路，设其两端之间的总电长度为 θ_{T_A}，则

$$\theta_{T_A} = \theta_1 + \theta_2 = \theta_1 + \arctan\left(\frac{K}{\tan \theta_1}\right) \tag{4.118}$$

相对于 UIR 电长度 $\pi / 2$，归一化谐振器长度表示为

$$L_n = \frac{\theta_{T_A}}{\pi / 2} = \frac{2\theta_{T_A}}{\pi} \tag{4.119}$$

设两节 SIR 的总电长度为 θ_{T_B}，则 $\theta_{T_B} = 2\theta_{T_A}$，相对于 UIR 电长度 π，其归一化谐振器长度表示为

$$\theta_{T_B} / \pi = 2\theta_{T_A} / \pi = L_n \tag{4.120}$$

谐振器长度的归一化值 L_n 在 $K \geqslant 1$ 时有极大值，在 $K < 1$ 时有极小值。下面来求极大值和极小值的条件。将 $\theta_2 = \theta_{T_A} - \theta_1$ 代入式（4.115），可得：

$$K = \frac{\tan \theta_1 (\tan \theta_{T_A} - \tan \theta_1)}{1 + \tan \theta_{T_A} \tan \theta_1} \tag{4.121}$$

当 $0 < K < 1$ 和 $0 < \theta_{T_A} < \theta / 2$ 时，

$$\tan \theta_{T_A} = \frac{1}{1 - K}\left(\tan \theta_1 + \frac{K}{\tan \theta_1}\right) = \frac{\sqrt{K}}{1 - K}\left(\frac{\tan \theta_1}{\sqrt{K}} + \frac{\sqrt{K}}{\tan \theta_1}\right) \geqslant \frac{2\sqrt{K}}{1 - K} \tag{4.122}$$

式（4.121）在 $\tan \theta_1 / \sqrt{K} = \sqrt{K} / \tan \theta_1$ 时取等号，因此，当 $\theta_1 = \theta_2 = \arctan \sqrt{K}$ 时，θ_{T_A} 取极小值[1]：

$$(\theta_{T_A})_{\min} = \arctan\left(\frac{2\sqrt{K}}{1 - K}\right) \tag{4.123}$$

同样，当 $K > 1$ 和 $\frac{\pi}{2} < \theta_{T_A} < \pi$ 时，可得：

$$\tan \theta_{T_A} = -\frac{\sqrt{K}}{k - 1}\left(\frac{\tan \theta_1}{\sqrt{K}} + \frac{\sqrt{K}}{\tan \theta_1}\right) \tag{4.124}$$

由于 $0 < \theta < \frac{\pi}{2}$，当 $\theta_1 = \theta_2 = \arctan \sqrt{K}$ 时，θ_{T_A} 的极大值为[1]

$$(\theta_{T_A})_{\max} = \arctan\left(\frac{2\sqrt{K}}{1 - K}\right) \tag{4.125}$$

上述极大或极小电长度均基于 $\theta_1 = \theta_2$ 的前提条件。当 $\theta_1 = \theta_2 \equiv \theta_0$ 时，阻抗比 K 和谐振

器归一化长度 L_{n0} 的关系可表示为 $L_{n0}=2\theta_{T_A}/\pi=4\theta_0/\pi=4(\arctan\sqrt{K})/\pi$，如图 4.29 所示。从图中可以看到，可通过采用较小的 K 值来无限地缩短 SIR 的长度，但 SIR 长度的最大值限定于对应 UIR 长度的两倍之内。

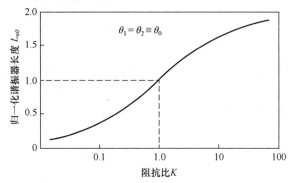

图 4.29　阻抗比 K 和归一化谐振器长度 L_{n0} 的关系

阶梯阻抗谐振器的一个显著特点就是能通过改变阻抗比来调节谐振器长度和相应的谐振频率。相比于四分之一波长 SIR，二分之一波长 SIR 具有更多变形，因此在实际应用中更具灵活性，可广泛应用于各种无源和有源微波电路设计中。几种典型的二分之一波长（半波长）SIR 结构如图 4.30 所示，这几种结构虽然在外形上分别为直线型、U 型（发夹型）和内部耦合型，但从电路拓扑观点来看，它们是等价的。内部耦合型 SIR 还可以设计成电磁分路耦合的二阶 SIR。

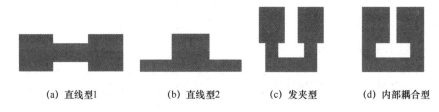

(a) 直线型1　　　　(b) 直线型2　　　　(c) 发夹型　　　　(d) 内部耦合型

图 4.30　几种典型的半波长 SIR 结构

对于半波长 SIR，其基本电路结构如图 4.31 所示。该电路对应的传输矩阵可表示为

$$F_2=\begin{bmatrix}A_2&B_2\\C_2&D_2\end{bmatrix}=\begin{bmatrix}\cos\theta_2&jZ_2\sin\theta_2\\j\sin\theta_2/Z_2&\cos\theta_2\end{bmatrix}$$

$$\begin{bmatrix}\cos\theta_1&jZ_1\sin\theta_1\\j\sin\theta_1/Z_1&\cos\theta_1\end{bmatrix}\begin{bmatrix}\cos\theta_1&jZ_1\sin\theta_1\\j\sin\theta_1/Z_1&\cos\theta_1\end{bmatrix}\begin{bmatrix}\cos\theta_2&jZ_2\sin\theta_2\\j\sin\theta_2/Z_2&\cos\theta_2\end{bmatrix}\tag{4.126}$$

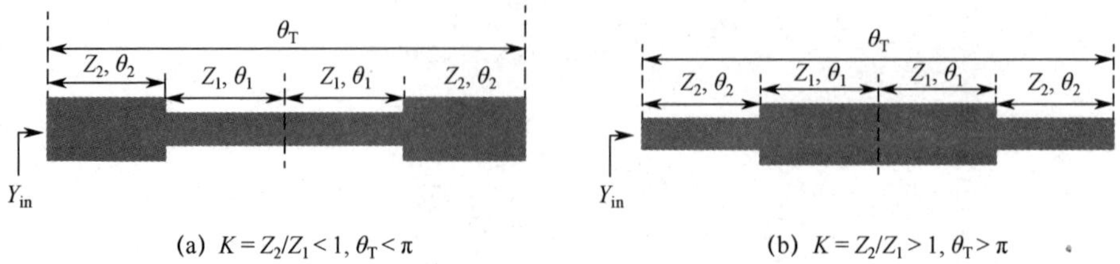

(a) $K=Z_2/Z_1<1,\ \theta_T<\pi$　　　　　　　(b) $K=Z_2/Z_1>1,\ \theta_T>\pi$

图 4.31　半波长 SIR 的基本电路结构

这种半波长 SIR 是终端开路的谐振器，设 $K = Z_2 / Z_1$，则其输入导纳可表示为

$$Y_{in} = \frac{C_2}{A_2} = \frac{2jY_2(K\tan\theta_1 + \tan\theta_2)(K - \tan\theta_1\tan\theta_2)}{K(1 - \tan^2\theta_1)(1 - \tan^2\theta_2) - 2(1 + K^2)\tan\theta_1\tan\theta_2} \tag{4.127}$$

假设 $\theta_1 = \theta_2 = \theta$，则

$$Y_{in} = jY_2\frac{2(1 + K)(K - \tan^2\theta)\tan\theta}{K - 2(1 + K + K^2)\tan^2\theta + K\tan^4\theta} \tag{4.128}$$

从谐振条件 $Y_{in} = 0$，可得 $\theta = \theta_0 = \arctan(\sqrt{K})$。

和四分之一波长 SIR 相比，半波长 SIR 的寄生响应更加关键。设寄生谐振频率分别为 f_{S_1}、f_{S_2} 和 f_{S_3}，相对应的 θ 分别为 θ_{S_1}、θ_{S_2} 和 θ_{S_3}，从谐振条件还可以得到：$\tan\theta_{S_1} = \infty$，$\tan^2\theta_{S_2} - K = 0$，$\tan\theta_{S_3} = 0$，按照杂散谐振频率从小到大排序，可以得到：$\theta_{S_1} = \frac{\pi}{2}$，$\theta_{S_2} = \arctan(-\sqrt{K}) = \pi - \theta_0$，$\theta_{S_3} = \pi$。杂散谐振频率和基频 f_0 之比为

$$\frac{f_{S_1}}{f_0} = \frac{\theta_{S_1}}{\theta_0} = \frac{\pi}{2\arctan\sqrt{K}} \tag{4.129a}$$

$$\frac{f_{S_2}}{f_0} = \frac{\theta_{S_2}}{\theta_0} = \frac{\pi - \theta_0}{\theta_0} = 2\left(\frac{f_{S_1}}{f_0}\right) - 1 \tag{4.129b}$$

$$\frac{f_{S_3}}{f_0} = \frac{\theta_{S_3}}{\theta_0} = 2\left(\frac{f_{S_1}}{f_0}\right) \tag{4.129c}$$

通过改变谐振器的阻抗比和长度比可以调控 SIR 的前几个谐振频率，进而用来设计多频带滤波器。反过来，给定 SIR 的谐振频率，则可以通过上述公式求出 SIR 的阻抗比、电长度。当阻抗比为 1 时，各寄生频率与基频正好成倍频关系。另外可以通过改变 SIR 弯曲结构得到形状不一样的谐振器。图 4.32（a）所示为一个 S 型半波长 SIR [18]，其阻抗比 $K<1$，各杂散谐振频率与基频之比 f_{S_i} / f_0 随阻抗比 K 的变化曲线，如图 4.32（b）所示。从图中可以看到，当 $K<0.2$ 时，各杂散谐振频率与基频之比急剧下降，而后随着 K 的增大趋于平稳。

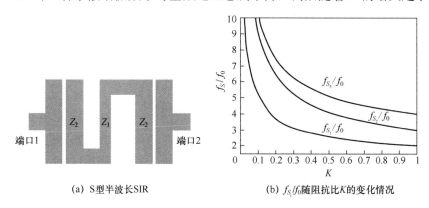

(a) S 型半波长 SIR　　　　　(b) f_{S_i}/f_0 随阻抗比 K 的变化情况

图 4.32　S 型半波长 SIR 及其频率比随抗阻比 K 的变化情况

近年来，满足无线局域网（WLAN）IEEE 802.11a 2.4 GHz 频率标准和 IEEE 802.11b/g 5.2 GHz 频率标准的双频谐振器滤波器、双频天线等应用日益广泛。对于 WLAN 通信系

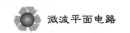

统，f_1=2.4 GHz，f_2=5.2 GHz，由上述理论可以得到阻抗比 K 和电长度如下：$K = \tan^2 (\pi f_1 / 2 f_2) = 0.785$，$\theta = \theta_0 = \arctan(\sqrt{K}) = 41.53°$。

4.4.2 三节阶梯阻抗谐振器

三节阶梯阻抗谐振器（三节 SIR）由 3 段不同特性阻抗的传输线组成，其特性阻抗分别为 Z_1、Z_2 和 Z_3，对应的电长度分别为 θ_1、θ_2 和 θ_3，如图 4.33 所示。由于是对称结构，可以用奇偶模法进行分析，也可以整体分析。如果不考虑阶梯面不连续性和边缘电容效应的影响，并且为简化设计，设 $\theta_1 = \theta_2 = \theta_3 = \theta$，则由开路端看去的输入导纳为

$$Y_{in} = j \frac{Z_2 Z_3 - (Z_1 Z_3 + Z_1 Z_2 + Z_2^2) \tan^2 \theta}{Z_1 Z_3^2 \tan^3 \theta - (Z_1 Z_2 Z_3 + Z_2^2 Z_3 + Z_2 Z_3^2) \tan \theta} \tag{4.130}$$

由 $Y_{in} = 0$ 得到谐振条件为

$$Z_2 Z_3 - (Z_1 Z_3 + Z_1 Z_2 + Z_2^2) \tan^2 \theta = 0 \tag{4.131}$$

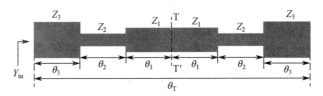

图 4.33 三节 SIR

设三节 SIR 的阻抗比为 $K_1 = Z_3 / Z_2$，$K_2 = Z_2 / Z_1$，则可以得到：

$$K_1 K_2 - (1 + K_1 + K_2) \tan^2 \theta = 0 \tag{4.132}$$

由式（4.132）可解得：

$$\theta = \theta_0 = \arctan \sqrt{\frac{K_1 K_2}{1 + K_1 + K_2}} \tag{4.133}$$

谐振器的总电长度可以表示为

$$\theta_T = 6\theta_0 = 6\arctan \sqrt{\frac{K_1 K_2}{1 + K_1 + K_2}} \tag{4.134}$$

第 1 个寄生频率 f_{S_1} 对应的电长度为

$$\theta_{S_1} = \arctan \sqrt{\frac{1 + K_1 + K_1 K_2}{K_2}} \tag{4.135}$$

第 2 个寄生频率 f_{S_2} 对应的电长度为

$$\theta_{S_2} = \frac{\pi}{2} \tag{4.136}$$

于是可得：

$$\frac{\theta_{S_1}}{\theta_0} = \frac{f_{S_1}}{f_0} = \frac{\arctan \sqrt{\dfrac{1 + K_1 + K_1 K_2}{K_2}}}{\arctan \sqrt{\dfrac{K_1 K_2}{1 + K_1 + K_2}}} \tag{4.137a}$$

$$\frac{\theta_{S_2}}{\theta_0} = \frac{f_{S_2}}{f_0} = \frac{\pi}{2\arctan\sqrt{\dfrac{K_1 K_2}{1 + K_1 + K_2}}} \qquad (4.137b)$$

式（4.137a）和式（4.137b）将频率比值与谐振器的两个阻抗比 K_1 和 K_2 联系起来，是利用三节 SIR 设计三频带滤波器的主要方程。在实际设计中，根据三频滤波器的设计指标，可以求得两个频率比，从而确定 K_1 和 K_2 的值。

对于开裂环形三节 SIR，应用 MATLAB 可以计算得到 f_{S_1}/f_0 和 θ_T 分别随 K_2 变化的曲线[19]，如图 4.34 所示。从图中看出，f_{S_1}/f_0 随着 K_2 的增大而逐渐减小，而总电长度 θ_T 随着 K_1、K_2 的增大而逐渐增大。

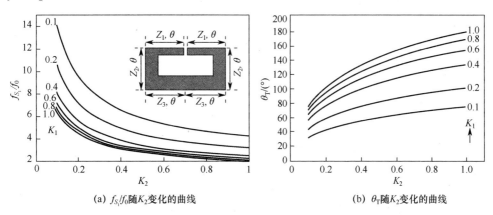

(a) f_{S_1}/f_0 随 K_2 变化的曲线 　　　　　(b) θ_T 随 K_2 变化的曲线

图 4.34　f_{S_1}/f_0 和 θ_T 随 K_2 变化的曲线

表 4.4 给出了阻抗比 K_1、K_2 已知的情况下，开裂环三节 SIR 的 f_{S_1}/f_0 和 θ_T 的值，从表中得知，当 $K_1 \leqslant 1$ 和 $K_2 < 1$ 时，第 2 个通带的工作频率大于 $2f_0$。

表 4.4　K_1、K_2 确定时三节 SIR 的 f_{S_1}/f_0 和 θ_T 的值

K_1 和 K_2 的值	f_{S_1}/f_0	θ_T（°）
$K_1=0.6$，$K_2=0.4$	3.40	114.6
$K_1=1.0$，$K_2=0.8$	2.2	168.8
$K_1=1.0$，$K_2=0.6$	2.51	154.0
$K_1=0.6$，$K_2=0.6$	2.77	132.1

4.5　分形谐振器

4.5.1　分形结构基本概念

分形（fractal）一词来自拉丁语 fractus，原意是"不规则的""分数的""支离破碎的"。在 19 世纪晚期，一些数学家对某些难度很大的数学问题产生了兴趣，例如无限长度、有限面积的连续但不可微曲线。这些曲线被定义为没有限制的重复结构。1870 年，Cantor 描述了分形迭代；1890 年，Peano 描述了另外一种分形迭代的形式；1891 年出现

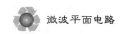

了 Hilbert 分形；1904 年，Von Koch 提出了雪花型分形；1916 年，波兰数学家 Sierpinsky 提出了后来以他名字命名的分形。这些分形结构如图 4.35 所示。

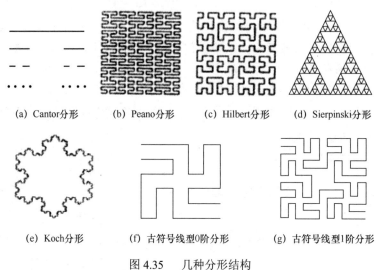

(a) Cantor分形　　　(b) Peano分形　　　(c) Hilbert分形　　　(d) Sierpinski分形

(e) Koch分形　　　　(f) 古符号线型0阶分形　　　(g) 古符号线型1阶分形

图 4.35　　几种分形结构

虽然数学家在 19 世纪后半期已经开始研究分形了，但是分形的正式概念是法国数学家曼德布罗特（Benoit Mandelbrot）于 1975 年提出的，用以描述复杂的自然界。曼德布罗特在自己的著作《自然界的分形几何学》和《分形：形状、机遇与维数》中第一次提出了分形的概念，并阐述了分形理论的基本思想，即分形研究的对象是具有自相似性的无序系统，其维数的变化是连续的。自相似性是自然界的一个普遍规律，小到树叶的叶脉，大到天体宇宙，自相似性普遍存在于物质系统的多个层次上。分形与耗散结构、混沌并称为 20 世纪 70 年代科学史上的三大发现。

分形是对没有特征长度但一定意义上具有自相似性图形和结构的总称[20]。分形具有两个基本特性：自相似性和标度不变性。自相似性是指分形部分的结构和其主体结构具有相似的形状；标度不变性也称为空间填充性，是指在有限区域内，分形部分随着阶数的增加而不增加所占区间，这种特性使得分形能够在很小的体积内充分利用空间，标度不变性也是微波电路能够实现小型化的一个关键原因。分形结构通过重复某一简单形状几乎可以构成任何复杂的图形，自然界中的许多物体都能用分形来模拟，如山脉、树木和云彩等，由于不规则现象在大自然中普遍存在，因此分形几何学又称为大自然的几何学。分形技术是得益于数学上分形物体的一些特殊性质发展起来的，无论是自然界中的分形还是数学上的分形，都能够通过简单的算法一步步迭代生成，最终实现惊人的复杂结构。

经典分形严格按照一定的数学方法生成，具有严格的自相似性，称为有规分形；而通常应用的分形多属于无规分形，即自相似性要求并不很严格，只具有统计意义。

在谐振器中，分形改变了电流分布，使电流沿着曲折的导体面而非简单的几何面分布，增加了电长度；同时在谐振器中引入了扰动，改变了谐振器的电磁场分布，从而改变谐振器的一些电性能，可以用来设计新的射频元器件。

对于一个固定谐振频率的谐振器来说，分形迭代的阶数越高，谐振器的尺寸越小。这意味着同其他结构相比，用分形谐振器可以实现更小尺寸的电路。研究发现，前两阶分形迭代最有效，结构也相对简单，三阶及以上分形迭代没有明显优势，因为三阶及以上的分形迭代使得谐振器结构变得明显复杂，但是谐振器的谐振频率和其他电特性却变化很小。

分形理论借助相似性原理洞察隐藏于混乱现象中的精细结构，为人们从局部认识整体、从有限认识无限提供新的方法论，为不同的学科所要描述的规律提供了崭新的语言和定量的分析方法，为现代科学技术提供了新的研究思想。近 30 年来，分形理论在自然科学、社会科学及哲学的许多领域中得到了广泛的应用：比如在统计学中用来预测极端事件，在天文学中用来描述银河系形成，在地理学中用来预测地震和水灾，在生理学中用来研究肺部形态结构，等等。

在微波技术领域，分形已经被大量应用于设计紧凑的多频带天线、频率选择表面以及小型化滤波器等。在滤波器的设计中分形结构主要用于降低谐振频率，提高频率选择特性和抑制高次谐波等，也可以用来设计双模、多模滤波器。

1．分形维数

分形维数（fractal dimension），又叫分数维，是分形几何学定量描述分形几何特征和几何复杂程度的参数。我们先从分形的概念说起，如果我们画一条线段、一个正方形或一个立方体，它们的边长都是 1。将它们的边长二等分，此时，原图的线度缩小为原来的 1/2，原图被等分为若干个相似的图形。线段、正方形、立方体分别被等分为 2^1、2^2、2^3 个相似的子图形，其中 1、2、3 正好是图形的维数。一般说来，如果某图形等分为该图缩小为 $1/a$ 的相似的 b 个图形，则有：$a^D = b, D = \ln b / \ln a$。 这里，$D$ 就是相似性维数，可以是整数，也可以是分数。

由于分形的复杂性，关于分形维数有多种定义[20]，最有代表性的是 Hausdorff 维数。对于任何一个有确定维数的几何形体，若用与它维数相同的尺度 r 去度量，其大小 $N(r)$ 与单位度量 r 之间存在如下关系：

$$N(r) \propto r^{D_H} \text{ 或 } D_H = \ln N(r) / \ln r \tag{4.138}$$

式中，D_H 即为 Hausdorff 维数，它可以是整数，也可以是分数。

此外，分数维还有多种其他定义，如相似维数、盒维数、关联维数、容量维数、谱维数等。

有规分形的分形维数的计算可以使用相似维数。定义如下：如果某图形等分为该图缩小为 $1/a$ 的相似的 b（$b = a^{D_H}$）个图形，则相似维数 $D_H = \ln b / \ln a$。无规分形的自相似性只具有统计意义，在平面电路实际应用中，无规分形因为设计更加灵活，因此应用更广泛。

2．分形的种类

按照分形理论，分形体内任何一个相对独立的部分（分形元或生成元），在一定程度上都是整体的再现和缩影。这种现象，无论是在客观世界——自然界和社会领域，还是在主观世界——思维领域，都是普遍存在的。这样把分形初步分为：自然分形、社会分形、时间分形和思维分形。

1）自然分形

凡是在自然界中客观存在的或经过抽象而得到的具有自相似性的几何形体，都称为自然分形。它涉及的范围极为广泛，包含的内容也极为丰富。从自然科学基础理论到技术科

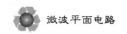

学、应用技术的研究对象，都存在着自然分形。例如，星云的分布、海岸线的形状、山形的起伏、云彩、树叶、地震、湍流等众多现象和事物中的部分都毫无例外地与整体相似，因此可以用分形去模拟这些自然现象和事物。图 4.36 所示为树形生成元及其分形结构。

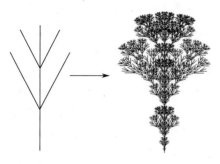

图 4.36　树形生成元及其分形结构

2）社会分形

凡是在人类社会活动和社会体系中客观存在及其所表现出来的自相似性现象，称为社会分形。这种分形几乎涉及所有社会科学领域。不论是使人明鉴的史学，还是使人灵秀的诗歌，也不论教人聪慧的哲学，还是令人善辩的辞学，都普遍存在着或在某一时期、某一范围内存在着自相似性的现象。社会分形表征了生活和社会现象中一些不规则的非线性特征，有着广泛的应用和参考价值。

3）时间分形

凡是在时间轴上具有自相似性的现象，称为时间分形。也有人也把它称为"一维时间分形"或"重演分形""过程分形"。恩格斯曾经指出，整个有机界的发展史和个别机体的发展史之间存在着令人惊异的类似。在人类社会的发展中，同样存在着类似的现象。

4）思维分形

思维分形是指人类在认识、意识活动的过程中或结果上所表现出来的自相似性特征。这包括两方面的情况：其一，概念是逻辑思维最基本的分形元，反映了人们对事物整体本质的认识；其二，每个人的思维都是人类整体思维的重要组成部分，个人的思维在某种程度上反映了人类整体的思维。美国科学家道·霍夫斯塔特曾经说过："我们每个人都反映其他许多人的思想，其他人又反映别人的思想，一个无穷无尽的系列。"可以说，人类的每一个健全个体的认识发生、发展的过程，都是大类认识进化史的一个缩影，是其简略而又迅速的重演。

4.5.2　分形的迭代生成和应用

从分形几何的角度来看，基本的分形可以分为以下 4 种：Koch 分形、Minkowski 分形、Sierpinski 分形和 Hilbert 分形。下面我们对这 4 种分形分别加以介绍。

1. Koch 分形

Koch 曲线是一类复杂的平面曲线，可用算法描述。从图 4.37（a）所示的一条直线段开始，将线段中间 1/3 的部分用等边三角形的两条边代替，形成具有 5 个结点的图形，如图 4.37（b）所示。在新的图形中，又将图中每一直线段中间 1/3 的部分都用一个等边三角形的两条边代替，再次形成新的图形，如图 4.37（c）所示。此时图形中共有 17 个结点。这种迭代继续进行下去可以形成 n 次 Koch 分形曲线。随着迭代次数的增加，图形中的结点将越来越多，而曲线最终的细节显示将取决于迭代次数和显示系统的分辨率。

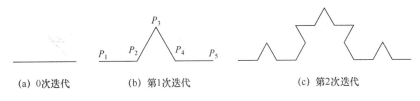

(a) 0次迭代　　(b) 第1次迭代　　(c) 第2次迭代

图 4.37　Koch 分形曲线

算法分析：

考虑由图 4.37（a）所示的直线段到第 1 次迭代（5 个结点）的过程。设 P_1 和 P_5 分别为原始直线段的两个端点，现在需要在直线段的中间依次插入 3 个点：P_2、P_3、P_4，产生第 1 次迭代，如图 4.37（b）所示。显然，P_2 位于 P_1 右端直线段的 1/3 处；P_4 位于 P_1 右端直线段的 2/3 处；而 P_3 的位置可以看成由 P_4 绕 P_2 旋转 60°（逆时针方向）得到，故可以处理为向量 P_2P_4 经正交变换而得到向量 P_2P_3。算法如下：

$$P_2 = P_1 + (P_5 - P_1)/3 \tag{4.139a}$$
$$P_4 = P_1 + 2(P_5 - P_1)/3 \tag{4.139b}$$
$$P_3 = P_2 + (P_4 - P_2) \times A^{\mathrm{T}} \tag{4.139c}$$

其中，A 为正交矩阵，表示为

$$A = \begin{bmatrix} \cos\dfrac{\pi}{3} & -\sin\dfrac{\pi}{3} \\ \sin\dfrac{\pi}{3} & \cos\dfrac{\pi}{3} \end{bmatrix} \tag{4.140}$$

算法根据初始数据（P_1 和 P_5 的坐标），产生图 4.37（b）所示的 5 个结点的坐标。结点的坐标数组构成一个 5×2 矩阵，矩阵的第 1 行为 P_1 的坐标，第 2 行为 P_2 的坐标，…，第 5 行为 P_5 的坐标。矩阵的第 1 列元素分别为 5 个结点的 X 轴坐标，第 2 列元素分别为 5 个结点的 Y 轴坐标。

进一步考虑 Koch 曲线形成过程中结点数目的变化规律。设第 k 次迭代产生的结点数为 n_k，第 $k+1$ 次迭代产生的结点数为 n_{k+1}，则 n_k 和 n_{k+1} 之间的递推关系可表示为 $n_{k+1} = 4n_k - 3$。这个过程可用 MATLAB 编程实现。下面是 5 次迭代的 MATLAB 程序：

```
p=[0   0; 10   0]; n=2;
A=[cos(pi/3)   -sin(pi/3); sin(pi/3)   cos(pi/3)];
for k=1:5
    d=diff(p)/3; m=4*n-3;
    q=p(1:n-1,:); p(5:4:m,:)=p(2:n,:);
    p(2:4:m,:)=q+d;
    p(3:4:m,:)=q+d+d*A';
    p(4:4:m,:)=q+2*d;
    n=m;
end
plot(p(:,1), p(:,2), 'k')
axis equal
axis off
```

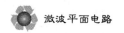
5 次迭代的 Koch 分形曲线如图 4.38 所示。

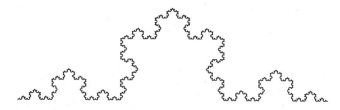

图 4.38 5 次迭代的 Koch 分形曲线

Koch 曲线是一种不规则的曲线，它的分形阶数每增加一阶，总的长度就变为原来的 4/3 倍。Koch 曲线对缩减线天线尺寸是非常有利的。

还有一种方法可以实现二维平面内任意的 Koch 曲线：

$$W\begin{pmatrix} x \\ y \end{pmatrix} = \begin{pmatrix} a & b \\ c & d \end{pmatrix}\begin{pmatrix} x \\ y \end{pmatrix} + \begin{pmatrix} e \\ f \end{pmatrix} \tag{4.141}$$

即 $W(x,y) = (ax + by + e, cx + dy + f)$。$x$ 和 y 是分段点坐标值，e 和 f 分别是 W_i（$i=1,2,3,4$）起始点的坐标值，转换矩阵可表示为

$$\begin{pmatrix} a & b \\ c & d \end{pmatrix} = \begin{pmatrix} r_1 \cos\theta_1 & -r_2 \sin\theta_2 \\ r_1 \sin\theta_1 & r_2 \cos\theta_2 \end{pmatrix} \tag{4.142}$$

在 Koch 曲线中，$r_1 = r_2 = r$，$0 < r < 1$，而且 $\theta_1 = \theta_2$，r 是收缩比例，θ 是旋转角度，如果设 $r = 1/3$，则由此可得：

$$W_1(x,y) = \left(\frac{1}{3}x, \frac{1}{3}y \right) \tag{4.143a}$$

$$W_2(x,y) = \left(\frac{1}{6}x - \frac{\sqrt{3}}{6}y + \frac{1}{3}, \frac{\sqrt{3}}{6}x + \frac{1}{6}y \right) \tag{4.143b}$$

$$W_3(x,y) = \left(\frac{1}{6}x + \frac{\sqrt{3}}{6}y + \frac{1}{2}, -\frac{\sqrt{3}}{6}x + \frac{1}{6}y + \frac{\sqrt{3}}{6} \right) \tag{4.143c}$$

$$W_4(x,y) = \left(\frac{1}{3}x + \frac{2}{3}, \frac{1}{3}y \right) \tag{4.143d}$$

把 $W_1(x,y)$、$W_2(x,y)$、$W_3(x,y)$、$W_4(x,y)$ 组合起来就是 Koch 曲线了，如图 4.39 所示。

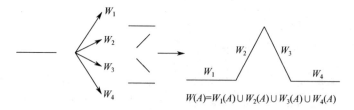

$$W(A) = W_1(A) \cup W_2(A) \cup W_3(A) \cup W_4(A)$$

图 4.39 Kouch 曲线的产生

在欧几里得几何中，环形是最常见的一种形状，用上面的方法，可以产生分形环结构，如图 4.40 所示。与普通环相比，分形环在小型化方面有很大的优势，很适合应用于小型化天线设计。在占据同样空间的条件下，分形环可以压缩长度，使得环的周长在有限

的空间内无限增长，谐振频率降低。反过来，在相同谐振频率的条件下，分形环结构占据空间较小，可实现天线等电路的小型化。在滤波器设计上，这种分形环已被用于缺陷地结构（DGS）。

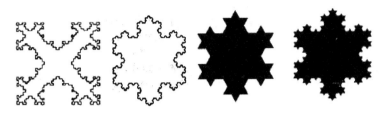

图 4.40　分形环结构

2．Minkowski 分形

1）Minkowski 分形的迭代生成

Minkowski 分形的生成可采用两点式的方法，此方法可用来生成一些简单的分形结构。为此，定义一个初始元和一个生成元，初始元给定了分形图形的框架，生成元则规定了分形图形的产生方法。Minkowski 分形的初始元和生成元如图 4.41 所示。

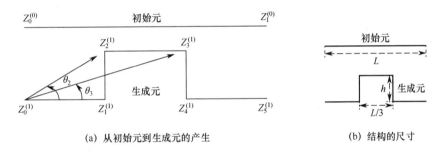

(a) 从初始元到生成元的产生　　　　　　　(b) 结构的尺寸

图 4.41　Minkowski 分形的初始元和生成元

设平面上给定两点 Z_0 和 Z_1，为统一记号，记 $Z_0 = Z_0^{(0)}$，$Z_1 = Z_1^{(0)}$。对于初始元和生成元的起点、终点，设 $Z_0^{(1)} = Z_0^{(0)}$，$Z_5^{(1)} = Z_1^{(0)}$，令：

$$\left| Z_1^{(1)} - Z_0^{(1)} \right| = \left| Z_3^{(1)} - Z_2^{(1)} \right| = \left| Z_5^{(1)} - Z_4^{(1)} \right| = \frac{1}{3} \left| Z_1^{(0)} - Z_0^{(0)} \right| \tag{4.144a}$$

$$\left| Z_2^{(1)} - Z_1^{(1)} \right| = \left| Z_4^{(1)} - Z_3^{(1)} \right| = \frac{\alpha}{3} \left| Z_1^{(0)} - Z_0^{(0)} \right|, \quad 0 < a < 1 \tag{4.144b}$$

将复平面上两点距离用模和幅度表示，则有：

$$Z_5^{(1)} - Z_0^{(1)} = r \exp(\mathrm{j}\theta_0) \tag{4.145a}$$

$$Z_1^{(1)} = (1/3) r \exp[\mathrm{j}(\theta_0 + \theta_1)] + Z_0^{(1)} \tag{4.145b}$$

$$Z_2^{(1)} = \{[1 + (\tan\theta_0)^2]^{1/2}/3\} r \exp[\mathrm{j}(\theta_0 + \theta_2)] + Z_0^{(1)} \tag{4.145c}$$

$$Z_3^{(1)} = \{[4 + (\tan\theta_2)^2]^{1/2}/3\} r \exp[\mathrm{j}(\theta_0 + \theta_3)] + Z_0^{(1)} \tag{4.145d}$$

$$Z_4^{(1)} = (2/3) r \exp[\mathrm{j}(\theta_0 + \theta_4)] + Z_0^{(1)} \tag{4.145e}$$

其中，$\theta_0 = \theta_1 = \theta_4 = 0$，$\theta_2 = \arctan\alpha$，$\theta_3 = \arctan(\alpha/2)$，$\alpha$ 是比例系数，$0 < \alpha < 1$。

一种较为简单的类似于 Koch 分形的结构可用来构造 Minkowski 分形，其尺寸如

图 4.41（b）所示。取一根长度为 L 的直线作为初始元，等分成 3 段，将中间的一段用高度为 h 的 U 形折线替代，形成一个$(L/3) \times h$ 的矩形缺口。分形因子为 $p=3h/L$，表示缺口深度的相对大小，通过改变 p 值能够得到不同的一阶 Minkowski 分形。

将初始元用生成元替代，就可得到一阶 Minkowski 分形曲线。如果将一阶 Minkowski 分形曲线中的每一直线段都用生成元替代，就可以得到二阶 Minkowski 分形曲线，迭代 N 次则可得到 N 阶 Minkowski 分形曲线。Minkowski 分形环的产生方法是，将正方形中的每条直边都用生成元代替，迭代 N 次就可得到 N 阶 Minkowski 分形环。改变 α 可以得到不同的 Minkowski 环。借助 MATLAB 软件，可以编程得到各阶（次）Minkowski 分形图案。图 4.42 给出了当 $\alpha =4/5$，初始长度设为 6 个单位时，用 MATLAB 仿真生成的一阶和二阶 Minkowski 分形环。Minkowski 分形可用于设计贴片双模滤波器。

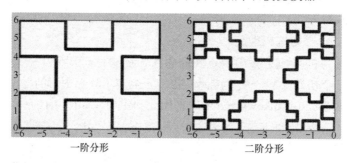

一阶分形　　　　　　　　　二阶分形

图 4.42　MATLAB 仿真的一阶和二阶 Minkowski 分形环

2）Minkowski 分形在贴片谐振器中的应用

当 Minkowski 分形应用于正方形贴片谐振器时，一阶分形是将每条边按照相等的分形因子 p 替换成生成元，p 值的取值范围为 $0<p<1$。二阶分形则是将一阶分形中的每条直边再进行一次迭代替换。图 4.43 给出了正方形贴片谐振器的 Minkowski 分形结构。

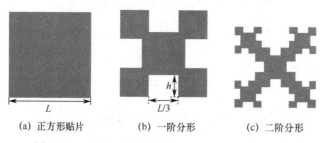

(a) 正方形贴片　　　　(b) 一阶分形　　　　(c) 二阶分形

图 4.43　正方形贴片谐振器的 Minkowski 分形结构

保持一阶分形谐振器的谐振频率为 11.4 GHz 的情况下，谐振器尺寸随参数 g 变化的情况如图 4.44 所示。从图中可知，正方形的长度 L 随着 g 的增大而减小，当 $g>1.2$ mm 时，尺寸减小明显。这个重要结果表明，谐振器小型化的程度可以通过 g 值控制。正方形贴片谐振器和一阶 Minkowski 方形分形谐振器的传输特性如图 4.45 所示，图中第一个图形为正方形贴片谐振器，第二、第三个图形为一阶分形谐振器，所有谐振器都设计在 11.4 GHz 频率下工作。从图中可以看到，正方形贴片谐振器的第一杂散响应在两倍谐振频点上。一阶 Minkowski 方形分形谐振器除了尺寸减小以外，第一杂散响应频点明显高于正方形贴片谐振器。有趣的是，尺寸最小的 Minkowski 方形分形谐振器的第一杂散响应频点最高，这样谐振器的尺寸和杂散响应同时得到了改善。介质基底是 Duroid 5880，其相对介电常数为 2.2（损耗角正切 0.000 9），介质高度为 0.254 mm。

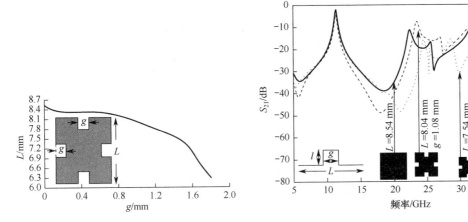

图 4.44　谐振器尺寸随参数 g 变化的情况

图 4.45　正方形贴片谐振器和一阶 Minkowski 方形分形谐振器的传输特性

在分形迭代中，用宽度为 g、高度为 l 的小矩形来代替边长为 g 的小正方形就可得到矩形分形谐振器。为了保持谐振频率在 11.4 GHz，需要同时调节参数 L 和 l。图 4.46 所示为一阶 Minkowski 矩形分形谐振器的传输特性。可以看到，谐振器的尺寸越小，第一个寄生响应频点越高，也就是说，对于一阶 Minkowski 矩形分形谐振器，其尺寸越小，谐波抑制能力越强。这里所述的方形和矩形分形谐振器，其初始结构都是正方形，只不过是从正方形 4 个边移除的部分分别是小正方形和小矩形而已。

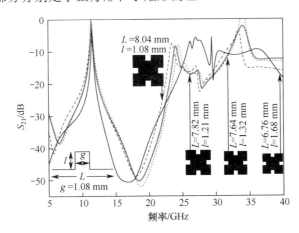

图 4.46　一阶 Minkowski 矩形分形谐振器的传输特性（g=1.08 mm）

表 4.5 给出了 11.4 GHz 时零阶和一阶 Minkowski 分形谐振器的空载品质因数。可以看到，一阶分形谐振器的空载品质因数大于零阶分形，这是因为一阶分形谐振器比零阶分形谐振器具有更长的周长，谐振器中存储的能量主要集中在它的边界上。

3）缺陷地结构的 Minkowski 分形及应用

哑铃型缺陷地结构是缺陷地结构的典型代表，本节便对传统的哑铃型缺陷地结构进行分形研究。哑铃型 DGS 一阶 Minkowski 分形是将哑铃型的两个正方形分别进行独立的分形，如图 4.47（a）所示。采用厚度为 0.78 mm、介电常数为 2.2 的 50Ω 微带，接地面刻蚀哑铃型分形缺陷地，哑铃型单元尺寸为 L=6 mm、g = 0.5 mm。通过电磁仿真计算得到的对应不同分形因子 p（p=0、1/4、1/2、3/4）值的哑铃型 DGS 一阶 Minkowski 分形的参数 S 的仿真曲线如图 4.47（b）所示，表 4.6 给出不同分形因子对应的截止频率、谐振频率、等效电容、等效电感等参数值。可以看出，随着分形因子 p 的增大，谐振频率逐渐下降，等效电容逐渐增加，等效电感逐渐减小。该参数变化说明，当工作在同一谐振频率时，DGS 单元的尺寸将随着 p 的增大而减小，分形的哑铃型 DGS 有利于提高微带电路对空间的利用率，符合小型化的设计要求[21]。仿真表明，二阶分形及更高阶的分形都存在此特性。

表 4.5　零阶和一阶 Minkowski 分形谐振器的空载品质因数

谐 振 器	尺寸/mm²	周长/mm	Q_0
	8.54×8.54	34.16	400.58
	6.76×6.76	40.48	424.03

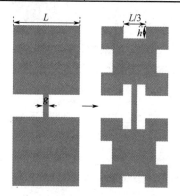
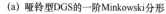
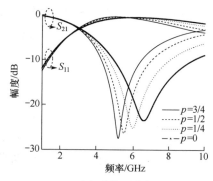

（a）哑铃型DGS的一阶Minkowski分形　　　（b）参数S的仿真曲线

图 4.47　哑铃型 DGS 一阶 Minkowski 分形

表 4.6　不同分形因子对应的参数值

分形因子	截止频率 f_c/GHz	谐振频率 f_0/GHz	等效电容/pF	等效电感/nH
p=0	3.078	6.648	0.141	4.069
p=1/4	3.044	6.041	0.178	3.903
p=1/2	3.009	5.556	0.220	3.734
p=3/4	2.967	5.238	0.254	3.638

应用哑铃型缺陷地结构可以设计低通滤波器，如图 4.48 所示。为了拓展阻带带宽，引入了周期性大小不一致的缺陷地结构[22]，如图 4.48（a）所示。为了进一步提高低通滤波器的性能，对缺陷地结构进行了一阶 Minkowski 分形[21]，如图 4.48（b）所示。当 a = 6 mm，b =3 mm，d =2 mm，g=0.5 mm，分形因子 p=1/2 时，其一阶分形与原始结构的参

数 S 对比如图 4.49（a）所示。可以看出，引入缺陷地结构的一阶分形之后，低通滤波器的传输零点频率从 4.84 GHz 降到 4.35 GHz，使通带上边缘更加陡峭；同时在 15 GHz 处的一个谐波得到抑制，其衰减降到−20 dB 以下；通带内的回波损耗也从−14.05 dB 降低到−16.39 dB。总的来说，一阶分形使低通滤波器的性能得到了有效的改善。对图 4.48（b）所示一阶分形 DGS 低通滤波器以相同的分形因子 p =1/2 进行二阶分形[20]，其一阶与二阶分形的参数 S 对比如图 4.49（b）所示。可以看出，二阶分形 DGS 低通滤波器比一阶分形 DGS 低通滤波器的性能有了进一步的改善：回波损耗从−16.39 dB 降低到−18.8 dB；通带传输零点的频率从 4.35 GHz 降至 4.13 GHz，通带的带外也更加陡峭。

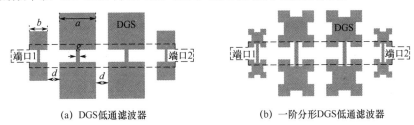

(a) DGS低通滤波器　　　　　　　　　(b) 一阶分形DGS低通滤波器

图 4.48　应用哑铃型缺陷地结构设计的低通滤波器

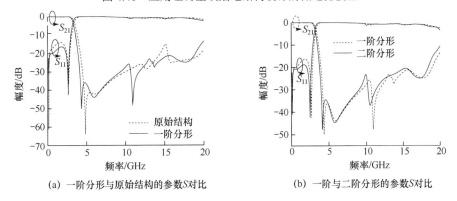

(a) 一阶分形与原始结构的参数S对比　　　(b) 一阶与二阶分形的参数S对比

图 4.49　Minkowski 分形缺陷地结构低通滤波器的参数 S 仿真结果对比

4）长方形 Minkowski 分形谐振器

一种长方形 Minkowski 分形谐振器[23]如图 4.50 所示，其中零阶、一阶和二阶分形结构分别如图 4.50（a）、（b）和（c）所示。长方形横向分形缺口的长度和深度分别为 L_H 和 h_H，纵向分形缺口的长度和深度分别为 L_V 和 h_V，其中 $L_H=L_1/3$，$L_V=d/3$。对正方形分形时，分形因子大于 0 小于 1；而对长方形进行分形时，横向分形因子 $P_H=h_H/L_H$ 的取值范围仍为 $0<P_H<1$，但是纵向分形因子 $P_V=h_V/L_V$ 的取值范围则为 $P_V>1$。一阶长方形 Minkowski 分形谐振器的横向分形因子 $P_H^{1st}=0.066\,7$，纵向分形因子 $P_V^{1st}=9.259$。二阶长方形 Minkowski 分形谐振器的分形因子与一阶分形因子相同，分别为 $P_H^{2nd}=0.066\,7$，$P_V^{2nd}=9.259$。

零阶、一阶和二阶长方形 Minkowski 分形谐振器的 S 参数仿真结果如图 4.51 所示，部分电性能参数提取值见表 4.7。谐振器的谐振频率和 3 dB 带宽都随着分形阶数的增加而减小，这是由于分形阶数的增加使长方形分形谐振器的边缘电长度也增大。当谐振器频率相同时，分形阶数越高，尺寸越小。另外还可以看出，当采用一阶 Minkowski 分形时，位于 12.08 GHz 的谐波后移到了 12.88 GHz 处；而当采用二阶 Minkowski 分形时，谐波得到了完全抑制。

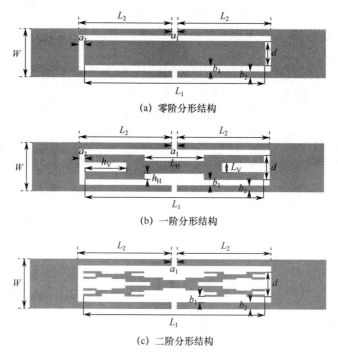

(a) 零阶分形结构

(b) 一阶分形结构

(c) 二阶分形结构

图 4.50　长方形 Minkowski 分形谐振器[23]

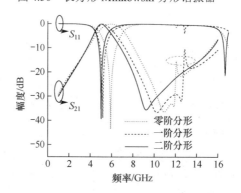

图 4.51　零阶、一阶和二阶长方形 Minkowski 分形谐振器的参数 S 仿真结果

表 4.7　零阶、一阶和二阶长方形 Minkowski 分形谐振器的部分电性能参数提取值

部分电性能参数	零 阶 分 形	一 阶 分 形	二 阶 分 形
谐振频率/GHz	5.95	5.30	5.11
3dB 带宽/GHz	2.26	1.56	1.29
谐波频率/GHz	12.08	12.88	无谐波

从上述分析可知，分形理论的空间填充性有利于谐振器的小型化，并且能够有效抑制谐波，提高电路性能。在研究过程中我们发现，如果使用接下来介绍的 Sierpinski 分形处理，谐振器的带宽和谐波只能发生微弱的变化。

3）Sierpinski 分形

Sierpinski 分形是根据波兰数学家 Sierpinski 在分形几何方面的研究工作，以其名字命名的。图 4.52 所示为方形 Sierpinski 分形的前 3 次迭代，其设计步骤如下：（1）画出一个正方形；（2）将正方形均分成 9 个小正方形；（3）挖去中间正方形，形成一阶分形；（4）二阶分形是在剩下的 8 个正方形均重复步骤（2）、（3），依此类推，就可以得出相应的 N 阶方形 Sierpinski 分形结构。Sierpinski 分形每次去掉的正方形的边长是其自身所属整体相似图形边长的 1/3，同时生成 8 个相似图形，所以这种有规分形几何的分形维数为 $D_{\mathrm{H}} = \log 8 / \log 3$。

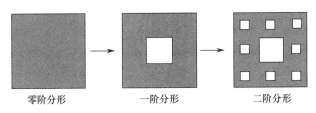

图 4.52　方形 Sierpinski 分形的前 3 次迭代

同理，对于三角形 Sierpinski 分形也可以以此方法构造出来。首先画一个等边三角形，一阶分形时，把三角形按三条中位线均分为 4 个等边三角形，然后挖去中心的等边三角形；二阶分形时，对其余 3 个等边三角形按上述方法处理；依此类推，就可以得出相应的各阶（次）三角形 Sierpinski 分形图案。图 4.53（a）所示为等边三角形 Sierpinski 分形（零阶到三阶）。Sierpinski 分形可用于设计 Sierpinski 地毯天线，还可用于设计小型化方形、三角形贴片滤波器。

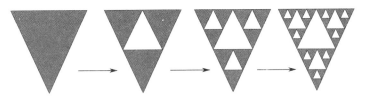

(a) 等边三角形 Sierpinski 分形（零阶到三阶）

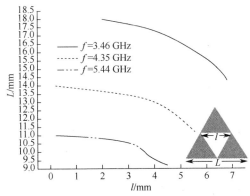

(b) 等边三角形一阶分形谐振器的小型化

图 4.53　等边三角形 Sierpinski 分形和等边三角形一阶分形谐振器的小型化

基于 Sierpinski 分形特征的等边三角形一阶分形谐振器[24]的小型化如图 4.53（b）所示。从图中可以看到，在保持一阶分形谐振器的谐振频率为 3.46 GHz、4.35 GHz、5.44 GHz 的情况下，谐振器尺寸 L 随着分形缺陷尺寸 l 的增加而减小，并且 l 越大，尺寸减小越明显，因此谐振器的尺寸可以通过分形缺陷的大小进行控制。这里的分形缺陷也是等边三角形，边长为 l。等边三角形一阶分形谐振器的主模、第一和第二高次模的谐振频率随分形缺陷变化的关系曲线如图 4.54 所示，从图中可知，主模和第一高次模的谐振频率随着分形缺陷的增大而减小，主模的谐振频率减小最明显，而第二高次模的谐振频率没有明显变化。也可以说，等边三角形谐振器的类 Sierpinski 分形主要影响谐振器的前两个谐振模式。主模（$TM_{1,0,-1}$ 模）下等边三角形一阶分形谐振器的谐振特性（$L=15$ mm）见表 4.8，可知分形缺陷尺寸的增大不仅可以降低谐振频率，带宽也会随之减小（一般情况下）。等边三角形零阶和一阶分形谐振器的传输特性如图 4.55 所示，所有谐振器都固定在 4.35 GHz 频率下工作。从图中可以看到，等边三角形谐振器的第一个杂散响应在小于两倍谐振频点上；一阶分形不仅可以减小谐振器尺寸，还可以使第一杂散响应明显后移，尺寸最小的一阶分形谐振器的第一杂散响应频点最高，并且可以通过调节谐振器和分形缺陷的尺寸使得杂散响应明显变弱。研究同时发现，与等边三角形一阶分形谐振器相比，二阶分形的优势并不明显[24]。

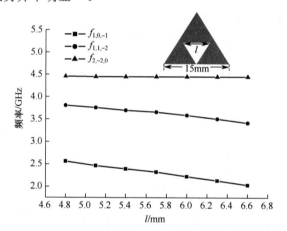

图 4.54　等边三角形一阶分形谐振器的谐振频率随分形缺陷变化的关系曲线

$TM_{1,0,-1}$ 模下等边三角形一阶分形谐振器的谐振特性（$L = 15$ mm）见表 4.8。

表 4.8　$TM_{1,0,-1}$ 模下等边三角形一阶分形谐振器的谐振特性（$L=15$ mm）

l /mm	谐振频率/GHz	3 dB 带宽/GHz
3	4.02	0.21
4	3.96	0.17
5	3.88	0.19
6	3.73	0.16
7	3.56	0.16

等腰直角三角形 Sierpinski 分形如图 4.56 所示，其构成与等边三角形类似。基于 Sierpinski 分形特征的等腰直角三角形一阶分形谐振器的小型化[25]如图 4.57（a）所示，等

腰直角三角形谐振器的底边长度为 L，分形缺陷的底边长度为 l，这里分形缺陷也是等腰直角三角形。从图中可以看到，保持一阶分形谐振器的谐振频率为 3.68、4.07、4.35 GHz 的情况下，谐振器的整体尺寸都随着分形缺陷的增加而减小，因此在给定工作频率时，谐振器的尺寸可以通过分形缺陷的大小进行调控，这和等边三角形分形谐振器的特点是一致的。等腰直角三角形一阶分形谐振器的主模和第一高次模的谐振频率随分形缺陷变化的曲线如图 4.57（b）所示，从图中可知，主模和第一高次模的谐振频率随着分形缺陷的增大而减小，这个特征也和等边三角形分形谐振器一致。

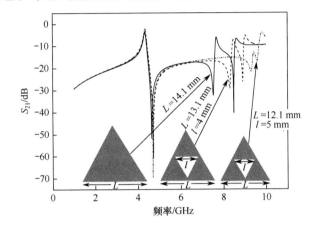

图 4.55　等边三角形零阶和一阶分形谐振器的传输特性

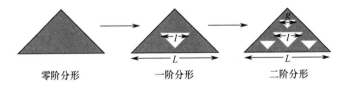

零阶分形　　　　　一阶分形　　　　　二阶分形

图 4.56　等腰直角三角形 Sierpinski 分形

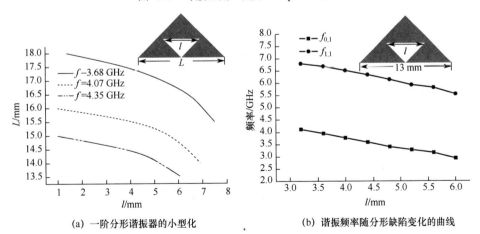

(a) 一阶分形谐振器的小型化　　　　(b) 谐振频率随分形缺陷变化的曲线

图 4.57　等腰直角三角形一阶分形谐振器[25]

除了等边三角形和等腰直角三角形，Sierpinski 分形结构还可以是等腰梯形等形状。在实际应用中，无规分形因为设计灵活而可以获得更好的电路性能。

4. Hilbert 分形

Hilbert 分形曲线具有空间填充能力，非常适合设计紧凑型天线，也可以用来设计滤波器，并改善滤波器的性能。Hilbert 分形能减小天线和滤波器的尺寸。Hibert 分形曲线的前3 次迭代如图 4.58 所示。图 4.59 所示为常见的几种应用于半波长谐振器的 Hilbert 分形迭代，清楚展示了应用 Hilbert 分形使谐振器小型化的过程。这里，所有谐振器的线宽均为 0.2 mm，工作频率固定在 7.75 GHz。在研究中发现，一阶和二阶 Hilbert 分形谐振器的第一个寄生响应频点高于两倍的谐振频率，另外，Hilbert 分形谐振器的分形迭代次数越高，产生的传输零点越靠近谐振频率，从而提高了电路的频率选择性。介质基板的相对介电常数为 2.2，介质厚度为 0.254 mm，损耗角正切为 $\tan\sigma = 9\times10^{-4}$。

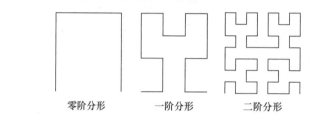

零阶分形　　一阶分形　　二阶分形

图 4.58　Hibert 分形曲线的前 3 次迭代

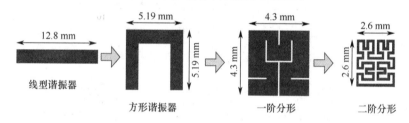

图 4.59　常见的几种应用于半波长谐振器的 Hilbert 分形迭代

表 4.9 列出了零阶、一阶和二阶 Hilbert 方形分形谐振器的空载品质因数，所有谐振器的谐振频率均为 5.6 GHz。可以看出，Hilbert 分形谐振器的空载品质因数随分形阶数增加略有降低，但是电路尺寸明显减小。空载品质因数减小是因为分形增加了电路的结构复杂性，这会增加导体损耗。Hilbert 分形谐振器的空载品质因数变化情况与 Minkowski 分形谐振器不同。

表 4.9　零阶、一阶和二阶 Hilbert 方形分形谐振器的空载品质因数

$Q_0 = 103$	$Q_0 = 89$	$Q_0 = 83$

Minkowski 分形和 Sierpinski 分形可用于贴片谐振器电路设计。我们知道，贴片谐振器存在无穷多谐振模式，一般只用到主模，众多高次模没有得到利用。如果通过某种特定的微扰方式使所需要的多个谐振模式彼此靠近，能够包拢到一个通带里时，就能实现单贴片的多模宽带滤波器，如果使谐振器的几个所需要的谐振模式彼此分开一定距离，各自形

成通带，则能实现多频带滤波器。分形为这些电路的实现提供了一种思路。

贴片滤波器设计的基本思想是各种工作模式的选取。分形技术可以使贴片谐振器原有谐振模式的谐振性能发生改变：因为随着分形缺陷大小和位置的变化，谐振器的电性能也发生相应的改变，其结果使得某种模式（不仅是主模，还有可能是高次模）可能发生分裂，也有某种（些）模式的谐振会被削弱甚至被抑制掉。同时可以对分形微扰进行控制，使得所需要的某些模式的谐振频率点彼此靠近，而不需要的模式响应以及寄生谐波等则可以让其远离甚至将其抑制掉，这就为多功能滤波器的设计提供了可能[26]。也就是说，在滤波器基本结构不变的情况下，只需要对分形部分进行调控，就可能实现单通带、双通带、双模、高次模乃至多模工作的滤波器等功能器件[27]。

分形技术应用于平面电路设计可以有 3 种形式：

（1）线型分形：微带结构的分形（如 Koch 分形、Hilbert 分形）。

（2）面型分形：贴片结构的分形（如 Minkowski 分形、Sierpinski 分形）。

（3）缺陷地分形：接地面上的缺陷地结构分形。

一种等腰梯形谐振器及其分形结构（面型分形）如图 4.60 所示[27]。分形缺陷可以是无规分形，即缺陷形状和谐振器整体形状不要求具有严格的自相似性。等腰梯形谐振器及其分形结构的谐振特性如图 4.61 所示，其中，图 4.61（a）所示为等腰梯形谐振器随梯形高度变化的谐振特性，$a = 12$ mm，$b = 4$ mm；图 4.61（b）所示为有无分形缺陷时的谐振特性，$a = h = 12$ mm，$b = 4$ mm，$c = 8$ mm，$d = 2$ mm，$e = 6$ mm。可以看到，等腰梯形谐振器本身就是一个双模谐振器，谐振器主模及其简并模发生了分裂，引入分形缺陷以后，模式分裂加大并且使谐振频率减小。介质基板的相对介电常数为 10.2，厚度为 1.27 mm。

(a) 等腰梯形谐振器

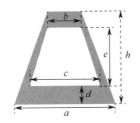

(b) 具有分形缺陷的等腰梯形谐振器

图 4.60　等腰梯形谐振器及其分形结构

仿真得到的具有分形缺陷的等腰梯形谐振器的谐振频率随参量 c 和 e 变化的关系曲线如图 4.62 所示。在图 4.62（a）中，$a = h = 12$ mm，$b = 4$ mm，$d = 2.8$ mm；在图 4.62（b）中，$a = h = 12$ mm，$b = 4$ mm，$d = 2.8$ mm。由图可知，参量 c 和 e 的变化对谐振器谐振频率影响不大，但是引入分形缺陷以后，不仅主模发生了分裂，第一高次模也发生了分裂，可以利用这一现象来设计双模双频滤波器[26]。因此对贴片谐振器来说，双模不仅指主模及其简并模，还可以是高次模及其简并模，但是通常情况下，传统的微扰方式（比如加入内、外切角，刻蚀槽线等）要使高次模及其简并模分裂并不容易，分形提供了一种新的思路。分形缺陷因为自身的自相似性，对谐振器各模式电磁场分布的影响远大于其他传统微扰方式。

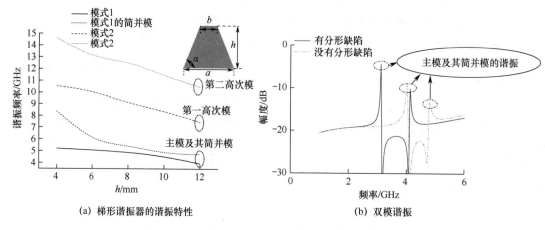

(a) 梯形谐振器的谐振特性　　　　　　(b) 双模谐振

图 4.61　等腰梯形谐振器及其分形结构的谐振特性[27]

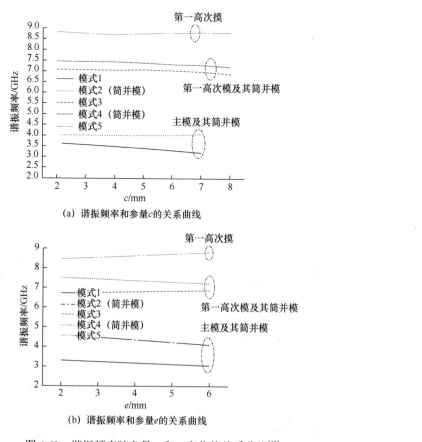

(a) 谐振频率和参量c的关系曲线

(b) 谐振频率和参量e的关系曲线

图 4.62　谐振频率随参量 c 和 e 变化的关系曲线[27]

　　仿真得到的具有分形缺陷的等腰梯形谐振器的谐振频率随参量 d 变化的关系曲线如图 4.63 所示。可以看到，谐振器底边和分形缺陷底边的间距 d 对于谐振器主模和第一高次模的模式分裂影响很大。对于主模及其简并模来说，其模式分裂随着 d 的增加而加剧。对于第一高次模及其简并模来说，当 d < 2.1 mm 时，其模式分裂随着 d 的增加而减小，直至 d = 2.1 mm，两模式重合；当 d > 2.1 mm 时，第一高次模及其简并模的模式分裂随着 d

的增加而加剧。因此这种双模谐振器电路的带宽可以调控。具有分形缺陷的等腰梯形谐振器的传输特性如图 4.64 所示。可以看到，分形可使梯形谐振器实现小型化。

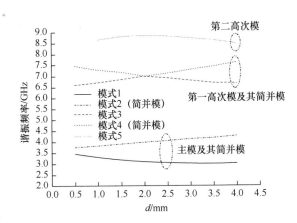

图 4.63　具有分形缺陷的等腰梯形谐振器的谐振频率随参量 d 变化的关系曲线[27]

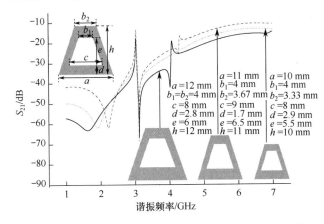

图 4.64　具有分形缺陷的等腰梯形谐振器的传输特性[27]

4.6　可集成平面电感和电容

平面电感作为一种重要的无源元件，广泛应用于射频电路中，实现调谐、匹配、滤波等功能。电感在射频电路中的实现方式主要有键合线电感与平面螺旋电感。键合线电感是用封装中的金丝键合线实现的电感，金的电阻率小，因此金丝键合线电感的 Q 值较高，但是这类电感无法获得较大的电感量，另外，键合的一致性较差，因此这种方法实现的电感通常误差较大；平面螺旋电感的电感值准确，且工艺实现的一致性较好，可实现的电感量范围较大，且易集成、成本低，因此在射频集成电路中应用广泛。平面螺旋电感的形状有正方形、矩形、正六边形、正八边形和圆形等，通常正方形螺旋电感的版图最容易生成，应用也最广泛。

平面螺旋电感有 3 个性能参数：电感值 L、品质因数 Q 和自谐振频率。螺旋电感的电

感值通常是指低频时的电感值，其大小与螺旋的几何结构密切相关，在绕线间电容影响不大的情况下，绕线间距越小，电感值越大。

图 4.65 给出了几种可集成平面电感及其等效电路[1]，图 4.65（a）～（d）所示分别为高阻抗线型、曲折线型、螺旋圆型和螺旋方型平面电感，平面电感的理想等效电路如图 4.65（e）所示。对于各种类型的电感，W、t、l 分别代表导体的宽度、厚度和长度。导体厚度 t 应大于三倍的趋肤深度。高阻抗线型电感是最简单的电感，应用于低电感值（典型电感值 3 nH 以下）的情况，螺旋圆/方型电感具有更高的电感值，典型值可达 10 nH。

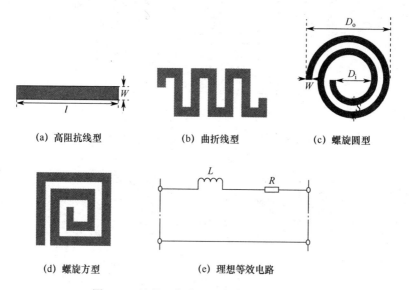

(a) 高阻抗线型   (b) 曲折线型   (c) 螺旋圆型

(d) 螺旋方型   (e) 理想等效电路

图 4.65　几种可集成平面电感及其等效电路

对于直线型电感（长度 l，单位为 μm），其电感值和等效电阻值可表示为[14]

$$L = 2 \times 10^{-4} l \left[\ln \left(\frac{l}{W+t} \right) + 1.193 + 0.223\,5 \frac{W+t}{l} \right] \cdot k_g \tag{4.146a}$$

$$R = \frac{R_s l}{2(W+t)} \left[1.4 + 0.217 \ln \left(\frac{W}{5t} \right) \right], \quad 5 < \frac{W}{t} < 100 \tag{4.146b}$$

对于螺旋圆型电感，其电感值和等效电阻值可表示为

$$L = 0.039\,37 \frac{a^2 n^2}{8a + 11c} \cdot k_g \tag{4.147a}$$

$$R = 1.5 \frac{\pi a n R_s}{W} \tag{4.147b}$$

其中，$a = \dfrac{D_o + D_i}{4}$，$c = \dfrac{D_o - D_i}{2}$。D_o 和 D_i 分别是螺旋圆的外直径和内直径，n 为螺旋圈数，R_s 为导体的表面电阻，k_g 是把接地效应考虑进去的修正因子，k_g 可表示为

$$k_g = 0.57 - 0.145 \ln \frac{W}{h}, \quad \frac{W}{h} > 0.05 \tag{4.148}$$

式中，W 为金属宽度，h 为基片厚度。环形电感可看作单一的螺旋型电感（$n=1$）。需要注意的是，由于距离影响，单圈的螺旋型电感的感抗小于同样长度和宽度的直线型电感的电

感值。

电感的空载品质因数 Q 可表示为

$$Q = \frac{\omega L}{R} \tag{4.149}$$

在射频集成电路（RFIC）中，高 Q 值的电感是其重要的组成部分，使用高 Q 值的电感可以提高射频模块的可靠性。但实际上实现高 Q 值的电感并不容易，因为 CMOS 工艺采用的衬底在高频时会产生寄生电容和寄生电阻，另外，制作电感的金属线本身有导体损耗，这些都会降低电感的 Q 值。提高电感 Q 值的方法有[28]：

（1）用低电阻率的金属（如铜、金）制作电感。

（2）采用多层布线技术。

（3）设计时优化版图结构来提高 Q 值，例如，采用多边形螺旋线，减小平面螺旋电感的圈数等。

（4）增加金属线厚度以减小串联电阻。随着金属线厚度的增加，Q 值的变化情况与电感内径的大小有很大的关系，当金属线厚度超过 $10\ \mu\mathrm{m}$ 时，通过调节电感内径仍可进一步改善电感的 Q 值。

可集成平面交指电容适用于要求低电容值（小于 $1.0\ \mathrm{pF}$）的情况。平面交指电容及其理想等效电路分别如图 4.66 所示，其中，指宽为 W，指间距为 S，指接两端的长度为 l（单位为 $\mu\mathrm{m}$），当 $W=S$ 时，电容密度最大。假设基片厚度 h 远大于指宽 W，交指电容的电容值可表示为[14]

$$C = 3.937 \times 10^{-5} l(\varepsilon_r + 1)[0.11(n-3) + 0.252] \tag{4.150}$$

式中，n 是交指形状的指个数，ε_r 是基片的相对介电常数。与导体损耗相关的品质因数表示为

$$Q_c = \frac{1}{\omega CR} \tag{4.151}$$

式中，$R = \dfrac{4}{3}\dfrac{R_s l}{Wn}$。与介质损耗相关的品质因数可表示为 $Q_d = 1/\tan\delta$，$\tan\delta$ 是介质损耗角正切。总品质因数表示为

$$\frac{1}{Q} = \frac{1}{Q_c} + \frac{1}{Q_d} \tag{4.152}$$

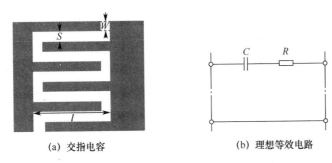

(a) 交指电容　　　　　　　　　(b) 理想等效电路

图 4.66　平面交指电容及其理想等效电路

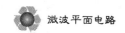

另外，分布参数高低阻抗线结构也能实现准电感和准电容，见表 4.10。表中，Z_{0L} 表示高阻抗线的特性阻抗，Z_{0C} 表示低阻抗线的特性阻抗，ω 和 f 分别为工作角频率和工作频率，λ_{gL} 和 λ_{gC} 分别表示主电感性结构和主电容性结构在各自工作频率下的波导波长。

表 4.10　分布参数高低阻抗线结构实现准电感和准电容

分布参数元件	等 效 电 路	计 算 公 式
主电感性		$L = \dfrac{Z_{0L}}{\omega} \sin\left(\dfrac{2\pi l_L}{\lambda_{gL}}\right)$ $C_L = \dfrac{1}{\omega Z_{0L}} \tan\left(\dfrac{\pi l_L}{\lambda_{gL}}\right)$ $l_L \approx \dfrac{f \lambda_{gL} L}{Z_{0L}}$
主电容性		$C = \dfrac{1}{\omega Z_{0C}} \sin\left(\dfrac{2\pi l_C}{\lambda_{gc}}\right)$ $L_C = \dfrac{Z_{0C}}{\omega} \tan\left(\dfrac{\pi l_C}{\lambda_{gC}}\right)$ $l_C \approx f \lambda_{gC} Z_{0C} C$

参 考 文 献

[1] MAKIMOTO M，YAMASHITA S. 无线通信中的微波谐振器与滤波器理论、设计与应用[M]. 北京：国防工业出版社，2002 年.

[2] POZAR D M. 微波工程[M]. 3 版. 北京：电子工业出版社，2006.

[3] 牛忠霞，雷雪，张德伟. 微波技术及应用[M]. 北京：国防工业出版社，2005.

[4] 吴万春. 微波毫米波和光集成电路的理论基础[M]. 西安：西北电讯工程学院出版社，1985.

[5] BAHL I, BHARTIA P. Microwave solid state circuit design[M]. New York:John Wiley & Sons Press, 1988.

[6] CARLILE D, ITOH T, MITTRA R. A study of rectangular microstrip resonators[J]. AEU, Vol.30, 1976: 38-41.

[7] XIAO J K, LI Y, ZU X P, ZHAO W. Multi-mode multi-band bandpass filter using hexagonal patch resonator[J]. International Journal of Electronics, Vol.102, No.2, 2015: 283-292.

[8] KRETZSCHMAR J G. Theoretical results for the elliptic microstrip resonator[J]. IEEE Trans. Microwave Theory and Techniques, Vol.20, 1972: 342-343.

[9] SHARMA A K, BHAT B. Spectral domain analysis of elliptic microstrip disk resonators[J]. EEE Trans. Microwave Theory and Techniques, Vol.28, 1980: 573-576.

[10] SHARMA A K. Spectral domain analysis of an elliptic microstrip ring resonator[J]. EEE Trans. Microwave Theory and Techniques, Vol.32, 1984: 212-218.

[11] OGASAWARA N, NOGUCHI T. Modal analysis of dielectric resonator of the normal triangular cross section[C]. 1974 Annual National Convention of IEEE, Japan, 1974.

[12] HELSZAJN J, JAMES D S. Planar triangular resonators with magnetic walls[J]. IEEE Trans. Microwave Theory and Techniques, Vol.26, No.2, 1978: 95-100.

[13] HONG J S, LI S. Theory and experiment of dual-mode microstrip triangular-patch resonators and filters[J]. IEEE Trans. Microwave Theory and Techniques, Vol.52, No.4, 2004: 1237-1243.

[14] HONG J S. Microstrip filters for rf/microwave applications[M]. New York:John Wiley & Sons Press, 2001.

[15] GARG R, BHARTIA P, BAHL I, et al. Microstrip antenna design handbook[M]. London :Artech House, 2001: 429-430.

[16] 大越孝敬，三好旦六. 平面电路[M]. 北京：科学出版社，1982.

[17] XIAO J K, ZHANG M, MA J. A Compact and high isolated multi-resonator coupled diplexer[J]. IEEE Microwave and Wireless Components Letters, Vol.28, No.11, 2018: 999-1001.

[18] XIAO J K, ZHU W J. Dual-band bandpass filter using SIR structure[C]. The 30th Progress In Electromagnetics Research Symposium, Sept.12-16, 2011, Suzhou, China, 1475-1479.

[19] XIAO J K, ZHU W J. Compact split ring sir bandpass filters with dual and tri-band[J]. Progress In Electromagnetics Research C, Vol. 25, 2012: 93-105.

[20] 张济忠. 分形[M]. 北京：清华大学出版社，1995.

[21] XIAO J K, ZHU Y F, FU J S. Dgs lowpass filters extend wide stopbands[J]. Microwaves & RF, Vol.50, No.3, 2011: 66-76.

[22] XIAO J K, ZHU Y F, FU J S. Non-uniform dgs low pass filter with ultra-wide stopband[C]. The 9th International Symposium on Antennas, Propagation, and EM Theory(2010 ISAPE), Dec.1-3, 2010, Guangzhou, China, 1216-1219.

[23] XIAO J K, ZHU Y F. New compact bandpass filter using minkowski-fractal microstrip line[C]. 2012 International Conference on Microwave and Millimeter Wave Technology (ICMMT2012), 5-8 May, Shenzhen, China, Vol.2, 2012.

[24] XIAO J K，LI X. Analysis of fractal-shaped equilateral triangular patch resonator[C]. 2012 International Conference on Microwave and Millimeter Wave Technology (ICMMT2012), 5-8 May, Shenzhen, China, Vol.2, 2012.

[25] XIAO J K , ZU X P, LI X, et al. Right-angled triangular patch resonator and filter with fractal hole[J]. Progress In Electromagnetics Research B, Vol.40, 2012: 141-158.

[26] XIAO J K, CHU Q X, HUANG H F. Triangular resonator bandpass filter with tunable operation[J]. Progress In Electromagnetics Research Letters, Vol.2, 2008: 167-176.

[27] XIAO J K, ZU X P, ZHAO W. Trapezoidal patch resonator bandpass filter, international journal of information and computer science[J]. Vol.1, No.3, 2012: 63-69.

[28] 陈雪芳，程东方，杨义荣. 硅衬底 CMOS 射频集成电路中金属厚度对平面螺旋电感 Q 值的影响[J]. 上海大学学报（自然科学版），2005，11（5）：455-459.

第 5 章　平面滤波电路

在射频系统中通常需要把信号频谱中有用的频率信号分离出来，而将不需要的其他频率信号滤除掉，也就是说使通带内的射频信号能够有效传输，同时使阻带内的射频信号实现衰减或抑制，完成这一功能的电路称为滤波器。射频滤波器是射频/微波工程领域不可或缺的元器件之一，广泛应用于无线通信、雷达、导航和测试系统中。随着新型材料、加工技术以及滤波器设计理论和技术的不断发展，射频滤波器在实际应用中将发挥更加重要的作用。

平面射频滤波器是制作在微带、共面波导等平面基片上的滤波器，按照实现的传输函数可分为巴特沃思（Buterworth）、切比雪夫（Chebyshev）、椭圆（Elliptic）等类型，按照衰减特性可分为低通滤波器（LPF）、高通滤波器（HPF）、带通滤波器（BPF）和带阻滤波器（BSF）4 种类型，如图 5.1 所示。图中，L_A 是工作衰减，ω 是工作角频率。滤波器的幅值特性可以用工作衰减来进行描述，即：

$$L_A = 10\lg \frac{P_{in}}{P_L} \qquad (5.1)$$

式中，P_{in} 和 P_L 分别为输出端接匹配负载时滤波器的输入功率和负载吸收功率。

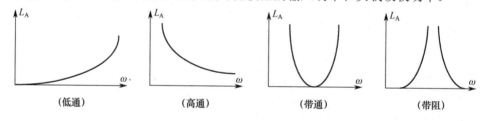

图 5.1　按衰减特性分类

射频滤波器的主要技术指标参数有：工作频率、带宽、插入损耗、回波损耗、波纹系数、带外抑制（阻带抑制）、品质因数和功率容量等。工作频率定义为带通或带阻滤波器衰减 3 dB 时两个频率点的中点，即 $f_0 = (f_1 + f_2)/2$。带宽一般是幅度下降 3 dB 处的带宽，滤波器的绝对带宽表示为 $BW = |f_2 - f_1|$，相对带宽（fractional bandwidth，FBW）表示为 $FBW = |f_2 - f_1|/f_0$。插入损耗（insertion loss，IL）是滤波器通带内信号的传输损耗，定义为滤波器的信号源入射功率 P_{in} 与负载功率 P_L 的比值，以 dB 为单位表示为 $IL = 10\lg(P_{in}/P_L)$。插入损耗的工作衰减（L_A）可以用 S_{21} 来描述，$L_A = 10\lg(1/|S_{21}|^2)$，在实际应用中，要求带通滤波器中心频率处的插入损耗不超过 3dB，而且越小越好。回波损耗（return loss，RL）是信号从信号源发出，由于输入端口处失配而引起部分信号在输入端口发生反射进入信号源而产生的损耗，表示为 $RL = -20\lg|S_{11}|$，在实际应用中，要求回波损耗大于 15dB。带内波纹是表征滤波器通带内平坦度的指标。带外抑制（阻带抑制）是衡量滤波器在阻带内的信号衰减的技术指标。微波滤波器的品质因数（Q 值）反映

了滤波器的频率选择性和插入损耗，品质因数越大，频率选择性越好，插入损耗越小。我们知道，品质因数分为 3 种：谐振器的空载品质因数 Q_0、外部品质因数 Q_e 和有载品质因数 Q_L。空载品质因数描述谐振器本身的 Q 值；外部品质因数表示输入、输出电路和谐振器间的耦合关系，保证它们之间的阻抗匹配；有载品质因数表示谐振器和外部电路总的品质因数值。滤波器的外部品质因数可表示为 $Q_e = f_0 / \mathrm{BW_{3dB}}$。当输入、输出端阻抗相等时，输入端和输出端的外部品质因数可表示为 $Q_{ei} = Q_{eo} = g_0 g_1 / \mathrm{FBW}$，其中 Q_{ei} 是输入端的外部品质因数，Q_{eo} 是输出端的外部品质因数，g_0 和 g_1 是低通原型滤波器的元件值。

理想滤波器在所需通带内的插入损耗为零，带外信号衰减是无穷大的，而在实际情况下，只有有限的衰减量，衰减越大，阻带抑制特性越好。没有一个滤波器可在理想频带内工作，一个实际的滤波器只能尽可能接近理想滤波器的特性，所有滤波器都有寄生响应。另外，电压驻波比 ρ 有时也作为滤波器的一项指标要求，电压驻波比的大小表示微波滤波器的输入、输出端口与外部电路的阻抗匹配程度。驻波比越小，阻抗匹配越好。ρ 取值范围为 $1 \sim \infty$，一般要求小于 2.0。

平面滤波器的主要设计方法是综合法，即先设计出低通原型滤波器，再应用频率变换，推导出低通、高通、带通和带阻滤波器的设计公式，最后综合出滤波器的结构尺寸。滤波器综合是具有相同特征的近似函数的变换，其关键问题之一是由给定的滤波器衰减特性和频率特性来确定网络结构和元件值。

5.1 平面滤波器的低通原型

低通原型滤波器是元件值和频率都归一化的低通滤波器。元件值归一化是对源阻抗 Z_0 归一化，即 $\bar{Z} = Z / Z_0$；频率归一化是对截止频率 ω_1 归一化，即 $\omega' = \omega / \omega_1$。

集总元件低通原型滤波器是设计射频滤波器的基础，各种低通、高通、带通、带阻滤波器，其传输特性大都是根据此原型特性推导出来的。图 5.2（a）所示的理想滤波特性用有限个元件的电抗网络是无法实现的，实际的滤波器只能逼近理想滤波器的衰减特性。低通原型的频率响应通常有 3 种，一种是巴特沃思响应（最平坦响应）；一种是切比雪夫响应；一种是椭圆函数响应，分别如图 5.2（b）、（c）和（d）所示。在这些响应中，L_{Ar} 表示通带最大衰减，L_{As} 表示阻带最小衰减，ω_1 是截止频率，ω_{s} 是阻带边频。$\omega \leqslant \omega_1$ 为滤波器的通带，$\omega \geqslant \omega_1$ 为滤波器的阻带。椭圆函数低通原型的通带和阻带都具有切比雪夫波纹，它的参数必须用椭圆函数来计算。

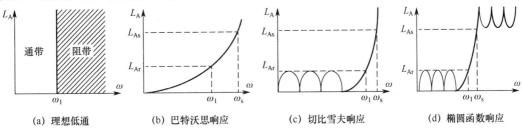

图 5.2　低通响应

5.1.1 巴特沃思低通原型

巴特沃思低通原型的衰减函数可表示为

$$L_{\mathrm{A}}(\omega') = 10\lg[1 + \varepsilon(\omega')^{2n}] \tag{5.2}$$

该函数的特点是在 $\omega = 0$ 处，一阶导数到 $2n-1$ 阶导数均为零，所以巴特沃思低通原型滤波器又称为"最平坦型滤波器"。其中，n 代表电抗元件的数目，即滤波器的级数。由频率归一化可知，$\omega_1' = \omega_1 / \omega_1 = 1$，再由 $L_{\mathrm{Ar}} = L_{\mathrm{A}}(\omega_1' = 1)$ 可得：

$$L_{\mathrm{Ar}} = 10\lg(1 + \varepsilon) \tag{5.3}$$

可求得参数 ε 为

$$\varepsilon = 10^{L_{\mathrm{Ar}}/10} - 1 \tag{5.4}$$

参数 n 由阻带最小衰减 $L_{\mathrm{As}}(\omega'=\omega_s')$ 决定。根据式（5.2），L_{As} 可表示为

$$L_{\mathrm{As}} = 10\lg[1 + \varepsilon(\omega_s')^{2n}] \tag{5.5}$$

由式（5.3）和式（5.4）可得：

$$n > \left[\lg\left(\frac{10^{L_{\mathrm{As}}/10} - 1}{\varepsilon}\right)\middle/(2\lg\omega_s')\right] \tag{5.6}$$

式中，[] 表示对 n 取整数值。

确定了 ε 和 n 的值之后，使用网络综合法，就能够得到滤波器的梯形电路，归一化元件值为

$$\begin{cases} g_0 = g_{n+1} = 1 \\ g_k = 2\sin\dfrac{(2k-1)\pi}{2n} \qquad k = 1,2,3,\cdots,n \end{cases} \tag{5.7}$$

巴特沃思低通原型的集总元件电路如图 5.3 所示，图 5.3（a）与（b）互为对偶电路，电路中各元件值可由式（5.7）计算得到。

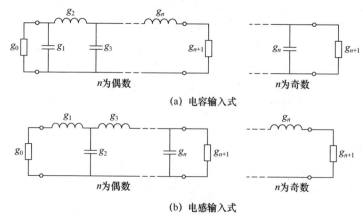

图 5.3 低通原型（巴特沃思低通原型、切比雪夫低通原型）的集总元件电路

5.1.2 切比雪夫低通原型

切比雪夫低通原型通过切比雪夫多项式来逼近滤波器的幅度衰减，其频率响应如图 5.2（c）所示。从图中可以看出，切比雪夫低通原型的频率响应在截止频率周围的通带

和阻带之间的过渡带较为陡峭，具有很好的频率选择特性，其逼近衰减函数为

$$L_A(\omega') = 10\lg[1 + \varepsilon T_n^2(\omega')] \tag{5.8}$$

式中，$T_n(\omega')$ 是 n 阶第一类切比雪夫多项式，即

$$T_n^2(\omega') = \begin{cases} \cos^2(n\arccos\omega'), & \omega' \leqslant 1 \\ \cosh^2(n\operatorname{arcosh}\omega'), & \omega' \geqslant 1 \end{cases} \tag{5.9}$$

当 $\omega' \leqslant 1$ 时，切比雪夫多项式 $T_n(\omega')$ 是一个余弦函数，在其中间有 n 个极点，并且函数值在 -1 和 1 之间等波纹起伏，故又称为"等波纹响应"。

当 $\omega' = 1$ 时，$T_n(1) = 1$，衰减达到最大值 $L_{Ar} = 10\lg(1 + \varepsilon)$，于是可得：

$$\varepsilon = 10^{L_{Ar}/10} - 1 \tag{5.10}$$

在 $\omega' > 1$ 的阻带区域，$T_n(\omega')$ 是一条双曲余弦函数，衰减随着 ω' 的增大而单调增加。设当阻带频率为 ω_s' 时，阻带最小衰减为 L_{As}，则有：

$$L_{As} = 10\lg[1 + \varepsilon T_n^2(\omega_s')] = 10\lg[1 + \varepsilon\cosh^2(n\operatorname{arcosh}\omega_s')] \tag{5.11}$$

于是可计算得到电抗元件数目 n 为

$$n \geqslant \left\lceil \frac{\operatorname{arcosh}\sqrt{(10^{L_{As}/10}-1)/\varepsilon}}{\operatorname{arcosh}\omega_s'} \right\rceil \tag{5.12}$$

已知 ε 和 n 后，应用类似于最平坦型响应的方法，能够得出梯形电路及归一化的值，切比雪夫低通原型的集总元件电路亦如图 5.3 所示。综合结果如下：

$$\begin{cases} g_1 = 2Q_1/\gamma \\ g_k = 4Q_{k-1}Q_k/b_{k-1}g_{k-1} & k = 2,3,\cdots,n \\ g_{n+1} = \begin{cases} 1, & n\text{为奇数} \\ \tanh^2(\beta/4), & n\text{为偶数} \end{cases} \end{cases} \tag{5.13}$$

式中，$\beta = \ln\left(\coth\dfrac{L_{Ar}}{17.37}\right)$；$\gamma = \sinh(\beta/2n)$；$Q_k = \sin\left[\dfrac{(2k-1)\pi}{2n}\right]$，$k = 1,2,\cdots,n$；$b_k = \gamma^2 + \sin^2\left(\dfrac{k\pi}{n}\right)$。

不同的 n 和 L_{Ar} 值具有不同的元件值，$n = 1\sim 8$（$L_{Ar} = 0.1\text{ dB}$、0.5 dB）的归一化元件值分别见表 5.1 和 5.2。

表 5.1　归一化元件值（$g_0 = 1$，$\omega_1' = 1$，$L_{Ar} = \textbf{0.1dB}$）

n	g_1	g_2	g_3	g_4	g_5	g_6	g_7	g_8	g_9
1	0.305 2	1.000 0							
2	0.843 0	0.622 0	1.355 4						
3	1.031 5	1.147 4	1.031 5	1.000 0					
4	1.108 8	1.306 1	1.770 3	0.818 0	1.355 4				
5	1.146 8	1.371 2	1.975 0	1.371 2	1.146 8	1.000 0			
6	1.168 1	1.403 9	2.056 2	1.517 0	1.920 9	0.861 8	1.355 4		
7	1.181 1	1.422 8	2.096 6	1.573 3	2.096 6	1.422 8	1.181 1	1.000 0	
8	1.189 7	1.434 6	2.119 9	1.601 0	2.169 9	1.564 0	1.944 4	0.877 8	1.355 4

表 5.2　归一化元件值（$g_0 = 1$，$\omega_1' = 1$，$L_{Ar} = 0.5$ dB）

n	g_1	g_2	g_3	g_4	g_5	g_6	g_7	g_8	g_9
1	0.698 6	1.000 0							
2	1.402 9	0.707 1	1.984 1						
3	1.596 3	1.096 7	1.596 3	1.000 0					
4	1.670 3	1.192 6	2.366 1	0.841 9	1.984 1				
5	1.705 8	1.229 6	2.540 8	1.229 6	1.705 8	1.000 0			
6	1.725 4	1.247 9	2.606 4	1.313 7	2.475 8	0.869 6	1.984 1		
7	1.737 2	1.258 3	2.638 1	1.344 4	2.638 1	1.258 3	1.737 2	1.000 0	
8	1.745 1	1.264 7	2.656 4	1.359 0	2.696 4	1.338 9	2.509 3	1.879 6	1.984 1

5.1.3　椭圆函数低通原型

椭圆函数低通原型滤波器的通带和阻带都具有切比雪夫波纹，它的参数需要用椭圆函数来进行计算，故称为椭圆函数滤波器，也称为"考尔滤波器"。椭圆函数低通原型的频率响应如图 5.2（d）所示。对比几种低通原型的频率响应可以看到，椭圆函数低通原型在截止频率附近的过渡带最为陡峭，使其拥有最强的带外抑制能力。

椭圆函数低通原型的逼近增益函数为[1]

$$L_A(\omega') = 10\lg[1 + \varepsilon F_n^2(\omega')] \tag{5.14}$$

当 n 为奇数时，

$$F_n(\omega') = \mathrm{sn}\left[\frac{nK_1}{K}\mathrm{sn}^{-1}(\omega', k), k_1\right] \tag{5.15}$$

当 n 为偶数时，

$$F_n(\omega') = \mathrm{sn}\left[K_1 + \frac{nK_1}{K}\mathrm{sn}^{-1}(\omega', k), k_1\right] \tag{5.16}$$

式中，参数 $K_1 = K(k_1)$，$K = K(k)$ 分别是模 k_1 和 k 的完全椭圆积分。$\mathrm{sn}^{-1}(u, k)$ 表示反椭圆函数，其定义是：如果 $y = \mathrm{sn}(u, k)$，则 $u = \mathrm{sn}^{-1}(y, k)$。实参数 ε、k 和 k_1 之值在 0 到 1 之间，具体值由实际技术指标确定。

椭圆函数低通原型的设计方法和元件值在文献[2]中已有详尽叙述。几种椭圆函数低通原型电路如图 5.4 所示，其中 $n = 3$ 和 $n = 5$ 的椭圆函数低通原型电路分别如图 5.4（a）和（b）所示。椭圆函数低通原型电路有电容输入式和电感输入式两种对偶电路，在电容输入式电路中，串联支路是 LC 并联谐振电路，在电感输入式电路中，并联支路是 LC 串联谐振电路。对椭圆函数低通原型滤波器的研究已有几十年的历史，有丰富的设计资料可供参考。

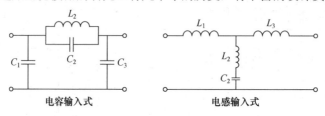

电容输入式　　　　　　电感输入式

(a) 3阶椭圆函数低通原型电路

图 5.4　椭圆函数低通原型电路

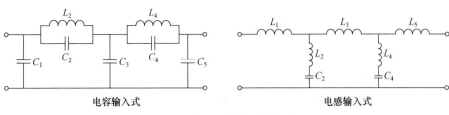

(b) 5阶椭圆函数低通原型电路

图 5.4　椭圆函数低通原型电路（续）

5.2　只有一种电抗元件的低通原型

用 LC 梯形网络低通原型来设计射频低通滤波器是很方便的。但若用它来设计带通或带阻滤波器，则在平面电路结构上会遇到困难，甚至难以实现。为了解决这个问题，通常把 LC 低通原型变换成只有一种电感元件或只有一种电容元件的低通原型，如图 5.5 所示，其中图 5.5（a）和（b）分别是只有电感元件和只有电容元件的低通原型。变换方法是在 LC 低通原型的各元件间加入阻抗变换器或导纳变换器，以便将电感变换成电容，或将电容变换成电感，最后得到只有一种电抗元件的低通原型。

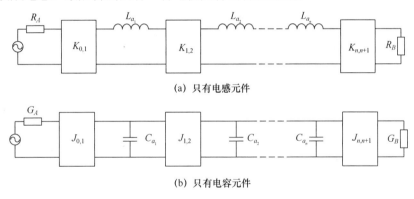

(a) 只有电感元件

(b) 只有电容元件

图 5.5　只有一种电抗元件的低通原型

5.2.1　倒置变换器

倒置变换器包括阻抗（K）/导纳（J）变换器，也称为阻抗/导纳倒相器[3]，特别适用于窄带宽（相对带宽<10%）的带通或带阻滤波器的设计。K/J 变换器的结构如图 5.6 所示，其中，K 为阻抗变换器的特性阻抗，J 为导纳变换器的特性导纳。

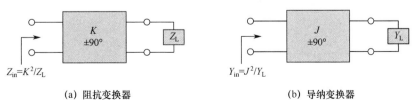

(a) 阻抗变换器

(b) 导纳变换器

图 5.6　K/J 变换器的结构

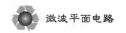

对于图 5.6（a）所示的 K 变换器，如果变换器的端接负载阻抗为 Z_L，则其输入阻抗为

$$Z_{in} = \frac{K^2}{Z_L} \tag{5.17}$$

因此 K 变换器又称为阻抗倒置变换器。

对于图 5.6（b）所示的 J 变换器，如果变换器的端接负载导纳为 Y_L，则其输入导纳为

$$Y_{in} = \frac{J^2}{Y_L} \tag{5.18}$$

因此，J 变换器又称为导纳倒置变换器。可以看到，J 变换器和 K 变换器之间有 $K = 1/J$。J 变换器和 K 变换器有 $90°$ 或其奇数倍的相移作用，也就是说都能够实现反相倒置作用，因此可以将串联电感变成并联电容或将并联电容转换成串联电感。在实际滤波器设计中，J 变换器和 K 变换器对应不同的谐振器结构[2]。

J / K 变换器有几种不同的实现方式。第 1 种方式，用特性阻抗为 Z_0 或特性导纳为 Y_0 的四分之一波长传输线实现，如图 5.7 所示。根据传输线理论，一段四分之一波长传输线具有阻抗或导纳倒置变换作用（四分之一波长传输线的阻抗或导纳倒置性），因此可以用作 K 或 J 变换器。对于四分之一波长 K 变换器，$K = Z_0$，对于四分之一波长 J 变换器，$J = Y_0 = 1/Z_0$。

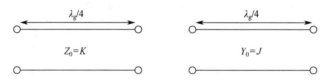

图 5.7 用四分之一波长传输线实现

第 2 种方式，用传输线和电抗/电纳性元件或 T 型/Π型等效网络实现，如图 5.8 和图 5.9 所示。K 变换器的实现如图 5.8（a）和图 5.9（a）所示，J 变换器的实现如图 5.8（b）和图 5.9（b）所示。图 5.9 所示的 T 型和Π型等效网络是可以相互转化的。

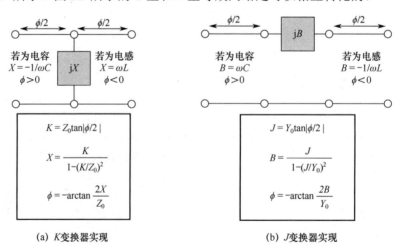

图 5.8 用传输线和电抗/电纳性元件实现

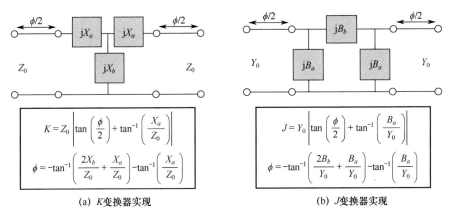

(a) *K*变换器实现　　　　　　　　　　　　　　(b) *J*变换器实现

图 5.9　用传输线和 T 型/Π 型等效网络实现

第 3 种方式，用集总参数元件实现，如图 5.10 所示，其中图 5.10（a）和（b）是 *J* 变换器，图 5.10（c）和（d）是 *K* 变换器。

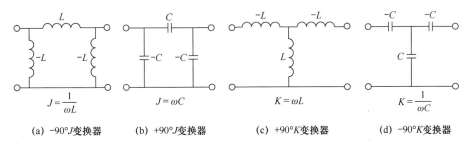

(a) −90°*J*变换器　　　(b) +90°*J*变换器　　　(c) +90°*K*变换器　　　(d) −90°*K*变换器

图 5.10　用集总参数元件实现

5.2.2　倒置变换器的设计公式

为了证明图 5.5 所示的只有一种电抗元件的低通原型与 LC 梯形网络低通原型的传输特性一致，可以把两者都分成若干节，两者对应的节等效。下面将低通原型电路分成中间节和端节进行分析。

对于低通原型中间节，电路如图 5.11 所示。其中，图 5.11（a）是 LC 梯形网络低通原型的 k 和 $k+1$ 节，图 5.11（b）是只有一种电抗元件低通原型的 k 和 $k+1$ 节。若只有一种电抗元件低通原型的传输特性与 LC 低通原型相同，则两对应节的输入阻抗应成比例。

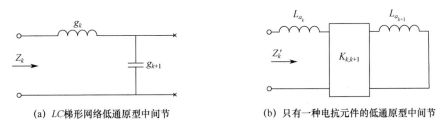

(a) *LC* 梯形网络低通原型中间节　　　　　　(b) 只有一种电抗元件的低通原型中间节

图 5.11　低通原型中间节电路

对于图 5.11（a）所示的 LC 梯形网络低通原型中间节，输入阻抗 Z_k 可表示为

$$Z_k = j\omega' g_k + \frac{1}{j\omega' g_{k+1}} \tag{5.19}$$

对于图 5.11（b）所示的只有一种电抗元件的低通原型中间节，输入阻抗 Z_k' 可表示为

$$Z_k' = j\omega' L_{a_k} + \frac{K_{k,k+1}^2}{j\omega' L_{a_{k+1}}} \tag{5.20}$$

若要这两个低通原型中间节的传输特性相同，Z_k 必须与 Z_k' 成比例。令 $Z_k' = \dfrac{L_{a_k}}{g_k} Z_k$，则有：

$$j\omega' L_{a_k} + \frac{K_{k,k+1}^2}{j\omega' L_{a_{k+1}}} = \frac{L_{a_k}}{g_k}\left(j\omega' g_k + \frac{1}{j\omega' g_{k+1}} \right) = j\omega' L_{a_k} + \frac{L_{a_k}}{j\omega' g_k g_{k+1}} \tag{5.21}$$

由此可得：

$$K_{k,k+1} = \sqrt{\frac{L_{a_k} L_{a_{k+1}}}{g_k g_{k+1}}} \tag{5.22}$$

低通原型末端节电路如图 5.12 所示。若两者的传输特性相同，也必须使两者的输入阻抗成比例。由图 5.12（a）和（b）分别可得两种电路的输入阻抗为

$$Z_{in} = j\omega' g_n + \frac{1}{g_{n+1}} \tag{5.23a}$$

$$Z_{in}' = j\omega' L_{a_n} + K_{n,n+1}^2 / R_B \tag{5.23b}$$

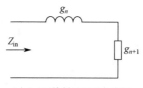
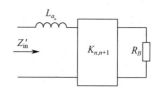

(a) LC网络低通原型末端节　　　　　　(b) 只有一种电抗元件的低通原型末端节

图 5.12　低通原型末端节电路

$Z_{in}' = \dfrac{L_{a_k}}{g_k} Z_{in}$，则有：

$$j\omega' L_{a_n} + K_{n,n+1}^2 / R_B = \frac{L_{a_n}}{g_n}\left(j\omega' g_n + \frac{1}{g_{n+1}} \right) \tag{5.24}$$

由此可得：

$$K_{n,n+1} = \sqrt{\frac{R_B L_{a_n}}{g_n g_{n+1}}} \tag{5.25}$$

同样可以证明，对于输入端节，有：

$$K_{0,1} = \sqrt{\frac{R_A L_{a_1}}{g_0 g_1}} \tag{5.26}$$

综上所述，可得各阻抗倒置变换器的设计公式为

$$\begin{cases} K_{0,1} = \sqrt{\dfrac{R_A L_{a_1}}{g_0 g_1}} \\[3mm] K_{k,k+1} = \sqrt{\dfrac{L_{a_k} L_{a_{k+1}}}{g_k g_{k+1}}} \quad\quad k = 1,2,\cdots,n-1 \\[3mm] K_{n,n+1} = \sqrt{\dfrac{R_B L_{a_n}}{g_n g_{n+1}}} \end{cases} \quad (5.27)$$

式中，R_A，R_B，L_{a_1}，L_{a_2}，$\cdots$，L_{a_n} 可以任意选定。

用同样的方法可以推导出如图 5.5（b）所示的各导纳倒置变换器的设计公式，表示为

$$\begin{cases} J_{0,1} = \sqrt{\dfrac{G_A C_{a_1}}{g_0 g_1}} \\[3mm] J_{k,k+1} = \sqrt{\dfrac{C_{a_k} C_{a_{k+1}}}{g_k g_{k+1}}} \quad\quad k = 1,2,\cdots,n-1 \\[3mm] J_{n,n+1} = \sqrt{\dfrac{G_B C_{a_n}}{g_n g_{n+1}}} \end{cases} \quad (5.28)$$

式中，G_A，G_B，C_{a_1}，C_{a_2}，$\cdots$，C_{a_n} 可以任意选定。

$K_{k,k+1}$ 和 $J_{k,k+1}$ 分别是低通原型滤波器中第 k 个变换器的特性阻抗和特性导纳，L_{a_k} 和 C_{a_k} 分别是第 k 个谐振器的电感和电容值。

5.3 频率变换及滤波器设计

在设计平面滤波器即滤波器综合时，从给定的衰减特性和频率特性指标到微波实现，需要经过频率变换才能将低通原型滤波器变换为实际滤波器，基本过程如图 5.13 所示。也就是以低通原型滤波器的元件值为基础，通过适当的频率和阻抗的变换来实现所需要的低通、高通、带通和带阻滤波器。在该变换中，由于没有对表示衰减标度的纵坐标进行变换，而只是对代表频率的横坐标进行了变换，所以称为"频率变换"。

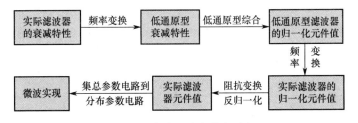

图 5.13 滤波器综合基本过程

为了得到实际滤波器元件值，需要经过如下步骤：

（1）频率变换；

（2）确定低通原型滤波器的归一化元件值 g_i；

125

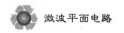

（3）根据等衰减条件，求出实际滤波器的归一化元件值；

（4）反归一化，求出实际滤波器元件值。

5.3.1 低通滤波器

进行频率变换，令 $\omega' = \dfrac{\omega}{\omega_1}$。

低通滤波器的频率变换如图 5.14 所示。可以看到，频率变换只在横坐标 ω 与 ω' 间进行，对纵坐标的衰减值并无影响，因此当低通原型变换为其他类型滤波器时，幅度特性仍保持不变。

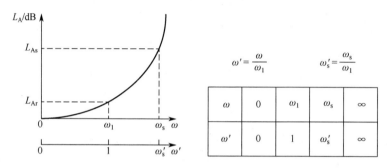

图 5.14　低通滤波器的频率变换

求实际滤波器元件归一化值。

利用等衰减条件：$\overline{Z}_k(\omega) = \overline{Z}_k(\omega')$，可求得实际滤波器的归一化电感和电容值，分别表示为

$$j\omega\overline{L}_k = j\omega' g_k \Rightarrow \overline{L}_k = \frac{g_k}{\omega_1} \tag{5.29a}$$

$$j\omega\overline{C}_i = j\omega' g_i \Rightarrow \overline{C}_i = \frac{g_i}{\omega_1} \tag{5.29b}$$

这里的 i 和 k 都是正整数，如果 i 为奇数，则 k 为偶数，反之亦然。经过频率变换，可以从低通原型滤波器的归一化元件值 g 得到实际低通滤波器的归一化电感和电容值。电感输入式原型滤波器和低通滤波器如图 5.15 所示，电容输入式类似。

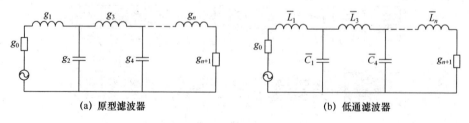

图 5.15　电感输入式原型滤波器和低通滤波器

求实际滤波器元件值。

根据阻抗的归一化可得：

$$\begin{cases} j\omega\overline{L}_k = \dfrac{j\omega L_k}{Z_0} \\[3mm] \dfrac{1}{j\omega\overline{C}_i} = \dfrac{1}{\dfrac{j\omega C_i}{Z_0}} \\[3mm] g_{n+1} = \dfrac{R_L}{Z_0} \end{cases} \tag{5.30}$$

再利用反归一化，可求得实际低通滤波器电感和电容元件的真实值，分别为

$$\begin{cases} \omega\overline{L}_k = \dfrac{\omega L_k}{Z_0} \\[3mm] \overline{L}_k = \dfrac{g_k}{\omega_1} \end{cases} \Rightarrow L_k = \overline{L}_k Z_0 = \dfrac{g_k}{\omega_1}Z_0 \tag{5.31a}$$

$$\begin{cases} \omega\overline{C}_i = \omega C_i Z_0 \\[3mm] \overline{C}_i = \dfrac{g_i}{\omega_1} \end{cases} \Rightarrow C_i = \dfrac{\overline{C}_i}{Z_0} = \dfrac{g_i}{\omega_1 Z_0} \tag{5.31b}$$

负载电阻为 $R_L = g_{n+1}Z_0$。求出实际元件值以后，再用平面电路来实现这些电感和电容。

用平面电路结构实现低通滤波器的串联电感和并联电容的方法有 3 种：一是集总元件法；二是开路、短路短截线法；三是高、低阻抗线法。高、低阻抗线法等效电路的近似处理比较麻烦（要忽略一些电路参量），容易引起较大误差。不管用哪种方法来设计低通滤波器，都需要对不连续性问题进行修正，也可以借助电磁仿真软件对理论结果进行优化。下面对集总元件法和开路、短路短截线法进行讨论。

1. 集总元件法

电容输入式低通滤波器电路如图 5.16（a）所示，若想要用微带结构实现，可以在介质基片上用一块矩形金属带来实现并联电容，用一段细微带来实现串联电感，如图 5.16（b）所示，其中 C_n 表示并联电容，L_n 表示串联电感，电容和电感的下标分别是奇数、偶数。矩形金属带与接地面之间形成一个平板电容器，细微带本身构成一个电感。应用这种方法时，必须注意电路的各项尺寸都比截止频率的波长小得多，否则不能应用。

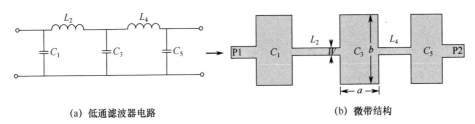

(a) 低通滤波器电路　　　　　　　　　　　　　　(b) 微带结构

图 5.16　低通滤波器电路的微带实现

电容 C_n 可按以下方法来计算。设平板电容器极板的有效面积为 A_{eff}，则

$$C_n = \frac{\varepsilon_r\varepsilon_0 A_{eff_n}}{h}, \quad n \text{ 为正整数} \tag{5.32}$$

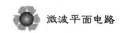

式中，ε_r 是基片的相对介电常数，h 是基片厚度。由于边缘电容的影响，极板的有效面积要比其实际面积 $A = a \times b$ 略大一些，故对实际面积进行修正：

$$A_{\text{eff}} = (a + \alpha h)(b + \alpha h) = \frac{C_n h}{\varepsilon_r \varepsilon_0} \tag{5.33}$$

通常边缘场的影响使得平板电容器各方向尺寸的有效增量近似等于 h，故取 $\alpha = 1$，于是式（5.33）简化为

$$(a + h)(b + h) = \frac{C_n h}{\varepsilon_r \varepsilon_0} \tag{5.34}$$

由此求得：

$$a = \frac{C_n h}{\varepsilon_0 \varepsilon_r (b + h)} - h \quad \text{或} \quad b = \frac{C_n h}{\varepsilon_0 \varepsilon_r (a + h)} - h \tag{5.35}$$

a 和 b 的尺寸都应远小于波导波长。电感 L_n 可用下述方法求得。宽为 W 的微带的单位长度电感表示为

$$L_1 = \frac{60 \ln \left(\dfrac{8h}{W} + \dfrac{W}{4h} \right)}{v_0} \tag{5.36}$$

式中，v_0 是自由空间的光速。电感 L_n 等于单位长度电感 L_1 与电感线长度 l_n 的乘积，故电感线长度可表示为

$$l_n = \frac{L_n}{L_1} = \frac{v_0 L_n}{60 \ln \left(\dfrac{8h}{W} + \dfrac{W}{4h} \right)} \tag{5.37}$$

2. 开路、短路短截线法

低通滤波器电路的并联电容可以用两个相同的并联开路短截线来模拟，串联电感可用一段细的短截线来模拟，这就是开路、短路短截线法，如图 5.17 所示。

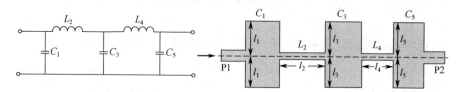

图 5.17 开路、短路短截线法

设并联开路短截线的特性导纳为 Y_n，则其呈现的并联电容为

$$C_n = \frac{2 Y_n}{\omega_1} \tan \frac{2 \pi l_n}{\lambda_{g_n}}, \quad n \text{ 为正整数} \tag{5.38}$$

式中，l_n 是开路短截线的长度，λ_{g_n} 是此短截线的波导波长。对于低通滤波器电路的串联电感，可用一段细的短截线来表示，并将此短截线近似看成短路。设此短路短截线的长度为 l_n，特性阻抗为 Z_n，则其串联电感表示为

$$L_n = \frac{Z_n}{\omega_1} \tan \frac{2\pi l_n}{\lambda_{g_n}} \qquad (5.39)$$

若用开路、短路短截线法设计一个微带低通滤波器，技术指标如下：截止频率 f_1 = 5 GHz，通带最大衰减 L_{Ar} =0.1 dB，f_s =10 GHz 的阻带衰减大于 30 dB，输入、输出的特性阻抗均为 50 Ω。计算方法和设计步骤如下：

（1）确定低通原型。

由于分贝波纹为 0.1 dB，故选 L_{Ar} =0.1 dB 的切比雪夫低通原型。根据式（5.12）或根据已有的设计图表，可得 n =5。低通原型的归一化元件值为 $g_0 = g_6 = 1$，$g_1 = g_5 = 1.146\,8$，$g_2 = g_4 = 1.371\,2$，$g_3 = 1.975$，$\omega_1' = 1$。

（2）计算各元件的感抗或容纳。

如果低通原型电路采用如图 5.18 所示的电感输入式，则这些元件 g_k 中，k 为奇数的是电感元件，k 为偶数的是电容元件，两终端阻抗为 $Z_0 = 50$ Ω，故得 $\omega_1 L_1 = \omega_1 L_5 = Z_0 g_1 = 57.34$ Ω，$\omega_1 C_2 = \omega_1 C_4 = g_2 / Z_0 = 27.42$ mΩ，$\omega_1 L_3 = Z_0 g_3 = 98.75$ Ω。

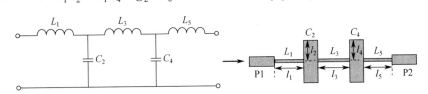

图 5.18　电感输入式低通原型电路

（3）选定介质基片。

选择氧化铝陶瓷基片，相对介电常数 ε_r =9.6，基片厚度 h =0.8 mm。

（4）设计各电感线。

电感线是高阻抗的细微带。实现电感时必须先选定该电感线的特性阻抗，一般选 100 Ω 左右为宜。阻抗选得太低，则线的长度太长；阻抗选得太高，则线的宽度太窄，这些都不合适。如果微带的特性阻抗选为 90.96 Ω，则微带的宽度为 W =0.16 mm。微带的波导波长为 λ_g =24.7 mm。再由式（5.39）计算出各段电感线的长度分别为

$$l_1 = l_5 = \frac{\lambda_g}{2\pi} \arctan \frac{\omega_1 L_1}{Z_0} = \frac{24.7}{2\pi} \arctan \frac{57.34}{50} = 3.34$$

$$l_3 = \frac{\lambda_g}{2\pi} \arctan \frac{\omega_1 L_3}{Z_0} = \frac{24.7}{2\pi} \arctan \frac{98.75}{50} = 4.30$$

（5）设计各电容线。

设计各电容线时可先选定它的阻抗，再去计算宽度和长度。若选定电容线的特性阻抗为 33.87 Ω，则微带的宽度是 1.6 mm。再由式（5.38）计算出各段电容线的长度为

$$l_2 = l_4 = \frac{\lambda_g}{2\pi} \arctan \frac{\omega_1 C_2}{2Y_0} = 3.36$$

滤波器的理论尺寸计算出来以后，还要进行修正，并用电磁仿真软件验证并优化。

5.3.2 高通滤波器

对高通滤波器进行频率变换。令 $\omega' = -\dfrac{\omega_1}{\omega}$，所得变换结果如图 5.19 所示，$-\omega_s' = -\omega_1 / \omega_s$。

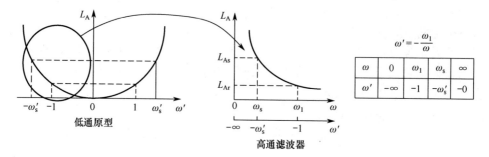

$\omega' = -\dfrac{\omega_1}{\omega}$				
ω	0	ω_1	ω_s	∞
ω'	$-\infty$	-1	$-\omega_s'$	-0

图 5.19　高通滤波器的频率变换

根据等衰减条件 $\overline{Z}_k(\omega) = \overline{Z}_k(\omega')$，可求得高通滤波器各元件的归一化值为

$$\left.\begin{aligned} \mathrm{j}\omega\overline{L}_k &= \frac{1}{\mathrm{j}\omega' g_k} \\ \frac{1}{\mathrm{j}\omega\overline{C}_i} &= \mathrm{j}\omega' g_i \\ \omega' &= -\frac{\omega_1}{\omega} \end{aligned}\right\} \Rightarrow \overline{L}_k = \frac{1}{\omega_1 g_k},\ \overline{C}_i = \frac{1}{\omega_1 g_i} \tag{5.40}$$

式中，i 和 k 都是正整数，如果 i 为奇数，则 k 为偶数。由 $\dfrac{1}{\mathrm{j}\omega\overline{C}_i} = \mathrm{j}\omega' g_i$ 可知，低通原型中的电感变换到高通滤波器中对应的是电容；由 $\mathrm{j}\omega\overline{L}_k = \dfrac{1}{\mathrm{j}\omega' g_k}$ 可知，低通原型中的电容变换到高通滤波器中对应的是电感。低通原型滤波器变换为高通滤波器，如图 5.20 所示。

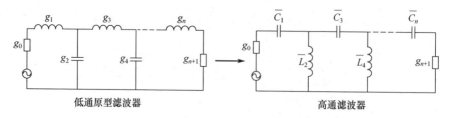

图 5.20　低通原型滤波器变换为高通滤波器

反归一化，可得到实际高通滤波器各元件的真实值分别为

$$\mathrm{j}\omega\overline{L}_k = \frac{\mathrm{j}\omega L_k}{Z_0} \Rightarrow L_k = \frac{Z_0}{\omega_1 g_k} \tag{5.41a}$$

$$\frac{1}{j\omega \overline{C}_i} = \frac{\dfrac{1}{j\omega C_i}}{Z_0} \Rightarrow C_i = \frac{1}{\omega_1 g_i Z_0} \tag{5.41b}$$

$$R_L = g_{n+1} Z_0 \tag{5.41c}$$

5.3.3 带通滤波器

1. 低通原型滤波器变换为带通滤波器

首先进行频率变换，令

$$\omega' = A\omega - \frac{B}{\omega} \ \text{或} \ \omega' = A\omega + \frac{B}{\omega} \tag{5.42}$$

带通滤波器的频率变换如图 5.21 所示。若取 $\omega' = A\omega - \dfrac{B}{\omega}$，则由图 5.21 可得：

$$\left. \begin{array}{l} A\omega_1 - \dfrac{B}{\omega_1} = -1 \\[2mm] A\omega_0 - \dfrac{B}{\omega_0} = 0 \\[2mm] A\omega_2 - \dfrac{B}{\omega_2} = 1 \end{array} \right\} \Rightarrow \omega' = \frac{\omega_0}{\omega_2 - \omega_1}\left(\frac{\omega}{\omega_0} - \frac{\omega_0}{\omega}\right) = \frac{1}{W}\left(\frac{\omega}{\omega_0} - \frac{\omega_0}{\omega}\right) \tag{5.43}$$

式中，$W = \dfrac{\omega_2 - \omega_1}{\omega_0}$ 表示相对带宽，$\omega_0 = \sqrt{\omega_1 \omega_2}$ 表示中心频率，ω_1、ω_2 分别为通带边频。

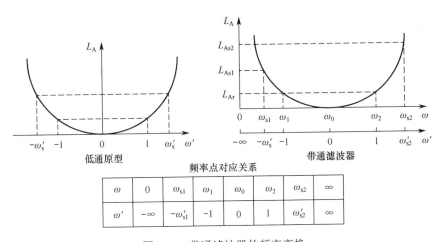

ω	0	ω_{s1}	ω_1	ω_0	ω_2	ω_{s2}	∞
ω'	$-\infty$	$-\omega_{s1}'$	-1	0	1	ω_{s2}'	∞

图 5.21 带通滤波器的频率变换

其次，求低通原型滤波器的归一化元件值 g_k ($k=0,1,2,\cdots,n+1$)。带外衰减给定 L_{As1} 和 L_{As2} 两个值，这时会对应两个 n 值，为了能满足要求，设计时应取衰减较大的一个。

最后，求实际滤波器元件的归一化值。如果低通原型滤波器中的感抗等于归一化值 g_k，由等衰减条件 $\overline{Z}_k(\omega) = \overline{Z}_k(\omega')$ 可得：

$$\mathrm{j}\frac{1}{W}\left(\frac{\omega}{\omega_0}-\frac{\omega_0}{\omega}\right)g_k=\mathrm{j}\omega\frac{g_k}{W\omega_0}-\mathrm{j}\frac{1}{\omega\left(\dfrac{W}{\omega_0 g_k}\right)}=\mathrm{j}\left(\omega\overline{L}_k-\frac{1}{\omega\overline{C}_k}\right) \tag{5.44}$$

式中，$\overline{L}_k=\dfrac{g_k}{W\omega_0}$，$\overline{C}_k=\dfrac{W}{\omega_0 g_k}$，式（5.44）表示 LC 串联。

如果低通原型滤波器中的容抗等于归一化值 g_k，由等衰减条件 $\dfrac{1}{\overline{Z}_k(\omega)}=\mathrm{j}\omega'g_k$ 可得：

$$\frac{1}{\overline{Z}_k(\omega)}=\mathrm{j}\omega\frac{g_k}{W\omega_0}+\frac{1}{\mathrm{j}\omega\left(\dfrac{W}{\omega_0 g_k}\right)}=\frac{1}{\overline{Z}_1(\omega)}+\frac{1}{\overline{Z}_2(\omega)} \tag{5.45}$$

$\overline{C}_k=\dfrac{g_k}{W\omega_0}$，$\overline{L}_k=\dfrac{W}{\omega_0 g_k}$，式（5.45）表示 LC 并联。

由上述分析可知，将低通原型滤波器的串联电感变换为 LC 串联谐振器，并联电容变换为 LC 并联谐振器，则可得到带通滤波器。低通原型滤波器变换为带通滤波器，如图 5.22 所示。将带通滤波器中的归一化元件进行反归一化，即可得到带通滤波器的实际元件值。

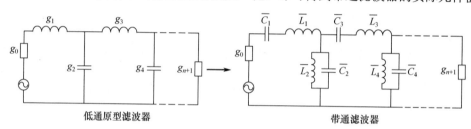

图 5.22　低通原型滤波器变换为带通滤波器

2. 只有一种电抗元件的带通滤波器

对于图 5.5 所示的只有一种电抗元件的低通原型滤波器，将串联电感 L_{a_i} 变换为 LC 串联谐振器，将并联电容 C_{a_i} 变换为 LC 并联谐振器，则可得到只有一种电抗元件的带通滤波器集总参数电路，如图 5.23 所示。图 5.23（a）与（b）互为对偶。对于带阻、高通滤波器，只需根据相应类型滤波器的频率变换，进行运算变换即可。

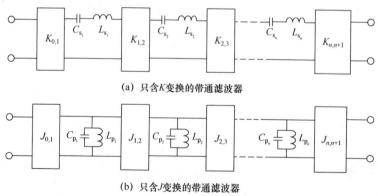

（a）只含 K 变换的带通滤波器

（b）只含 J 变换的带通滤波器

图 5.23　只有一种电抗元件的带通滤波器集总参数电路

根据频率变换式（5.43），图 5.23（a）中的第 i 个串联谐振器的电抗可表示为

$$jX_i(\omega) = j\frac{1}{W}\left(\frac{\omega}{\omega_0} - \frac{\omega_0}{\omega}\right)L_{a_i} = j\omega L_{s_i} - j\frac{1}{\omega C_{s_i}} \tag{5.46}$$

由式（5.46）可得，串联 LC 谐振电路中各电感、电容值分别为 $L_{s_i} = \dfrac{L_{a_i}}{W\omega_0}$，

$C_{s_i} = \dfrac{W}{\omega_0 L_{a_i}}$。其中，$\omega_0 = \dfrac{1}{\sqrt{L_{s_i} C_{s_i}}}$。

设第 i 个谐振器的电抗斜率参数为 $\chi_i = \dfrac{\omega_0}{2}\dfrac{\mathrm{d}X_i(\omega)}{\mathrm{d}\omega}\Big|_{\omega=\omega_0}$，则当谐振器谐振时

（$\omega = \omega_0$），$\chi_i = \omega_0 L_{s_i} = \dfrac{1}{\omega_0 C_{s_i}}$。比较可得：

$$L_{a_i} = \chi_i W \tag{5.47}$$

将式（5.47）代入只有电感元件的低通原型滤波器的 K 值设计公式，得到带通滤波器的 K 值，表示为

$$K_{0,1} = \sqrt{\frac{R_A L_{a_1}}{g_0 g_1}} = \sqrt{\frac{R_A \chi_1 W}{g_0 g_1}} \tag{5.48a}$$

$$K_{k,k+1}\Big|_1^{n-1} = \sqrt{\frac{L_{a_k} L_{a_{k+1}}}{g_k g_{k+1}}} = W\sqrt{\frac{\chi_k \chi_{k+1}}{g_k g_{k+1}}} \tag{5.48b}$$

$$K_{n,n+1} = \sqrt{\frac{R_B L_{a_n}}{g_n g_{n+1}}} = \sqrt{\frac{R_B \chi_n W}{g_n g_{n+1}}} \tag{5.48c}$$

其中，$k = 1, 2, \cdots, n-1$。图 5.23（a）与图 5.23（b）对偶，将式（5.48）中 χ_i 换成 b_i，K 换成 J，R 换成 G，$X(\omega)$ 换成 $B(\omega)$，可得到带通滤波器的 J 值设计公式为

$$J_{0,1} = \sqrt{\frac{G_A b_1 W}{g_0 g_1}} \tag{5.49a}$$

$$J_{k,k+1}\Big|_1^{n-1} = W\sqrt{\frac{b_k b_{k+1}}{g_k g_{k+1}}} \tag{5.49b}$$

$$J_{n,n+1} = \sqrt{\frac{G_B b_n W}{g_n g_{n+1}}} \tag{5.49c}$$

电纳斜率参数 $b_i = C_{a_i} / W$。

从阻抗变换器的 K 值和导纳变换器的 J 值设计公式可以看到，当低通原型滤波器的阶数已知，即元件个数 n 已知时，根据衰减类型，可得到低通原型滤波器中各元件的元件值。若相对带宽也是已知的，则可得所用串联谐振器的电抗斜率参数或并联谐振器的导纳斜率参数，同时可以计算得到带通滤波器的阻抗变换器的 K 值或导纳变换器的 J 值。在实际设计中，只要找到阻抗变换器的 K 值或导纳变换器的 J 值与射频电路结构尺寸的对应关系，即可设计实现对应指标的带通滤波器。滤波器结构的实现主要是谐振器和倒置变换器的微波结构设计。

3. 平面带通滤波器设计

几种典型平面带通滤波器结构如图 5.24 所示。其中，图 5.24（a）所示为间隙耦合型滤波器，它的带宽较窄，尺寸偏大，不够紧凑；图 5.24（b）所示为耦合微带型带通滤波器，也属于窄带滤波器，相对带宽可达 5%～25%，能够精确设计；图 5.24（c）所示为耦合发夹型带通滤波器，它把耦合微带谐振器折叠成发夹形状；图 5.24（d）所示为四分之一波长短路短截线型滤波器，在 $\omega = 0$ 和 $2\omega_0$ 等处可产生传输极点；图 5.24（e）所示为半波长开路短截线型滤波器，在 $\omega = 0$ 和 2ω 等处可产生传输零点。这几种滤波器通带性能相差不多，但阻带特性却相差较大。

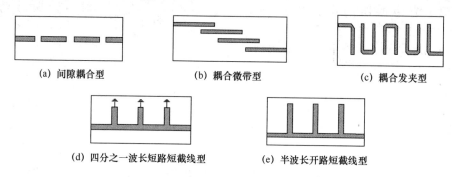

(a) 间隙耦合型　　　　　　(b) 耦合微带型　　　　　　(c) 耦合发夹型

(d) 四分之一波长短路短截线型　　　　(e) 半波长开路短截线型

图 5.24　几种典型平面带通滤波器结构

1）耦合微带型带通滤波器设计

耦合微带型带通滤波器的设计方法有两种，一种是马特海提出的设计方法，一种是科恩提出的设计方法。这里只讨论科恩[4]的窄带滤波器设计方法，其推导过程如图 5.25 所示，设计步骤如下：

（1）设计低通原型，由低通到带通的频率变换设计出低通原型的电抗元件数目 n 和元件值 g_k；

（2）计算出导纳变换器的归一化导纳；

（3）计算出各平行耦合线节的偶模和奇模阻抗；

（4）选定介质基板，由耦合微带的 Z_{0e}、Z_{0o} 和 ε_r 的关系求得耦合线的相应尺寸。

首先把图 5.25（a）所示的只有一种电容元件的低通原型经过低通到带通的频率变换，变成图 5.25（b）所示的集总元件带通滤波器。低通原型中的 C_a 变换成一个并联谐振器，其导纳斜率参数 b 与 C_a 的关系为 $b = C_a / W$，而终端负载和导纳倒置变换器 J 等不变。这里，W 是滤波器的相对带宽。

再把图 5.25（b）所示的并联谐振器用半波长谐振器来实现，该谐振器的特性导纳为 Y_0，长度在中心频率处是半波长，在其他频率上为 2θ，θ 是电长度，在中心频率处为 $90°$。由半波长谐振器的导纳斜率参数

$$b = \frac{\pi}{2} Y_0 = \frac{C_a}{W} \tag{5.50}$$

可得：

$$C_a = \frac{\pi W Y_0}{2} \tag{5.51}$$

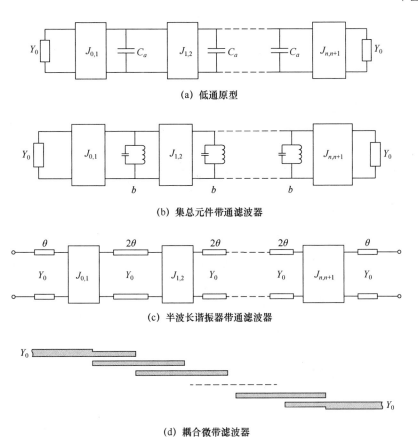

(a) 低通原型

(b) 集总元件带通滤波器

(c) 半波长谐振器带通滤波器

(d) 耦合微带滤波器

图 5.25　科恩设计方法的推导过程[4]

于是由式（5.51）和各导纳倒置变换器 J 的表达式可得：

$$\begin{cases} \dfrac{J_{0,1}}{Y_0} = \sqrt{\dfrac{\pi W}{2g_0 g_1}} \\[3mm] \dfrac{J_{k,k+1}}{Y_0} = \dfrac{\pi W}{2\sqrt{g_k g_{k+1}}} \\[3mm] \dfrac{J_{n,n+1}}{Y_0} = \sqrt{\dfrac{\pi W}{2g_n g_{n+1}}} \end{cases} \quad （5.52）$$

为了用耦合微带结构实现半波长谐振器滤波器，因半波长谐振器滤波器与耦合微带滤波器等效，取其中一节（滤波器节）来考察二者之间的等效关系，如图 5.26 所示。半波长谐振器滤波器节如图 5.26（a）所示，其转移矩阵可表示为

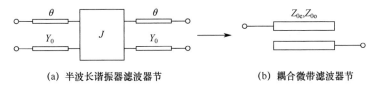

(a) 半波长谐振器滤波器节　　　　　　(b) 耦合微带滤波器节

图 5.26　半波长谐振器滤波器节与耦合微带滤波器节

$$A_1 = \begin{bmatrix} \cos\theta & j\sin\theta/Y_0 \\ jY_0\sin\theta & \cos\theta \end{bmatrix} \cdot \begin{bmatrix} 0 & -j/J \\ -jJ & 0 \end{bmatrix} \cdot \begin{bmatrix} \cos\theta & j\sin\theta/Y_0 \\ jY_0\sin\theta & \cos\theta \end{bmatrix}$$

$$= \begin{bmatrix} \left(\dfrac{J}{Y_0}+\dfrac{Y_0}{J}\right)\sin\theta\cos\theta & -j\left(\dfrac{\cos^2\theta}{J}-\dfrac{J\sin^2\theta}{Y_0^2}\right) \\ -j\left(J\cos^2\theta-\dfrac{Y_0^2\sin^2\theta}{J}\right) & \left(\dfrac{J}{Y_0}+\dfrac{Y_0}{J}\right)\sin\theta\cos\theta \end{bmatrix} \tag{5.53}$$

耦合微带节如图 5.26（b）所示，其转移矩阵可表示为

$$A_2 = \frac{1}{\sqrt{1-s^2}}\begin{bmatrix} 1 & 1/sC \\ 0 & 1 \end{bmatrix} \cdot \begin{bmatrix} 1 & sZ_{k,k+1} \\ s/Z_{k,k+1} & 1 \end{bmatrix} \cdot \begin{bmatrix} 1 & 1/sC \\ 0 & 1 \end{bmatrix}$$

$$= \frac{1}{\sqrt{1-s^2}}\begin{bmatrix} 1+\dfrac{1}{Z_{k,k+1}C} & sZ_{k,k+1}+\dfrac{1}{sZ_{k,k+1}C^2}+\dfrac{2}{sC} \\ s/Z_{k,k+1} & 1+\dfrac{1}{Z_{k,k+1}C} \end{bmatrix} \tag{5.54}$$

$$= \begin{bmatrix} \dfrac{Z_{0e}+Z_{0o}}{Z_{0e}-Z_{0o}}\cos\theta & j\dfrac{Z_{0e}-Z_{0o}}{2}\left[\sin\theta-\dfrac{4Z_{0e}Z_{0o}}{\left(Z_{0e}-Z_{0o}\right)^2}\cot\theta\cos\theta\right] \\ j\dfrac{2\sin\theta}{Z_{0e}-Z_{0o}} & \dfrac{Z_{0e}+Z_{0o}}{Z_{0e}-Z_{0o}}\cos\theta \end{bmatrix}$$

要使两者等效，其转移矩阵的对应元素必须相等，即

$$\begin{cases} \dfrac{Z_{0e}+Z_{0o}}{Z_{0e}-Z_{0o}} = \left(\dfrac{J}{Y_0}+\dfrac{Y_0}{J}\right)\sin\theta \\ \dfrac{2\sin\theta}{Z_{0e}-Z_{0o}} = \dfrac{Y_0^2\sin^2\theta}{J}-J\cos^2\theta \end{cases} \tag{5.55}$$

若要求只在中心频率附近两者等效，则有

$$\begin{cases} \dfrac{Z_{0e}+Z_{0o}}{Z_{0e}-Z_{0o}} = \dfrac{J}{Y_0}+\dfrac{Y_0}{J} \\ \dfrac{2}{Z_{0e}-Z_{0o}} = \dfrac{Y_0^2}{J} \end{cases} \tag{5.56}$$

化简式（5.56）并进行求解，可得：

$$\begin{cases} Z_{0e} = \left[1+\dfrac{J}{Y_0}+\left(\dfrac{J}{Y_0}\right)^2\right]Z_0 \\ Z_{0o} = \left[1-\dfrac{J}{Y_0}+\left(\dfrac{J}{Y_0}\right)^2\right]Z_0 \end{cases} \tag{5.57}$$

假设要设计一个两节最平坦带通滤波器，中心频率为 9 GHz，3 dB 相对带宽 $W=0.3$，输入端、输出端的特性阻抗为 50 Ω。采用上面的设计方法。

（1）求出低通原型的元件值。$g_0=1.0$，$g_1=1.414$，$g_2=1.414$，$g_3=1.0$。

（2）计算出各导纳变换器的归一化导纳为 $\dfrac{J_{0,1}}{Y_0} = \dfrac{J_{2,3}}{Y_0} = \sqrt{\dfrac{\pi W}{2 g_0 g_1}} = 0.578$ ，$\dfrac{J_{1,2}}{Y_0} =$

$\dfrac{\pi W}{2} \sqrt{\dfrac{1}{g_1 g_2}} = 0.332$ 。

（3）计算各偶模和奇模的特性阻抗，$(Z_{0e})_{0,1} = (Z_{0e})_{2,3} = 84.4\,\Omega$ ，$(Z_{0o})_{0,1} = (Z_{0o})_{2,3} = 26.1\,\Omega$ ，$(Z_{0e})_{1,2} = 72.3\,\Omega$ ，$(Z_{0o})_{1,2} = 38.9\,\Omega$ 。

（4）选定微带基板，若选择 $\varepsilon_r = 9.6$ ，介质厚度为 1 mm 的基板，可求得中间节耦合微带的宽度为 0.7 mm，耦合缝隙为 0.31 mm，四分之一波长耦合微带长度为 3.38 mm，端口微带宽度根据 50 Ω 特性阻抗求得为 1 mm。最终优化所得的耦合微带滤波器尺寸如图 5.27 所示。

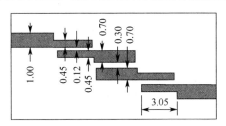

图 5.27　耦合微带滤波器尺寸（单位：mm）

2）并联短截线带通滤波器

并联短截线带通滤波器结构如图 5.24（d）和（e）所示，其中图 5.24（d）所示为四分之一波长短路短截线型，图 5.24（e）所示为半波长开路短截线型。两者的通带性能相似，可用相同公式进行设计。四分之一波长并联短截线带通滤波器的等效电路如图 5.28 所示，为了研究方便，先把只有一种电容元件的低通原型分成许多对称滤波器节，如图 5.29（a）所示。同时也把图 5.28 所示的滤波器分成若干对称节，如图 5.29（b）所示。为了使图 5.29（a）中的低通原型成为并联短截线带通滤波器的原型，必须将对应的滤波器节联系起来，使它们在相应的频点上具有相同的衰减特性。

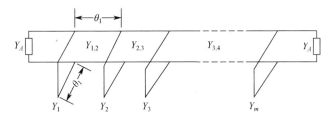

图 5.28　四分之一波长并联短截线带通滤波器的等效电路

并联短截线带通滤波器的设计步骤如下:

（1）设计低通原型，由低通到带通的频率变换得到低通原型的电抗元件数目 n 和原件值 g_k。

（2）计算导纳倒置变换器的归一化导纳（选择 $C_a = 2dg_1$，d 为无量纲常数）。

$$\theta_1 = \frac{\pi \omega_1}{2\omega_0} = \frac{\pi}{2}\left(1 - \frac{W}{2}\right) \tag{5.58a}$$

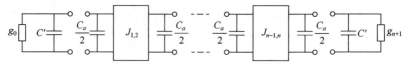

(a) 只有一种电容元件的低通原型滤波器节

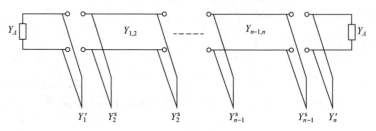

(b) 四分之一波长并联短截线带通滤波器节

图 5.29　将滤波器分成许多对称节

$$\frac{J_{1,2}}{Y_A} = g_0 \sqrt{\frac{C_a}{g_2}} \tag{5.58b}$$

$$\left.\frac{J_{k,k+1}}{Y_A}\right|_{k=2\sim n-2} = \frac{g_0 C_a}{\sqrt{g_k g_{k+1}}} \tag{5.58c}$$

$$\frac{J_{n,n-1}}{Y_A} = g_0 \sqrt{\frac{C_a g_{n+1}}{g_0 g_{n=1}}} \tag{5.58d}$$

（3）计算各并联短截线的特性导纳。

$$Y_1 = g_0 Y_A (1-d) g_1 \tan\theta_1 + Y_A \left(N_{1,2} - \frac{J_{1,2}}{Y_A} \right) \tag{5.59a}$$

$$\left. Y_k \right|_{k=2\sim n-1} = Y_A \left(N_{k-1,k} + N_{k,k+1} - \frac{J_{k-1,k}}{Y_A} - \frac{J_{k,k+1}}{Y_A} \right) \tag{5.59b}$$

$$Y_n = Y_A (g_n g_{n+1} - dg_0 g_1) \tan\theta_1 + Y_A \left(N_{n-1,n} - \frac{J_{n-1,n}}{Y_A} \right) \tag{5.59c}$$

$$N_{k,k+1} = \sqrt{\left(\frac{J_{k,k+1}}{Y_A} \right)^2 + \left(\frac{g_0 C_a \tan\theta_1}{2} \right)^2} \tag{5.59d}$$

（4）计算各连接线的特性导纳。

$$\begin{cases} Y_{k,k+1} = J_{k,k+1} = Y_A \left(\dfrac{J_{k,k+1}}{Y_A} \right) \\[2mm] Y_k^s = Y_A \left(N_{k,k+1} - \dfrac{J_{k,k+1}}{Y_A} \right) \end{cases} \tag{5.60}$$

（5）选定介质基板，计算各短截线和连接线的特性阻抗，进而得到相应尺寸，并进行仿真优化。

应用上面的方法设计一个并联短截线带通滤波器，其技术指标如下：中心频率 $f_0 = 6 \text{ GHz}$，相对带宽 $W = 40\%$，通带最大衰减 $L_{Ar} = 0.10 \text{ dB}$，在阻带 $f_a = 3.6 \text{ GHz}$ 和 $f_b = 8.4 \text{ GHz}$ 频率范围内，阻带衰减不小于 30 dB。基板相对介电常数 $\varepsilon_r = 9.6$，厚度为 1 mm。

首先选定低通原型，根据频率变换和技术指标，求得元件数 $n=5$，再求得各元件值：$g_0 = 1.0$，$g_1 = 1.146\,8$，$g_2 = 1.371\,2$，$g_3 = 1.975\,0$，$g_4 = 1.371\,2$，$g_5 = 1.146\,8$，$g_6 = 1.0$。

再计算低通原型的导纳倒置变换器 J，选定 $d = 1$，则 $C_a = 2dg_1 = 2.2936$，$Y_A = 1/50 = 0.02$。于是求得：$\theta_1 = \dfrac{\pi}{2}\left(1 - \dfrac{W}{2}\right) = 72°$，$\tan\theta_1 = 3.078$，$\dfrac{J_{1,2}}{Y_A} = \dfrac{J_{4,5}}{Y_A} = \sqrt{\dfrac{C_a}{g_2}} = 1.293$，$\dfrac{J_{2,3}}{Y_A} = \dfrac{J_{3,4}}{Y_A} = \dfrac{g_0 C_a}{\sqrt{g_2 g_3}} = 1.394$。

计算各连接线的特性阻抗。由各连接线的特性导纳 $Y_{1,2}/Y_A = Y_{4,5}/Y_A = J_{1,2}/Y_A = 1.293$，$Y_{2,3}/Y_A = Y_{3,4}/Y_A = J_{2,3}/Y_A = 1.394$，求得相应的特性阻抗为 $Z_{1,2} = Z_{4,5} = 38.70 \ \Omega$，$Z_{2,3} = Z_{3,4} = 35.86 \ \Omega$。

计算各并联短截线的特性阻抗。可求得 $N_{1,2} = N_{4,5} = 3.76$，$N_{2,3} = N_{3,4} = 3.79$，$Y_1/Y_A = Y_s/Y_A = 2.47$，$Y_2/Y_A = Y_4/Y_A = 4.86$，$Y_3/Y_A = 4.79$。进而可求得各并联短截线的特性阻抗，为了改善滤波器性能，最终确定的电路结构和尺寸如图 5.30 所示。

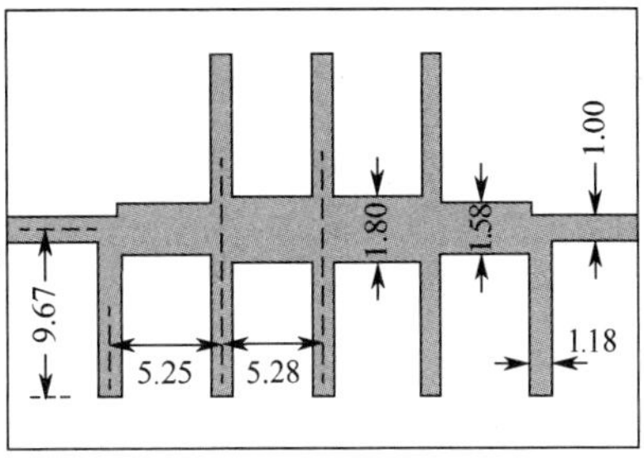

图 5.30 四分之一波长短截线带通滤波器电路结构和尺寸（单位：mm）

4. 多频带通滤波器

随着人类科学技术尤其是信息技术的迅猛发展，人们对高质量无线通信的需求越来越迫切，对通信业务的需求也越来越多。比如除了语音之外，还有视频、定位导航、互联网等，这就使得目前商用的无线通信制式需要分布在多个不同的射频频段上，才能满足这种多功能化服务的需要。并且新的无线通信制式还在不断推出，比如正在实施和加紧研发的 5G/6G 等。除此之外，还有许多无线通信技术，如蓝牙、Wi-Fi 等已经成为大多数无线终端必须具有的功能。通信事业的飞速发展已经使得多模式多频无线通信系统成为现实，比如，三频带收发机的实现就是一个典型的实例[5]。军用通信也一直在朝多波段方向发展，研制便于隐秘、功能全的小型化电子设备一直是现代化军事装备的发展方向。以美国雷声公司为代表的国外军工企业早就开始研究开发多频军用通信产品。

多模式多频通信系统要求射频器件工作在多个分离的频段上，以满足用一个多模终端来实现不同的业务需求，从而实现设备的多功能化。多频通信系统要求相应的射频元器件向小型化、多功能化发展。多频滤波器就是其中的产物。多频滤波器[6-18]是多频通信系统的关键元器件，作为多频收发机中不可缺少的组成部分，多频滤波器能有效地滤除各种无用信号及噪声信号、降低各通信频道间的信号干扰，从而保障通信设备的正常工作，实现高质量的通信。采用多频天线、多频滤波器、多频低噪声放大器等组成的多频发送/接收

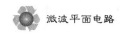
机系统，由于多频前端器件的应用，系统的体积可以节约一半以上，由于很多器件共用或重复使用，系统功耗比多个单频收发机大为降低，相应的设备成本也降低很多。

多频滤波器常用的设计方案如下：

（1）利用多个不同大小的谐振器组合设计多频带滤波器[6,10-13]。比如文献[16]采用耦合谐振器组合结构实现双频带通滤波器，有两组耦合谐振器，两个大的谐振器耦合形成第一个通带，两个小一点的谐振器耦合形成第二个通带，组合起来就是双频带滤波器。这种滤波器的设计思想实际是基于两个或多个耦合路径，用单频滤波器的组合实现双/多频滤波器，这也是设计多频滤波器的最有效方法之一，简便易行，而且每个频带可以单独设计、调控，如果采用嵌套结构[10-13]，可有效缩小体积。但是如果耦合谐振器过多，谐振器的利用率不高的话，必然带来滤波器体积大、插损大、难以实用化等不利影响。

（2）利用谐振器的固有模式设计多频滤波器[6,8-9]。我们知道，谐振器有无穷多谐振模式，但是传统的单频滤波器往往只用到了主模，谐振器的其他模式很少应用，因此可以采用控制谐振模式的手段设计多频带滤波器。这方面的研究主要集中在 SIR 及其应用上，滤波器设计通过调节 SIR 电长度和阻抗比达到频率要求，比如为了实现三通带，通常采用三节 SIR，通过调节电长度和阻抗比来调节 3 个工作频率。为了达到更好的带外抑制和频率选择性，SIR 多频滤波器往往也采用耦合结构。这种设计方法的缺点是一个谐振器在不同模式下的谐振频率是固有的、相互关联的，不好单独控制，带宽更是如此。

（3）利用枝节加载谐振器[18]设计多频滤波器。优点是工作频率容易调控，但是带宽依然难以控制，而且容易产生多余的谐波。

几种组合式多频滤波器结构如图 5.31 所示。

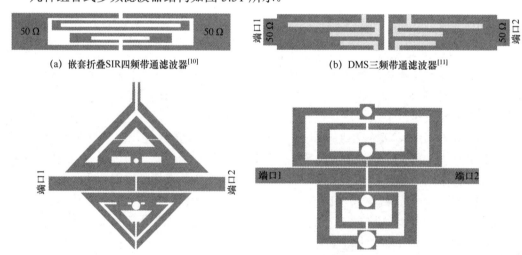

(a) 嵌套折叠SIR四频带通滤波器[10]   (b) DMS三频带通滤波器[11]

(c) 嵌套电磁分路耦合三角形[12]和矩形SIR四频带滤波器

图 5.31　几种组合式多频滤波器结构[10-12]

5.3.4　带阻滤波器

在许多微波集成电路系统中，要求有用信号以尽可能小的衰减在其中传输，而对不需要的干扰用高衰减将其滤除，这用一个带通滤波器就可以实现。但若某一干扰特别强，就必须采用专门的抑制电路——带阻滤波器才能实现对干扰的有效抑制。

1. 带阻滤波器的频率变换

对带阻滤波器进行频率变换，如图 5.32 所示。$\omega' = \pm\infty$，对应 ω_0；$\omega' = 0$，对应 $\omega = 0$ 和 $\omega = \infty$。频率变换函数为

$$\omega' = \frac{W}{\left(\dfrac{\omega_0}{\omega} - \dfrac{\omega}{\omega_0}\right)} \tag{5.61}$$

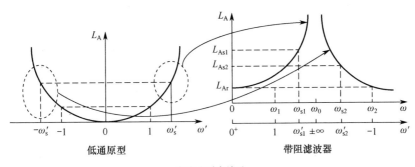

频率点对应关系

ω	0	ω_1	ω_{s1}	ω_0^-	ω_0^+	ω_{s2}	ω_2	∞
ω'	0^+	1	ω'_{s1}	∞	$-\infty$	$-\omega'_{s2}$	-1	0^-

图 5.32　带阻滤波器的频率变换

式中，$\omega_0 = \sqrt{\omega_1\omega_2}$ 是阻带中心频率，$W = \dfrac{\omega_2 - \omega_1}{\omega_0}$ 是阻带相对带宽，ω_2 和 ω_1 是阻带的上、下边频。可以证明，低通原型的串联支路变换到带阻滤波器中为并联的谐振电路，并联谐振电路的归一化元件值表示为

$$\begin{cases} \overline{C}_k = \dfrac{1}{W\omega_0 g_k} \\[3mm] \overline{L}_k = \dfrac{Wg_k}{\omega_0} \end{cases} \tag{5.62}$$

低通原型的并联支路变换到带阻滤波器为串联谐振电路，串联谐振电路的归一化元件值表示为

$$\begin{cases} \overline{L}_i = \dfrac{1}{W\omega_0 g_i} \\[3mm] \overline{C}_i = \dfrac{Wg_i}{\omega_0} \end{cases} \tag{5.63}$$

反归一化可得到带阻滤波器电路的实际元件值。

电感输入式低通原型滤波器变换为带阻滤波器，如图 5.33 所示。对电容输入式低通原型滤波器可类似得到对应的带阻滤波器。

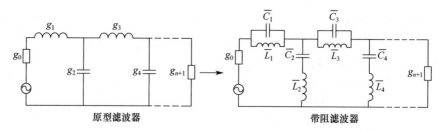

图 5.33　电感输入式低通原型滤波器变换为带阻滤波器

2. 带阻滤波器的设计

几种典型的微带带阻滤波器结构如图 5.34 所示，当然，这些结构也可以用 CPW/CBCPW 设计实现。图 5.34（a）和（b）所示为耦合型带阻滤波器，都是窄阻带带阻滤波器；图 5.34（c）所示为四分之一波长开路短截线型带阻滤波器，为宽阻带带阻滤波器。这些带阻滤波器可用近似或准确设计法进行设计。用缺陷地结构和缺陷微带结构也可以实现带阻滤波器。

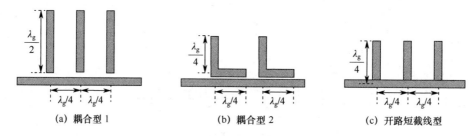

(a) 耦合型 1　　　　　(b) 耦合型 2　　　　　(c) 开路短截线型

图 5.34　几种典型的微带带阻滤波器结构

以图 5.34（a）所示的耦合型微带带阻滤波器为例，来说明带阻滤波器的设计方法。该滤波器中的谐振器都是半波长谐振器，它通过小间隙电容与主传输线耦合，实现阻带特性。耦合型微带带阻滤波器的设计可从如图 5.35（a）所示的只有一种电容元件的低通原型出发，经过频率变换后推导出来，实际带阻滤波器电路如图 5.35（b）所示。这种设计是把各滤波器参数都确定在中心频率上，故只适用于窄带设计。

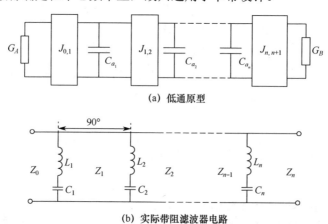

(a) 低通原型

(b) 实际带阻滤波器电路

图 5.35　耦合型微带带阻滤波器的低通原型电路和实际滤波器电路

令图 5.35（a）中的导纳倒置变换器 J 与图 5.35（b）中的四分之一波长传输线等效，即

$$J_{0,1} = 1/Z_0 , \quad J_{1,2} = 1/Z_1 , \quad \cdots , \quad J_{n,n+1} = 1/Z_n \tag{5.64}$$

将图 5.35（a）中的并联电容 C_{a_k} 进行式（5.61）的频率变换，变为 L_k、C_k 串联的谐振电路 [见图 5.35（b）]。由此变换得到的 L_k 和 C_k 表示为

$$L_k = \frac{Z_0}{W\omega_0 C_{a_k}} , \quad C_k = \frac{WC_{a_k}}{Z_0\omega_0} \tag{5.65}$$

因此，L_k、C_k 串联谐振电路的电抗斜率参数是

$$\chi_k = \omega_0 L_k = \frac{Z_0}{WC_{a_k}} \tag{5.66}$$

另外，由只有一种电容元件的低通原型可知，

$$\begin{cases} J_{0,1} = \sqrt{\dfrac{G_A C_{a_1}}{g_0 g_1}} \\[3mm] J_{k,k+1} = \sqrt{\dfrac{C_{a_k} C_{a_{k+1}}}{g_k g_{k+1}}} \\[3mm] J_{n,n+1} = \sqrt{\dfrac{G_B C_{a_n}}{g_n g_{n+1}}} \end{cases} \tag{5.67}$$

式中，g_k 是低通原型的元件值。由式（5.66）和式（5.67）可求得各谐振器的电抗斜率参数与低通原型参数间的关系。对于图 5.35（b）所示的第一个 LC 串联谐振器，设 $G_A = J_{0,1} = 1/Z_0$，则由式（5.66）和式（5.67）可得：

$$\chi_1 = \frac{Z_0^2}{Wg_0 g_1} \tag{5.68}$$

对于图 5.35（b）所示的中间 LC 串联谐振器，要从式（5.66）和式（5.67）中消去 C_{a_k} 比较麻烦，为简单起见，设 $Z_1 = Z_2 = \cdots = Z_{n-1}$。当 k 为偶数时，则有：

$$\frac{J_{0,1}^2 J_{2,3}^2 \cdots J_{k-2,k-1}^2}{J_{1,2}^2 J_{3,4}^2 \cdots J_{k-1,k}^2} = \left(\frac{Z_1}{Z_0}\right)^2 \tag{5.69}$$

把式（5.66）和式（5.67）代入式（5.69）可得：

$$\frac{W\chi_k g_k}{Z_0^2 g_0} = (Z_1 / Z_0)^2 \tag{5.70}$$

由此得到：

$$\chi_k = \frac{Z_1^2 g_0}{Wg_k} , \quad k \text{ 为偶数} \tag{5.71}$$

若 k 为奇数，则有：

$$\frac{J_{1,2}^2 J_{3,4}^2 \cdots J_{k-2,k-1}^2}{J_{0,1}^2 J_{2,3}^2 \cdots J_{k-1,k}^2} = Z_0^2 \tag{5.72}$$

把式（5.66）和式（5.67）代入式（5.72）可得：

$$\chi_k = \frac{g_0}{Wg_k} , \quad k \text{ 为奇数} \tag{5.73}$$

对于图 5.35（b）所示的最右边终端谐振器，由式（5.66）和式（5.67）可知，其电抗斜率参数是：

$$\chi_n = \frac{Z_0 Z_n}{W g_n g_{n+1}} \tag{5.74}$$

若 n 为偶数，则由式（5.71）得：

$$\chi_n = \frac{Z_1^2 g_0}{W g_n} \tag{5.75}$$

若 n 为奇数，则由式（5.73）得：

$$\chi_n = \frac{g_0}{W g_n} \tag{5.76}$$

由式（5.74）、式（5.75）和式（5.76）可得：

$$Z_0 Z_n = Z_1^2 g_0 g_{n+1}, \quad n \text{ 为偶数} \tag{5.77a}$$

$$Z_0 Z_n = g_0 g_{n+1}, \quad n \text{ 为奇数} \tag{5.77b}$$

计算出各谐振器的电抗斜率参数后，还必须得到各谐振器的尺寸。设计时可把间隙电容 C_b 看成谐振器的串联电容 C_k，而把其余微带部分看成谐振器的串联电感 L_k，即可按图 5.36 所示电路模型设计。设微带谐振器的特性阻抗为 Z_b，则根据谐振条件可求得 C_b 为

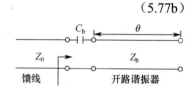

图 5.36　间隙耦合谐振器的等效电路

$$C_b = -\frac{1}{Z_b \omega_0 \theta} \tag{5.78}$$

3. 带阻滤波器在鉴频器设计中的应用

鉴频器是瞬时频率测试（IFM）系统的主要模块。IFM 的主要任务是在一个宽频带范围内检测未知频率的连续和脉冲波信号，同时，还可以测试输入信号的幅度和脉冲宽度。IFM 系统在电子战和电子情报系统等领域具有广泛应用。

IFM 系统应用鉴频器产生不同的延时间隔，然后将延时信号与初始信号进行比较得到瞬时频率。瞬时频率测试的频率分辨率取决于延时时长，因此干涉仪就成为 IFM 系统的主要电路[19]，如图 5.37 所示。为了满足分辨率要求，设计延时电路时需要将其大量弯曲，这将产生多重反射现象。

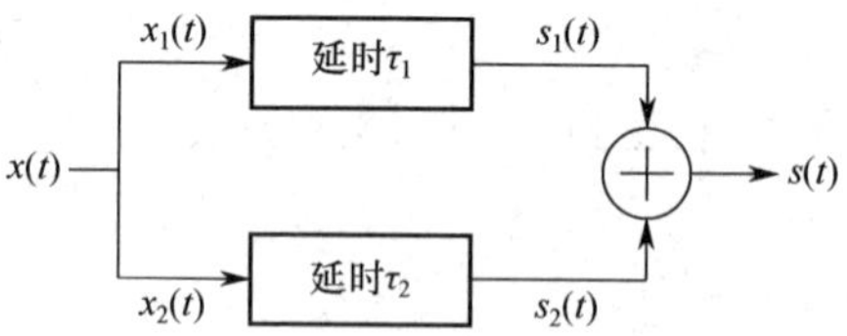

多频带带阻滤波器可以替代 IFM 系统中的干涉仪，因为应用带阻滤波器可以检测到和使用 IFM 干涉仪近似的信号，具有宽通带边带效应的窄阻带带阻滤波器可以在宽频带范围内获得良好的分辨率[19]。用环形谐振器替代延迟线和功率分配器来设计鉴频器，不仅可以减少仿真时间（因为不像延时电路那样需要很多弯曲），而且可以通过耦合多个谐振器得到需要的多阻带，从而更好地控制分辨率。

图 5.37　IFM 系统的干涉仪

1）IFM 系统的构成

IFM 系统可以将模拟信号转换为数字信号，在系统工作频带内的任意一个频率值都唯一对应一个数字信号，该系统的分辨率取决于最长的延时时长和鉴频器的数量。

对图 5.37 所示电路结构，令 $x(t) = \sin(\omega t)$，并将此正弦信号分成 $x_1(t)$ 和 $x_2(t)$ 两路信号，表示为

$$x_1(t) = x_2(t) = \frac{\sin(\omega t)}{2} \tag{5.79}$$

两路信号分别经过不同延时 τ_1 和 τ_2，输出为

$$s_1(t) = x_1(t - \tau_1), \quad s_2(t) = x_2(t - \tau_2) \tag{5.80}$$

再经过信号合成，得到 $s(t)$，可表示为

$$s(t) = \sin\left[\frac{2\omega t - \omega(\tau_1 + \tau_2)}{2}\right]\cos\left[\frac{\omega(\tau_2 - \tau_1)}{2}\right] \tag{5.81}$$

由式（5.81）可知，两个连续的最大值或最小值的频率间隔为

$$\Delta f = \left|\frac{1}{\Delta \tau_{2,1}}\right| \tag{5.82}$$

式中，$\Delta \tau_{2,1} = \tau_2 - \tau_1$ 为干涉仪两个支路的延时差。由式（5.82）可知，由 $\Delta \tau_{\min}$ 可以得到 $\Delta f_{\max}$，反之亦然。频率分辨率可表示为

$$f_R = \frac{1}{4\Delta \tau_{\max}} \tag{5.83}$$

如果满足式（5.84），则可以生成二进制代码：

$$\Delta \tau_{\max} = 2^{n-1} \Delta \tau_{\min} \tag{5.84}$$

这样，一个 n 位系统的分辨率 f_R 可以表示为

$$f_R = \frac{1}{2^{n+1} \Delta \tau_{\min}} \tag{5.85}$$

传统 IFM 系统结构如图 5.38 所示。采用延迟线实现的 5 个干涉仪作为鉴频通道，干涉仪的输入和输出使用 Wilkinson 功率分配/合成器实现。鉴频器的输出信号连接到检测器上并经过放大器放大，再连接到 1 位 A/D 转换器，将模拟信号转换成 "0" 或 "1" 输出，形成

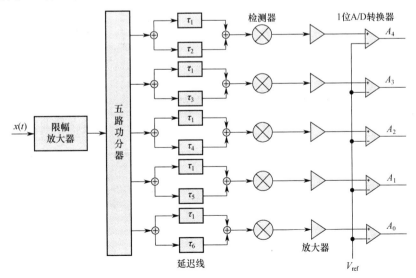

图 5.38　传统 IFM 系统结构[19]

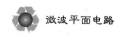

每个频带的数字信号。IFM 系统输入端采用限幅放大器控制信号增益，提高灵敏度。

基于带阻滤波器的 IFM 系统如图 5.39 所示。这种新系统的优点是：在每个鉴频通道中使用多频带阻滤波器代替传统的延迟线和功率分配器，每个子频带对应一个比特位，产生一个二进制码。多频带阻滤波器的频率响应类似于图 5.40（a）所示的鉴频器 0、1、2、3 和 4 的响应，其中鉴频器 0 提供最低有效位（LSB），鉴频器 4 提供最高有效位（MSB），这些响应波形适合用 1 位 A/D 转换器实现。如果滤波器的插入损耗小于 5 dB，将输出 1，反之输出 0。经过 A/D 转换器以后的二进制输出波形及代码如图 5.40（b）所示。由图 5.40 可知，该 IFM 系统工作在 2～4 GHz，共分为 32 个子频带，因此分辨率为 62.5 MHz。

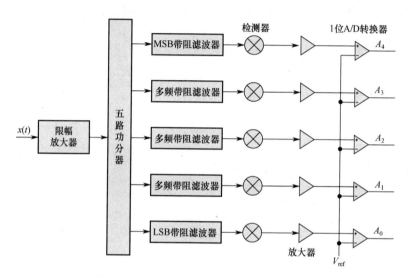

图 5.39　基于带阻滤波器的 IFM 系统结构[19]

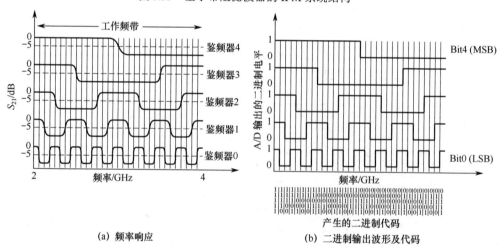

（a）频率响应　　　　　　　　　（b）二进制输出波形及代码

图 5.40　基于带阻滤波器的 IFM 系统频率响应和产生的二进制输出波形及代码[19]

2）带阻滤波器型鉴频器结构及频率响应

带阻滤波器型鉴频器结构如图 5.41 所示，其中，图 5.41（a）～（e）所示电路分别应用于鉴频器 4（D4）（MSB）、鉴频器 3（D3）、鉴频器 2（D2）、鉴频器 1（D1）和鉴频器 0（D0）（LSB）。鉴频器 4 至鉴频器 0 的频率响应分别如图 5.42（a）～（e）所示，可以看到，带阻滤波器型鉴频器的频率响应与图 5.40（a）所示的需求响应基本吻合。

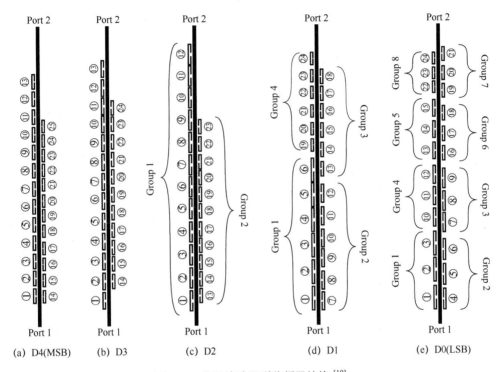

图 5.41　带阻滤波器型鉴频器结构 [19]

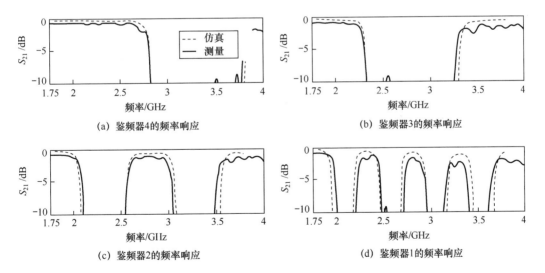

图 5.42　鉴频器的频率响应[19]

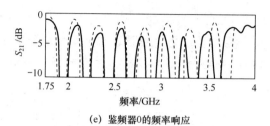

(e) 鉴频器0的频率响应

图 5.42　鉴频器的频率响应[19]（续）

5.3.5　平面滤波器馈电

平面滤波器的常用馈电方式有抽头直接馈电、耦合线耦合馈电、源—负载耦合馈电和零度馈电等，分别如图 5.43（a）、（b）、（c）和（d）所示。图 5.43（a）所示的抽头直接馈电结构通常由 $50\,\Omega$ 馈线和谐振器直接连接构成，外部品质因数 Q_e 由抽头的位置 t 控制，耦合强度随着 t 的增大而加强，外部品质因数则随 t 的增大而减小。图 5.43（b）所示的耦合馈电是一种间接的馈电方式，馈线与谐振器之间耦合的强度与 g 和 w 有关，通常间隙 g 越大、线宽 w 越宽，耦合越弱，外部品质因数越大。图 5.43（c）所示的源—负载之间的直接耦合可以在通带一侧产生一个传输零点，传输零点的位置可以通过改变耦合缝隙 g 的大小进行调节。图 5.43（d）所示为零度馈电结构，零度馈电是指两路信号经过的路径完全相等，相位的延迟相等，形成 $0°$ 相位差，这样可以在通带两侧各产生一个传输零点。

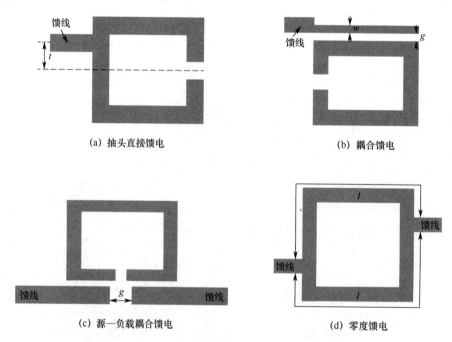

(a) 抽头直接馈电

(b) 耦合馈电

(c) 源—负载耦合馈电

(d) 零度馈电

图 5.43　平面滤波器的常用馈电方式

图 5.43（a）和（b）所示单馈线加载谐振器结构的等效电路如图 5.44（a）所示。其中，G 为连接到 LC 谐振器的外部电导，则谐振器激励端口的反射系数 S_{11} 可表示为[20]

$$S_{11} = \frac{G - Y_{in}}{G + Y_{in}} = \frac{1 - Y_{in} / G}{1 + Y_{in} / G} \tag{5.86}$$

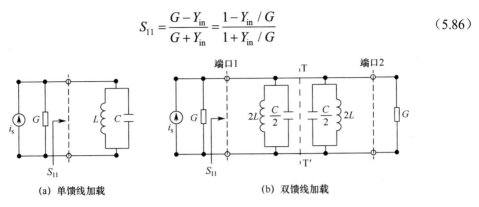

(a) 单馈线加载   (b) 双馈线加载

图 5.44　馈线加载谐振器结构的等效电路[20]

式中，Y_{in} 为单个谐振器的输入导纳，可表示为

$$Y_{in} = j\omega C + \frac{1}{j\omega L} = j\omega_0 C \left(\frac{\omega}{\omega_0} - \frac{\omega_0}{\omega} \right) \tag{5.87}$$

式中，$\omega_0 = 1/\sqrt{LC}$。谐振点附近的频率为 $\omega = \omega_0 + \Delta\omega$，$\Delta\omega \ll \omega_0$。$(\omega^2 - \omega_0^2)/\omega \approx 2\Delta\omega$，则 Y_{in} 近似表示为[20]

$$Y_{in} \approx j\omega_0 C \frac{2\Delta\omega}{\omega_0} \tag{5.88}$$

根据式（5.88），并应用谐振器的外部品质因数 $Q_e = \omega_0 C / G$，可以得到谐振器的反射系数 S_{11} 为

$$S_{11} = \frac{1 - jQ_e(2\Delta\omega / \omega_0)}{1 + jQ_e(2\Delta\omega / \omega_0)} \tag{5.89}$$

对于无耗谐振器，在谐振频率附近，图 5.44（a）所示的 LC 并联谐振器可看成开路，此时，式（5.89）中 S_{11} 的幅度为 1。S_{11} 的相位随着频率变化而改变，当相位为 $\pm 90°$ 时，相应的 $\Delta\omega$ 满足[20]

$$2Q_e \frac{\Delta\omega_{\mp}}{\omega_0} = \mp 1 \tag{5.90}$$

也就是说，当谐振频率偏移 $\Delta\omega_{\mp} = \mp\omega_0 / 2Q_e$ 时，S_{11} 的相位偏移了 $\pm 90°$。因此 S_{11} 相位的 $\pm 90°$ 带宽可以表示为 $\Delta\omega_{\pm 90°} = \Delta\omega_+ - \Delta\omega = \omega_0 / Q_e$，即

$$Q_e = \frac{\omega_0}{\Delta\omega_{\pm 90°}} \tag{5.91}$$

对于双馈线加载谐振器结构，其等效电路如图 5.44（b）所示，其中 TT′ 为对称面。根据奇偶模等效电路以及与 S 参数的关系式，双馈线加载谐振器结构的外部品质因数 Q_e' 可表示为[20]

$$Q_e' = \frac{Q_e}{2} = \frac{\omega_0}{\Delta\omega_{3dB}} \tag{5.92}$$

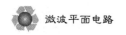

5.4　准椭圆函数滤波器综合

通常的滤波器是一种二端口网络，它有两类问题需要研究，一是分析，二是综合。已知滤波器的电路结构和元件参数，计算它的工作特性，这属于分析问题；与此相反，从预定的工作特性出发，确定滤波器的电路结构和元件值，进而用分布参数电路实现，这一过程则属于综合问题。实际中我们遇到的大多是滤波器综合问题。

5.4.1　准椭圆函数滤波器

准椭圆函数滤波器是近些年来出现的一种新型滤波器，其传输响应曲线类似于椭圆函数响应，在通带内会出现波纹，并通过在阻带增加传输零点来提高带外抑制能力。准椭圆函数形式较椭圆函数简单，可以用一般多项式来表示，而且原型电路的实现只需在传统切比雪夫滤波器基础上做一些改动就可以了，电路体积也比传统的椭圆函数滤波器要小，因此应用非常广泛。

在实际应用中，滤波器的频率选择性至关重要。为了提高切比雪夫滤波器的频率选择性，就必须增加滤波器的阶数，但这同时也会增加电路的复杂性和尺寸，还会增加插入损耗。如果能使滤波器在通带附近产生几个传输零点，就可以大大提高滤波器的频率选择性。我们知道，表示传输零点的一个函数是椭圆函数，但是这个函数有许多传输零点，远远超过了射频滤波器的实际需要。能够在通带中保持等波纹性能，同时可用传输零点来提高频率选择性的切比雪夫函数称为准椭圆函数，也可以看作通用的切比雪夫函数。具有相同中心频率和带宽的切比雪夫滤波器和准椭圆函数滤波器的频率响应对比如图 5.45 所示，分别采用具有两个传输零点的四阶准椭圆函数和四阶切比雪夫函数，可以看到，准椭圆函数滤波器由于具有传输零点，因而大大提高了通带附近的频率选择性。

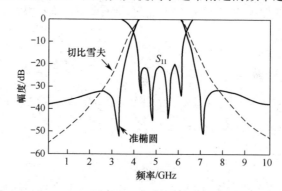

图 5.45　切比雪夫滤波器和准椭圆函数滤波器的频率响应对比

5.4.2　准椭圆特征函数和传输函数

在切比雪夫滤波器中，切比雪夫函数可以表示为

$$\left| S_{21}(\mathrm{j}\omega) \right|^2 = \frac{1}{1 + \varepsilon^2 T_n^2(\omega)} \tag{5.93}$$

式中，ε 表征带内纹波，n 是滤波器的阶数，$T_n(\omega)$ 可以定义为

$$T_n(\omega) = \begin{cases} \cos(n\arccos\omega), & \omega \leqslant 1 \\ \cosh(n\,\mathrm{arcosh}\,\omega), & \omega > 1 \end{cases} \tag{5.94}$$

根据切比雪夫函数得到的准椭圆函数[21-23]可以表示如下：

$$|S_{21}(\mathrm{j}\omega)|^2 = \frac{1}{1 + \varepsilon^2 F_n^2(\mathrm{j}\omega)} \tag{5.95}$$

式中，$F_n(\mathrm{j}\omega)$ 定义为

$$F_n(\mathrm{j}\omega) = \begin{cases} \cos\left[(n - n_z)\arccos\omega + \sum\limits_{i=1}^{n_z}\arccos\dfrac{1 - \omega\omega_i}{\omega - \omega_i}\right], & \text{在通带内} \\ \cosh\left[(n - n_z)\mathrm{arcosh}\,\omega + \sum\limits_{i=1}^{n_z}\mathrm{arcosh}\dfrac{1 - \omega\omega_i}{\omega - \omega_i}\right], & \text{在通带外} \end{cases} \tag{5.96}$$

式中，n 代表滤波器的阶数和通带内切比雪夫波纹的数量，n_z 是传输零点的个数，ω_i 代表传输零点的角频率。函数 $F_n(\omega)$ 定义为关于 ω 的两个多项式之比：

$$F_n(\omega) = \frac{E_n^+(\omega) + E_n^-(\omega)}{2Q_n(\omega)} \tag{5.97}$$

式中，

$$Q_n(\omega) = \prod_{i=1}^{n}\left(1 - \frac{\omega}{\omega_i}\right) \tag{5.98a}$$

$$E_n^+(\omega) = \prod_{i=1}^{n}\left[\left(\omega - \frac{1}{\omega_i}\right) + \omega'\sqrt{1 - \frac{1}{\omega_i^2}}\right] \tag{5.98b}$$

$$E_n^-(\omega) = \prod_{i=1}^{n}\left[\left(\omega - \frac{1}{\omega_i}\right) - \omega'\sqrt{1 - \frac{1}{\omega_i^2}}\right] \tag{5.98c}$$

$$\omega' = \sqrt{\omega^2 - 1} \tag{5.98d}$$

$F_n(\omega)$ 的系数由函数 $E_n^+(\omega)$ 和 $E_n^-(\omega)$ 计算得到。决定这些多项式初始参数的是通带波纹、滤波器阶数和传输零点的角频率，假设：

$$E_n^+(\omega) = P_n(\omega) + M_n(\omega) \tag{5.99a}$$

$$E_n^-(\omega) = P_n(\omega) - M_n(\omega) \tag{5.99b}$$

则

$$F_n(\omega) = \frac{P_n(\omega)}{Q_n(\omega)} \tag{5.100}$$

多项式 $P_n(\omega)$ 和 $M_n(\omega)$ 可表示如下：

$$P_1(\omega) = -\frac{1}{\omega_1} + \omega \tag{5.101a}$$

$$M_1(\omega) = \omega'\sqrt{1 - \frac{1}{\omega_1^2}} \tag{5.101b}$$

$$P_2(\omega) = \omega P_1(\omega) - \frac{P_1(\omega)}{\omega_2} + \omega'\sqrt{1 - \frac{1}{\omega_2^2}}M_1(\omega) \tag{5.101c}$$

$$M_2(\omega) = \omega' M_1(\omega) - \frac{M_1(\omega)}{\omega_2} + \omega' \sqrt{1 - \frac{1}{\omega_2^2}} P_1(\omega) \qquad (5.101d)$$

$$P_n(\omega) = \omega P_{n-1}(\omega) - \frac{P_{n-1}(\omega)}{\omega_n} + \omega' \sqrt{1 - \frac{1}{\omega_n^2}} M_{n-1}(\omega) \qquad (5.101e)$$

$$M_n(\omega) = \omega' M_{n-1}(\omega) - \frac{M_{n-1}(\omega)}{\omega_n} + \omega' \sqrt{1 - \frac{1}{\omega_n^2}} P_{n-1}(\omega) \qquad (5.101f)$$

多项式 $Q_n(\omega)$ 可表示为

$$Q_1(\omega) = 1 - \frac{\omega}{\omega_1} \qquad (5.102a)$$

$$Q_2(\omega) = \left(1 - \frac{\omega}{\omega_2}\right) Q_1(\omega) \qquad (5.102b)$$

重复这个过程，直到得到最后一个传输零点：

$$Q_{n_z}(\omega) = \left(1 - \frac{\omega}{\omega_{n_z}}\right) Q_{n_z-1}(\omega) \qquad (5.103)$$

根据多项式 $P_n(\omega)$ 和 $Q_n(\omega)$，可以得到传输函数和反射函数，分别表示为

$$|S_{21}(j\omega)|^2 = \frac{1}{1 + \varepsilon^2 F_n^2(j\omega)} = \frac{Q_n^2(j\omega)}{Q_n^2(j\omega) + \varepsilon^2 P_n^2(j\omega)} \qquad (5.104a)$$

$$|S_{11}(j\omega)|^2 = 1 - |S_{21}(j\omega)|^2 = \frac{\varepsilon^2 P_n^2(j\omega)}{Q_n^2(j\omega) + \varepsilon^2 P_n^2(j\omega)} \qquad (5.104b)$$

令 $s = j\omega$，则传输函数可写为

$$S_{21}(s) = \frac{P_n(s)}{\varepsilon R_n(s)} \qquad (5.105)$$

在确定多项式 $P_n(j\omega)$ 和 $Q_n(j\omega)$ 后，可以确定 $S_{21}(s)$ 和 $S_{11}(s)$。值得注意的是，这两个函数具有相同的分母多项式。这个多项式首先通过求 $Q_n^2(j\omega) + \varepsilon^2 P_n^2(j\omega)$ 中关于 ω 的根来定义，可用 MATLAB 进行求解。s 的根值通过 $s = j\omega$ 的关系得到。只有位于左半边平面的根才是稳定的。值得注意的是，在选择零点时，如果在零点周围有一个反对称响应，这个传输函数的系数将变得很复杂，这种情况会产生通带左侧或右侧的单个传输零点。

5.4.3 准椭圆函数滤波器原型

文献[20]提出的一个能够产生准椭圆函数滤波特性的通用低通原型（交叉耦合的低通原型）如图 5.46 所示，这个交叉耦合网络结构由频率独立的导纳变换器 $J_{i,j}$、电容 C_i 和电纳 B_i 组成（电纳是一个假设的参量，在实际中不存在）。导纳倒置变换器代表由 C_i 和 B_i 组成的谐振器间的耦合。

由 J 变换器和并联谐振器组成的低通原型如图 5.47（a）所示，由 K 变换器和串联谐振器组成的低通原型如图 5.47（b）所示，J/K 变换器引入不相邻谐振器间的耦合，进而可产生传输零点。当 $L_i = C_i$，$X_i = B_i$ 和 $K_i = -1/J_i$ 时，两个低通原型是等同的。由图 5.47

所示的低通原型转换得到的含有 J/K 变换器的集总参数带通滤波器如图 5.48 所示，图 5.47（a）和（b）分别与图 5.48（a）和（b）对应。每个变换器和谐振器的结合（交叉耦合）都会产生一个传输零点，因此 n 个 J 变换器或 K 变换器可以组成带有 n 个传输零点的 n 阶滤波器。

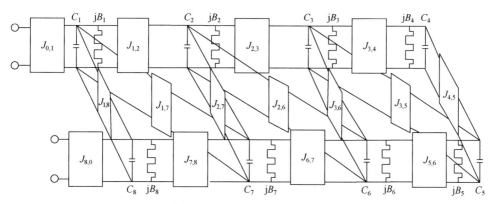

图 5.46　交叉耦合的低通原型[20]

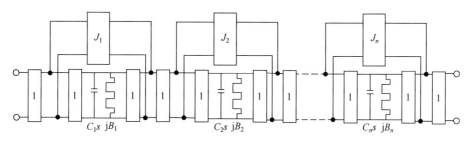

（a）由 J 变换器和并联谐振器组成的低通原型

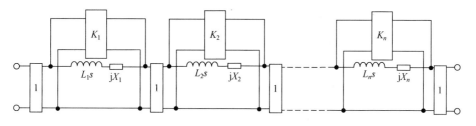

（b）由 K 变换器和串联谐振器组成的低通原型

图 5.47　由 J/K 变换器和并联、串联谐振器组成的低通原型

J 变换器的 π 型等效电路如图 5.49 所示，其中 jJ 代表变换器的导纳。含有 J 变换器的低通原型单元电路如图 5.50 所示，图 5.50（b）是将图 5.50（a）所示电路变为对称结构的电路图，对称面如图中虚线所示，其偶模和奇模电路分别如图 5.51（a）和（b）所示。

低通原型单元电路对称面开路时的偶模输入导纳可表示为

$$Y_{0e} = jJ + \frac{1}{(C/2)s + j(B/2)} \tag{5.106}$$

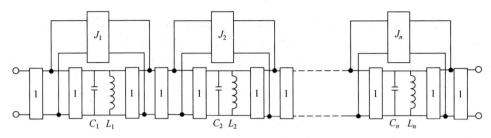

(a) 由 J 变换器和并联谐振器组成的带通滤波器

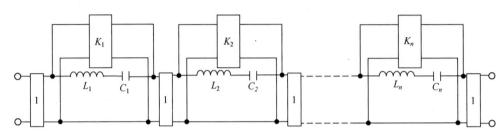

(b) 由 K 变换器和串联谐振器组成的带通滤波器

图 5.48　含有 J/K 变换器的集总参数带通滤波器

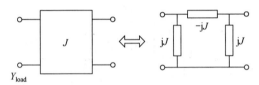

图 5.49　J 变换器的 π 型等效电路

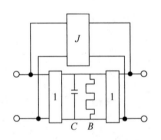

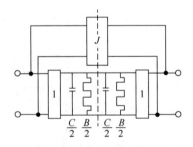

(a) 含有 J 变换器的低通原型单元　　　　(b) 低通原型单元的对称结构图

图 5.50　含有 J 变换器的低通原型单元电路

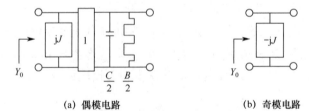

(a) 偶模电路　　　　　　　　　　(b) 奇模电路

图 5.51　低通原型单元电路的偶模和奇模电路

单元电路对称面短路时的奇模输入导纳可表示为

$$Y_{0o} = -jJ$$

（5.107）

这样可以得到低通原型单元电路的传输函数，表示为

$$S_{21}(s) = \frac{Y_e(s) - Y_o(s)}{[1 + Y_e(s)][1 + Y_o(s)]} \tag{5.108}$$

将奇模、偶模导纳代入式（5.108），可以得到：

$$S_{21}(s) = \frac{jJ(Cs + jB) + 1}{(1 - jJ)\{1 + (1 + jJ)[(C/2)s + j(B/2)]\}} \tag{5.109}$$

传输函数 $S_{21}(s)$ 在有限频率 ω_i 处有一个零点，表示为

$$\omega_i = -\frac{1}{C}\left(B - \frac{1}{J}\right) \tag{5.110}$$

如果用 $-B$ 代替 B ，同时用 $-J$ 代替 J ，可以将传输零点转换成 $-\omega_i$ 。通常传输零点频率可表示为

$$\omega_i = \pm\frac{1}{C}\left|B - \frac{1}{J}\right| \tag{5.111}$$

由此可知传输零点有两个可能的位置，即在通带的左侧或者右侧，传输零点的位置由导纳变换器产生的耦合情况决定。下一步可从传输函数 $S_{21}(s)$ 和 $S_{11}(s)$ 中确定电容 C_i 、电纳 B_i 以及导纳变换器 $J_{i,j}$ 。

5.4.4 原型电路的分析

采用 J 变换器 π 型等效电路（见图 5.49），低通原型单元电路可以变为如图 5.52 所示的形式[24-26]，这是第一个等效电路。如果把并联导纳用等效的串联阻抗代替，如图 5.53（a）所示，则低通原型单元电路的第二个等效电路如图 5.53（b）所示，其中 $L = C$ ， $X = B$ ，串联元件 Ls 和 jX 代表阻抗，而 $-jJ$ 代表导纳。低通原型单元电路的修正结果如图 5.54 所示，如果从两个分流元件 jJ 之间看过去的阻抗相同，则图 5.53（b）和图 5.54 所示的电路也等效，前提条件是

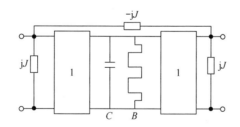

图 5.52　低通原型单元电路的第一个等效电路

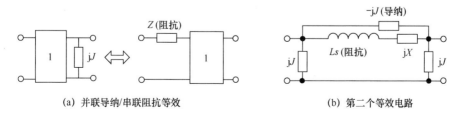

(a) 并联导纳/串联阻抗等效　　　　　　　　(b) 第二个等效电路

图 5.53　低通原型单元电路的第二个等效电路

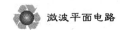

$$J = \frac{1}{X'}, \qquad L = X'^2 C', \qquad X = (X'B' - 1)X' \qquad (5.112)$$

等效电路的阻抗可以表示为

$$Z(s) = \frac{1}{C's + jB'} + jX' \qquad (5.113)$$

在传输零点频率 ω_i 处，这个阻抗会变成无穷大，因此，可得：

$$C's + jB'|_{s=j\omega_i} = 0 \quad \Rightarrow B' = -\omega_i C' \qquad (5.114)$$

由上述关系式，等效电路可以用 J、C' 和 ω_i 表示，如图 5.55 所示，其元件值可以表示为

$$J = \frac{1}{X'}, \quad C = X'^2 C' = \frac{1}{J^2}C', \quad B = (X'B' - 1)\,X' = \frac{-\omega_i C'}{J^2} - \frac{1}{J} \qquad (5.115)$$

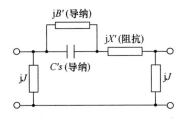

图 5.54　低通原型单元电路的修正结果

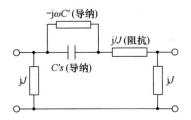

图 5.55　最终等效电路

通常，滤波器综合的第一步是原型电路的提取。由图 5.56（a）所示的低通原型单元电路得到的谐振器电路如图 5.56（b）所示。这个谐振器用于在通带中引入附加的谐振，产生传输极点，不增加新传输零点。

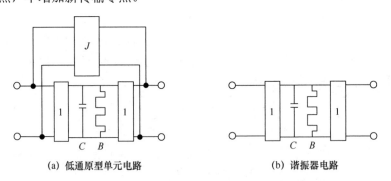

(a) 低通原型单元电路　　　　　　　(b) 谐振器电路

图 5.56　低通原型单元电路的谐振器电路

网络综合法要求能够综合 C-B 谐振器，低通原型单元电路由于谐振器和变换器相结合（交叉耦合），因此可以产生传输零点和极点。增加了负载元件的综合电路如图 5.57 所示，其中，图 5.57（a）所示为简单谐振器，图 5.57（b）所示为基本单元。

简单谐振器的导纳和阻抗可分别表示为

$$Y(s) = \frac{1}{C_i s + jB_i + 1/Y_{\text{load}}} \qquad (5.116a)$$

$$Z(s) = C_i s + jB_i + 1/Y_{\text{load}} \qquad (5.116b)$$

为了提取电容，可以采用如下取极限的方法：

$$C_i = \frac{Z(s)}{s}\Big|_{s\to\infty} \qquad (5.117)$$

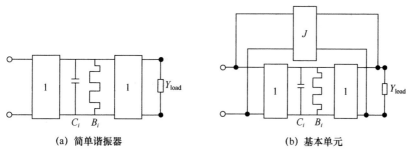

(a) 简单谐振器　　　　　　　　　(b) 基本单元

图 5.57　增加了负载元件的综合电路

从阻抗中减去 $C_i s$ 的值，得到：

$$Z(s) - C_i s = jB_i + \frac{1}{Y_{load}} \qquad (5.118)$$

这样可以看到，电纳 B_i 和负载 Y_{load} 分别是等式右边的虚部和实部。

结合图 5.55 和图 5.57（b），原型基本单元等效电路的导纳是

$$Y(s) = jJ + \frac{1}{\dfrac{1}{C_i'(s - j\omega_i)} + \dfrac{j}{J} + \dfrac{1}{jJ + Y_{load}}} \qquad (5.119)$$

令 $s = j\omega_i$，可以提取 J：

$$jJ = Y(s)\big|_{s=j\omega_i} \qquad (5.120)$$

通过 J 变换器可以得到如下阻抗：

$$Z(s) = \frac{1}{Y(s) - jJ} - \frac{j}{J} = \frac{1}{C_i'(s - j\omega_i)} + \frac{1}{jJ + Y_{load}} \qquad (5.121)$$

对式（5.121）两边同乘以 $(s - j\omega_i)$，得到：

$$(s - j\omega_i)Z(s) = \frac{1}{C_i'} + \frac{s - j\omega_i}{jJ + Y_{load}} \qquad (5.122)$$

令 $s = j\omega_i$，可以提取电容 C_i'：

$$\frac{1}{C_i'} = (s - j\omega_i)Z(s)\big|_{s=j\omega_i} \qquad (5.123)$$

这样可以去除电容的影响，得到一个新的阻抗：

$$Z_1(s) = \frac{1}{Y(s) - jJ} - \frac{j}{J} - \frac{1}{C_i'(s - j\omega_i)} = \frac{1}{jJ + Y_{load}} \qquad (5.124)$$

从式（5.124）的实数部分可以得到负载 Y_{load}，同时，原型基本单元的元件值可以通过等效电路参数来提取：

$$C_i = \frac{C_i'}{J^2} \qquad (5.125a)$$

$$B_i = -\frac{J + C_i'\omega_i}{J^2} \qquad (5.125b)$$

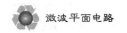

5.4.5 准椭圆函数滤波器的综合方法

1. 准椭圆函数低通滤波器的综合

以带有 1 个传输零点的三阶准椭圆函数滤波器为例[27]来说明综合方法的过程。带有 3 个极点和 1 个传输零点的三阶准椭圆函数滤波器原型电路如图 5.58 所示。其中，2 个简单的谐振器提供 2 个极点，1 个基本单元电路提供 1 个极点和 1 个传输零点。用图 5.55 所示的等效电路替代基本单元，可得到一个如图 5.59 所示的三阶低通原型中间电路，这个中间电路的输入导纳可表示为[27]

$$Y(s) = C_1 s + \mathrm{j}B_1 + \mathrm{j}J_2 + \cfrac{1}{\cfrac{\mathrm{j}}{J_2} + \cfrac{1}{C_2'(s - \mathrm{j}\omega_2) + \cfrac{1}{C_3 s + \mathrm{j}B_3 + \mathrm{j}J_2 + 1/Y_{\mathrm{load}}}}} \tag{5.126}$$

首先提取第一个简单谐振电路的电容和电纳：

$$C_1 = \left. \frac{Y(s)}{s} \right|_{s \to \infty} \tag{5.127a}$$

$$Y_1(s) = Y(s) - C_1 s \tag{5.127b}$$

$$Y_1(s)|_{s \to \infty} = \mathrm{j}B_1 + \mathrm{j}J_2 - \mathrm{j}J_2 = \mathrm{j}B_1 \tag{5.127c}$$

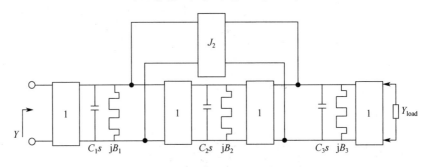

图 5.58　三阶准椭圆滤波器原型电路[27]

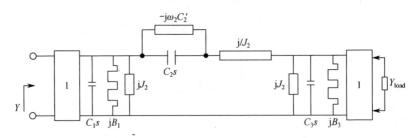

图 5.59　三阶低通原型中间电路[27]

然后提取基本单元电路中的元件值：

$$Y_2(s) = Y_1(s) - \mathrm{j}B_1 \tag{5.128a}$$

$$\mathrm{j}J_2 = Y_2(s)|_{s = \mathrm{j}\omega_2} \tag{5.128b}$$

$$Z_2(s) = \cfrac{1}{Y_2(s) - \mathrm{j}J_2} - \cfrac{\mathrm{j}}{J_2} = \cfrac{1}{C_2'(s - \mathrm{j}\omega_2)} + \cfrac{1}{C_3 s + \mathrm{j}B_3 + \mathrm{j}J_2 + 1/Y_{\mathrm{load}}} \tag{5.128c}$$

$$(s - \mathrm{j}\omega_2)Z_2(s) = \frac{1}{C_2'} + \frac{s - \mathrm{j}\omega_2}{C_3 s + \mathrm{j}B_3 + \mathrm{j}J_2 + 1/Y_{\mathrm{load}}} \qquad (5.128\mathrm{d})$$

$$\frac{1}{C_2'} = (s - \mathrm{j}\omega_2)Z_2(s)\big|_{s = \mathrm{j}\omega_2} \qquad (5.128\mathrm{e})$$

再提取另一个简单谐振器：

$$Z_3(s) = Z_2(s) - \frac{1}{C_2'(s - \mathrm{j}\omega_2)} = \frac{1}{C_3 s + \mathrm{j}B_3 + \mathrm{j}J_2 + 1/Y_{\mathrm{load}}} \qquad (5.129\mathrm{a})$$

$$Y_3(s) = \frac{1}{Z_3(s)} = C_3 s + \mathrm{j}(B_3 + J_2) + 1/Y_{\mathrm{load}}, \qquad C_3 = \frac{Y_3(s)}{s}\Big|_{s \to \infty} \qquad (5.129\mathrm{b})$$

$$Y_4(s) = Y_3(s) - C_3 s - \mathrm{j}J_2 = \mathrm{j}B_3 + \frac{1}{Y_{\mathrm{load}}} \qquad (5.129\mathrm{c})$$

上述综合方法可以用于高阶的情况。

2. 不对称准椭圆函数带通滤波器的综合

1）频率变换

传统的低通到带通转换可以表示为

$$s \to \alpha\left(\frac{s}{\omega_0} + \frac{\omega_0}{s}\right)\Big|_{s = \mathrm{j}\omega}, \qquad \omega_0 = \sqrt{\omega_1 \omega_2}, \qquad \alpha = \frac{\omega_0}{\omega_2 - \omega_1} \qquad (5.130)$$

式中，$1/\alpha = W$ 是相对带宽，ω_0 是滤波器的中心频率。这个变换将并联电容变成并联的 LC 谐振器，将串联电感变成串联的 LC 谐振器，不改变 J/K 变换器。然而，在交叉耦合或线性原型的情况下，由于电纳 B_i 的出现，对变换要做进一步修正：将导纳 B_i 和电容 C_i 并联电路转换为电感 L_{a_i} 和电容 C_{a_i} 并联电路[28]，如图 5.60 所示。将图 5.60 所示原型电路的导纳与转换后电路的导纳匹配，得：

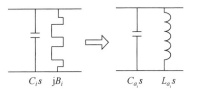

图 5.60 低通到带通的转换

$$\alpha\left(\frac{\omega}{\omega_0} - \frac{\omega_0}{\omega}\right)C_i + B_i = C_{a_i}\omega - \frac{1}{L_{a_i}\omega} \qquad (5.131)$$

令式（5.130）两端对 ω 求导，可以得到：

$$\alpha\left(\frac{1}{\omega_0} + \frac{\omega_0}{\omega^2}\right)C_i = C_{a_i} + \frac{1}{L_{a_i}\omega^2} \qquad (5.132)$$

联立式（5.124）和式（5.125），可得带通元件值为

$$C_{a_i} = \frac{1}{2}\left(\frac{2\alpha C_i + B_i}{\omega_0}\right) \qquad (5.133\mathrm{a})$$

$$L_{a_i} = \frac{2}{\omega_0(2\alpha C_i - B_i)} \qquad (5.133\mathrm{b})$$

2）设计举例

分别以通带左侧和右侧各有一个传输零点为例，说明具有不对称传输零点的准椭圆函数滤波器的综合。

通带右侧具有一个传输零点的三阶准椭圆函数滤波器综合，滤波器的具体指标如下：

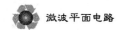

- 中心频率：11.58 GHz。
- 带宽：80 MHz。
- 传输零点频率：11.72 GHz。
- 回波损耗：20 dB。

带有一个传输零点的三阶准椭圆函数滤波器低通原型电路如图 5.61 所示。首先定义低通原型传输零点 ω_z 的位置，表示为

$$\omega_z = \alpha \left(\frac{\omega_{p_z}}{\omega_0} - \frac{\omega_0}{\omega_{p_z}} \right) \tag{5.134}$$

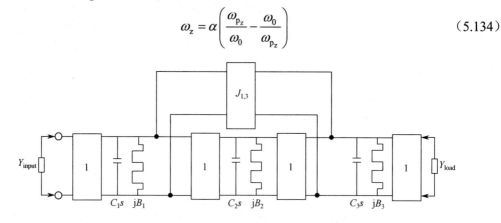

图 5.61　带有一个传输零点的三阶准椭圆函数滤波器低通原型电路

式中，ω_{p_z} 是通带传输零点的位置（根据已知条件为 $2\pi \times 11.72 \times 10^9\ \text{rad}/\text{s}$），据此可以求得 $\omega_z = 3.479\ \text{rad}/\text{s}$。三阶准椭圆函数滤波器的低通传输函数是：

$$S_{21}(s) = \frac{\text{j}0.287\ 4s + 1}{0.393\ 5s^3 + (0.922\ 3 - \text{j}0.057\ 8)s^2 + (1.373\ 9 - \text{j}0.207\ 5)s + (0.934\ 7 - \text{j}0.356\ 6)} \tag{5.135}$$

低通反射函数是：

$$S_{11}(s) = \frac{0.393\ 5s^3 - \text{j}0.057\ 8s^2 + 0.293s - \text{j}0.028\ 9}{0.393\ 5s^3 + (0.922\ 3 - \text{j}0.057\ 8)s^2 + (1.373\ 9 - \text{j}0.207\ 5)s + (0.934\ 7 - \text{j}0.356\ 6)} \tag{5.136}$$

上述传输和反射函数的最大幅度是 1。对 S_{11} 的分子多项式乘以 $-\text{j}$，这样不会改变函数的幅度特性。导纳函数可表示为

$$Y(s) = \frac{0.787\ 1s^3 + (0.923\ 3 - \text{j}0.115\ 6)s^2 + (1.666\ 9 - \text{j}0.207\ 5)s + (0.934\ 7 - \text{j}0.385\ 4)}{0.922\ 3s^2 + (1.080\ 8 - \text{j}0.207\ 5)s + (0.934\ 7 - \text{j}0.327\ 7)} \tag{5.137}$$

参照前述提取方法，可以得到低通原型的元件值：$C_1 = 0.853$，$C_2 = 1.184$，$C_3 = 0.853$；$B_1 = 0.067$，$B_2 = -0.359$，$B_3 = 0.067$；$J_{1,3} = 0.266$。可以看到，在通带右侧产生传输零点，耦合为正。

带有一个传输零点的三阶准椭圆函数带通滤波器原型电路如图 5.62 所示，带通原型的电容和电感值可表示为

$$C_{a_i} = \frac{1}{2} \left(\frac{2\alpha C_i + B_i}{\omega_0} \right), \quad L_{a_i} = \frac{2}{\omega_0(2\alpha C_i - B_i)} \tag{5.138}$$

可求得：$C_{a_1} = 1.698\ \text{nF}$，$C_{a_2} = 2.353\ \text{nF}$，$C_{a_3} = 1.698\ \text{nF}$；$L_{a_1} = 0.111\ \text{pH}$，$L_{a_2} = 0.080\ \text{pH}$，$L_{a_3} = 0.111\ \text{pH}$。

具有右侧传输零点的三阶准椭圆函数带通原型电路的频率响应如图 5.63 所示。

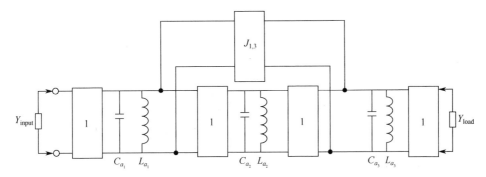

图 5.62　带有一个传输零点的三阶准椭圆函数带通原型电路

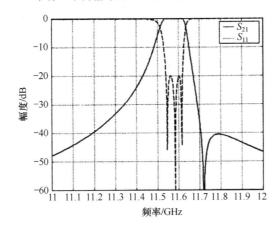

图 5.63　具有右侧传输零点的三阶准椭圆函数带通原型电路的频率响应

通带左侧具有一个传输零点的三阶准椭圆函数滤波器综合，滤波器的具体指标如下：

- 中心频率：11.58 GHz。
- 带宽：80 MHz。
- 传输零点频率：11.51 GHz。
- 回波损耗：20 dB。

低通和带通原型电路结构与前面实例相同，低通原型的传输零点为 $\omega_z = -1.755\ \text{rad/s}$，此时为负数[29-30]。

三阶准椭圆函数滤波器的低通传输函数可表示为

$$S_{21}(s) = \frac{-\text{j}0.569\,7s + 1}{0.366\,2s^3 + (0.860\,6 + \text{j}0.114\,5)s^2 + (1.277\,0 + \text{j}0.402\,9)s + (0.728\,2 + \text{j}0.687\,8)} \tag{5.139}$$

低通反射函数为

$$S_{11}(s) = \frac{0.366\,2s^3 + \text{j}0.114\,5s^2 + 0.265\,7s + \text{j}0.057\,3}{0.366\,2s^3 + (0.860\,6 + \text{j}0.114\,5)s^2 + (1.277\,0 + \text{j}0.402\,9)s + (0.728\,2 + \text{j}0.687\,8)} \tag{5.140}$$

导纳函数可表示为

$$Y(s) = \frac{0.732\,4s^3 + (0.860\,6 + \text{j}0.229\,0)s^3 + (1.542\,7 + \text{j}0.402\,9)s + (0.728\,2 + \text{j}0.745\,0)}{0.860\,6s^2 + (1.011\,3 + \text{j}0.402\,9)s + (0.728\,2 + \text{j}0.630\,5)} \tag{5.141}$$

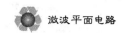

低通原型的元件值：$C_1 = 0.851$，$C_2 = 1.568$，$C_3 = 0.851$；$B_1 = -0.132$，$B_2 = 0.978$，$B_3 = -0.132$；$J_{1,3} = -0.563$。

传输零点在通带右侧，$J_{1,3}$ 为正；传输零点在通带左侧，$J_{1,3}$ 为负。

带通原型的元件值可表示为 $C_{a_1} = 1.692\ \text{nF}$，$C_{a_2} = 3.127\ \text{nF}$，$C_{a_3} = 1.692\ \text{nF}$；$L_{a_1} = 0.112\ \text{pH}$，$L_{a_2} = 0.0607\ \text{pH}$，$L_{a_3} = 0.112\ \text{pH}$。

具有左侧传输零点的三阶准椭圆函数带通原型电路的频率响应如图 5.64 所示。

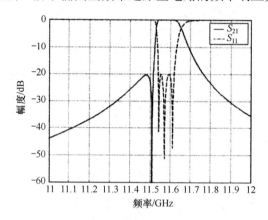

图 5.64　具有左侧传输零点的三阶准椭圆函数带通原型电路的频率响应

随着耦合滤波器的广泛运用，滤波器的耦合矩阵综合[28]理论得到了长足发展。归一化的耦合矩阵能代表各种耦合滤波器的拓扑结构，其中矩阵里的每个元素都可以与实际滤波器的元件一一对应。耦合矩阵综合得到的原始矩阵，在结构上是不太容易实现的，可以用矩阵旋转消元法将原始的耦合矩阵转化为不改变其基本特性的较易实现的耦合矩阵形式。

传统的 N 阶耦合矩阵综合最多可以产生 $N-2$ 个传输零点，现在一般采用 $N+2$ 阶耦合矩阵综合。$N+2$ 阶耦合矩阵综合与 N 阶耦合矩阵的综合类似，只是加入了源和负载，因此矩阵的行和列增加了源—谐振器、负载—谐振器、源—源、负载—负载以及源—负载耦合系数。$N+2$ 阶耦合矩阵的综合过程减少了 Gram-Schmitt 正交化过程，更为简单方便。

5.5　几种滤波器设计技术

自 20 世纪 80 年代以来，随着无线通信技术的飞速发展，射频滤波器设计和制造新技术不断涌现。比如光子晶体技术、缺陷地/缺陷微带结构技术、SIR 技术、分形技术、低温共烧陶瓷（LTCC）技术、高温超导（HTS）技术、微机电系统（MEMS）技术等，极大地推动了射频电路的发展。这里主要介绍缺陷地/缺陷微带结构技术、信号干扰技术和电磁耦合技术等几种常见的平面滤波器设计技术。

5.5.1　DGS 和 DMS 技术

缺陷地结构（defected ground structure，DGS）是在电磁/光子带隙技术应用于微波平面电路设计的基础上发展而来的，在缺陷地结构基础上又进一步发展了缺陷微带结构

（defected microstrip structure，DMS）。缺陷地结构[31]是指在微带的接地面上蚀刻哑铃型等周期性或非周期性缺陷的电路结构；缺陷微带结构是指在微带的导带上蚀刻 T 型缺陷的电路结构。典型的缺陷地结构（DGS）和缺陷微带结构（DMS）分别如图 5.65（a）和（b）所示。

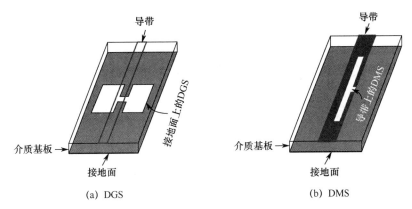

图 5.65　典型的缺陷地结构（DGS）和缺陷微带结构（DMS）

1. DGS 技术

1）DGS 的特性及应用

在微带的接地面上蚀刻的 DGS 改变了传输线的分布电容和分布电感，使此类传输线具有单极点低通特性、慢波特性和高特性阻抗等独特性能。这些特性使得 DGS 被广泛应用于定向耦合器、功分器和滤波器等微波平面电路以及平面天线中[31-35]。

DGS 单极点低通特性最直接的应用是滤波器的设计：一种是直接利用 DGS 的频选特性进行简单的组合来构成滤波器电路[36]；另一种则是通过在常规的滤波器中引入 DGS 来抑制谐波，改善滤波器的性能[37-38]。

DGS 能够产生明显的慢波效应。慢波特性使得 DGS 型微带相比于相同尺寸的常规微带具有更长的电长度，利用该特点来设计平面电路和天线可减小电路尺寸[39-43]，另外还能够提高滤波器、天线的性能，抑制二次、三次谐波[44]。

在功率放大器、定向耦合器、不等分功分器等平面微波电路设计中需要使用具有较高特性阻抗的微带。普通加工工艺下微带的特性阻抗只能达到 120~130 Ω，这使得微带在平面电路应用中受到一些限制。由于 DGS 增加了传输线的分布电感，提高了传输线的特性阻抗，因此可以应用 DGS 实现滤波器、定向耦合器中的高阻抗线和高功分比的功分器[45-48]。

2）DGS 的电路模型

大多数形状的 DGS 与哑铃型 DGS 具有类似的单极点带阻特性，因此可以用哑铃型结构来分析 DGS 的等效电路模型。常见的 DGS 等效电路模型主要有 LC 等效电路[49]和 RLC 等效电路[50]。

哑铃型 DGS 单元及其频率响应如图 5.66 所示。可以看到，单个哑铃型 DGS 的频率响应曲线具有单极点带阻特性，该特性与一阶巴特沃思低通原型电路的频率响应特性一致[49]，因此可以用巴特沃思低通原型电路为基础对 DGS 进行等效电路建模。电感输入式一阶巴特沃思低通原型如图 5.67（a）所示，含有 g_0、g_1 和 g_2 3 个归一化元件，

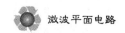

$g_0 = g_2 = 1$，$g_1 = 2$。DGS 的 LC 等效电路模型如图 5.67（b）所示，其中长度为 a、宽度为 b 的缺陷部分可由电感 L 等效，宽度为 g 的缝隙可由电容 C 等效，$Z_0 = 50\,\Omega$。

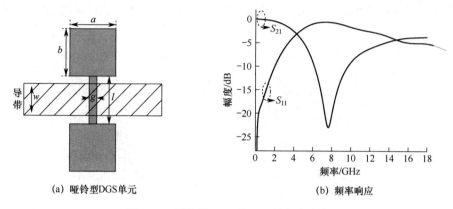

(a) 哑铃型DGS单元   (b) 频率响应

图 5.66　哑铃型 DGS 单元及其频率响应

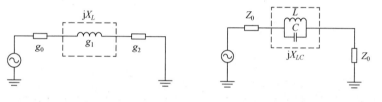

(a) 电感输入式一阶巴特沃思低通原型　　　(b) DGS的LC等效电路模型

图 5.67　用巴特沃思低通原型电路为基础对 DGS 进行等效电路建模

在图 5.66（b）所示的频率响应曲线中，提取出谐振频率 f_0 和截止频率 f_c，并换算成相应的角频率 ω_0 和 ω_c。整个 LC 回路的电抗为

$$X_{LC} = \frac{1}{j}\left(\frac{1}{j\omega C + \frac{1}{j\omega L}}\right) = \frac{1}{\omega_0 C}\left(\frac{\omega_0}{\omega} - \frac{\omega}{\omega_0}\right) \tag{5.142}$$

X_L 可表示为

$$X_L = \omega' Z_0 g_1 \tag{5.143}$$

式中，ω' 为归一化角频率，Z_0 为输入、输出端口的特性阻抗，由图 5.67（a）和（b）两个电路的等效性可得：

$$X_{LC}\big|_{\omega=\omega_c} = X_L\big|_{\omega'=1} \tag{5.144}$$

由式（5.142）和式（5.143）可得等效电容 C 的元件值为

$$C = \frac{\omega_c}{Z_0 g_1}\frac{1}{\omega_0^2 - \omega_c^2} = \frac{f_c}{200\pi(f_0^2 - f_c^2)} \tag{5.145}$$

再由谐振条件，等效电感 L 可表示为

$$L = \frac{1}{\omega_0^2 C} = \frac{1}{4\pi^2 f_0^2 C} \tag{5.146}$$

多数 DGS 单元具有类似于哑铃型 DGS 单元的特性，都可以用图 5.67（b）所示理想

无损耗的 LC 等效电路模型表征。但是实际平面电路存在导体损耗、介质损耗和电磁辐射等因素，因此为了更切合实际，通常在电路中加入一个电阻 R。RLC 形式的 DGS 等效电路模型如图 5.68 所示[50]。

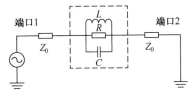

图 5.68 RLC 形式的 DGS 等效电路模型

RLC 各参数同样可以通过频率响应曲线求得：

$$C = \frac{f_c}{200\pi(f_0^2 - f_c^2)} \tag{5.147a}$$

$$L = \frac{1}{4\pi^2 f_0^2 C} \tag{5.147b}$$

$$R(\omega) = \frac{2Z_0}{\sqrt{\frac{1}{|S_{11}(\omega)|^2} - \left[2Z_0\left(\omega C - \frac{1}{\omega L}\right)\right]^2} - 1} \tag{5.147c}$$

除了上述等效电路之外，DGS 还可以用 Π 型等效电路和结合分布参数的 LC 等效电路来表示，但是相对较为复杂。LC 和 RLC 等效电路都局限于只从频率响应提取参数，如果考虑 DGS 对相位带来的影响，可采用更加精确的等效电路，例如，Π 型等效电路[51]。

3）DGS 的应用举例

除了图 5.69（a）所示的哑铃型 DGS，还有其他多种形状的 DGS，分别如图 5.69（b）~（i）所示，其中，螺旋型、H 型、三角型、圆型、U 型 DGS 单元分别如图 5.69（b）、（c）、（d）、（e）和（f）所示；几种组合型 DGS 单元分别如图 5.69（g）、（h）和（i）所示。新型 DGS 单元与传统哑铃型 DGS 相比具有一些优良的特性，包括：（1）阻带更加陡峭，如采用螺旋型 DGS 设计的滤波器比哑铃型 DGS 滤波器拥有更好的带外抑制能力；（2）更高的慢波因子，使电路尺寸更加紧凑；（3）更高的品质因数。

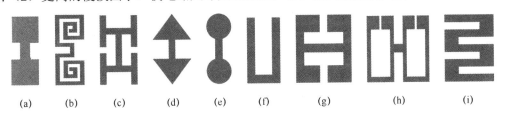

| (a) | (b) | (c) | (d) | (e) | (f) | (g) | (h) | (i) |

图 5.69 不同形状的 DGS 单元

除了上述 DGS 单元，还可以通过横向或者纵向周期性结构构成 DGS 阵列，如图 5.70 所示。特别是图 5.70（a）所示的周期性非一致 DGS，由于不同大小的 DGS 具有不同的截止频率，因此可以大大拓宽滤波器的阻带宽度，提高带外抑制能力[52]。

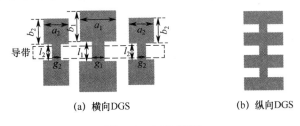

（a）横向 DGS   （b）纵向 DGS

图 5.70 DGS 阵列

　横向 DGS 主要有两种实现方式：（1）级联大小一致、间距相等的 DGS 单元；（2）级联大小按一定函数分布来实现的 DGS 单元，例如，切比雪夫函数分布、$c^{1/n}$ 分布、$e^{1/n}$ 分布等，n 表示 DGS 单元的个数。纵向 DGS 的慢波因子较大，可减小电路的尺寸。在文献[53]的放大器设计中引入了纵向 DGS，使输入和输出匹配电路尺寸分别减小了 38.5%和44.4%。

　由于 DGS 具有单极点带阻特性，因此很容易实现带阻滤波器[54]，比如 U 型 DGS 可以实现单/双阻带的带阻滤波器。还可以用周期性非一致 DGS 实现宽阻带低通滤波器。一种周期性非一致 DGS 低通滤波器[52]如图 5.71 所示，DGS 单元和周期性非一致 DGS 低通滤波器的频率响应如图 5.72 所示。由图 5.72 可见，拓展的截止频率可大大拓宽低通滤波器的阻带宽度。还可以对 DGS 进行分形，进一步增加电长度，改善电路性能。

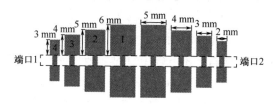

图 5.71　周期性非一致 DGS 低通滤波器

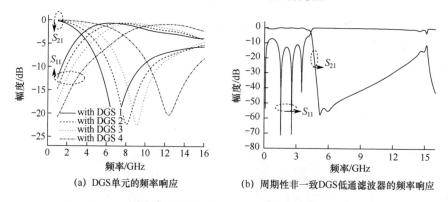

(a) DGS单元的频率响应　　　　　(b) 周期性非一致DGS低通滤波器的频率响应

图 5.72　DGS 单元和周期性非一致 DGS 低通滤波器的频率响应

　一种带有 DGS 的双频带通滤波器[55]如图 5.73 所示，其中，滤波器结构、频率响应、实物图和测试结果分别如图 5.73（a）～（d）所示。滤波器的两条耦合路径分别控制两个频带，DGS 用来抑制谐波，改善滤波器性能。

2. DMS 技术

　DGS 的缺点是接地板上蚀刻的缺陷会产生漏波损耗，有时会对电路中的其他部件造成干扰。缺陷微带结构（defected mircostrip structure，DMS）是在微带的金属导带上蚀刻周期性或非周期性的槽状结构，增加微带的电长度，具有类似于 DGS 的阻带特性和慢波效应，但能够有效减小甚至避免漏波损耗[56]，不会对微波电路中其他部件造成干扰，并且因为 DMS 只在导带上设计电路，因此更易于封装和集成。DMS 不仅可在天线设计中用来减小尺寸，提高增益[57]，还可应用于滤波器的设计[58]和谐波抑制[59]。与缺陷地结构不同，DMS 只在微带的金属导带上构造图案，接地面保持不动。

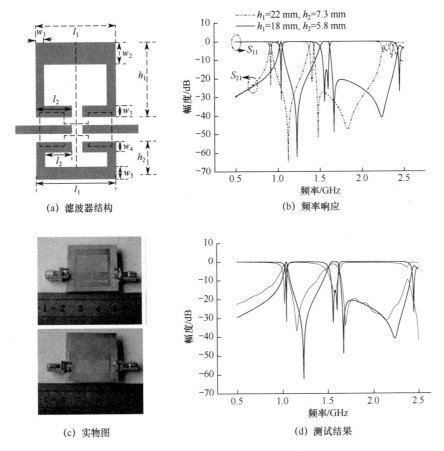

(a) 滤波器结构

(b) 频率响应

(c) 实物图

(d) 测试结果

图 5.73　带有 DGS 的双频带通滤波器

　　常见的 DMS 结构有 T 型、L 型、H 型和 U 型，分别如图 5.74（a）～（d）所示。L 型 DMS 也称为支线（Spur line），主要用在馈线设计上，改善滤波器、天线的性能。为了观察 4 种 DMS 结构频率响应特性的区别，均采用介电常数 10.2、介质厚度 1.27 mm 的 50 Ω 微带，并取相同的电路尺寸进行研究。几种 DMS 结构的频率响应如图 5.75 所示。可以看出，3 dB 带宽最宽和最窄的分别是 T 型和 U 型 DMS，中心频率最高和最低的分别是 T 型和 L 型 DMS。根据设计的不同需求可以选择不同的 DMS 结构，如需设计低通滤波器，则可选择 T 型 DMS；设计窄带带阻滤波器，则可以选择 U 型 DMS；在尺寸大小有要求时，用 L 型或者 U 型 DMS 能够使滤波器实现小型化。

(a) T型　　　　　　(b) L型　　　　　　(c) H型　　　　　　(d) U型

图 5.74　常见的 DMS 结构

　　缺陷微带结构的特点：①尺寸小，一般只是 50 Ω 微带的宽度。②结构简单，通过简单的曲折槽线构成。③具有微带电路的全部优点，易于集成。④应用广泛。DMS 不仅能用于天线设计，还能广泛用于滤波器及其他微波元件设计。DMS 不仅具有几乎所有 DGS

的优点，还具有比 DGS 和其他谐振器更小的尺寸，而且易于调控。⑤具备叠加性和可控性。一个 DMS 缺陷单元在设定的频率范围内产生一个谐振，N 个不同的缺陷单元在特定的频率范围内可产生 N 个谐振，每个谐振频率由缺陷单元的种类和大小决定，是可控的。反过来，对于一种确定的缺陷图案，在某个频率范围内，每一个谐振频点都有一个具体尺寸的缺陷单元与之相对应。多谐振 DMS 类似于可控的多模谐振器，而且能实现明显的小型化。⑥DMS 可以和微带/CPW 谐振器，包括平面贴片谐振器一起设计实现多频带滤波器[14]，也可以独立设计实现多频带滤波器[11,60]。⑦DMS 还可以拓展到 CPW/CBCPW 结构[13]。

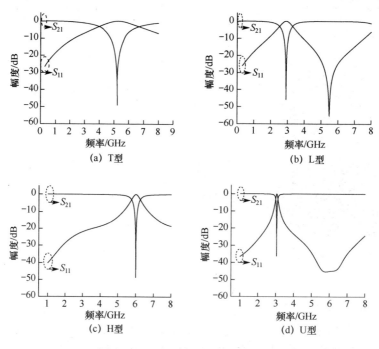

(a) T型　　　　　　　　　　(b) L型

(c) H型　　　　　　　　　　(d) U型

图 5.75　几种 DMS 结构的频率响应

缺陷微带结构的电路特性：水平方向的槽线长度影响有效电感，电感随着其长度增加而增大；垂直方向的槽线宽度影响有效电容，电容随着其宽度的增加而减小。随着缺陷微带结构长度的增加，也就是水平方向的槽线长度增加，容易产生效果良好的多阻带特性，因为随着有效电感的增大，磁场储能增大，电场磁场不断达到新的平衡，从而产生多个谐振。

DMS 是电磁混合耦合结构，电磁耦合是由缺陷分割的几条微带耦合产生的。在电磁混合耦合中，总耦合系数决定电路带宽，而耦合系数是由这些被分割的微带之间耦合的大小决定的，具体来说，带宽是由缺陷槽线宽度或者被分割的微带的宽度决定的。另外，槽线宽度对工作频率几乎没有影响。因此，DMS 具有工作频率和带宽独立可控特性。

DMS 的频率响应和 DGS 相似，因此，DMS 可以用与 DGS 相同的等效电路模型表征。如果考虑缺陷微带结构的损耗和辐射，任何一个缺陷微带结构单元都可以用一个 RLC 并联电路表示。

一种组合型 DMS 双频带阻滤波器如图 5.76（a）所示，其频率响应如图 5.76（b）和（c）所示。从频率响应结果可知，当其他参数固定，只有 l_1 变化时，第一个频带的工作频

率随 l_1 的减小而增大，第二个频带几乎不变，如图 5.76（b）所示；当其他参数固定，只有 l_2 变化时，第二个频带的工作频率随 l_2 的减小而增大，第一个频带几乎不变，如图 5.76（c）所示。因此，这种 DMS 滤波器的工作频率可以单独调控。

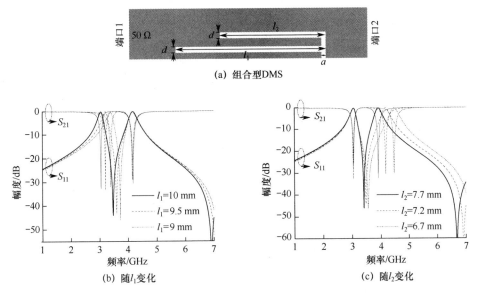

图 5.76　组合型 DMS 双频带阻滤波器及其频率响应

DMS 结构简单，既可以单独设计低通、带阻和带通滤波器，也可以辅助设计。图 5.77（a）和（b）所示分别为 DMS 三频带通滤波器[11]和 DMS 双频带阻滤波器[61]，工作频带均可独立调控。

图 5.77　DMS 多频带滤波器

DMS 技术也可以应用到共面波导上[13]。与 DMS 类似，缺陷共面波导结构同样增加了电路的有效电感和电容，水平方向的槽线长度控制有效电感，垂直方向的槽线宽度控制有效电容。基于 L 型缺陷的缺陷共面波导结构单频带通滤波器及其等效传输线电路分别如图 5.78（a）和（b）所示，其电磁场分布如图 5.78（c）和（d）所示。可以看到，电磁场集中在缺陷缝隙附近，电场主要集中在 L 型缺陷横向缝隙右端附近（包括纵向缺口）；磁场分布与电场分布相对，磁场主要集中在 L 型缺陷横向缝隙左端附近。基于 L 型缺陷的缺陷共面波导结构双频带通滤波器及其频率响应[13]如图 5.79 所示，当然，这种设计可以拓展到三频乃至更多频带。

3. DMS 和 DGS 的对比

DMS 和 DGS 具有相似的频率响应，都具有阻带特性，可以用相同的集总参数电路模型表征，但是两者也存在明显的不同之处。

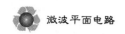

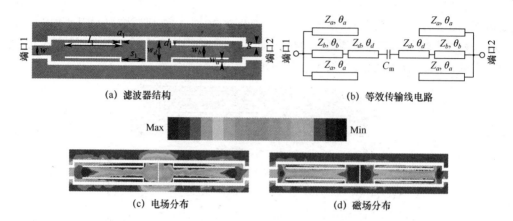

图 5.78　基于 L 型缺陷的缺陷共面波导结构单频带通滤波器及其电磁场分布

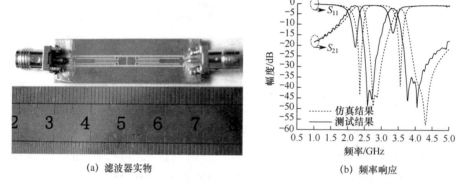

图 5.79　基于 L 型缺陷的缺陷共面波导结构双频带通滤波器及其频率响应[13]

（1）缺陷微带结构（DMS）一般是在 50 Ω 微带的金属导带上蚀刻周期性或非周期性的槽状结构，接地面保持不动，既可以单独设计低通、带通、带阻滤波器，也可以和其他谐振器混合使用，非常适合多频滤波器设计。

缺陷地结构是在接地面上刻蚀图案。通常缺陷地结构是和其他谐振器组合设计的，也就是说除了缺陷地以外，还存在其他谐振器，两者是不能分开的，因此与缺陷微带结构相比，电路尺寸较大。

（2）缺陷微带结构由于没有接地面的漏波损耗，能量泄漏远小于缺陷地结构。一般情况下 DMS 缺陷面积比 DGS 缺陷面积小很多，因此能量泄漏自然也小，对其他电路的电磁干扰也小，因此缺陷微带结构比缺陷地结构具有明显的优势。图 5.80 所示为电磁仿真得到的 DGS 与 DMS 的电流分布和辐射情况对比，可以看到，H 型和哑铃型 DGS 的电磁辐射明显大于 T 型 DMS，也就是说接地面的漏波比导带的能量泄漏大得多。

（3）缺陷地结构在电路设计中往往是辅助其他谐振器工作的，一般用来抑制谐波或拓宽阻带。而缺陷微带结构可以单独设计。

对 DMS 和 DGS 进行比较。几种典型的 DMS 和 DGS 分别如图 5.81（a）、（b）和（c）所示，均采用介电常数为 10.2、厚度为 1.27 mm 的介质板，导带宽度 $w = 1.2$ mm。为明确可比性，令 H 型 DGS 与 T 型 DMS 的尺寸参数 a、b 和 L 值相同，令哑铃型 DGS 的谐振频率和 T 型 DMS 的谐振频率相同，尺寸分别为 $a = b = 0.2$ mm，$c = 0.5$ mm，$d = 1.46$ mm，

$l = 4$ mm。S 参数的仿真曲线如图 5.81（d）所示，图中 f_{c_1} 表示 T 型 DMS 的截止频率，f_{c_2} 表示 H 型 DGS 的截止频率，f_{c_3} 表示哑铃型 DGS 的截止频率，f_{01} 表示 T 型 DMS 的谐振频率，f_{02} 表示 H 型 DGS 的谐振频率，f_{03} 表示哑铃型 DGS 的谐振频率。从仿真的 S 参数中提取谐振频率和截止频率，并根据式（5.145）和式（5.146）求出等效电容和等效电感，同时计算出 3 种结构的缺陷面积，具体参数值见表 5.3。从表中数据可以看到，T 型 DMS 的缺陷面积是 H 型 DGS 的一半，是哑铃型 DGS 的 1/5，且其谐振频率与哑铃型 DGS 相同，但小于 H 型 DGS，因此在设计特定频率滤波器时，采用 T 型 DMS 具有较强的慢波特性，能够使电路尺寸最小化，另外 T 型 DMS 具有最大的等效电感值和最小的等效电容值。

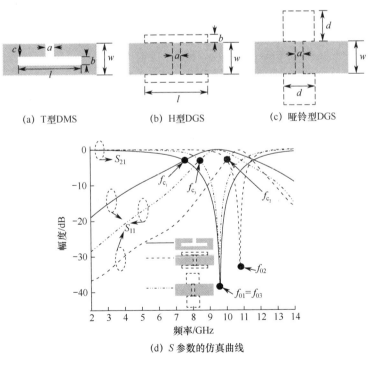

图 5.80　电磁仿真得到的 DGS 与 DMS 的电流分布和辐射情况对比

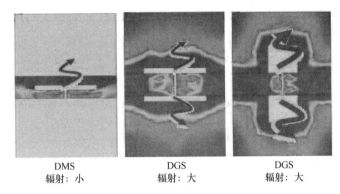

图 5.81　典型 DMS 和 DGS 的对比

表 5.3　3 种类型 DMS 和 DGS 的参数值

	截止频率 f_c/GHz	谐振频率 f_0/GHz	等效电容/pF	等效电感/nH	缺陷面积/mm²
T 型 DMS	7.57	9.59	0.348	0.792	0.9
H 型 DGS	10.05	10.79	1.038	0.210	1.84
哑铃型 DGS	8.46	9.59	0.66	0.418	4.50

通过研究电磁场分布和电磁辐射增益可以明确 DGS、DMS 和缺陷共面波导电路的电磁兼容性。通过对相同物理结构和尺寸下缺陷共面波导结构滤波器和缺陷微带结构滤波器的电磁辐射进行电磁仿真对比，我们发现缺陷微带结构的辐射增益比缺陷共面波导结构的大不少，这证明在相同物理结构和尺寸下，共面波导结构的电磁泄漏情况比缺陷微带结构好很多。因此，可以说，在 DGS、DMS 和缺陷共面波导 3 种电路中，缺陷共面波导电路的电磁泄漏/电磁辐射最小。

5.5.2　信号干扰技术

在无线通信中，信号干扰技术是增强通信系统抗干扰能力的有效方法，已获得广泛应用。电路设计中的信号干扰技术[62-71]是近些年发展起来的一种新型小型化平面射频器件设计技术，可有效提高电路频率选择性和谐波抑制等，提高电路和系统性能，不仅可应用于各种滤波器，包括平衡滤波器[66]和无反射滤波器[67]的设计，在耦合器、移相器、负群延时电路等射频无源器件的设计中都具有广泛的应用[68-71]。

信号干扰技术在电路设计中的基本设计思路是增加信号传输路径，形成两条乃至多条信号通路，经过不同传输路径的信号通过同相叠加和反相抵消分别产生系统传输函数的传输极点和传输零点，进而调控、优化电路性能，还可以实现超宽带和多频带滤波器。信号干扰技术滤波器的简化模型如图 5.82 所示。信号传输关系可表示为[62]

$$y(\theta) = [h_1(\theta_1) + h_2(\theta_2)]x(\theta) \tag{5.148}$$

式中，

$$h_1(\theta_1) = A_1 \mathrm{e}^{-\mathrm{j}\theta_1}, \quad h_2(\theta_2) = A_2 \mathrm{e}^{-\mathrm{j}\theta_2} \tag{5.149}$$

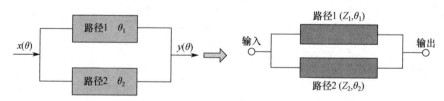

图 5.82　信号干扰技术滤波器的简化模型

设 $A_1 = A_2 = 0.5A$，在两条传输路径的幅度一致的情况下，当相位关系满足式（5.150a）时，信号叠加产生通带响应；当相位关系满足式（5.150b）时，信号抵消产生阻带响应[62]。信号同相叠加和反相抵消得到的幅度响应如图 5.83 所示。对于带通滤波器而言，当两条传输路径结构相同时，在其中一条信号通路上引入 180° 相移结构就可以实现带外传输零点，抑制谐波。两条传输路径的电路形式多种多样。

$$\theta_1 = \theta_2 \pm 2n\pi, \ 0 < \theta_2 < 2\pi, \quad n = 0,1,2\cdots \tag{5.150a}$$

$$\theta_1 = \theta_2 \pm n\pi, \ 0 < \theta_2 < 2\pi, \quad n = 1、3、5\cdots \qquad (5.150b)$$

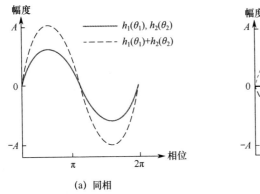 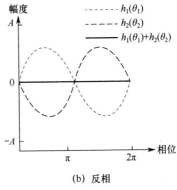

(a) 同相　　　　　　　　　　　(b) 反相

图 5.83　信号同相叠加和反相抵消得到的幅度响应

　　一般来说，为了实现宽带带通滤波器，两条传输路径的信号必须在通带的中心频率（f_0）处具有相等的幅度和相位，并且谐波频率必须具有相等的幅度和 180° 相位差。一种二次谐波抑制的宽带带通滤波器电路框图[62]如图 5.84 所示，用两条传输路径实现幅度和相位的控制，一条路径引入 180° 移相器，在另一条路径上添加 180° 传输线（f_0 处），则在中心频率 f_0 处，路径 1 的总相位为180°+θ+360°，路径 2 的总相位为180°+θ，即信号在 f_0 处保持相等的幅度和相位，这样在 f_0 处形成了通带；在二次谐波 $2f_0$ 处，路径 1 的总相位为180°+2θ+720°，路径 2 的总相位为360°+2θ，即信号在 $2f_0$ 处具有相等的幅度和180°相位差，这样在 $2f_0$ 处就形成了阻带。这种设计思路可有效提高宽带带通滤波器的频率选择性和谐波抑制。

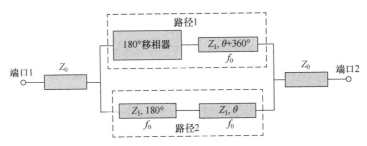

图 5.84　一种二次谐波抑制的宽带带通滤波器电路框图[62]

　　对于利用信号干扰技术设计的带阻滤波器，可在阻带两侧产生传输极点。

　　一些通信系统需要在通带范围内抑制强干扰信号，为了有效实现这一功能，需要在通带中嵌入大衰减频带，并且需要对其进行有效控制，以抑制动态出现在宽带区域内的干扰信号。一种嵌入陷波的宽带带通滤波器[72]如图 5.85 所示，该结构可以看作一个常规宽带带通滤波器嵌入了一个理论上具有无穷吸收的陷波，以达到抑制带内干扰的目的，其分解结构分别如图 5.86（a）和（b）所示。整个电路结构由 3 条横向路径并联组成，其中传输路径 1 在前馈信号组合形式下被两个滤波功能电路复用，可实现小型化。传输路径 3 由阻抗变换器和谐振器级联构成，通过调控路径 3 上谐振器的谐振频率可以控制陷波抑制的中

心频率，从而实现对通带内动态干扰的抑制，理论上通过调控谐振器的谐振频率，可以在通带的任何位置产生插入陷波。

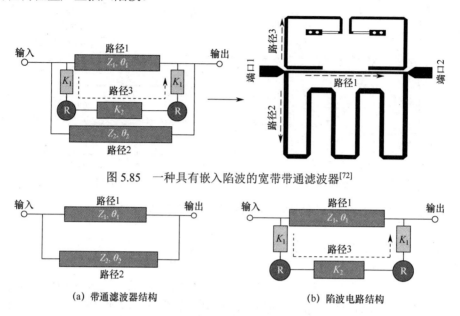

图 5.85　一种具有嵌入陷波的宽带带通滤波器[72]

(a) 带通滤波器结构　　　　　　　　　(b) 陷波电路结构

图 5.86　嵌入陷波的宽带带通滤波器分解结构

　　应用信号干扰技术还可以设计实现负群延时电路，方法是通过类似于功率分配器的两个传输路径产生相位差，再通过类似于功率合成器的电路将信号合成，使得在所需频带内，总信号的相频特性曲线斜率为正，从而获得负群延时特性。

5.5.3　电磁耦合技术

1. 耦合的概念和结构

　　麦克斯韦方程组告诉我们，电磁问题是射频电路的本质问题。谐振器是储存电磁能量的元器件，一般滤波器都是由谐振器耦合构成的，耦合是不同谐振器之间的电磁能量交换，这种能量交换由耦合结构实现，耦合结构既耦合电能也耦合磁能。在能量交换中，电能耦合得多还是磁能耦合得多，取决于耦合结构的具体物理参数和谐振器中电磁场的分布。电磁耦合关系到滤波器的传输零点[12,14,20,73-78]，这是滤波器设计的关键问题之一。

　　电耦合与磁耦合互相交织，共存于射频滤波器等电路中，称为混合耦合。图 5.87 所示为典型的电磁混合耦合结构，其中，图 5.87（a）所示为几种开环谐振器的电磁混合耦合，图 5.87（b）所示为直线式电磁混合耦合[75]，图 5.87（c）所示为 H 型谐振器构成的电磁混合耦合[77]。

　　通常情况下谐振器的耦合都是电磁混合耦合，电磁分路耦合是电耦合路径与磁耦合路径分离的一种耦合结构，也是电磁混合耦合。图 5.88 所示为电磁分路耦合结构谐振器和滤波器，其中，图 5.88（a）所示为电磁分路耦合的二阶 SIR 谐振器，图 5.88（b）所示为其构成的微带带通滤波器。这里，接地通孔引入磁耦合，其所在支路构成磁耦合路径，开环 SIR 谐振器的开裂缝隙构成电耦合，源—负载耦合也是电耦合，可共同构成电耦合路径。在 CBCPW 带通滤波器中，可以用接地短截线引入磁耦合[76]，如图 5.88（c）所示。电磁分路耦合结构滤波器的耦合结构和等效传输线电路分别如图 5.88（d）和（e）所示。共用电/磁耦合的电磁分路耦合结构还可以设计实现多频滤波器[12]。

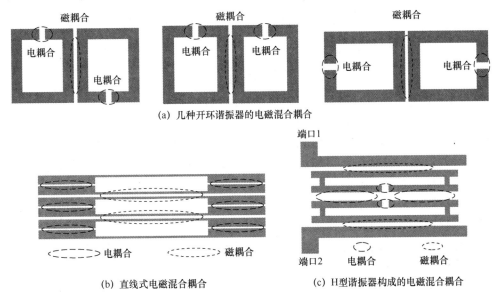

（a）几种开环谐振器的电磁混合耦合

（b）直线式电磁混合耦合

（c）H 型谐振器构成的电磁混合耦合

图 5.87　典型的电磁混合耦合结构

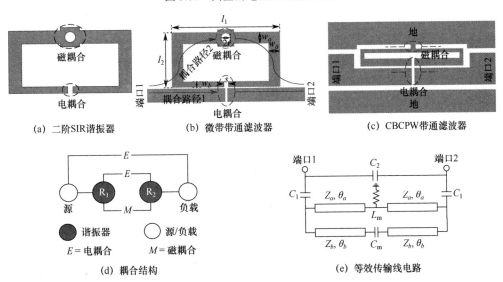

（a）二阶 SIR 谐振器

（b）微带带通滤波器

（c）CBCPW 带通滤波器

（d）耦合结构

（e）等效传输线电路

图 5.88　电磁分路耦合结构谐振器和滤波器

就元件设计本身来说，电磁耦合路径是本质的、内在的东西，物理耦合路径只是外在的形式，物理耦合路径并不是电磁耦合路径。图 5.89（a）所示为 n 个谐振器耦合的物理耦合路径，图 5.89（b）所示为电磁耦合路径，电耦合路径与磁耦合路径是分离的，也就是说从电磁角度来看，耦合路径实际上翻倍了[73]。电耦合路径和磁耦合路径分离可以产生传输零点，一对混合电磁耦合的谐振器对也可以产生一个传输零点，这对滤波器设计是至关重要的。

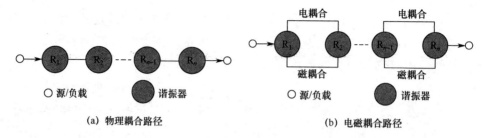

图 5.89　物理耦合路径和电磁耦合路径

所谓的电耦合是电耦合占主导，磁耦合是磁耦合占主导，并非纯粹的电耦合和磁耦合。混合耦合系数是由电耦合系数和磁耦合系数两部分构成的，电、磁耦合系数之比决定了传输零点的位置，如果磁耦合大，传输零点在上阻带一侧；如果电耦合大，则传输零点在下阻带一侧。电、磁耦合强度越接近，则传输零点越靠近中心频率，因此通过计算电磁耦合系数可以把握调整电耦合和磁耦合的强度，对传输零点进行控制。需要注意的是，传输零点对滤波器的带内特性是有影响的。在混合电磁耦合中，总耦合系数还决定着带宽。

对电、磁耦合系数的定义不是唯一的，甚至存在争议，但是就作用和目的来说，电、磁耦合系数主要是对传输零点和带宽进行量化调控，只要在定义下能够客观反映、描述变化趋势和变化规律即可。

用场的方法，电磁耦合系数定义为耦合能量与总的储存能量之比[20]，表示为

$$k = \frac{\iiint \varepsilon \boldsymbol{E}_1 \cdot \boldsymbol{E}_2 \mathrm{d}v}{\sqrt{\iiint \varepsilon |\boldsymbol{E}_1|^2 \mathrm{d}v \times \iiint \varepsilon |\boldsymbol{E}_2|^2 \mathrm{d}v}} + \frac{\iiint \mu \boldsymbol{H}_1 \cdot \boldsymbol{H}_2 \mathrm{d}v}{\sqrt{\iiint \mu |\boldsymbol{H}_1|^2 \mathrm{d}v \times \iiint \mu |\boldsymbol{H}_2|^2 \mathrm{d}v}} \qquad (5.151)$$

式中，$\boldsymbol{E}$ 表示矢量电场，$\boldsymbol{H}$ 表示矢量磁场，等号右侧的第一项代表电耦合，第二项代表磁耦合，体积 v 包括受电场和磁场影响的全部空间。用场的方法求解电磁耦合系数不仅要进行复杂的积分运算，而且要求得耦合空间的电、磁场，在实际应用中很难求得空间的场分布，因此这种方法不实用。用路的方法求解电磁耦合系数要方便很多。

2. 耦合谐振器等效电路

1）同步调谐耦合谐振器电路

如果两个耦合谐振器具有相同的谐振频率，即 $\omega_0 = 1/\sqrt{LC}$，L 和 C 分别表示谐振器的自电感和自电容，则称为同步调谐耦合谐振器。

（1）电耦合。

耦合谐振器之间为电耦合时的集总参数等效电路如图 5.90 所示[20]。图中，L、C、C_m 分别表示谐振器的自电感、自电容和耦合电容。用一个 J 变换器（$J = \omega C_m$）替换谐振器之间的电耦合，同时，在对称面 $\mathrm{T} - \mathrm{T}'$ 处分别引入电壁（短路）和磁壁（开路），可求得奇模谐振频率 f_{od} 和偶模谐振频率 f_{ev}，进而可以得到电耦合系数 k_e，表示为

$$k_e = \frac{f_{ev}^2 - f_{od}^2}{f_{ev}^2 + f_{od}^2} \qquad (5.152)$$

（2）磁耦合。

谐振器之间为磁耦合时的集总参数等效电路如图 5.91 所示[20]。图中，L、C、L_m 分别表示谐振器的自电感、自电容和耦合电感。用一个 K 变换器（$K = \omega L_m$）替换谐振器之间的

磁耦合，同时，在对称面 T–T'处分别引入电壁和磁壁，可以得到磁耦合系数 k_m，表示为

$$k_m = \frac{f_{od}^2 - f_{ev}^2}{f_{od}^2 + f_{ev}^2} \tag{5.153}$$

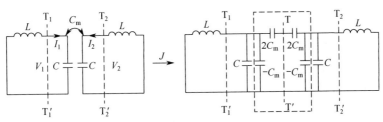

图 5.90　电耦合集总参数等效电路

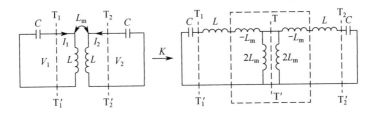

图 5.91　磁耦合集总参数等效电路

（3）电磁混合耦合。

电磁混合耦合集总参数等效电路如图 5.92 所示，将电耦合与磁耦合分别用 J、K 变换器替换，并在对称面 T-T' 处分别引入电壁和磁壁，则可得奇模、偶模谐振频率，进而得到电磁混合耦合的耦合系数，表示为[20]

$$k = \frac{f_{od}^2 - f_{ev}^2}{f_{od}^2 + f_{ev}^2} \tag{5.154}$$

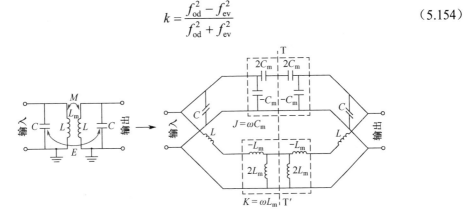

图 5.92　电磁混合耦合集总参数等效电路

电磁混合耦合的耦合系数可表示为[74, 78]

$$k = k_m - k_e, \quad \frac{k_m}{k_e} = \frac{\omega_0^2}{\omega_m^2} \tag{5.155}$$

电耦合系数和磁耦合系数可分别表示为

$$k_e = \frac{\omega_m^2(\omega_{od}^2 - \omega_{ev}^2)}{2\omega_{od}^2\omega_{ev}^2 - \omega_m^2(\omega_{od}^2 + \omega_{ev}^2)}, \quad k_m = \frac{\omega_{od}^2 - \omega_{ev}^2}{\omega_{od}^2 + \omega_{ev}^2 - 2\omega_m^2} \tag{5.156}$$

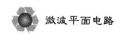

式中，$\omega_{\mathrm{m}} = \dfrac{1}{\sqrt{L_{\mathrm{m}}C_{\mathrm{m}}}}$。无论是以哪种方法求得的耦合系数 k，均近似满足

$$k = M_{ij} \times \mathrm{FBW} \tag{5.157}$$

式中，M_{ij} 是通过耦合矩阵得到的归一化耦合系数，FBW（Fractional Bandwidth）是滤波器的相对带宽。

另外，如果电磁混合耦合产生一个传输零点，此传输零点与电、磁耦合系数还存在如下近似关系[78]：

$$f_{\mathrm{TZ1}} = f_0 \times \sqrt{\dfrac{k_{\mathrm{e}}}{k_{\mathrm{m}}}} \tag{5.158}$$

式中，f_0 是滤波器中心频率。如果 $k_{\mathrm{m}} > k_{\mathrm{e}}$，则传输零点位于下阻带一侧；如果 $k_{\mathrm{m}} < k_{\mathrm{e}}$，则传输零点位于上阻带一侧。$k_{\mathrm{e}}$ 和 k_{m} 均取绝对值。

如果电磁混合耦合在通带两侧各产生一个传输零点，则一个传输零点可近似由式（5.158）表示，另一个传输零点可近似表示为

$$f_{\mathrm{TZ2}} = f_0 \times \sqrt{\dfrac{k_{\mathrm{m}}}{k_{\mathrm{e}}}} \tag{5.159}$$

2）异步调谐耦合谐振器电路

如果两个耦合谐振器具有不同的谐振频率，即 $\omega_{01} = 1/\sqrt{L_1 C_1}$，$\omega_{02} = 1/\sqrt{L_2 C_2}$，$L_i$ 和 C_i（i=1、2）分别表示对应谐振器的自电感和自电容，则称为异步调谐耦合谐振器。电耦合、磁耦合的异步调谐耦合谐振器电路分别如图 5.93（a）和（b）所示，C_{m} 和 L_{m} 分别表示耦合电容与耦合电感。

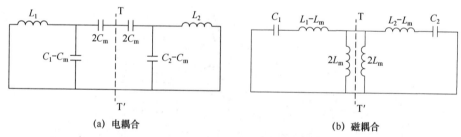

(a) 电耦合   (b) 磁耦合

图 5.93　异步调谐耦合谐振器电路

对于电耦合异步调谐耦合谐振器电路，电耦合系数表示为[20]

$$k_{\mathrm{e}} = \pm \frac{1}{2} \left(\frac{\omega_{02}}{\omega_{01}} + \frac{\omega_{01}}{\omega_{02}} \right) \sqrt{ \left(\frac{\omega_2^2 - \omega_1^2}{\omega_2^2 + \omega_1^2} \right)^2 - \left(\frac{\omega_{02}^2 - \omega_{01}^2}{\omega_{02}^2 + \omega_{01}^2} \right)^2 } \tag{5.160}$$

式中，

$$\omega_{1,2} = \sqrt{ \frac{(L_1 C_1 + L_2 C_2) \pm \sqrt{(L_1 C_1 - L_2 C_2)^2 + 4 L_1 C_2 C_{\mathrm{m}}^2}}{2(L_1 L_2 C_1 C_2 - L_1 L_2 C_{\mathrm{m}}^2)} } \tag{5.161}$$

式中，$\omega_{1,2}$ 可分别表示 ω_1 和 ω_2。ω_1 对应等号右边 "±" 中的 "+"，ω_2 对应等号右边 "±" 中的 "–"。

对于磁耦合异步调谐耦合谐振器电路，磁耦合系数表示为[20]

$$k_{\mathrm{m}} = \pm\frac{1}{2}\left(\frac{\omega_{02}}{\omega_{01}} + \frac{\omega_{01}}{\omega_{02}}\right)\sqrt{\left(\frac{\omega_2^2 - \omega_1^2}{\omega_2^2 + \omega_1^2}\right)^2 - \left(\frac{\omega_{02}^2 - \omega_{01}^2}{\omega_{02}^2 + \omega_{01}^2}\right)^2} \qquad (5.162)$$

式中，

$$\omega_{1,2} = \sqrt{\frac{(L_1 C_1 + L_2 C_2) \pm \sqrt{(L_1 C_1 - L_2 C_2)^2 + 4 C_1 C_2 L_{\mathrm{m}}^2}}{2(L_1 L_2 C_1 C_2 - C_1 C_2 L_{\mathrm{m}}^2)}} \qquad (5.163)$$

式中，$\omega_{1,2}$ 可分别表示 ω_1 和 ω_2。ω_1 对应等号右边 "±" 中的 "+"，ω_2 对应等号右边 "±" 中的 "-"。

电磁混合耦合的异步调谐耦合谐振器电路如图 5.94 所示，混合耦合系数表示为[20]

$$k = \pm\frac{1}{2}\left(\frac{\omega_{02}}{\omega_{01}} + \frac{\omega_{01}}{\omega_{02}}\right)\sqrt{\left(\frac{\omega_2^2 - \omega_1^2}{\omega_2^2 + \omega_1^2}\right)^2 - \left(\frac{\omega_{02}^2 - \omega_{01}^2}{\omega_{02}^2 + \omega_{01}^2}\right)^2} \qquad (5.164)$$

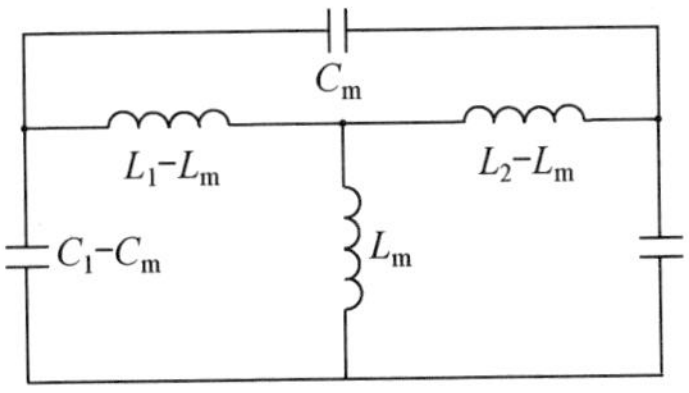

图 5.94 电磁混合耦合的异步调谐耦合谐振器电路

式中，

$$\omega_1 = \sqrt{\frac{K_b - K_c}{K_a}} , \quad \omega_2 = \sqrt{\frac{K_b + K_c}{K_a}} \qquad (5.165\mathrm{a})$$

$$K_a = 2(L_1 C_1 L_2 C_2 - L_{\mathrm{m}}^2 C_1 C_2 - L_1 L_2 C_{\mathrm{m}}^2 + L_{\mathrm{m}}^2 C_{\mathrm{m}}^2) \qquad (5.165\mathrm{b})$$

$$K_b = L_1 C_1 + L_2 C_2 - 2 L_{\mathrm{m}} C_{\mathrm{m}} \qquad (5.165\mathrm{c})$$

$$K_c = \sqrt{K_b^2 - 2 K_a} \qquad (5.165\mathrm{d})$$

异步调谐耦合谐振器的电耦合、磁耦合和电磁混合耦合的耦合系数表达式均相同。

3. 感性、容性交叉耦合与传输零点

从耦合结构对耦合谐振器内电磁场的影响来看，磁耦合主要是通过在谐振器之间形成耦合磁场进行能量传递的，因此等效于谐振器之间存在一个串联电感；同理，电耦合主要是通过在谐振器之间形成耦合电场进行能量传递的，可等效为谐振器之间存在一个串联电容。两端口间的串联电感代表感性耦合，对传输信号相移约为-90°，如图 5.95（a）所示；两端口间的串联电容表示容性耦合，对传输信号相移约为+90°，谐振器可以用并联的电感和电容表示，在谐振频率 f_0 处相移为零，在谐振频率低端呈现约+90°的相移，在谐振频率高端呈现约-90°的相移[79]，如图 5.95（b）所示。可知在谐振频率点上会发生相位的跳变，但是实际上，这种跳变发生在谐振频率点附近的一个较宽范围内的相位过渡带上。

实际上，相邻谐振器间的耦合既包括容性耦合（电耦合）也包括感性耦合（磁耦合），两者之间存在相位差，因此部分能量相互抵消。正是由于这两种不同的耦合特性对信号的相移不同，才使得经过不同耦合路径的信号汇聚到一处时会产生不同的响应，从而在特定的频率产生传输零点。

产生传输零点的传统方法是多径耦合、交叉耦合，通常采用的耦合结构是 CT（级联

三联体）耦合与 CQ（级联四联体）耦合[79]。CT 耦合结构是以 3 个谐振器为 1 个单元，级联构成的拓扑结构，如图 5.96 所示，每 1 个单元可实现 1 个传输零点，故此类耦合结构的 N 个谐振器可以实现 N/3 个传输零点。CQ 耦合结构是以 4 个谐振器为 1 个单元，级联构成的拓扑结构，如图 5.97 所示，每 1 个单元最多可实现 2 个传输零点。

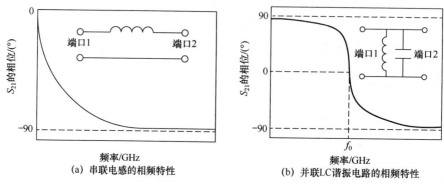

(a) 串联电感的相频特性   (b) 并联LC谐振电路的相频特性

图 5.95　串联电感和并联 LC 谐振电路的相频特性

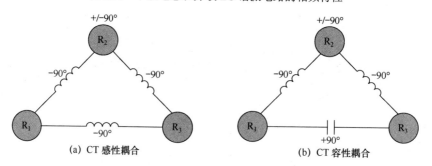

(a) CT 感性耦合   (b) CT 容性耦合

图 5.96　CT 感性/容性耦合结构[79]

CT 感性和容性耦合结构分别如图 5.96（a）和（b）所示。输入信号从谐振器 R₁ 到 R₃ 有两条路径：R₁→R₂→R₃ 和 R₁→R₃。输入信号被分为两路后在输出端得到各自的相移，若两路信号同相，则不产生传输零点，若为反相则产生传输零点。对于 CT 感性耦合，当信号频率小于 R₂ 的谐振频率时，两条路径信号的相位完全相同，当信号频率高于 R₂ 的谐振频率时，两条路径信号的相位相反。因此，CT 感性耦合会在通带频率高端产生 1 个传输零点。同理，CT 容性耦合会在通带频率低端产生一个传输零点，具体见表 5.4。

表 5.4　CT 感性、容性耦合相位变化

CT 感性耦合		
	小于谐振频率时	大于谐振频率时
路径 R₁→R₂→R₃	−90°+90°−90°＝−90°	−90°−90°−90°＝−270°
路径 R₁→R₃	−90°	−90°
相位变化	相同	相反
CT 容性耦合		
	小于谐振频率时	大于谐振频率时
路径 R₁→R₂→R₃	−90°+90°−90°＝−90°	−90°−90°−90°＝−270°
路径 R₁→R₃	+90°	+90°
相位变化	相反	相同

CQ 感性和容性耦合结构分别如图 5.97（a）和（b）所示。输入信号从谐振器 R_1 到 R_4 有两条路径：$R_1{\rightarrow}R_2{\rightarrow}R_3{\rightarrow}R_4$ 和 $R_1{\rightarrow}R_4$。CQ 感性耦合结构在两个传输路径上产生的相移相同，因此不产生传输零点；CQ 容性耦合结构在两个传输路径产生的相移相反，因此可在通带两侧各产生一个传输零点，具体见表 5.5。

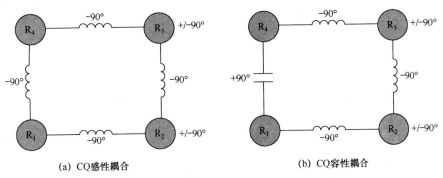

（a）CQ感性耦合   （b）CQ容性耦合

图 5.97　CQ 感性/容性耦合结构[79]

表 5.5　CQ 感性、容性耦合相位变化

CQ 感性耦合		
	小于谐振频率时	大于谐振频率时
路径 $R_1{\rightarrow}R_2{\rightarrow}R_3{\rightarrow}R_4$	$-90°+90°-90°+90°-90°=-90°$	$-90°-90°-90°-90°-90°=-90°$
路径 $R_1{\rightarrow}R_4$	$-90°$	$-90°$
相位变化	相同	相同
CQ 容性耦合		
	小于谐振频率时	大于谐振频率时
路径 $R_1{\rightarrow}R_2{\rightarrow}R_3{\rightarrow}R_4$	$-90°+90°-90°+90°-90°=-90°$	$-90°-90°-90°-90°-90°=-90°$
路径 $R_1{\rightarrow}R_4$	$+90°$	$+90°$
相位变化	相反	相反

5.5.4　电调/可重构技术

在平面射频滤波器设计和研究中，为了实现多用途，需要关注滤波器的工作频率、带宽乃至传输零点如何通过分布参数电路进行调控。传统的平面滤波器具有不可重构性，当需要电路的工作频率/带宽改变时，就要重新加工制作。

可重构滤波器是一类通过电调有源切换元件或调谐元件，实现对滤波器工作频率、工作带宽以及通带、阻带形状可调控的新型滤波器[80]。也就是说，可重构滤波器只需要用集成在电路里的电调元件等方式就可以调节滤波器的工作频率、带宽等参数，实现滤波器性能的可调可控和一器多用。因此，与传统滤波器相比，可重构滤波器大大减少了设计周期和制作成本，同时，滤波器的可重构化具有优化电路设计和相对展宽无线频谱的特性。电调/可重构滤波器具有快速调谐能力，能实现较大的调控范围，可广泛应用于本地多点分布式服务系统、个人通信系统、蜂窝通信系统、卫星通信系统、宽带雷达和军用电子系统

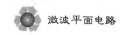

等领域。

可重构滤波器的电调方式有：变容二极管、PIN 二极管、射频微机电系统（MEMS）、压电传感器（PET）、BST 铁电体变容器等。

变容二极管电调[81-83]是通过反向偏压改变电容值来达到滤波器调谐的目的。变容二极管就是一个 PN 结，当反向电压变化时，它的电容值也随之变化，通过改变谐振器的等效电容从而改变其谐振频率。变容二极管是目前设计电调滤波器时常用的调谐元件。常见的变容二极管可重构滤波器有：加载变容二极管的四分之一波长谐振器，单端加载变容二极管的半波长谐振器，以及双端加载变容二极管的谐振器等。

PIN 二极管实现电调[84-85]可重构滤波器的基本原理是利用 PIN 管的通断来控制谐振器的长短，在通断两个状态实现谐振器的两个谐振状态，再利用各个状态谐振器的重组，来实现各个频率处的滤波器特性。相当于利用 PIN 开关实现滤波器结构重组来实现滤波器电调可重构。这也是常用的滤波器可重构方式。

BST 铁电体变容器电调是基于 BST 铁电体功能材料特性进行调谐的[86]。BST 铁电体材料在电场强度改变时，介质的相对介电常数及其损耗角正切都会发生变化，这就实现了滤波器的可调性。但是这种调谐因为主要是介质的介电常数发生了变化，所以通常只能改变滤波器的工作频率，可调控的参数受限。

其他功能材料还有基于压电体的逆压电效应和铁氧体的铁磁共振机理实现的磁电复合材料，虽然能够在一定范围调谐频率，但通常会致使滤波器的带内特性变差。

射频微机电系统电调是把微加工技术和微电子技术结合，运用数字调谐方法实现滤波器的可调控[87-88]，可以实现较大的调谐范围，但是这类滤波器从设计到制作比较复杂，需要一定的制作工艺，因此造价高。

压电传感器电调[89]需要在滤波器上附着电介质微扰器，当微扰器运动时，滤波器的有效介电常数便会降低或增加，从而使得滤波器的通带向较高频率或较低频率处移动。这种电调通常也只能改变工作频率。

变容二极管可调谐陷波的超宽带（ultra weband，UWB）滤波器[90]如图 5.98 所示。为了在 UWB 滤波器的通带上实现一个可切换/可重构的陷波，引入图 5.98（b）所示的电调结构。当 PIN 二极管处于零偏置状态时，其非常小的结电容呈现出一个很大的阻抗，因此这个电路的作用便是一个可以产生谐振的开路截线，从而可产生一个窄的陷波频段。如果只需要超宽带特性，就要关闭陷波，这时 PIN 二极管施加正向偏置，在正向偏置下，PIN 二极管相当于一个很小的电阻，因此，传输线导通，不产生陷波谐振。

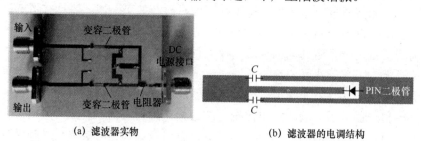

(a) 滤波器实物　　　　　　　　　　(b) 滤波器的电调结构

图 5.98　变容二极管可调谐陷波的超宽带滤波器[90]

一种可重构双模滤波器[80]的结构如图 5.99（a）所示，这种滤波器是在 E 型双模谐振器（奇模和偶模构成的双模谐振器）基础上引入电调元件，用电调方式控制双模谐振器的奇模和偶模，从而产生多功能、多用途的双模滤波器。可以用 2 个直流偏置分别控制奇模和偶模构成的通带。双模滤波器拓扑结构如图 5.99（b）所示，图中 1 和 2 分别代表奇模、偶模，一般情况下奇模和偶模的谐振频率是不同的。

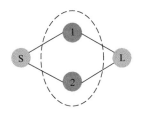

(a) 可重构双模滤波器的结构　　　　(b) 双模滤波器拓扑结构

图 5.99　2 个直流偏置的可重构双模滤波器[80]

5.6　有耗滤波器

5.6.1　有耗滤波器的概念和发展

有耗滤波器是在滤波器设计中引入电阻/耦合电阻，通过增大插入损耗来提高通带平坦度和频率选择性的滤波器设计技术。有耗滤波器的优势在于不仅可以提高通带平坦度和群延时平坦度，改善滤波器的频率选择性，还可以用作吸收滤波器来衰减反射波。在设计通信接收机的时候通常需要通过对阻带的反射波进行衰减来保护其他电路，以降低电磁干扰。以前这种保护通常是引入衰减器对入射波和反射波进行衰减，引入合适的有耗滤波器以后，不仅传输信号得到衰减，促使平坦度提高，反射信号也会被衰减，因此可取代衰减器而不用增加额外电路。在卫星通信系统中，特别是在卫星通信接收机中，在系统的噪声系数已经确定，只需要考虑平坦度的情况下，有耗滤波器可以发挥特殊作用。

传统的有耗滤波器是基于 R. M. Livingston 在 1969 年提出的预失真技术[91]设计的，在滤波器设计之初就考虑到了损耗问题[91]。2003 年，文献[92]提出自适应预失真技术并将其用于有耗滤波器设计。预失真技术的核心思想是将无耗滤波器的极点预先向右平移一段，以补偿谐振器损耗引起的极点左移。预失真技术不改变传统滤波器的拓扑结构，滤波器的每一个谐振器的 Q 值是均匀（一致）的，主要缺点在于它是基于端口能量的反射设计的，滤波器的频率选择性是由通带的反射功率决定的，这导致了通带内回波损耗变差，能量泄漏增大，电磁兼容性变差，因此在实际应用中，使用预失真滤波器通常需要使用隔离器，这就增大了电路的复杂性和体积、重量。

文献[93]在传统预失真滤波器基础上，采用混合耦合器和两个预失真反射模滤波器实现有耗滤波器，避免了环行器和隔离器的使用，但引入的耦合器对工作带宽有很大限制。文献[94]在预失真滤波器基础上提出通过奇/偶模反射系数综合双端口有耗滤波器的方法，为谐振器损耗重新分配提出了电阻耦合和不均匀 Q_u 值（空载品质因数）谐振器，用多路损耗分布实现高性能有耗滤波器。2007 年，文献[95]将对称网络分解为奇/偶模子网络，并分别用预失真谐振器耦合结构实现，省去了耦合器，但必须使用衰减网络和较多的非谐振节点。2008 年，文献[96]在无耗滤波器综合方法基础上提出有耗滤波器的 N 阶复元素耦合矩阵综合方法，随后又推广到 $N+2$ 阶矩阵的通用形式[97]，该类有耗滤波器的传输和反射有理多项式通过理想无耗多项式乘以衰减系数得到，获得横向滤波器矩阵后通过双曲旋转、缩放等变换进行消元和损耗重分配，该方法与预失真技术最大的不同在于利用欧姆损耗使通带内平坦，因而不再需要隔离器。文献[98]采用多目标优化技术对有耗滤波器综合理论进行了研究。

目前有耗滤波器的设计方法主要是通过引入耦合电阻或者在谐振器上加入接地电阻，造成耦合路径中出现不均匀 Q 值，并采用交叉耦合等方法来提高通带平坦度[94,99-102]。图 5.100（a）所示为谐振器加入电阻耦合的有耗滤波器耦合拓扑结构（耦合拓扑结构 1）[94]，图 5.100（b）所示为不均匀 Q 值的交叉耦合有耗滤波器耦合拓扑结构（耦合拓扑结构 2）[94]。图 5.100（c）为有耗滤波器实物，与图 5.100（b）对应。图 5.101 所示为应用于卫星转发器的不均匀 Q 值 6 阶有耗滤波器[100]，插入损耗为 3.3dB。加入电阻的耦合路径 Q 值会降低。这种高低不均匀的 Q 值会造成滤波器插入损耗的增大（插损是可控的），目的是以牺牲插入损耗为代价，换取通带平坦度、频率选择性乃至回波损耗的提高。在系统中，这种增大的滤波器插入损耗可以通过与滤波器相连的低噪声放大器得到补偿（增加低噪放的增益，不难实现）。因此有耗滤波器具有实际意义，特别是在卫星通信中具有重要应用价值。因为窄带滤波器的通带平坦度有较大改善空间，因此有耗滤波器都是窄带滤波器。和预失真滤波器相比，不均匀 Q 值有耗滤波器基于的是滤波器内部对能量的吸收（反射功率大部分会被吸收来增大频率选择性），这也有利于电路的电磁兼容。

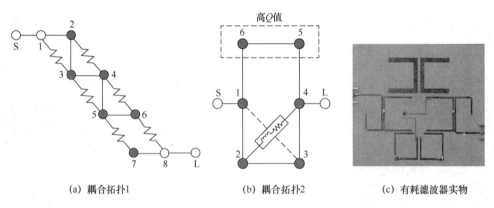

(a) 耦合拓扑1　　　　(b) 耦合拓扑2　　　　(c) 有耗滤波器实物

图 5.100　引入电阻耦合的不均匀 Q 值有耗滤波器[94]

通过文献资料分析不难发现，目前所研究的有耗滤波器的主要缺点是：（1）交叉耦合结构所需要的谐振器数量多，导致滤波器尺寸大；（2）为保证通带平坦度，所采用的低 Q 值谐振器和电阻数量多，导致插入损耗大，有的甚至达到了−7dB，由此所导致的增益补偿也将相应增大；（3）不均匀 Q 值谐振器数目减小则会导致无传输零点，这将影响滤波器的频率选择性和双工器/多工器的隔离度。

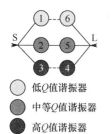

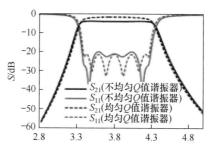

低 Q 值谐振器
中等 Q 值谐振器
高 Q 值谐振器

图 5.101　应用于卫星转发器的不均匀 Q 值 6 阶有耗滤波器[100]

5.6.2　有耗滤波器综合

对传统的无耗滤波器网络综合来说，首先推导各滤波函数有理多项式，再利用滤波器的传输多项式、反射多项式和微波网络参数综合出 $N+2$ 阶耦合矩阵，最后用矩阵变换法得到可以实现的耦合结构，完成实际滤波器的设计。对有耗网络来说，类似于无耗网络那样综合一个耦合矩阵的过程不再成立，原因如下：有耗网络不满足 S 参数的功率转换；引入损耗以后，传输函数的零点和极点会迁移到复数平面的左侧，有耗传输函数不满足无耗情况下的幺正性条件，只能采用解析的方法或者是从奇、偶模导纳出发，求得有耗情况下的传输函数和反射函数；Y 参数的推导过程也不能照搬，因为传输函数和反射函数有复杂的根，导纳参数的留数和极点也很复杂，复杂的极点可以由有耗谐振器来实现，而复杂的留数很难在滤波器设计当中实现。

有耗滤波器的综合基于如下条件：

$$S_{11} = \frac{F_{11}(s)}{E(s)}, \quad S_{21} = \frac{P(s)}{E(s)}, \quad S'_{21} = k_{21}S_{21}, \quad P'(s) = k_{21}P(s) \tag{5.166}$$

式中，S_{21} 是通常的切比雪夫响应，S'_{21} 是有耗响应，k_{21} 决定插入损耗的大小。通过 S 参数到导纳参数的转换，以及参考无耗响应中多项式满足的条件 $F_{11}(s)F_{11}^*(s) + P(s)P^*(s) = E(s)E^*(s)$，可以得到：

$$E_x = (-1)^N E^*(s) \tag{5.167}$$

式中，E_x 是多项式 E 的复杂共轭函数，E 是无耗滤波器的传输函数 S_{21} 的分子多项式。当网络有损耗时，多项式 E_x 不是 E 的共轭，因为不满足功率转换条件。

有耗滤波器综合的步骤如下：

（1）确定滤波器设计指标。

（2）求出有耗滤波器多项式。

（3）采用解析的方法，求得有耗情况下的传输函数和反射函数。

（4）根据得到的有耗传输函数和反射函数，采用与无耗情况下获得耦合矩阵类似的方法，得到对应的 $N+2$ 阶有耗耦合矩阵。

（5）选择适当的拓扑结构，并对耦合矩阵进行相似变换，化简为折叠型，得到实际能实现的与拓扑结构对应的 $N+2$ 阶耦合矩阵。

（6）在已知网络的损耗分布情况下，通过双曲线旋转分配每个谐振器的损耗并在输入输出端口加入两个非谐振节点，这样有利于滤波器的实现。在网络的损耗分布确定的情况下，用迭代法进行综合，可以保证综合的耦合矩阵具有规定的损耗分布。

（7）建立电路模型，进行电路仿真。进而得到物理结构并优化，最终得到需要的有耗滤波器。

与常规的 N 阶耦合矩阵相比，$N+2$ 阶耦合矩阵不需要施密特正交化过程；耦合矩阵元素不仅包含滤波器电路中所有谐振器之间的耦合，还包括源-负载耦合以及源/负载与谐振器之间的耦合。

调节引入的损耗因子可以控制滤波器的损耗。损耗因子的引入使得耦合矩阵对角线元素变为实数加上带有虚部 $\mathrm{j}\delta_{ii}$ 或 $\mathrm{j}\delta_i$ 的复杂复数形式。实数部分代表一般意义上的电耦合或者磁耦合，虚部部分表示电阻耦合或者谐振器接地电阻。有耗滤波器多项式用于替换功率转换方程，在满足条件时，它能保证导纳参数和耦合矩阵的导出。

在综合网络中，有耗滤波器每个节点的阻值要将交叉的电阻纳入其内，所以每个节点的阻值为矩阵每行或者每列的阻值之和。

第二种有耗滤波器综合方法是从有耗滤波器耦合电路模型开始的综合。首先设定包含电阻的有耗滤波器耦合电路，根据基尔霍夫电压、电流定理，可以得到有耗滤波器的电流矩阵方程。

$$[\omega \boldsymbol{P} + \boldsymbol{M} - \mathrm{j}\boldsymbol{\delta}] \cdot \boldsymbol{I} = \boldsymbol{Z} \cdot \boldsymbol{I} \qquad (5.168)$$

式中，ω 是归一化频率变量；$\boldsymbol{P}$ 是 $N+2$ 阶单位矩阵（N 为滤波器阶数）；$\boldsymbol{M}$ 是 $N+2$ 阶实对称耦合矩阵；$\boldsymbol{I}$ 是电流矩阵；$\boldsymbol{Z}$ 是阻抗矩阵；$\boldsymbol{\delta}$ 是对角矩阵，$\delta_1, \delta_2, \cdots, \delta_N$ 对应每个谐振器的损耗，δ_i 可由中心频率、带宽（BW）、谐振器的空载 Q 值确定，与上面多项式综合法的耦合矩阵对角线虚部元素表达式一致：

$$\delta_i = \frac{f_0}{\mathrm{BW}} \frac{1}{Q_{\mathrm{u}_i}}; \quad i = 1, 2, \cdots, N \qquad (5.169)$$

S 参数由矩阵 $\boldsymbol{Z}$ 决定，而 $\boldsymbol{Z}$ 矩阵中只有矩阵 $\boldsymbol{M}$ 未知，因此 S 参数由 $\boldsymbol{M}$ 矩阵决定。根据 S 参数和矩阵 $\boldsymbol{Z}$ 的关系可以得到耦合矩阵 $\boldsymbol{M}$。该耦合矩阵 $\boldsymbol{M}$ 和上述解析法的有耗耦合矩阵是近似一致的。

对于微带结构，只要按照滤波器综合的步骤操作即可，在经典的滤波器设计参考书上有很多确定物理尺寸的公式，还可以查图表。对于共面波导结构，确定物理尺寸的计算公式还不完善，可以结合滤波器电路模型，运用电磁仿真工具来综合滤波器的物理尺寸。

在集总参数电路中，谐振单元 LC 能量的损失表现为电感串联电阻或者是电容并联电导。因此，有损耗的耦合矩阵与无损耗的耦合矩阵形式相同，只是复频域从 s 变为 $s+\delta$，即

$$s \to s+\delta, \quad sL_k \to sL_k + \delta L_k, \quad sC_k \to sC_k + \delta C_k \qquad (5.170)$$

式中，δ 为损耗因子。根据无耗滤波器耦合矩阵可得有耗滤波器耦合矩阵为

$$\boldsymbol{M} = \begin{bmatrix} 0 & m_{S,1} & \cdots & m_{S,N} & m_{S,L} \\ m_{S,1} & m_{11}-\mathrm{j}\delta_1 & \cdots & m_{1,N} & m_{1,L} \\ \vdots & \vdots & \ddots & \vdots & \vdots \\ m_{S,N} & m_{1,N} & \cdots & m_{N,N}-\mathrm{j}\delta_N & m_{N,L} \\ m_{S,L} & m_{1,L} & \cdots & m_{N,L} & 0 \end{bmatrix} \qquad (5.171)$$

式中，损耗因子 δ_i 的表达式见式（5.169）。

基于电磁分路耦合的有耗滤波器及其频率响应[103]如图 5.102 所示。滤波器的物理结构如图 5.102（a）所示；耦合拓扑结构如图 5.102（b）所示，图中 R_i（i =1，2，3，4）表示谐振器，S 表示源，L 表示负载，M 表示磁耦合，E 表示电耦合。电磁分路耦合的环形谐振器（二阶谐振器）由两个长度为 $\lambda_g/4$ 的短路谐振器共地组成，在没有引入电阻前，R_1～R_4 这 4 谐振器的 Q_u 值一致。引入镶嵌的贴片电阻后，谐振器 R_1 和 R_2 的 Q_u 值降低，与谐振器 R_3 和 R_4 一起构成不均匀 Q_u 值的有耗滤波器。

滤波器设计指标：f_0=1.5 GHz，BW=170 MHz，回波损耗不低于 20 dB。介质基板的介电常数为 10.2，厚度为 1.27 mm。R_3 和 R_4 的 Q_u 值为 158，R_1 和 R_2 镶嵌贴片电阻后，其 Q_u 值下降至 110。有耗滤波器的 N+2 阶耦合矩阵可表示为

$$M = \begin{bmatrix} 0 & 1.208 & 0 & 1.208 & 0 & 0.185 \\ 1.208 & -j0.077 & 0.302 & 0 & 0 & 0 \\ 0 & 0.302 & -j0.077 & 0 & 0 & -1.208 \\ 1.208 & 0 & 0 & -j0.057 & 0.302 & 0 \\ 0 & 0 & 0 & 0.302 & -j0.057 & -1.208 \\ 0.185 & 0 & -1.208 & 0 & -1.208 & 0 \end{bmatrix} \quad (5.172)$$

有耗滤波器的物理尺寸为 l_1 =12 mm，l_2 =7.5 mm，w =1.2 mm，w_1 =1 mm，s_1 = 0.1 mm，s_2 =0.3 mm，r =0.1 mm。贴片电阻的阻值为 R =1900 Ω。耦合矩阵与电磁仿真所得频率响应的对比如图 5.102（c）所示。仿真得到的有耗滤波器与未加电阻的无耗滤波器频率响应对比如图 5.103 所示，其中滤波器 S_{11}/S_{21} 的对比如图 5.103（a）所示，图 5.103（b）所示为通带带内局部放大图，图 5.103（c）所示为群延时对比。从图 5.103（b）中可以看出，有耗滤波器以牺牲少量的插入损耗换来了带内平坦度的提升。由图 5.103（c）可知，有耗滤波器的群延时平坦度有所提高。加工实物图和测试结果如图 5.104 所示。

这种微带结构的有耗滤波器很容易变化为 CBCPW 结构的有耗滤波器[104]。

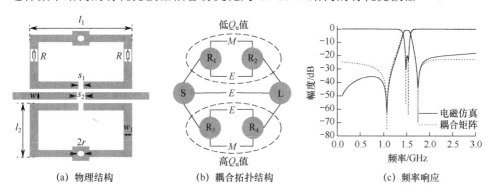

图 5.102　基于电磁分路耦合的有耗滤波器及其频率响应

另一种不均匀 Q 值的微带−共面波导混合结构有耗滤波器如图 5.105 所示，其中图 5.105（a）和（b）分别为正面和背面结构，图 5.105（c）为耦合结构。位于正面的 R_1 和 R_2 是低 Q 值谐振器，位于背面的共面波导二阶谐振器 R_3 和 R_4 是高 Q 值谐振器。滤波

器设计指标：$f_0 = 2.4\ \text{GHz}$，相对带宽 FBW = 7.5%，回波损耗大于 15 dB。介质基板的相对介电常数为 10.2，厚度为 1.27 mm。4 个谐振器对应的空载品质因数为 $Q_{u_1} = 51.2$，$Q_{u_2} = 30$，$Q_{u_3} = Q_{u_4} = 83.3$。有耗滤波器的 N+2 阶耦合矩阵表示为

$$M = \begin{bmatrix} 0 & -0.662 & -j0.358 & 0.042\,7 & 0 & -0.566 \\ -0.662 & -j0.055\,6 & 0 & 0.041\,2 & 0.041\,2 & -0.662 \\ -j0.35\,8 & 0 & -j0.716 & j0.011\,3 & j0.011\,3 & -0.358 \\ 0.042\,7 & 0.0412 & j0.011\,3 & j0.34 & 1.457\,2 & 0 \\ 0 & 0.0412 & j0.011\,3 & 1.457\,2 & j0.34 & 0.042\,7 \\ -0.566 & -0.662 & -j0.358 & 0 & 0.042\,7 & 0 \end{bmatrix} \tag{5.173}$$

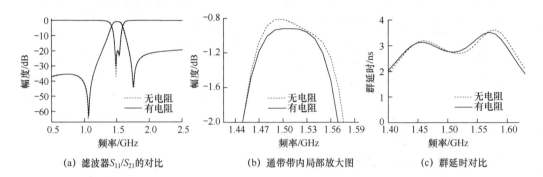

(a) 滤波器 S_{11}/S_{21} 的对比   (b) 通带带内局部放大图   (c) 群延时对比

图 5.103　仿真得到的有耗滤波器与未加电阻的无耗滤波器频率响应对比

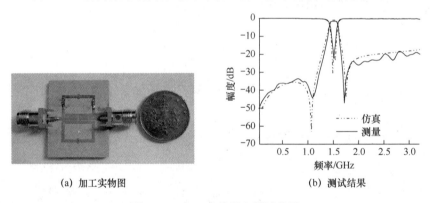

(a) 加工实物图   (b) 测试结果

图 5.104　加工实物图和测试结果

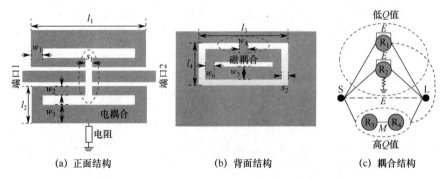

(a) 正面结构   (b) 背面结构   (c) 耦合结构

图 5.105　不均匀 Q 值的微带–共面波导混合结构有耗滤波器

188

有耗滤波器的物理尺寸为 l_1 =13，l_2 =3.9，l_3 =14，l_4 =4.3，s_1 =0.2，s_2 =0.3，w_1 = w_2 =1.2，w_3 =2，w_4 =1.2，w_5 =1.1，单位均为 mm。接地贴片电阻的阻值为 1000 Ω。仿真得到的滤波器在不同耦合路径下的频率响应如图 5.106 所示。从图中可以看到，不均匀 Q 值结构所产生的通带平坦度远好于均匀 Q 值结构，包括低 Q 值路径和高 Q 值路径。同时，由图 5.106（a）可知，低 Q 值路径只在上阻带产生一个传输零点，由电耦合控制，高 Q 值路径只在下阻带产生一个传输零点，由磁耦合控制。

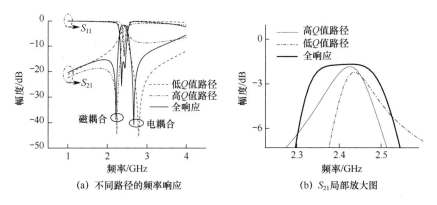

(a) 不同路径的频率响应　　　　　(b) S_{21} 局部放大图

图 5.106　仿真得到的滤波器在不同耦合路径下的频率响应

5.7　无反射滤波器

对传统反射式滤波器来说，一部分入射波通过滤波器到达另一个端口，另一部分入射波因为阻抗失配则被直接反射回源端或与其相连接的天线、低噪放等，对这些电路造成干扰，还可能使系统中的高增益放大器产生振荡，稳定性下降，特别对一些敏感器件和隔离度差的器件影响更大[105-107]。为了减小这种现象对电路的干扰，传统做法是在滤波器前/后插入衰减器，这种方法不仅增加了整个系统的复杂度和尺寸，而且由于系统级数的增加，使得系统的信噪比和动态范围可能降低。无反射滤波器[108-111]通过吸收式设计，使反射波大幅衰减，从而克服了反射所带来的不需要的驻波以及射频系统终端的不稳定等问题，同时系统的复杂度和电路尺寸问题也得到了解决。低通、高通、带通、带阻滤波器都可以设计成相应功能的无反射滤波器。无反射带阻滤波器和负群延时电路有很大相似性，但是研究目标和关注的电路性能指标不同。

5.7.1　吸收式无反射滤波器理论

1. 吸收式滤波器低通原型

集总参数低通原型是滤波器设计不可缺少的环节，其合适的阶数和归一化元件值是满足所要设计的滤波器各种性能指标的重要参数。电感输入式吸收式滤波器的低通原型如图 5.107 所示，电容输入式吸收式滤波器的低通原型如图 5.108 所示，其中图 5.107（a）和（b）分别是奇数阶和偶数阶滤波器低通原型，图 5.108 亦然。电感输入式吸收式低通原型的第一级是电阻和电感并联结构，电容输入式吸收式低通原型的第一级是电阻和电容串联结构。第一级的电阻用来在需要的频段吸收反射波。图 5.107 和图 5.108 所示电路满足低通滤波器的基本要求，若要在所需频段内实现无反射效果，则需要求解出合适的归一化元件值参数（如 g_R；g_1，g_2，$\cdots$，g_{n+1} 等）。

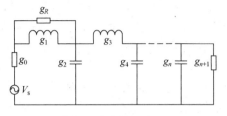
(a) 奇数阶吸收式滤波器低通原型

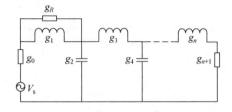
(b) 偶数阶吸收式滤波器低通原型

图 5.107　电感输入式吸收式滤波器的低通原型

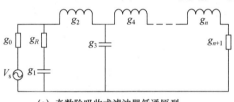
(a) 奇数阶吸收式滤波器低通原型

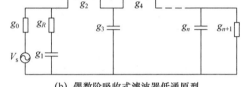
(b) 偶数阶吸收式滤波器低通原型

图 5.108　电容输入式吸收式滤波器的低通原型

归一化元件值的求解问题可以转化为电路的 S_{11} 和 S_{21} 两条频率响应曲线分别与 $S_{11}=0$ 和对应阶数的巴特沃思（或切比雪夫）滤波器的 S_{21} 曲线的拟合问题。因为电路的 S_{11} 和 S_{21} 的求解涉及许多复数的加减乘等四则运算和取模运算，利用像梯度下降法之类需要求导的算法进行曲线拟合是很难实现的。这里用共生生物搜索（SOS）算法对电路参数进行求解，这一算法只是一种数学工具。根据频率无穷大时源阻抗和输入阻抗匹配，取 $g_R=1$，g_i（$i=1, 2, \cdots, n+1$）通过共生生物搜索算法求得。SOS 算法可以完成任意阶次的吸收式滤波器的归一化元件值的求解。

以图 5.109 所示的三阶电感输入式吸收式滤波器低通原型电路为例，对电路参数进行求解。这里定义的滤波器阶数不包含第一级吸收部分。图 5.109 中的低通原型电路可以分解为两部分，第一部分是电阻和电感并联电路，第二部分是一个 π 型电路，$\boldsymbol{M}_{RL}$ 和 $\boldsymbol{M}_\pi$ 为两部分电路对应的 ABCD 矩阵，可分别表示为

图 5.109　三阶电感输入式吸收式
滤波器低通原型电路

$$\boldsymbol{M}_{RL} = \begin{bmatrix} 1 & \dfrac{g_R Z_0 Z_1}{g_R Z_0 + Z_1} \\ 0 & 1 \end{bmatrix} \tag{5.174a}$$

$$\boldsymbol{M}_\pi = \begin{bmatrix} 1+\dfrac{Y_4}{Y_3} & \dfrac{1}{Y_3} \\ Y_2+Y_4+\dfrac{Y_2 Y_4}{Y_3} & 1+\dfrac{Y_2}{Y_3} \end{bmatrix} \tag{5.174b}$$

其中，Z_0 为源阻抗，Z_1 为吸收式电感对应的感抗，Y_2、Y_3、Y_4 为 π 型电路各元件对应的电纳。

$$Z_1 = \mathrm{j}\omega \frac{g_1 Z_0}{\omega_c}, \quad Y_2 = \mathrm{j}\omega \frac{g_2}{\omega_c Z_0}, \quad Y_3 = -\mathrm{j}\frac{\omega_c}{\omega g_3 Z_0}, \quad Y_4 = \mathrm{j}\omega \frac{g_4}{\omega_c Z_0} \qquad (5.175)$$

式中，ω_c 为吸收式低通原型的截止频率。整体电路的 ABCD 矩阵为

$$\boldsymbol{M} = \begin{bmatrix} A & B \\ C & D \end{bmatrix} = \boldsymbol{M}_{RL} \times \boldsymbol{M}_{\pi} \qquad (5.176)$$

三阶电感输入式吸收式低通原型的传输函数和反射函数可表示为

$$S_{21} = \frac{2Z_0}{AZ_0 + B + CZ_0^2 + DZ_0} \qquad (5.177a)$$

$$S_{11} = \frac{AZ_0 + B - CZ_0^2 - DZ_0}{AZ_0 + B + CZ_0^2 + DZ_0} \qquad (5.177b)$$

由式（5.177a）和（5.177b）得到的曲线分别拟合三阶巴特沃思低通原型（或三阶切比雪夫低通原型）的 S_{21} 曲线和 $S_{11} = 0$。g_i（i=1, 2, 3, 4）通过 SOS 算法和 MATLAB 编程求得。吸收式低通原型的归一化元件值求解流程如图 5.110 所示[111]。

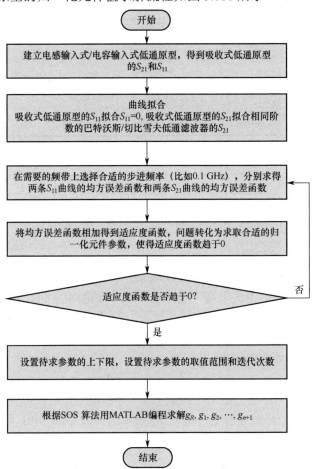

图 5.110　吸收式低通原型的归一化元件值求解流程

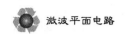

当以三阶巴特沃思低通原型为标准时，可得：$g_1 = 1.210\,7$，$g_2 = 1.747\,6$，$g_3 = 1.082\,7$，$g_4 = 0.587\,4$；当以三阶切比雪夫低通原型（通带内最大衰减 0.5 dB）为标准时，可得：$g_1 = 1.075\,9$，$g_2 = 1.610\,8$，$g_3 = 1.076\,9$，$g_4 = 0.717\,3$。用 ADS 得到的电路仿真结果如图 5.111 所示。由图可知，在 0～12 GHz 范围内，电路的回波损耗衰减超过 20 dB，不仅保证了良好的低通特性，而且在通带和阻带内都实现了良好的无反射效果。巴特沃思低通原型和切比雪夫低通原型的仿真结果非常接近。吸收式低通原型的归一化元件值见表 5.6（用巴特沃思低通原型作为拟合的参考标准）。对于电感输入式和电容输入式吸收式低通原型，通过 SOS 算法求得的相同阶数下的归一化元件值相等。表 5.6 中的归一化元件值对于设计集总参数和分布参数吸收式滤波电路均适用。

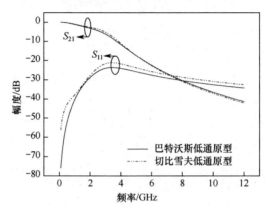

图 5.111　用 ADS 得到的电路仿真结果

表 5.6　吸收式低通原型的归一化元件值[111]

阶　　数	g_1	g_2	g_3	g_4	g_5	g_6	g_7
2	1.143 6	1.534 7	0.528 9	1			
3	1.210 7	1.747 6	1.082 7	0.587 4	1		
4	1.249 7	1.839 1	1.276 5	1.101 1	0.364 3	1	
5	1.273 7	1.893 9	1.384 1	1.393 7	0.912 1	0.358 0	1

2. 集总参数吸收式滤波器

对于带阻滤波器，根据频率变换和等衰减条件，低通原型的串联支路转变为并联谐振电路，并联支路转变为串联谐振电路。这样，并联谐振电路的实际元件值表示为

$$L_k = \frac{\Delta g_k Z_0}{\omega_0}, \quad C_k = \frac{1}{\Delta \omega_0 g_k Z_0} \tag{5.178}$$

串联谐振电路的实际元件值表示为

$$L_i = \frac{Z_0}{\Delta \omega_0 g_i}, \quad C_i = \frac{\Delta g_i}{\omega_0 Z_0} \tag{5.179}$$

其中，$\Delta = (\omega_2 - \omega_1)/\omega_0$ 是相对带宽，ω_2 和 ω_1 是带阻滤波器的 3dB 截止频率，Z_0 是源阻抗，ω_0 是中心角频率。

根据式（5.178）和式（5.179）设计一个集总参数电路形式的无反射带阻滤波器。带阻滤波器中心频率为 3 GHz，阻带两侧 3 dB 截止频率分别为 2.6 GHz 和 3.46 GHz，相对带宽为 28.7%，采用电容输入式三阶吸收式滤波电路，设计得到的三阶吸收式集总参数无反射带阻滤波器如图 5.112 所示，相应的元件值见表 5.7，电路仿真结果如图 5.113 所示[111]。从图 5.113 中可以看到，在 0～6 GHz 范围内，带阻滤波器的 S_{11} 衰减大于 21.6 dB，在中心频率（3 GHz）处的最大衰减达到 60 dB，具有良好的无反射性能。

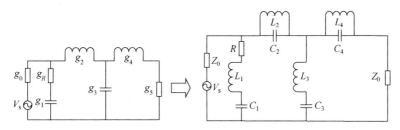

图 5.112　三阶吸收式集总参数无反射带阻滤波器

表 5.7　三阶吸收式集总参数无反射带阻滤波器的元件值

$R/\,\Omega$	C_1/pF	L_1/nH	C_2/pF	L_2/nH
50	0.369	7.63	2.114	1.33
C_3/pF	L_3/nH	C_4/pF	L_4/nH	$Z_0/\,\Omega$
0.33	8.53	6.29	0.448	50

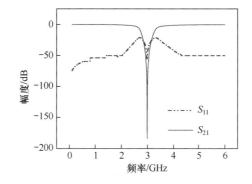

图 5.113　三阶吸收式集总参数无反射带阻滤波器的电路仿真结果

对于带通滤波器，根据频率变换和等衰减条件，低通原型的串联支路转变为串联谐振电路，并联支路转变为并联谐振电路。串联谐振电路的实际元件值表示为

$$L_k = \frac{g_k Z_0}{\omega_0 \Delta}, \quad C_k = \frac{\Delta}{\omega_0 g_k Z_0} \tag{5.180}$$

并联谐振电路的实际元件值表示为

$$C_i = \frac{g_i}{\omega_0 \Delta Z_0}, \quad L_i = \frac{\Delta Z_0}{\omega_0 g_i} \tag{5.181}$$

根据式（5.180）和式（5.181）设计一个集总参数电路形式的吸收式无反射带通滤波器。带通滤波器中心频率为 2.45 GHz，阻带两侧 3 dB 截止频率分别为 2.35 GHz 和 2.55 GHz，相对带宽为 8.3%。采用电感输入式三阶吸收式滤波电路，设计得到的三阶吸收式集总参数无反射带通滤波器及其 ADS 仿真结果如图 5.114 所示，相应的元件值见表 5.8。从图 5.114（b）可以看到，带通滤波器在 0～5 GHz 频带上（包括通带和两侧阻

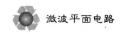

带）的 S_{11} 衰减均大于 20 dB，中心频率处的回波损耗大于 28 dB，实现了良好的无反射效果，证明了设计公式以及归一化元件值的可靠性。

表 5.8　三阶吸收式集总参数无反射带通滤波器的元件值

R/Ω	C_1/pF	L_1/nH	C_2/pF	L_2/nH	C_3/pF	L_3/nH	C_4/pF	L_4/nH
50	0.09	47.25	27.28	0.155	0.1	42.25	9.18	0.46

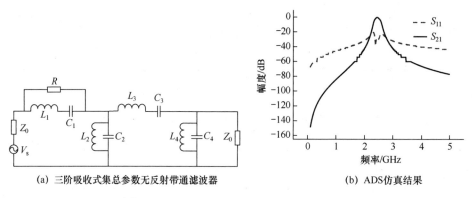

(a) 三阶吸收式集总参数无反射带通滤波器　　　(b) ADS仿真结果

图 5.114　三阶吸收式集总参数无反射带通滤波器及其 ADS 仿真结果

3. 变形吸收式低通原型

变形低通原型是得到含倒置变换器（J/K）的集总参数带通或带阻滤波器的关键一步，对于设计分布参数电路至关重要。变形低通原型由低通原型变形得到。吸收式滤波器低通原型转换为含 J 变换器的变形吸收式低通原型，如图 5.115 所示，图中，吸收式低通原型的输入导纳可表示为

$$Y_{\text{in1}} = \cfrac{G_0}{\cfrac{1}{\cfrac{1}{g_R}+\cfrac{1}{\text{j}\omega'g_1}}+\cfrac{1}{\text{j}\omega'g_2+\cfrac{1}{\text{j}\omega'g_3+\cfrac{1}{\text{j}\omega'g_4+\cfrac{1}{\text{j}\omega'g_5+\cdots}}}}} \qquad （5.182）$$

式中，ω' 是归一化频率，g_R 和 g_i (i=1, 2, $\cdots$, n+1)是归一化元件值，G_0 是源电导。

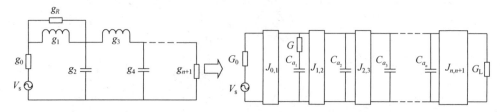

图 5.115　吸收式低通原型转换为含 J 变换器的变形吸收式低通原型

吸收式低通原型的吸收级之后的各级以及变形吸收式低通原型的 J_{12} 后面的各级均由无耗元件构成，因此变形吸收式低通原型在 J_{12} 及其之后的导纳变换器和元件值可以直接借用反射式滤波器的公式，即：

$$J_{k,k+1} = \sqrt{\frac{C_{a_k} C_{a_{k+1}}}{g_k g_{k+1}}}, \quad k = 1,2,\cdots、n-1 \tag{5.183a}$$

$$J_{n,n+1} = \sqrt{\frac{C_{a_n} G_{\mathrm{L}}}{g_n g_{n+1}}} \tag{5.183b}$$

其中，C_{a_k} 和 G_{L} 是实数。变形吸收式低通原型的输入导纳可表示为

$$Y_{\mathrm{in2}} = \cfrac{G_0}{\cfrac{1}{\cfrac{C_{a_1}}{g_1 G} + \cfrac{1}{\mathrm{j}\omega' g_1}} + \cfrac{1}{\mathrm{j}\omega' g_2 + \cfrac{1}{\mathrm{j}\omega' g_3 + \cfrac{1}{\mathrm{j}\omega' g_4 + \cfrac{1}{\mathrm{j}\omega' g_5 + \cdots}}}}} \tag{5.184}$$

吸收式低通原型的输入导纳等于变形吸收式低通原型的输入导纳，即 $Y_{\mathrm{in1}} = Y_{\mathrm{in2}}$，据此可得：

$$\frac{1}{g_R} = \frac{C_{a_1}}{g_1 G} \tag{5.185a}$$

$$J_{0,1} = \sqrt{\frac{C_{a_1} G_0}{g_0 g_1}} \tag{5.185b}$$

根据上述分析，可以得到含有导纳变换器的变形吸收式低通原型的变换公式为[111]

$$\begin{cases} J_{0,1} = \sqrt{\dfrac{C_{a_1} G_0}{g_0 g_1}} \\[3mm] J_{k,k+1} = \sqrt{\dfrac{C_{a_k} C_{a_{k+1}}}{g_k g_{k+1}}} \\[3mm] J_{n,n+1} = \sqrt{\dfrac{C_{a_n} G_{\mathrm{L}}}{g_n g_{n+1}}} \\[3mm] C_{a_1} = \dfrac{g_1 G}{g_R} \end{cases} \tag{5.186}$$

式中，$k = 1, 2, \cdots, n-1$；$G, C_{a_2}, \cdots, C_{a_n}$ 和 G_{L} 都是实数。

吸收式低通原型转换为含 K 变换器的变形吸收式低通原型，如图 5.116 所示。用分析含 J 变换器的变形吸收式低通原型类似的方法，可得含 K 变换器的变形吸收式低通原型的变换公式为

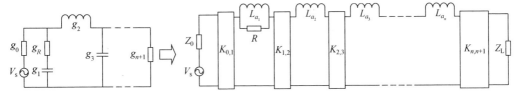

图 5.116　吸收式低通原型转换为含 K 变换器的变形吸收式低通原型

$$\begin{cases} K_{0,1} = \sqrt{\dfrac{L_{a_1} Z_0}{g_0 g_1}} \\[3mm] K_{k,k+1} = \sqrt{\dfrac{L_{a_k} L_{a_{k+1}}}{g_k g_{k+1}}} \\[3mm] K_{n,n+1} = \sqrt{\dfrac{L_{a_n} Z_L}{g_n g_{n+1}}} \\[3mm] L_{a_1} = \dfrac{g_1 R}{g_R} \end{cases} \tag{5.187}$$

式中，$k = 1$、2、$\cdots$、$n-1$，Z_0 是源阻抗，R、L_{a_2}、$\cdots$、L_{a_n} 和 Z_L 都是实数。

4. 含倒置变换器（J/K）的吸收式无反射滤波器

根据等衰减条件，可由变形吸收式低通原型得到含倒置变换器的吸收式无反射带阻滤波器的电路参数。含 J 变换器的吸收式变形低通原型转换为含 J 变换器的吸收式无反射带阻滤波器，如图 5.117 所示，对于吸收式无反射带阻滤波器，可得[111]：

$$\frac{1}{j\omega' C_{a_k}} = -j\frac{1}{\Delta}\left(\frac{\omega_0}{\omega} - \frac{\omega}{\omega_0}\right)\frac{1}{C_{a_k}} = j\omega\frac{1}{\omega_0 \Delta C_{a_k}} + \frac{1}{j\omega\dfrac{\Delta C_{a_k}}{\omega_0}} \tag{5.188}$$

L_{r_k} 和 C_{r_k} 可表示为

$$L_{r_k} = \frac{1}{\Delta \omega_0 C_{a_k}}, \quad C_{r_k} = \frac{\Delta C_{a_k}}{\omega_0} \tag{5.189}$$

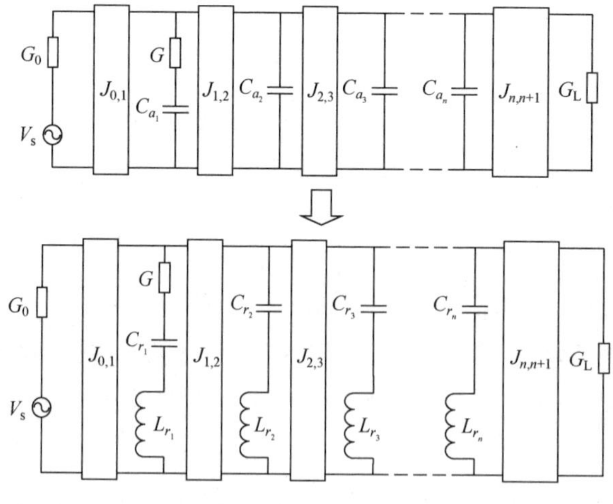

图 5.117　含 J 变换器的吸收式变形低通原型转换为含 J 变换器的吸收式无反射带阻滤波器

类似地，可由含 K 变换器的变形吸收式低通原型得到含 K 变换器的吸收式无反射带阻滤波器，如图 5.118 所示。对这种吸收式无反射带阻滤波器，可得：

$$L_{r_k} = \frac{\Delta L_{a_k}}{\omega_0}, \quad C_{r_k} = \frac{1}{\Delta \omega_0 L_{a_k}} \tag{5.190}$$

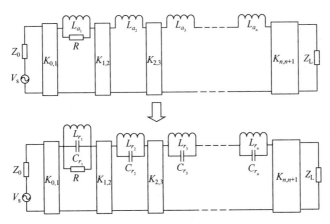

图 5.118　含 K 变换器的吸收式变形低通原型转换为含 K 变换器的吸收式无反射带阻滤波器

利用等衰减条件，可由变形吸收式低通原型得到含倒置变换器的吸收式无反射带通滤波器的电路参数。含 J 变换器的吸收式变形低通原型转换为含 J 变换器的吸收式无反射带通滤波器，如图 5.119 所示。对于吸收式带通滤波器，有：

$$\mathrm{j}\omega' C_{a_k} = \mathrm{j}\frac{1}{\Delta}\left(\frac{\omega}{\omega_0} - \frac{\omega_0}{\omega}\right) C_{a_k} = \mathrm{j}\omega\frac{C_{a_k}}{\omega_0\Delta} + \frac{1}{\mathrm{j}\omega\dfrac{\Delta}{\omega_0 C_{a_k}}} \tag{5.191}$$

可得：

$$L_{r_k} = \frac{\Delta}{\omega_0 C_{a_k}}, \quad C_{r_k} = \frac{C_{a_k}}{\omega_0\Delta} \tag{5.192}$$

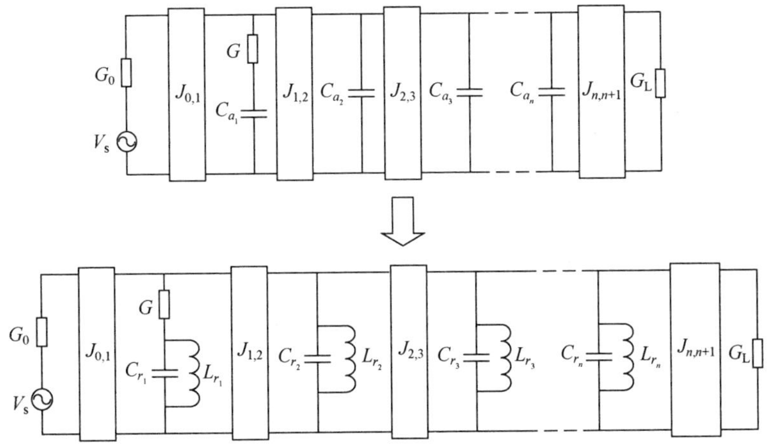

图 5.119　含 J 变换器的吸收式变形低通原型转换为含 J 变换器的吸收式无反射带通滤波器

同理，用含 K 变换器的变形吸收式低通原型可以得到含 K 变换器的吸收式无反射带通滤波器，如图 5.120 所示。

含 K 变换器的吸收式带通滤波器电路参数的推导过程与吸收式带阻滤波器的推导过程类似，可表示为

$$L_{r_k} = \frac{L_{a_k}}{\omega_0\Delta}, \quad C_{r_k} = \frac{\Delta}{\omega_0 L_{a_k}} \tag{5.193}$$

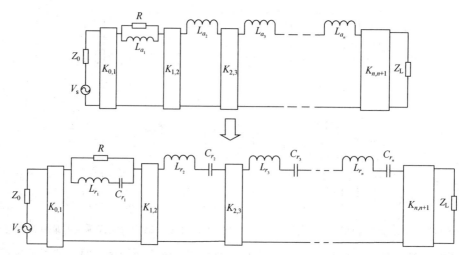

图 5.120 含 K 变换器的吸收式变形低通原型转换为含 K 变换器的吸收式无反射带通滤波器

5.7.2 无反射滤波器设计方法

近年来，伴随着负群延时电路的发展，无反射特性逐渐引起关注，无反射滤波器正成为当前滤波电路研究的一个热点。无反射滤波器的设计方法主要包括：（1）基于低通原型的吸收式滤波器设计法；（2）吸收短截线法；（3）带通加带阻滤波器法；（4）耦合线和耦合线开路端加载电阻法；（5）信号干扰技术法；（6）带通滤波器加定向耦合器法。下面对这些方法做简单介绍。

1. 基于低通原型的吸收式滤波器设计法

文献[111-114]从集总参数吸收式低通原型开始，通过在第一级加载电阻来吸收反射波。计算出吸收式滤波器的归一化元件值，进而得到含有 J/K 变换器的吸收式无反射带通/带阻滤波器的集总参数电路，最后用微波平面分布参数电路实现。吸收式带通滤波器的并联谐振单元可以用四分之一波长短路短截线实现，吸收式带阻滤波器的串联谐振单元可以用四分之一波长开路短截线实现。

根据 5.7.1 节的无反射滤波器理论，设计一个中心频率为 6.3 GHz，3 dB 相对带宽为 59.37% 的无反射带阻滤波器。电路模型、滤波器主要物理结构和频率响应如图 5.121 所示[111]。其中图 5.121（a）所示为含 J 变换器的吸收式带阻滤波器电路模型，$J_{0,1}=0.02$，$J_{1,2}=0.0166$，$J_{2,3}=0.01759$，$J_{3,4}=0.03034$，$J_{4,5}=0.02871$，$L_{r_1}=L_{r_2}=L_{r_3}=L_{r_4}=1.7584$ nH，$C_{r_1}=C_{r_2}=C_{r_3}=C_{r_4}=0.363$ pF。每个 J 变换器用 $\lambda_g/4$ 传输线实现，串联谐振单元电路用四分之一波长开路短截线实现，得到的滤波器主要物理结构如图 5.121（b）所示，频率响应如图 5.121（c）所示。可以看到，在吸收级加上电阻 R（$R=1/G$）后，S_{11} 的衰减在 12 GHz 以内均大于 10 dB。

2. 吸收短截线法

在反射式平行耦合线带通滤波器的输入端、输出端加上吸收短截线可构成无反射带通滤波器[115-116]，加载吸收短截线的无反射带通滤波器如图 5.122 所示。图 5.122（a）所示的耦合线型结构由带通部分（反射式耦合线滤波器）和吸收部分（每个吸收电路包括一个匹配电阻串联一个四分之一波长短路短截线）组成，可实现双端口准吸收响应。图 5.122（b）

所示为一种交叉耦合结构的无反射带通滤波器，由传统耦合线型带通滤波器输入端、输出端加载吸收短截线和交叉耦合谐振器构成，交叉耦合结构在不影响吸收特性的前提下引入了传输零点。

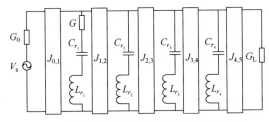

(a) 含 J 变换器的吸收式带阻滤波器电路模型

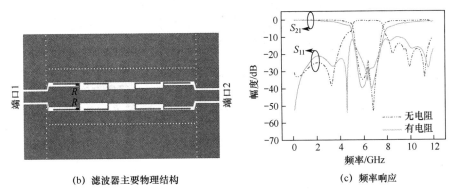

(b) 滤波器主要物理结构　　　　(c) 频率响应

图 5.121　加载吸收电阻的无反射带阻滤波器[111]

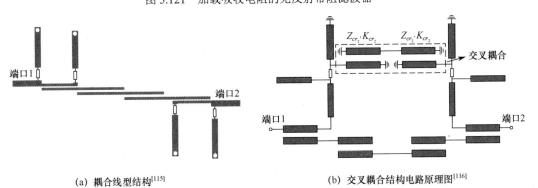

(a) 耦合线型结构[115]　　　　(b) 交叉耦合结构电路原理图[116]

图 5.122　加载吸收短截线的无反射带通滤波器[115-116]

3. 带通加带阻滤波器法

这类无反射滤波器由带通和带阻滤波器共同构成，带通滤波器部分是整个无反射带通滤波器的主要通道，传输频谱能量，通带外的反射波通过带阻滤波电路的电阻吸收，实现无反射效果。一种带通带阻结构的无反射带通滤波器[117]如图 5.123 所示，其中，N 单元无反射带通滤波器的拓扑结构如图 5.123（a）所示，三单元无反射带通滤波器的物理结构如图 5.123（b）所示。带通滤波器部分由一条高阻线构成，带阻部分由端接电阻的 T 型 SIR 构成。这种方法将并联带阻部分视为开路，从输入阻抗匹配角度出发，根据无反射特性以及输入阻抗随电长度变化曲线图，分析带通部分的通带内阻抗匹配点和带阻部分的阻抗失

配点，确定各个部分的参数，进行滤波器设计。另一种二阶带通带阻结构的无反射带通滤波器（双端口无反射）[118]如图 5.124 所示，由二阶带通部分和带有接地电阻的二阶带阻部分组成，可实现 1.5～3.3 GHz 频段 S_{11} 衰减大于 10 dB。

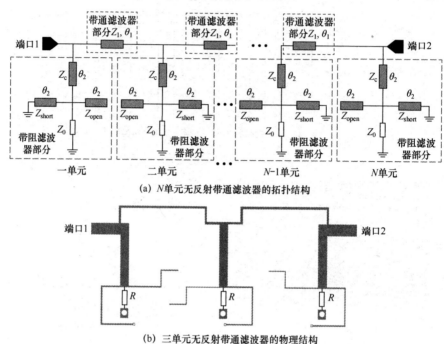

(a) N 单元无反射带通滤波器的拓扑结构

(b) 三单元无反射带通滤波器的物理结构

图 5.123　带通带阻结构的无反射带通滤波器（双端口无反射）[117]

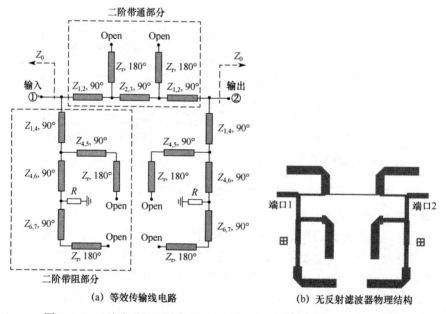

(a) 等效传输线电路　　　　　　　　(b) 无反射滤波器物理结构

图 5.124　二阶带通带阻结构的无反射带通滤波器（双端口无反射）[118]

4. 耦合线和耦合线开路端加载电阻法

耦合线吸收式带通滤波器[119]：从一阶吸收式低通原型开始，通过低通到带通的频率变换，用耦合线代替短截线来设计吸收式带通滤波器,如图 5.125 所示。将图 5.125(a)所示的吸收式低通原型的电感和电容分别转换成串联的谐振器和两个并联的谐振器;串联谐振器和并联谐振器分别用开路短截线和有耗短路短截线(短截线串联接地电阻)表示,如图 5.125(b)所示;最后用耦合线来代替短截线实现无反射带通滤波器,如图 5.125(c)所示。

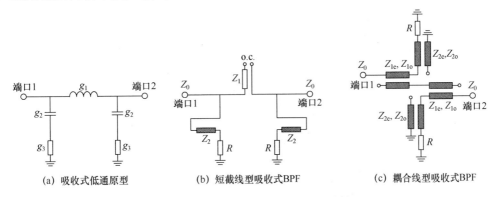

(a) 吸收式低通原型　　　　(b) 短截线型吸收式BPF　　　　(c) 耦合线型吸收式BPF

图 5.125　耦合线吸收式带通滤波器[119]

基于谐振器–馈线耦合型带阻滤波器结构,在耦合谐振器开路端加载电阻可实现吸收式无反射带阻滤波器[120-121]。图 5.126 中是一个耦合谐振器开路端加载电阻结构的吸收式无反射带阻滤波器[120],因为只在左侧耦合谐振器开路端加了电阻,因此端口 1 处可实现反射波吸收,端口 2 处没有吸收效果。

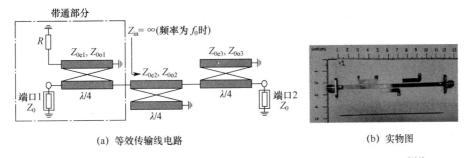

(a) 等效传输线电路　　　　　　　　　　(b) 实物图

图 5.126　耦合谐振器开路端加载电阻结构的吸收式无反射带阻滤波器[120]

5. 信号干扰技术法

无反射滤波器也可以用信号干扰技术实现。一种基于信号干扰技术的无反射带阻滤波器的电路原理图[122]如图 5.127(a)所示,它由两段不等电长度的平行传输线构成有耗信号干扰横向滤波段(TFS),加载电阻的开路短截线构成有耗部分,吸收反射波。因为只在一个端口加入了电阻,因此只能实现一个端口的无反射。S 参数的理想曲线如图 5.127(b)所示。

6. 带通滤波器加定向耦合器法

这种方法由两个相同的反射式带通滤波器和两个 3 dB 定向耦合器级联组成对称结构[123-124],可吸收通带两侧阻带内的反射波,实现无反射带通滤波器,加载定向耦合器的无反射带通滤波器结构如图 5.128 所示。通带内信号经耦合器主通道将功率平分后经过相同的微带梳状线带通滤波器,在端口 4 组合叠加输出,而阻带内信号被微带梳状线带通滤波器输入端反射回 3 端口,由匹配负载吸收。若信号从端口 1 输入,则端口 2 是隔离端,

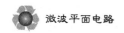

端口 3 是吸收式带通滤波器的吸收端，端口 4 是输出端。

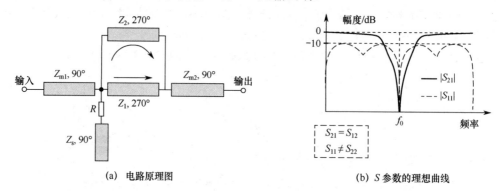

| (a) 电路原理图 | (b) S 参数的理想曲线 |

图 5.127　基于信号干扰技术的无反射带阻滤波器的电路原理图和 S 参数的理想曲线[122]

图 5.128　加载定向耦合器的无反射带通滤波器结构

5.8　平面平衡滤波器

在无线通信系统中，信号的传输主要受到两种噪声的影响：环境噪声和电子设备内部噪声，环境噪声主要以共模信号的形式存在。噪声会影响无线通信系统在处理信号过程中所能接收到的最小信号电平，也就是系统灵敏度（灵敏度是衡量整个通信电路性能的重要指标之一），因此会严重影响整个无线通信系统的性能。与传统的单端输入输出电路相比，平衡电路不仅具有更好的增益和二阶线性度，而且具有突出的抗杂散响应和共模噪声抑制能力，可以有效减少系统受到的环境噪声的影响。

为了有效抑制噪声，在平衡滤波电路中，传统的拓扑结构是传统滤波器与巴伦（Balun）的级联，通过巴伦进行平衡—非平衡之间的转换，如图 5.129 所示。巴伦是可以实现非平衡—平衡或平衡—非平衡转换的多端口器件[125-126]。但是加入巴伦不仅会使系统尺寸变大，还可能带来其他损耗。如果电路使用平衡结构，就可以避免使用巴伦，有效减小系统体积。传统滤波器与平衡滤波器具有明显区别：在结构上，传统滤波器是双端口网络，平衡滤波器采用的是差分结构的输入输出；在性能上，平衡滤波器具有良好的抑制共模信号的能力。

图 5.129　传统滤波器接入平衡电路

平衡电路具有更大的动态范围[127]。在将单端电路转换为差分电路时，可将动态范围提高 6 dB，而对于同样的输出功率而言，这可将电源电压减少至 1/2，从而减少了电池单元的数量，降低了电路的功耗[127]。此优点为便携式仪器降低成本带来了可行性。动态范围的提高同样可以改善抗噪声能力。

现代通信系统中越来越多的器件包括有源器件开始采用平衡电路，如功率放大器、混频器、滤波器、天线等。在通信系统中，如果天线、滤波器等无源器件和功率放大器、混频器等有源器件均采用平衡结构，就可构成一个全平衡式射频前端系统（见图 5.130），并可方便地与片上系统（system on chip，SOC）集成，有效改善通信系统的噪声。

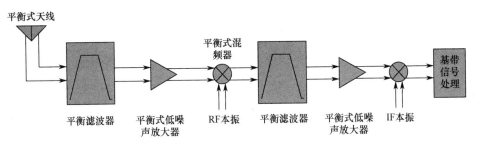

图 5.130　全平衡式射频前端系统

平衡滤波器的散射参数

在微波/射频技术中，研究散射参数（S 参数）是分析和表示分布参数电路最常用的方法。传统的 S 参数理论通常用来分析只有一条信号传输路径的情况（信号传输只有一路从输入到输出）。然而在平衡四端口网络中，具有差模和共模两种工作模式，频率响应可分为 4 种情况：差模、共模、差–共模和共–差模。所以需要引入基于差模和共模两种工作模式的 S 参数来分析平衡（差分）网络的传输特性，这种 S 参数称作混合模参数[128-129]。一个常见的四端口网络如图 5.131 所示，可利用传统的 S 参数进行分析。图中，DUT（Device Under Test）是待测元件，所有的端口都有一个共同的接地点作为参考点。

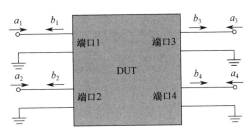

图 5.131　常见的四端口网络

四端口网络的 S 参数可定义为

$$S_{ij} = \frac{b_i}{a_j}\bigg|_{a_q=0, q\neq j}, \quad i=1,2,3,4; \ j=1,2,3,4; \ q=1,2,3,4 \quad (5.194)$$

式中，a_j 表示 j 端口的入射波，b_i 表示 i 端口的反射波。

式（5.194）也可以写成矩阵形式，表示为

$$\begin{bmatrix} b_1 \\ b_2 \\ b_3 \\ b_4 \end{bmatrix} = \boldsymbol{S}^{\text{std}} \begin{bmatrix} a_1 \\ a_2 \\ a_3 \\ a_4 \end{bmatrix} = \begin{bmatrix} S_{11} & S_{12} & S_{13} & S_{14} \\ S_{21} & S_{22} & S_{23} & S_{24} \\ S_{31} & S_{32} & S_{33} & S_{34} \\ S_{41} & S_{42} & S_{43} & S_{44} \end{bmatrix} \begin{bmatrix} a_1 \\ a_2 \\ a_3 \\ a_4 \end{bmatrix} \quad (5.195)$$

式中的散射参数矩阵 $\boldsymbol{S}^{\text{std}}$ 是参考单端网络来表述四端口网络的，每个端口的参数都以公共

地作为参考。但是，平衡电路中包括差模和共模两种响应，这种单端网络的 S 参数不能形象直观地表示出平衡网络的特性。因此采用混合模散射参数。在分析混合模的 S 参数时，将四端口网络的端口 1 和 2 共同构成差分输入端口，将端口 3 和 4 共同构成差分输出端口，这样就构成一个平衡二端口网络，如图 5.132 所示。两个平衡端口都有差模激励信号和共模激励信号。

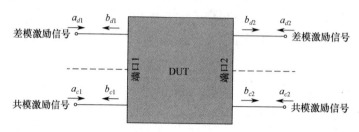

图 5.132　平衡二端口网络

输入/输出端口的入射波与反射波之间的关系可以通过混合模的 S 参数（$\boldsymbol{S}^{\mathrm{mm}}$）表示如下：

$$
\begin{bmatrix} b_{d1} \\ b_{d2} \\ b_{c1} \\ b_{c2} \end{bmatrix} = \boldsymbol{S}^{\mathrm{mm}} \begin{bmatrix} a_{d1} \\ a_{d2} \\ a_{c1} \\ a_{c2} \end{bmatrix} = \begin{bmatrix} S_{dd11} & S_{dd12} & S_{dc11} & S_{dc12} \\ S_{dd21} & S_{dd22} & S_{dc21} & S_{dc22} \\ S_{cd11} & S_{cd12} & S_{cc11} & S_{cc12} \\ S_{cd21} & S_{cd22} & S_{cc21} & S_{cc22} \end{bmatrix} \begin{bmatrix} a_{d1} \\ a_{d2} \\ a_{c1} \\ a_{c2} \end{bmatrix} \tag{5.196}
$$

即

$$
\begin{bmatrix} b_{d1} \\ b_{d2} \\ b_{c1} \\ b_{c2} \end{bmatrix} = \begin{bmatrix} \boldsymbol{S}_{dd} & \boldsymbol{S}_{dc} \\ \boldsymbol{S}_{cd} & \boldsymbol{S}_{cc} \end{bmatrix} \begin{bmatrix} a_{d1} \\ a_{d2} \\ a_{c1} \\ a_{c2} \end{bmatrix} = \begin{bmatrix} \begin{bmatrix} S_{dd11} & S_{dd12} \\ S_{dd21} & S_{dd22} \end{bmatrix} & \begin{bmatrix} S_{dc11} & S_{dc12} \\ S_{dc21} & S_{dc22} \end{bmatrix} \\ \begin{bmatrix} S_{cd11} & S_{cd12} \\ S_{cd21} & S_{cd22} \end{bmatrix} & \begin{bmatrix} S_{cc11} & S_{cc12} \\ S_{cc21} & S_{cc22} \end{bmatrix} \end{bmatrix} \begin{bmatrix} a_{d1} \\ a_{d2} \\ a_{c1} \\ a_{c2} \end{bmatrix} \tag{5.197}
$$

其中，a_{dk} 和 b_{dk}（$k=1$, 2）是在端口 k 处的对应差分模特定的归一化入射波和反射波，而 a_{ck} 和 b_{ck} 则是相应的共模特定的归一化入射波和反射波。矩阵 $\boldsymbol{S}^{\mathrm{mm}}$ 被分解为 4 个 2×2 的子矩阵，即 $\boldsymbol{S}_{dd}$、$\boldsymbol{S}_{dc}$、$\boldsymbol{S}_{cd}$ 和 $\boldsymbol{S}_{cc}$，分别代表差模到差模、共模到差模、差模到共模和共模到共模能量转换所对应的散射参数矩阵。每个子矩阵中的 4 个元素代表着 dd、dc、cd、cc 不同组合所对应的一个二端口网络的标准散射参数[127]。更具体地说，式（5.197）中的 $\boldsymbol{S}_{dd}$ 表示平衡电路差模信号激励下，差模响应时的 S 参数矩阵，包括差模信号激励平衡网络的反射系数和正反方向的传输系数，这个矩阵描述了平衡电路的差模工作特性。$\boldsymbol{S}_{cc}$ 表示平衡电路共模信号激励下，共模响应时的 S 参数矩阵，包括共模信号激励平衡网络的反射系数和正反方向的传输系数，这个矩阵描述了平衡电路的共模工作特性。$\boldsymbol{S}_{dc}$ 描述平衡电路受电磁干扰时的工作特性，也就是当存在共模信号时，经过平衡电路后转换成差模信号的情况。例如，辐射源的干扰和地平面、电源对系统的噪声干扰一般是共模信号的形式，这种转换会使系统的灵敏度下降。$\boldsymbol{S}_{cd}$ 描述输入的差模信号经过平衡电路后被转换成共模信号的情况，这种情况发生在平衡电路不完全平衡时，会对系统产生电磁干扰。

目前的电磁仿真软件 HFSS 和 ADS 等不能直接仿真得到平衡电路混合模的 S 参数，需要对平衡电路的端口进行平衡–非平衡转换，通过数学巴伦法可以得到传统单端网络的

S 参数（$\boldsymbol{S}^{\mathrm{std}}$）和混合模的 S 参数（$\boldsymbol{S}^{\mathrm{mm}}$）的关系。当平衡电路的奇模阻抗和偶模阻抗相等时，两种 S 参数的关系可表示为

$$\boldsymbol{S}^{\mathrm{mm}} = \boldsymbol{M} \cdot \boldsymbol{S}^{\mathrm{std}} \cdot \boldsymbol{M}^{-1} \tag{5.198}$$

式中，

$$\boldsymbol{S}^{\mathrm{mm}} = \begin{bmatrix} \boldsymbol{S}_{dd} & \boldsymbol{S}_{dc} \\ \boldsymbol{S}_{cd} & \boldsymbol{S}_{cc} \end{bmatrix} = \begin{bmatrix} S_{dd11} & S_{dd12} & S_{dc11} & S_{dc12} \\ S_{dd21} & S_{dd22} & S_{dc21} & S_{dc22} \\ S_{cd11} & S_{cd12} & S_{cc11} & S_{cc12} \\ S_{cd21} & S_{cd22} & S_{cc21} & S_{cc22} \end{bmatrix} \tag{5.199a}$$

$$\boldsymbol{S}^{\mathrm{std}} = \begin{bmatrix} S_{11} & S_{12} & S_{13} & S_{14} \\ S_{21} & S_{22} & S_{23} & S_{24} \\ S_{31} & S_{32} & S_{33} & S_{34} \\ S_{41} & S_{42} & S_{43} & S_{44} \end{bmatrix} \tag{5.199b}$$

$$\boldsymbol{M} = \frac{1}{\sqrt{2}} \begin{bmatrix} 1 & -1 & 0 & 0 \\ 0 & 0 & 1 & -1 \\ 1 & 1 & 0 & 0 \\ 0 & 0 & 1 & 1 \end{bmatrix} \tag{5.199c}$$

将式（5.199a）～式（5.199c）代入式（5.198）中，可以得到：

$$\boldsymbol{S}^{\mathrm{mm}} = \frac{1}{2} \begin{bmatrix} S_{11} - S_{21} - S_{12} + S_{22} & S_{13} - S_{23} - S_{14} + S_{24} & S_{11} - S_{21} + S_{12} - S_{22} & S_{13} - S_{23} + S_{14} - S_{24} \\ S_{31} - S_{41} - S_{32} + S_{42} & S_{33} - S_{43} - S_{34} + S_{44} & S_{31} - S_{41} + S_{32} - S_{42} & S_{33} - S_{43} + S_{34} - S_{44} \\ S_{11} + S_{21} - S_{12} - S_{22} & S_{13} + S_{23} - S_{14} - S_{24} & S_{11} + S_{21} + S_{12} + S_{22} & S_{13} + S_{23} + S_{14} + S_{24} \\ S_{31} + S_{41} - S_{32} - S_{42} & S_{33} + S_{43} - S_{34} - S_{44} & S_{31} + S_{41} + S_{32} + S_{42} & S_{33} + S_{43} + S_{34} + S_{44} \end{bmatrix} \tag{5.200}$$

对于理想的平衡电路，$\boldsymbol{S}_{cd}$ 和 $\boldsymbol{S}_{dc}$ 的值都为零，并且根据式（5.197）和式（5.200）可以求得 $\boldsymbol{S}_{dd}$ 和 $\boldsymbol{S}_{cc}$，分别表示为

$$\boldsymbol{S}_{dd} = \frac{1}{2} \begin{bmatrix} S_{dd11} & S_{dd12} \\ S_{dd21} & S_{dd22} \end{bmatrix} = \frac{1}{2} \begin{bmatrix} S_{11} - S_{21} - S_{12} + S_{22} & S_{13} - S_{23} - S_{14} + S_{24} \\ S_{31} - S_{41} - S_{32} + S_{42} & S_{33} - S_{43} - S_{34} + S_{44} \end{bmatrix} \tag{5.201a}$$

$$\boldsymbol{S}_{cc} = \frac{1}{2} \begin{bmatrix} S_{cc11} & S_{cc12} \\ S_{cc21} & S_{cc22} \end{bmatrix} = \frac{1}{2} \begin{bmatrix} S_{11} + S_{21} + S_{12} + S_{22} & S_{13} + S_{23} + S_{14} + S_{24} \\ S_{31} + S_{41} + S_{32} + S_{42} & S_{33} + S_{43} + S_{34} + S_{44} \end{bmatrix} \tag{5.201b}$$

对于完全对称结构的平衡滤波器电路，端口 1 和端口 2 等价，端口 3 和端口 4 等价，所以 $\boldsymbol{S}_{dd}$ 和 $\boldsymbol{S}_{cc}$ 可以化简为

$$\boldsymbol{S}_{dd} = \frac{1}{2} \begin{bmatrix} S_{dd11} & S_{dd12} \\ S_{dd21} & S_{dd22} \end{bmatrix} = \begin{bmatrix} S_{11} - S_{21} & S_{13} - S_{14} \\ S_{31} - S_{32} & S_{33} - S_{43} \end{bmatrix} \tag{5.202a}$$

$$\boldsymbol{S}_{cc} = \frac{1}{2} \begin{bmatrix} S_{cc11} & S_{cc12} \\ S_{cc21} & S_{cc22} \end{bmatrix} = \begin{bmatrix} S_{11} + S_{21} & S_{13} + S_{14} \\ S_{31} + S_{32} & S_{33} + S_{43} \end{bmatrix} \tag{5.202b}$$

利用奇偶模法分析平衡网络比较简洁方便。当输入信号为差模信号时，平衡电路的对称面可以等效为理想电壁，输入输出关系表示为

$$\begin{bmatrix} b_{o1} \\ -b_{o1} \\ b_{o2} \\ -b_{o2} \end{bmatrix} = \begin{bmatrix} S_{11} & S_{12} & S_{13} & S_{14} \\ S_{21} & S_{22} & S_{23} & S_{24} \\ S_{31} & S_{32} & S_{33} & S_{34} \\ S_{41} & S_{42} & S_{43} & S_{44} \end{bmatrix} \begin{bmatrix} a_{o1} \\ -a_{o1} \\ a_{o2} \\ -a_{o2} \end{bmatrix} \tag{5.203}$$

根据矩阵的初等变换，可以得到

$$\begin{bmatrix} b_{o1} \\ b_{o2} \\ -b_{o1} \\ -b_{o2} \end{bmatrix} = \begin{bmatrix} \begin{bmatrix} S_{11} & S_{13} \\ S_{31} & S_{33} \end{bmatrix} & \begin{bmatrix} S_{21} & S_{14} \\ S_{32} & S_{43} \end{bmatrix} \\ \begin{bmatrix} S_{21} & S_{14} \\ S_{32} & S_{43} \end{bmatrix} & \begin{bmatrix} S_{11} & S_{13} \\ S_{31} & S_{33} \end{bmatrix} \end{bmatrix} \begin{bmatrix} a_{o1} \\ -a_{o1} \\ a_{o2} \\ -a_{o2} \end{bmatrix} = \begin{bmatrix} \boldsymbol{S}_i & \boldsymbol{S}_j \\ \boldsymbol{S}_j & \boldsymbol{S}_i \end{bmatrix} \begin{bmatrix} a_{o1} \\ -a_{o1} \\ a_{o2} \\ -a_{o2} \end{bmatrix} \tag{5.204a}$$

可推出：

$$\begin{bmatrix} b_{o1} \\ b_{o2} \end{bmatrix} = (\boldsymbol{S}_i - \boldsymbol{S}_j) \begin{bmatrix} a_{o1} \\ a_{o2} \end{bmatrix} \tag{5.204b}$$

同理，当输入信号为共模信号时，平衡电路的对称面用一个理想磁壁等效，输入输出关系表示为

$$\begin{bmatrix} b_{e1} \\ b_{e2} \\ b_{e1} \\ b_{e2} \end{bmatrix} = \begin{bmatrix} \begin{bmatrix} S_{11} & S_{13} \\ S_{31} & S_{33} \end{bmatrix} & \begin{bmatrix} S_{21} & S_{14} \\ S_{32} & S_{43} \end{bmatrix} \\ \begin{bmatrix} S_{21} & S_{14} \\ S_{32} & S_{43} \end{bmatrix} & \begin{bmatrix} S_{11} & S_{13} \\ S_{31} & S_{33} \end{bmatrix} \end{bmatrix} \begin{bmatrix} a_{e1} \\ a_{e1} \\ a_{e2} \\ a_{e2} \end{bmatrix} = \begin{bmatrix} \boldsymbol{S}_i & \boldsymbol{S}_j \\ \boldsymbol{S}_j & \boldsymbol{S}_i \end{bmatrix} \begin{bmatrix} a_{e1} \\ a_{e1} \\ a_{e2} \\ a_{e2} \end{bmatrix} \tag{5.205}$$

可推出：

$$\begin{bmatrix} b_{e1} \\ b_{e2} \end{bmatrix} = (\boldsymbol{S}_i + \boldsymbol{S}_j) \begin{bmatrix} a_{e1} \\ a_{e2} \end{bmatrix} \tag{5.206}$$

把平衡网络以对称面分成两个二端口网络，按奇模和偶模激励分析，散射矩阵分别表示为

$$\boldsymbol{S}_o = \boldsymbol{S}_i - \boldsymbol{S}_j = \begin{bmatrix} S_{11} - S_{21} & S_{13} - S_{14} \\ S_{31} - S_{32} & S_{33} - S_{43} \end{bmatrix} \tag{5.207a}$$

$$\boldsymbol{S}_e = \boldsymbol{S}_i + \boldsymbol{S}_j = \begin{bmatrix} S_{11} + S_{21} & S_{13} + S_{14} \\ S_{31} + S_{32} & S_{33} + S_{43} \end{bmatrix} \tag{5.207b}$$

根据式（5.202a）、式（5.202b）、式（5.207a）和式（5.207b）可知：

$$S_{dd} = \boldsymbol{S}_o, \quad S_{cc} = \boldsymbol{S}_e \tag{5.208}$$

综上，可以根据奇偶模法分析完全对称结构的平衡滤波器。分析时只需考虑整体结构的一半，在施加差模信号激励和共模信号激励时，对称面分别等效为理想电壁和理想磁壁。

5.8.2 平衡滤波器的设计方法

平衡滤波器[130-146]设计需要关注的重点是共模抑制、差模的频率选择性和带外抑制。用来描述共模噪声抑制的参数是共模抑制比（common-mode rejection ratio，CMRR），可表示为

$$\mathrm{CMRR} = -20\log \frac{|S_{dd21}|}{|S_{cc21}|} \tag{5.209}$$

　　平面平衡滤波器设计方案主要采用电磁耦合的阶梯阻抗微带谐振器[130-134]、平行耦合线[135-136]和耦合微带贴片谐振器[137-140]等技术，根据平衡电路在差模和共模激励时，对称面分别可以看作理想电壁和理想磁壁的特性，使平衡滤波器在差模下呈现通带特性，在共模下呈现全阻带或工作频段阻带特性，来实现平衡滤波器的差模通带和共模抑制。另外，采用电磁混合耦合等方法实现通带的传输零点，提高带外抑制。应用 SIR 也可以实现双/多通带平衡滤波器[141-145]。

　　平衡滤波器与非平衡滤波器的电磁仿真有很大不同：（1）在仿真器中完成式（5.201a）和（5.201b）所示的参数 S 变换方程。（2）设置端口属性。差模激励时（差模仿真），4 个差模端口的特性阻抗均设置为 100 Ω；共模激励时（共模仿真），4 个共模端口的特性阻抗均设置为 25 Ω。在平衡滤波器实际测试时也如此设置。在电路设计中，平衡滤波器 4 个端口的特性阻抗均为 50 Ω。

　　以一个电磁混合耦合的Π型谐振器平衡滤波器[133]为例。Π型谐振器如图 5.133（a）所示，根据电壁磁壁法，其奇模、偶模等效电路分别如图 5.133（b）和（c）所示。奇模和偶模电路具有不同的谐振频率。基于Π型谐振器设计的平衡带通滤波器的传输线电路如图 5.134（a）所示，其差模和共模等效电路分别如图 5.134（b）和（c）所示。从图 5.133和图 5.134 可以看到，Π型谐振器的奇模等效电路和平衡滤波器的差模电路具有近似的工作频率，而Π型谐振器的偶模等效电路和平衡滤波器的共模电路具有近似的工作频率。如果Π型谐振器的奇模谐振频率和偶模谐振频率相隔较大，比如奇模谐振频率设计在2.4 GHz，偶模谐振频率设计在 5.6 GHz，则平衡滤波器在差模激励下的工作频率接近2.4 GHz，在共模激励下的工作频率接近 5.6 GHz，差模和共模的工作频率相差约3.2 GHz，就可在较宽的频率范围实现平衡滤波器的共模抑制。

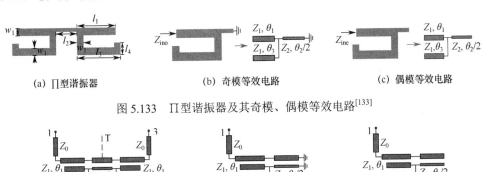

(a) Π型谐振器　　　　　　(b) 奇模等效电路　　　　　　(c) 偶模等效电路

图 5.133　Π型谐振器及其奇模、偶模等效电路[133]

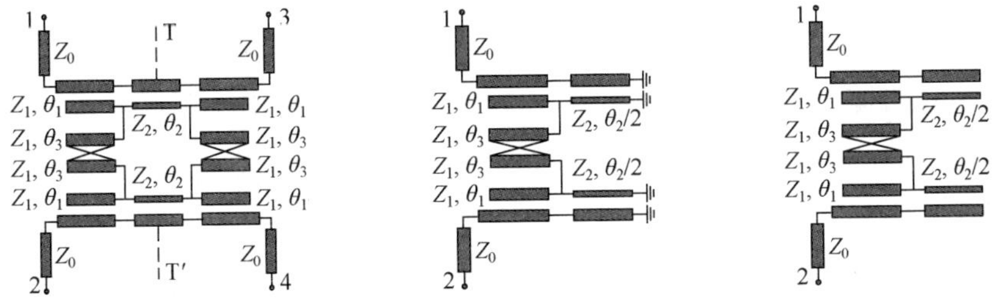

(a) 传输线电路模型　　　　　　(b) 差模等效电路　　　　　　(c) 共模等效电路

图 5.134 平衡带通滤波器的传输线电路模型及其差模和共模等效电路

　　平衡滤波器的物理结构和仿真的电磁场分布分别如图 5.135（a）、（b）和（c）所示。两个Π型谐振器产生电耦合，Π型谐振器和馈线之间产生磁耦合，电磁耦合引入传输零点。图 5.135（b）和（c）所示的电磁场分布证实了电场主要集中在两个Π型谐振器的耦

合缝隙 S_2 处，磁场主要集中在Π型谐振器和馈线的耦合缝隙 S_1 处。平衡滤波器传输零点随 S_2、S_1 的变化曲线分别如图 5.136（a）和（b）所示。可以看到，传输零点可通过电磁耦合进行调控。滤波器的总耦合系数决定带宽，因此通过调控电磁耦合也可以控制平衡滤波器带宽。该平衡滤波器的电路实物如图 5.137（a）所示，差模频率响应如图 5.137（b）所示，共模频率响应如图 5.137（c）所示，差模和共模性能与设计思想吻合。

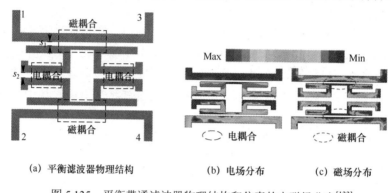

(a) 平衡滤波器物理结构　　(b) 电场分布　　(c) 磁场分布

图 5.135　平衡带通滤波器物理结构和仿真的电磁场分布[133]

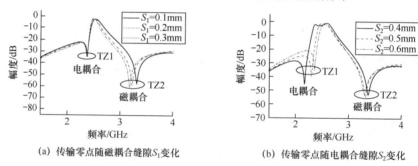

(a) 传输零点随磁耦合缝隙S_1变化　　(b) 传输零点随电耦合缝隙S_2变化

图 5.136　平衡滤波器传输零点随 S_1、S_2 的变化曲线

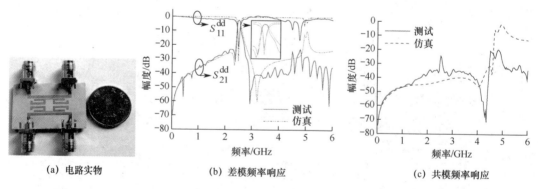

(a) 电路实物　　(b) 差模频率响应　　(c) 共模频率响应

图 5.137　电磁混合耦合的Π型谐振器平衡滤波器及其差模和共模的频率响应曲线[133]

鉴于上述方法，设计一个等腰直角三角形贴片谐振器平衡滤波器。等腰直角三角形贴片谐振器 TM_{01} 模和 TM_{11} 模的电流分布如图 5.138 所示，可以看到在绝大多数地方，两个模式的电流分布近乎垂直。因此，如果 TM_{01} 模在差模激励下发生谐振，TM_{11} 模则在共模时才可能发生谐振。

如果以等腰直角三角形的直角顶点和斜边中点的连线作为对称面，将对称面分别设置为电壁和磁壁，可得奇模谐振器和偶模谐振器。等腰直角三角形谐振器的奇偶模本征模 HFSS 建模仿真如图 5.139 所示。从图中可知，等腰直角三角形贴片谐振器的奇模、偶模谐振频率不同，模式 1 相差超过 0.9 GHz。据此，可利用等腰直角三角形贴片谐振器差模信号激励 TM_{01} 模、共模信号激励 TM_{11} 模的特点，使平衡滤波器的差模响应和共模响应工作在不同的频带处，从而实现差模通带和共模抑制的目的，还可通过两个三角形贴片谐振器之间的电磁耦合，在差模频率响应中产生一个传输零点。

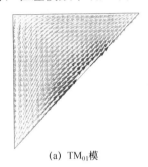

(a) TM_{01} 模

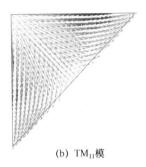

(b) TM_{11} 模

图 5.138　不同模式的电流分布

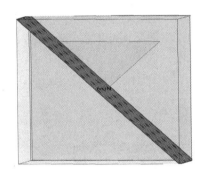

(a) 对称面设置为电壁/磁壁

本征模	频率/GHz
模式 1	2.44018+j0.00315…
模式 2	5.39645+j0.00587…
模式 3	6.98358+j0.00655…

(b) 奇模本征模仿真结果

本征模	频率/GHz
模式 1	3.34935+j0.00415…
模式 2	4.64844+j0.00530…
模式 3	6.43469+j0.00652…

(c) 偶模本征模仿真结果

图 5.139　三角形贴片谐振器的奇偶模本征模 HFSS 建模仿真

等腰直角三角形贴片平衡带通滤波器结构如图 5.140 所示，具体的物理尺寸如下：$l = 7.2$ mm，$l_1 = 18$ mm，$l_2 = 2.3$ mm，$l_3 = 8$ mm，$l_4 = 3$ mm；$w_1 = 1.2$ mm，$w_2 = 0.2$ mm，$w_3 = 0.4$ mm，$w_4 = 0.5$ mm。平衡滤波器差模和共模频率响应随 w_4 变化的情况如图 5.141 所示，可知滤波器在差模激励下工作在 2.4 GHz；共模激励时，在 4.5 GHz 内共模抑制大于 30 dB。上述两种设计均采用介电常数为 10.2、厚度为 1.27 mm 的介质基板。

另外，信号干扰技术也可以用来设计平衡滤波器。信号干扰技术的两条传输路径可以更方便地进行信号幅度和相位的控制。

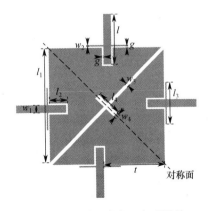

图 5.140　等腰直角三角形贴片
平衡带通滤波器结构

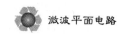

共模抑制是评价平衡滤波器对噪声抑制效果的重要指标。下面根据文献资料，对共模抑制的常见方法进行介绍。

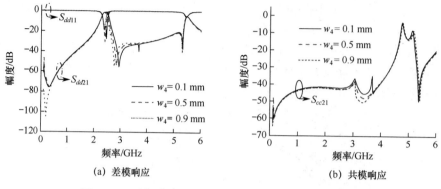

(a) 差模响应

(b) 共模响应

图 5.141　平衡滤波器差模和共模响应随 w_4 变化的情况

第一种方法：利用具有阻带特性的共模结构。这种方法在目前的平衡滤波器设计中应用广泛，并且实现简单、方便。这种方法的特点是设计的平衡滤波器在对称面为理想磁壁时，不加载其他电路所得到的共模结构的频率响应在差模响应的工作频带内呈现阻带或者在全频段呈现阻带特性。上述Π型谐振器平衡滤波器和等腰直角三角形贴片谐振器平衡滤波器就是共模信号激励时在工作频率处形成阻带或者共模通带远离差模通带的设计思路。文献[147-150]等采用的就是这种方法。文献[147]提出的平衡滤波器结构如图 5.142（a）所示，共模信号激励时，T 型谐振器呈现阻带特性。文献[150]提出的平衡滤波器结构如图 5.142（b）所示，共模信号激励时，耦合线谐振器在有限频段内为全阻带。

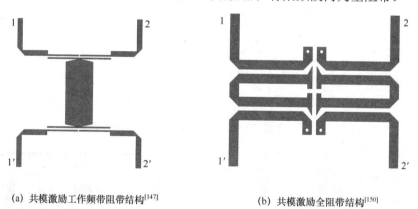

(a) 共模激励工作频带阻带结构[147]

(b) 共模激励全阻带结构[150]

图 5.142　具有阻带特性的共模结构

第二种方法：共模信号相位相消法。采用 180° 移相器控制和改变输入信号，差模信号激励时得到一对幅值和相位相同的信号，可以传输；但共模信号激励时得到一对幅值相同相位相反的信号，这样信号会相互抵消。文献[151]提出一种双过孔 180° 相移结构，如图 5.143（a）所示，通过两个金属过孔使传输信号产生 180° 相移，共模信号输入时，经过 180° 移相器变成等幅反相（幅度相等，相位相反）信号在结构中心交互处相互抵消；差模信号输入时，经过 180° 移相器变成等幅同相（幅度相等，相位相同）信号，经过中心交互处之后又经过 180° 相移，从输出端输出差模信号。文献[152]提出了另一种传输线型相移结构，如图 5.143（b）所示，通过利用不同长度的传输线，共模激励时，信号在电路中心点 C 处相互抵消，没有输出信号，只能传输差模信号。

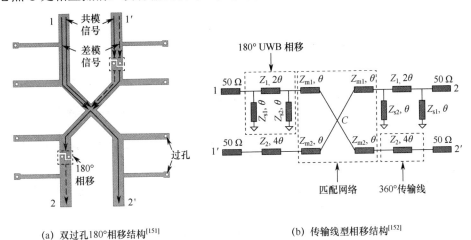

(a) 双过孔180°相移结构[151]   (b) 传输线型相移结构[152]

图 5.143　共模相位相消平衡滤波器结构

第三种方法：采用对称面上加载集总、分布元件的方法，实现共模抑制。差模激励时，滤波器的对称面虚短；共模激励时，滤波器的对称面虚断。因此，如果在平衡滤波器的对称面上加载电阻、电容、电感、开路枝节线和短路枝节线等来抑制共模响应，而对滤波器的差模响应没有影响，这样就在不影响平衡滤波器差模特性的基础上提高了共模抑制。文献[153]通过加载集总元件，也就是将电阻 R 或电容 C 加载到平衡滤波器对称面处实现共模抑制，如图 5.144（a）所示。共模激励时，加载电阻减小了谐振器的无载品质因数，加载电容减小了滤波器的外部品质因数，阻碍了信号传输，实现了共模抑制，并对差模响应没有影响。文献[154]通过加载分布元件，也就是在对称面处加载开路枝节线，提高了平衡滤波器的共模抑制，如图 5.144（b）所示。

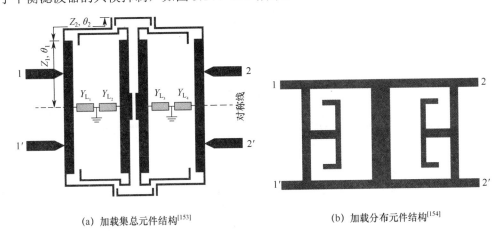

(a) 加载集总元件结构[153]   (b) 加载分布元件结构[154]

图 5.144　加载型结构

第四种方法：共模响应引入传输零点，即通过采用扩展耦合结构或者带阻滤波器在共模响应中需要抑制的频带内产生传输零点。图 5.145（a）所示扩展耦合结构采用十字谐振器与输入/输出端耦合，共模响应可产生 3 个传输零点[155]。图 5.145（b）所示互补开环结构利用互补开环谐振器在共模响应中产生传输零点，不仅提高了共模抑制而且拓宽了抑制范围，同时不对差模响应造成影响[156]。

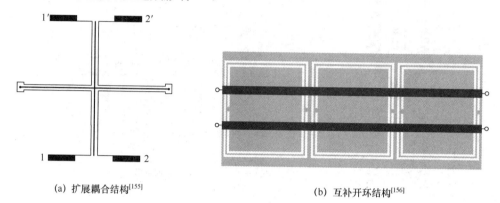

(a) 扩展耦合结构[155]　　　　　　　　　　(b) 互补开环结构[156]

图 5.145　共模响应引入传输零点

第五种方法：利用缺陷地（DGS）结构提高共模抑制。DGS 谐振器对平衡滤波器的差模响应没有明显的影响，但是可以显著提高共模抑制[157]。一种用缺陷地结构提高平衡滤波器共模抑制的电路如图 5.146 所示。

图 5.146　缺陷地结构提高平衡滤波器共模抑制的电路[157]

5.9　平面双/多工器

通信系统的射频接收/发送前端都有射频双/多工器紧随射频天线，以将需要的射频信号从众多信号中提取出来，而将不需要的信号滤除掉，同时利用双/多工器的不同通道实现发送、接收同步。

双工器是由两个滤波器组成的三端口网络，有一个公共端口。但是如果只是将两个普通的滤波器连接在一起，将会不可避免地产生干扰而使整个系统的性能变坏。为了降低两个通道滤波器之间的相互干扰，必须采取措施以提高两个滤波器之间的隔离度。隔离度是双工器设计的关键指标之一。传统的方法是在公共端引入消纳电路，使得输入导纳在全部频谱上为一个恒定的实常数。但是消纳电路使得双工器的结构更加复杂，也增加了体积，而且并不能完全消除干扰。目前双工器的设计方法通常是将两个不同频带的带通滤波器通过 T 型网络连接起来[77,158-160]，T 型网络由馈线和两段长度各为 $\lambda_g/4$ 的传输线组成，作为两个滤波通道的公共端。也就是说，滤波器 1 与一段长度为 $\lambda_g/4$ 的传输线连接，此处的 λ_g 为滤波器 2 中心频率对应的波导波长，这样可使滤波器 1 在经过 $\lambda_g/4$ 长的传输线之后与滤波器 2 形成隔离，不影响滤波器 2 的性能；同理，滤波器 2 与一段长度为 $\lambda_g/4$ 的传输线连接，此处的 λ_g 为滤波器 1 中心频率对应的波导波长，这样可使滤波器 2 与滤波器 1 隔离。近些年发展的另一种双/多工器设计方法是多谐振器耦合法，例如，采用 E 型双模双频谐振器作为公共端，双模双频谐振器的奇模、偶模分别与滤波器 1 和滤波器 2 耦合产生两个滤波通道[161]，另外 E 型谐振器又充当了类似于 T 型网络的作用。多谐振器耦合可以产生更多传输零点。

一种多谐振器耦合结构的双工器[161]如图 5.147 所示。如果双工器工作频率为 2.4/3.6 GHz，相对带宽为 6.7%/3.6%，回波损耗为−30 dB/−27 dB，则对应 2 个滤波器的耦合矩阵分别为

$$
\boldsymbol{M}_1 = \begin{bmatrix}
0 & 1.929\,1 & 0 & 0 & 0 \\
1.929\,1 & 0 & 3.754\,8 & 0 & 0 \\
0 & 3.754\,8 & 0 & -0.369\,1 & 0 \\
0 & 0 & -0.369\,1 & 0 & 1.275 \\
0 & 0 & 0 & 1.275 &
\end{bmatrix}
\tag{5.210a}
$$

$$
\boldsymbol{M}_2 = \begin{bmatrix}
0 & 1.919\,6 & 0 & 0 & 0 \\
1.919\,6 & 0 & 2.371\,8 & 0 & 0 \\
0 & 2.371\,8 & 0 & -0.083\,1 & 0 \\
0 & 0 & -0.083\,1 & 0 & 1.500\,7 \\
0 & 0 & 0 & 1.500\,7 &
\end{bmatrix}
\tag{5.210b}
$$

双工器物理结构如图 5.147（a）所示，采用电磁分路耦合二阶开环谐振器和 E 型双模谐振器构成，工作原理是两个不同频段的滤波器分别与双模谐振器的奇模、偶模耦合产生两个滤波通道，双模谐振器的奇模、偶模谐振频率分别与 2 个不同频段的滤波器相对应，并将公共端与双模谐振器相连，这样滤波器 1 在与奇模或偶模谐振器耦合以后与滤波器 2 形成隔离，滤波器 2 类似。双工器耦合结构如图 5.147（b）所示，其中 E 代表电耦合，M 代表磁耦合。通过仿真和耦合矩阵得到的频率响应如图 5.147（c）所示。滤波器的一些传输零点可分别由电磁耦合调控。双工器实物如图 5.147（d）所示，测试结果分别如图 5.147（e）和（f）所示。

另一种电磁混合耦合结构的双工器[77]如图 5.148 所示。图 5.148（a）所示为电磁混合耦合滤波器，图 5.148（b）为其电磁耦合结构，该滤波器通过 H 形谐振器和馈线的电磁混合耦合产生多个传输零点。图 5.148（c）和（d）为双工器物理结构和实物图，图 5.148（e）和（f）为双工器测试结果。该双工器工作在 2.44/3.52GHz，插入损耗小于 1.6dB，隔离度大于 42dB。

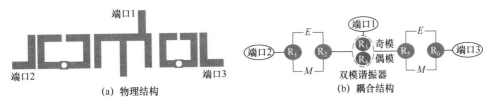

图 5.147　多谐振器耦合结构的双工器[161]

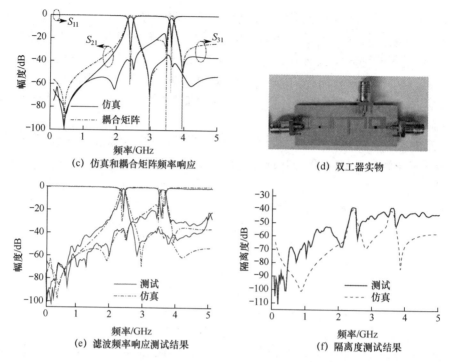

(c) 仿真和耦合矩阵频率响应

(d) 双工器实物

(e) 滤波频率响应测试结果

(f) 隔离度测试结果

图 5.147　多谐振器耦合结构的双工器[161]（续）

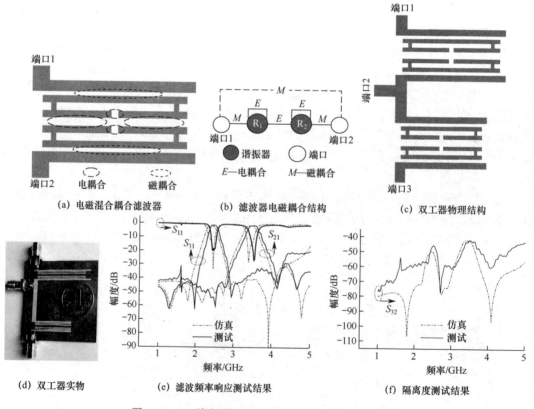

(a) 电磁混合耦合滤波器

(b) 滤波器电磁耦合结构

(c) 双工器物理结构

(d) 双工器实物

(e) 滤波频率响应测试结果

(f) 隔离度测试结果

图 5.148　一种电磁混合耦合的 H 形谐振器双工器[77]

多工器的设计方法主要有以下两种。

（1）在滤波器基础上的多工器设计。根据滤波器耦合矩阵和拓扑结构，先确定多工器实现的拓扑结构，在此基础上确定耦合元素，无耦合时在矩阵对应位置应为零。假设双工器的拓扑结构如图 5.149（a）所示，则该双工器的耦合矩阵结构如图 5.149（b）所示，据此耦合矩阵在电磁仿真软件（如 Designer）中建立电路模型，用电路仿真结果可初步验证耦合矩阵的正确性。三工器、四工器等多工器的综合过程类似。

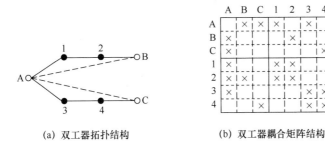

(a) 双工器拓扑结构   (b) 双工器耦合矩阵结构

图 5.149　双工器拓扑结构和对应的耦合矩阵结构

根据有耗技术和无反射技术可以设计实现有耗双/多工器和无反射双/多工器。

（2）基于多端口网络的多耦合谐振器多工器直接综合法。就是利用耦合谐振器网络的多端口耦合矩阵，直接设计多工器网络。这种综合法对于多端口有耗网络的多耦合谐振器多工器也适用，即对设计有耗多工器适用。有耗多工器完全由加载电阻的多耦合谐振器构成，这样可以避免单独设计各通道滤波器。下面以有耗双/多工器为例来说明综合过程。

① 假设所要求的有耗多工器网络包括 n 个谐振器、p 个端口，定义该多端口网络的广义耦合矩阵为

$$M = \begin{bmatrix} 0 & M_{pn} \\ M_{pn}^{\mathrm{T}} & M_n \end{bmatrix} \tag{5.211}$$

M_n 是 $n \times n$ 矩阵，由各个谐振器间的归一化耦合系数构成，M_{pn} 是 $p \times n$ 矩阵，表示各端口与各谐振器间的耦合。多端口耦合谐振器有耗网络的一般拓扑形式如图 5.150 所示。

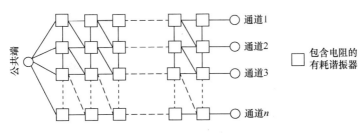

图 5.150　多端口耦合谐振器有耗网络的一般拓扑形式

② 根据耦合矩阵理论，归一化阻抗与归一化导纳矩阵有相同的形式，对于电磁耦合包括混合耦合结构，耦合矩阵具有统一的形式。可以确定归一化阻抗或导纳矩阵。这里采用导纳矩阵 A。

③ 根据基尔霍夫电压电流定律，由环路方程可以构造耦合矩阵形式的电压电流方

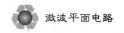

程，例如，

$$(pU + G + jM) \cdot V(p) = A \cdot V(p) = I_0 \tag{5.212}$$

式中，$V(p)$ 是节点电压矢量，I_0 是单位激励矢量，U 和 G 分别为节点电容矩阵与电导矩阵，电导矩阵含有谐振器损耗电导。

④ 由网络分析确定传输函数和反射函数与导纳矩阵 A 之间的关系。

⑤ 建立多工器各通道间传输／反射与耦合矩阵间的关系。

⑥ 用解析梯度优化法优化耦合矩阵，使其满足多工器指标所要求的响应。

⑦ 在确定耦合矩阵的耦合系数条件下，用 Designer/ADS 建立电路仿真模型，以电路仿真验证耦合矩阵。

⑧ 根据耦合矩阵和拓扑结构，确定多工器物理结构模型，用电磁仿真软件 HFSS 和 Designer/ADS 协同优化仿真。

两种多谐振器耦合的有耗双工器拓扑结构如图 5.151 所示。其中，拓扑结构 1［见图 5.151（a）］中深色部分表示主耦合谐振器，浅色部分表示枝节谐振器，三工器等有类似的拓扑结构。耦合电阻可以接入所需要的两个谐振器之间；另外谐振器可以很方便地加载接地电阻，减小谐振器 Q 值，构成不均匀谐振器 Q 值网络，提高通带平坦度，如图 5.151（b）所示。加载电阻可以改善带内平坦度和带外抑制，不会影响电路的频率选择性。需要说明的是，加入电阻不会影响多工器的隔离度。多工器的隔离度主要受控于传输零点、带外抑制和公共端设计。

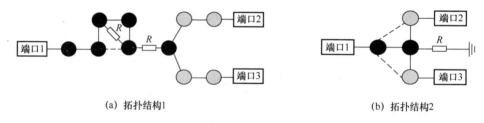

(a) 拓扑结构1   (b) 拓扑结构2

图 5.151　多谐振器耦合的有耗双工器拓扑结构

参 考 文 献

[1] 林为干. 微波网络[M]. 北京：国防工业出版社，1978.

[2] 甘本祓，吴万春. 现代微波滤波器的结构与设计[M]. 北京：科学出版，1973.

[3] POZAR D M. 微波工程[M]. 3 版. 北京：电子工业出版社，2006.

[4] COHN S B. Parallel-coupled transmission-line resonator filters[J]. IRE Trans. Microwave Theory and Techniques, Vol.6, 1958: 223-231.

[5] LIN Y S, LIU C C, LI K M, et al. Design of an LTCC tri-band transceiver module for GPRS mobile applications[J]. IEEE Trans. Microw. Theory Tech., Vol.52, No.12, 2004: 2718-2724.

[6] CHU Q, WU X, CHEN F. Novel compact tri-band bandpass filter with controllable bandwidths[J]. IEEE Microwave and Wireless Components Letters, Vol.21, No.12, 2011: 655-657.

[7] LAI X, WU B, SU T, et al. Novel tri-band filter using stub-loaded open loop ring resonators[J]. Microwave

and Optical Technology Letters, Vol.52, No.3, 2010: 523-526.

[8] LIU H W, LV Y, ZHENG W, et al. Compact dual-band bandpass filter using trisection hairpin resonator for GPS and WLAN applications[J]. Electronics Letters, Vol.45, No.7, 2009: 360-361.

[9] XIAO J K, ZHU W J. H-shaped SIR bandpass filter with dual and tri-band[J]. Microwave and Optical Technology Letters, Vol.54, No.7, 2012: 1686-1688.

[10] XIAO J K, ZHU Y F, LI Y, et al. Miniature quad-band bandpass filter with passband individually controllable using folded SIR[J]. Electronics Letters, Vol.50, No.9, 2014: 679- 680.

[11] XIAO J K, ZHU Y F, LI Y, et al. Controllable miniature tri-band bandpass filter using defected microstrip structure[J]. Electronics Letters, Vol.50, No.21, 2014: 1534-1536.

[12] XIAO J K, LI Y, MA J. Transmission zeros controllable bandpass filters with dual and quad-band[J]. Electronics Letters, Vol.51, No.13, 2015: 1003-1005.

[13] XIAO J K, LI Y, ZHANG N, et al. CPW bandpass filters with controllable passbands[J]. AEU-International Journal of Electronics and Communications, Vol.70, 2016: 1088-1093.

[14] XIAO J K, N. Zhang, J. Ma, J.-S. Hong, microstrip/coplanar waveguide hybrid bandpass filter with electromagnetic coupling[J]. IEEE Microwave and Wireless Components Letters, Vol.26, No.10, 2016: 780-782.

[15] CHE W, FENG W, DENG K, Microstrip dual-band bandstop filter of defected ground structure and stepped impedance resonators[J]. International Journal of Electronics, Vol. 97, 2010: 1351-1359.

[16] CHEN C Y, HSU C Y. A simple and effective method for microstrip dual-band filters design[J]. IEEE Microwave and Wireless Components Letters, Vol.16, No.5, 2006: 246-248.

[17] CHEN C F, HUANG T Y, WU R B. Design of dual- and triple-passband filters using alternately cascaded multiband resonators[J]. IEEE Transactions on Microwave Theory and Techniques, Vol. 54, No.9, 2006: 3550-3558.

[18] 王斌，官雪辉，王晓燕，等. 枝节加载的高性能双模双频段滤波器[J]. 华东交通大学学报，2012（6）：6-10.

[19] MARCIO F A, FABIO R L, MARCOS T M, et al. Discriminators for instantaneous frequency measurement subsystem based on open-loop resonators[J]. IEEE Trans. Microwave Theory and Techniques, Vol.57, No.9, 2009: 2224-2231.

[20] HONG J S. Microstrip filters for RF/Microwave applications (second edition) [M]. New Jersey: John Wiley & Sons Press, 2011.

[21] MOHAMED S A, LIND L F. Construction of lowpass filter transfer functions having prescribed phase and amplitude characteristics[J]. IEEE Colloquium Digest: Microwave Filters, 1982: 81-85.

[22] HANNA E, JARRY P, KERHERVE E, et al. General prototype network method for suspended substrate microwave filters with asymmetrical prescribed transmission zeros: synthesis and realization[C]// Proceedings of the Mediterranean Microwave Symposium(MMS 2004), Marseille, France, June 2004.

[23] JARRY P, GUGLIELMI M, PHAM J M, et al. Synthesis of dual-modes in-line asymmetric microwave rectangular filters with higher modes[J]. International Journal of RF and Microwave Computer-Aided Engineering, Vol.15, No.2, 2005: 241-248.

[24] KURZROK R M. General three-resonator filters in waveguide[J]. IEEE Transactions on Microwave Theory and Techniques, Vol. 14, No. 11, 1966: 46-47.

[25] HANNA E, JARRY P, PHAM J M, et al. A design approach for capacitive gap-parallel-coupled-lines filters with the suspended substrate technology[J]. Microwave Filters & Amplifiers, 2005.

[26] HANNA E, JARRY P, KERHERVE E, et al. Suspended substrate stripline cross-coupled trisection filters with asymmetrical frequency characteristics[C]// IEEE 35th European microwave Conference (EuMC 2005),

Paris, 2005: 273-276.

[27] JARRY P, BENEAT J. Advanced design techniques and realizations of microwave and RF filters[M]. New Jersey: John Wiley & Sons Press, 2008.

[28] CAMERON R J. General coupling matrix synthesis methods for chebyshev filtering functions[J]. IEEE Transactions on Microwave Theory and Techniques, Vol. 47, No. 4, 1999: 433-442.

[29] HANNA E, JARRY P, KERHERVE E, et al. Cross-coupled suspended stripline trisection bandpass filters with open-loop resonators[J]. IEEE International Microwave and Optoelectronics Conference, Brasilia, Brazil, 42-46, 2005: 25-28.

[30] HANNA E, JARRY P, KERHERVE E, et al. General prototype network method for suspended substrate microwave filters with asymmetrically prescribed transmission zeros: synthesis and realization[J]. IEEE 2004 Mediterranean Microwave Symposium, Marseille, France, 2004: 40-43.

[31] LIM J S, KIM C S, PARK J S, et al. Design of 10 branch line coupler using microstrip line with defected ground structure[J]. Electronics Letters, Vol.21, No.36, 2000: 1784-1785.

[32] LIM J S, WON S, KIM C S, et al. A 4:1 unequal wilkinson power divider[J]. IEEE Microwave and Wireless Components Letters, Vol.11, No.3, 2001: 124-126.

[33] KO Y J, PARK J Y, BU H U. Fully integrated unequal wilkinson power divider with EBG CPW[J]. IEEE Microwave and Wireless Components Letters, Vol.13, No.7, 2003: 276-278.

[34] LIM J S, KIM H , PARK J S, et al. A power amplifier with efficiency improved using defected ground structure[J]. IEEE Microwave and Wireless Component Letters, Vol.11, No.4, 2001: 170-172.

[35] PARK J S, YUN J S, AHN D. A design of the novel coupled-line bandpass filter using defected ground structure with wide stopband performance[J]. IEEE Transaction on Microwave and Techniques, Vol.50, No.9, 2002: 2037-2043.

[36] BALALEM A, ALI A R, MACHAC J, et al. Quasi-elliptic microstrip low-pass filters using an inter-digital DGS slot[J]. IEEE Microwave and Wireless Components Letters, Vol.17, No.8, 2007: 586-588.

[37] YANG G M, JIN R. Ultra-wideband bandpass filter with hybrid quasi-lumped elements and defected ground structure[J]. IEEE Microwaves, Antennas & Propagation, Vol.1, No.3, 2007: 733-736.

[38] PARUI S K, DAS S. Performance enhancement of microstrip open loop resonator bandpass filter by defected ground structures[J]. Antenna Technology:Small and Smart Antennas Metamaterials and Applications, 2007: 483-486.

[39] PARK J S, KIM J H, LEE J H, et al. A novel equivalent circuit and modeling method for defected ground structure and its application to optimization of a DGS lowpass filter[J]. IEEE MTT-S International, 2002: 417-420.

[40] CALOZ C, ITOH T. Multilayer and anisotropic planar compact PBG structure for microstrip application[J]. IEEE Tran on Microwave Theory and Tech, Vol.50, No.9, 2002: 2206-2208.

[41] LEE Y T, LIM J S, PARK J S, et al. A novel phase noise reduction technique in oscillators using defected ground structure[J]. IEEE Microwave and Wireless Components Letters, Vol.12, No.2, 2002: 39-41.

[42] LIM J S, LEE Y, HAN J H, et al. A technique for reducing the size of amplifiers using defected ground structure[C]// 2002 IEEE MTT-S International Microwave Symposium Digest, 2002: 1153-1156.

[43] LIM J S, LEE Y, KIM C S, et al. A method to shorten the size of amplifiers using vertically periodic defected ground structure[C]// 32nd European Microwave Conference, 2002: 766-769.

[44] SU T K, JIN K L. A design of amplifier using harmonic termination matching tuner and harmonic blocking bias line[C]// 2005 European Microwave Conference, 2005: 1-4.

[45] LIU H W, LI Z F, SUN X. A novel fractal defected ground structure and its application to the low-pass filter

[J].Microwave and Optical Technology Letters, Vol.39, No.6, 2003: 453-456.

[46] PARK J S. An equivalent circuit and modeling method for defected ground structure and its application to the design of microwave circuits[J]. Microwave Journal, Vol.11, 2003: 5-9.

[47] CHAE H, LIM J S. Analysis of periodically loaded defected ground structure and application to leaky wave antennas[C]// 2003 Asia-Pacific Microwave Conference, 2003: 1023-1026.

[48] PARK J S, YUN J S, PARK C S. Dgs resonator with inter digital capacitor and application to bandpass filter design[J]. Electronics Letters, Vol.40, No.7, 2004: 9-10.

[49] PARK J S, KIM C S, KIM J, et al. Modeling of a photonic bandgap and its application for the low-pass filter design[C]// 1999 Asia Pacific Microwave Conference, Vol.2, 331-334.

[50] INSIK C, BOMSON L.Design of defected ground structures for harmonic control of active microstrip antenna[J].IEEE Antennas and Propagation Society International Symposium, Vol. 2, 2002: 852-855.

[51] PARK J S, KIM J H, LEE J H, et al. A novel equivalent circuit and modeling method for defected ground structure and its application to optimization of a DGS lowpass filter[C]// 2002 IEEE MTT-S International Microwave Symposium Digest, 2002: 417-420.

[52] XIAO J K, ZHU Y F, FU J S. Non-uniform DGS low pass filter with ultra-wide stopband[C]// The 9th International Symposium on Antennas, Propagation, and EM Theory (2010 ISAPE), Guangzhou, China, 2010: 1216-1219.

[53] LIM J S, LEE Y T, KIM C S,et al. A vertically periodic defected ground structure and its application in reducing the size of microwave circuits[J]. IEEE Microwave and Wireless Components Letters,Vol.12, No.12, 2002: 479-481.

[54] XIAO J K, ZHU Y F. New U-shaped DGS bandstop filters[J]. Progress In Electromagnetics Research C, Vol. 25, 2012: 179-191.

[55] XIAO J K, HUANG H F. New dual-band bandpass filter with compact SIR structure[J]. Progress In Electromagnetics Research Letters, Vol.18, 2010: 125-134.

[56] KAZEROONI M, CHELDAVI A, KAMAREI M. Unit length parameters, transition sharpness and level of radiation in DMS and dgs interconnections[J]. Progress In Electromagnetics Research M, Vol.10, 2009: 93-102.

[57] MENDEZ J A T, AGUILAR H J. A proposed defected microstrip structure (dms) behavior for reducing rectangular patch antenna size[J]. Microwave and Optical Technology Letters, Vol.43, No.6, 2004: 481-484.

[58] XIAO J K. Defected microstrip structure, wiley encyclopedia of electrical and electronics engineering [M]. New Jersey: John Wiley & Sons, DOI: 10.1002/047134608X.W8199.

[59] XIE H H, JIAO Y C. Dms structures stop bandpass filter harmonics[J]. Microwave RF, Vol. 50, No.9, 2011: 69-72.

[60] LIU H W, ZHANG Z C, WANG S. Compact dual-band bandpass filter using defected microstrip structure for GPS and WLAN applications[J]. Electronics Letters, Vol. 46, No.21, 2010: 1444-1445.

[61] XIAO J K, W J ZHU. New defected microstrip structure bandstop filter[C]// The 30th Progress In Electromagnetics Research Symposium, Sept.12-16, Suzhou, China, 2011: 1471-1474.

[62] QIN W, XUE Q. Balanced microwave filters[M]. New Jersey: John Wiley & Sons, 2018.

[63] 冯文杰, 车文荃, 史苏阳. 基于信号干扰技术的高选择性宽带带通滤波器[C]// 2013 年全国微波毫米波会议.

[64] 商玉霞, 冯文杰, 车文荃. 基于信号干扰技术的多功能可重构滤波器[C]// 2017 年全国微波毫米波会议.

[65] GARCÍA R G, YANG L, FERRERAS J M, et al. Lossy signal-interference filters and applications[J]. IEEE Transactions on Microwave Theory and Techniques, Vol. 68, No. 2, 2020: 516-529.

[66] FENG W J, CHE W Q, EIBERT T F, et al. Compact wideband differential bandpass filter based on the double-sided parallel-strip line and transversal signal-interaction concepts, IET microw[J]. Antennas Propag., Vol. 6, No. 2, 2012: 186-195.

[67] GARCÍA R G, YANG L, FERRERAS J M. Low-reflection signal-interference single- and multipassband filters with shunted lossy stubs[J]. IEEE Microwave and Wireless Components Letters, Vol. 30, No. 4, 2020: 355-358.

[68] VELIDI V K, SUBRAMANYAM A V G, KUMAR V S, et al, Compact harmonic suppression branch-line coupler using signal-interference technique [C]// 2016 Asia-Pacific Microwave Conference (APMC), New Delhi, 2016: 1-4.

[69] ZHU H, GUO Y J. Wideband filtering phase shifter using transversal signal-interference techniques[J]. IEEE Microwave and Wireless Components Letters, Vol. 29, No. 4, 2019: 252-254.

[70] SHI J, NIE Y, ZHANG W, et al. Differential filtering phase shifter with wide common-mode suppression bandwidth and high frequency selectivity[J]. IEEE Transactions on Circuits and Systems II: Express Briefs, 2021, DOI: 10.1109/TCSII.2021.3051733.

[71] WANG Z, CAO Y, SHAO T, et al. A negative group delay microwave circuit based on signal interference techniques[J]. IEEE Microwave and Wireless Components Letters, Vol. 28, No. 4, 2018: 290-292.

[72] PSYCHOGIOU D, GARCIA R G, PEROULIS D. Signal-interference bandpass filters with dynamic in-band interference suppression[C]// 2016 IEEE Radio and Wireless Symposium (RWS), Austin, TX, USA, 2016: 80-83.

[73] MA K X, MA J G, YEO K, et al. A compact size coupling controllable filter with separate electric and magnetic coupling paths[J]. IEEE Trans. Microw. Theory Tech., Vol.54, No.3, 2006: 1113-1119.

[74] CHU Q X, WANG H. A compact open-loop filter with mixed electric and magnetic coupling[J]. IEEE Trans. Microw. Theory Tech., Vol.56, No.2, 2008: 431-439.

[75] KUO J T, HSU C L, SHIH E. Compact planar quasi-elliptic function filter with inline stepped-impedance resonators[J]. IEEE Transactions on Microwave Theory and Techniques, Vol.55, No.8, 2007: 1747-1755.

[76] XIAO J K, ZHU M, MA J, et al. Hong, conductor-backed CPW bandpass filters with electromagnetic couplings[J]. IEEE Microwave and Wireless Components Letters, Vol.26, No.6, 2016: 401-403.

[77] XIAO J K, ZHU M, LI Y, et al. High selective microstrip bandpass filter and diplexer with mixed electromagnetic coupling[J]. IEEE Microwave and Wireless Components Letters, Vol.25, No.12, 2015: 781-783.

[78] TANG S C, YU C H, CHIOU Y C, et al. Extraction of electric and magnetic coupling for coupled symmetric microstrip resonator bandpass filter with tunable transmission zero[C]// 2009 Asian-Pacific Microwave Conference, Singarpore.

[79] THOMAS J B. Cross-coupling in coaxial cavity filters—a tutorial overview[J]. IEEE Transactions on Microwave Theory and Techniques, Vol.51, No.4, 2003: 1398-1376.

[80] HONG J S. Reconfigurable planar filters[J]. IEEE Microwave Magazine, Vol.10, No.6, 2009: 73-83.

[81] JOSHI H, SIGMARSSON H H, SUNGWOOK M, et al, High Q fully reconfigurable tunable bandpass filters[J]. IEEE Transactions on Microwave Theory and Techniques, Vol. 57, 2009: 3525-3533.

[82] DJOUMESSI E E, CHAKER M, WU K. Varactor-tuned quarter-wavelength bandpass filter[J]. IET Microwaves, Antennas and Propagation, Vol. 3, 2009: 117-124.

[83] HOON C Y, HONG J S. Electronically reconfigurable dual-mode microstrip open-loop resonator filter[J]. IEEE Microwave and Wireless Components Letters, Vol.18, 2008: 449-451.

[84] MILLER A, HONG J S. Wideband bandpass filter with reconfigurable bandwidth[J]. IEEE Microwave and Wireless Components Letters, Vol.20, No.1, 2010: 28-30.

[85] MILLER A, HONG J S. Electronically reconfigurable multi-channel wideband bandpass filter with bandwidth and centre frequency control[J]. IET Microwaves, Antennas & Propagation, Vol.6, No.11, 2012: 1221-1226.

[86] CHUN Y H, HONG J S, BAO P, et al. Lancaster, BST varactor tuned bandstop filter with slotted ground structure[C]// 2008 IEEE MTT-S Int. Microwave Symp., June 2008: 1115-1118.

[87] P BLONDY, PEROULIS D. Handling RF power: The latest advances in RF-MEMS tunable filters[J]. IEEE Microwave Magazine, Vol. 14, 2013: 24-38.

[88] FOULADI S, HUANG F, YAN W D, et al. Mansour, high-q narrowband tunable combline bandpass filters using MEMS capacitor banks and piezomotors[J]. IEEE Transactions on Microwave Theory and Techniques, Vol. 61, 2013: 393-402.

[89] TU W T, CHANG K. Piezoelectric transducer-controlled dualmode switchable bandpass filter[J]. IEEE Microwave Wireless Components Letters, Vol. 17, No. 3, 2007: 199-201.

[90] CHUN Y H, SHAMAN H, HONG J S. Switchable embedded notch structure for UWB bandpass filter[J]. IEEE Microwave and Wireless Components Letters, Vol. 18, No. 9, 2008: 590-592.

[91] LIVINGSTON R M. Predistorted waveguide filters for use in communications systems[J]. IEEE MTT-S Int. Microwave Symp., Dallas TX, USA, 1969: 291-297.

[92] YU M, TANG W C, MALARKY A, et al. Novel adaptive predistortion technique for cross-coupled filters and its application to satellite communication systems[J]. IEEE Trans. Microwave Theory and Techniques, Vol.51, 2003: 2505-2515.

[93] FATHELBAB W M, HUNTER I C, RHODES J D. Synthesis of predistorted reflection-mode hybrid prototype networks with symmetrical and asymmetrical characteristics[J]. Int. J. Circ. Theory Appl., Vol. 29, 2001: 251-266.

[94] GUYETTE A C, HUNTER I C, POLLARD R D. The design of microwave bandpass filters using resonators with nonuniform Q[J]. IEEE Trans. Microwave Theory and Techniques, Vol.54, No.11, 2006: 3914-3922.

[95] GUYETTE A C, HUNTER I C, POLLARD R D. Exact synthesis of microwave filters with nonuniform dissipation[C]// Proceedings in IEEE MTT-S Int. Microw. Symp., Honolulu, HI, Jun. 2007: 537-540.

[96] MIRAFTAB V, YU M. Generalized lossy microwave filter coupling matrix synthesis and design using mixed technologies[J]. IEEE Trans. Microwave Theory and Techniques, Vol. 56, No. 12, 2008: 3016-3027.

[97] MIRAFTAB V, YU M. Advanced coupling matrix and admittance function synthesis techniques for dissipative microwave filters[J]. IEEE Trans. Microwave Theory and Techniques, Vol. 57, No. 10, 2009: 2429-2438.

[98] ZHAO Y T, WANG G. Multi-objective optimisation technique for coupling matrix synthesis of lossy filters[J]. IET Microwaves, Antennas & Propagation, Vol.7, No.11, 2013: 926-933.

[99] MENG M, HUNTER I C, RHODES J D. The design of parallel connected filter networks with nonuniform resonators[J]. IEEE Trans. Microwave Theory and Techniques, Vol.61, No.1, 2013: 372-381.

[100] BASTI A, PÉRIGAUD A, BILA S, et al. Design of microstrip lossy filters for receivers in satellite transponders[J]. IEEE Trans. Microwave Theory and Techniques, Vol.62, No.9, 2014: 2014-2024.

[101] QIU L, WU L, YIN W, et al. A flat-passband microstrip filter with non-uniform-Q dual-mode resonators[J]. IEEE Microwave and Wireless Components Letters, Vol.26, No.3, 2016: 183-185.

[102] NI J, TANG W, HONG J. Design of microstrip lossy filter using an extended doublet topology[J]. IEEE Microwave and Wireless Components Letters, Vol.24, No.5, 2014: 318-320.

[103] 张敏. 微波有耗滤波器与微波双工器研究[D]. 西安：西安电子科技大学，2018.

[104] 张敏，肖建康. 折叠地型 CBCPW 有耗滤波器[C]//2018 年全国微波毫米波会议论文集（下册）.

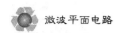

2018: 657-660.

[105] CHIEH J C S, ROWLAND J. A Fully tunable C-band reflectionless bandstop filter using L-resonators[C]// 46th European Microwave Conference, 2017: 131-133.

[106] MORGAN M A, BOYD T A. Theoretical and experimental study of a new class of reflectionless filter[J]. IEEE Transactions on Microwave Theory and Techniques, Vol.59, No.5, 2011: 1214-1221.

[107] MORGAN M A . Reflectionless filters:12/476883[P].US20100205233.

[108] FENG W J, MA X, SHI Y, et al, High-selectivity narrow- and wide-band input-reflectionless bandpass filters with intercoupled dual-behavior resonators[J]. IEEE Transactions on Plasma Science, Vol. 48, No. 2, 2020: 446-454.

[109] KONG M, WU Y, ZHUANG Z, et al. Kishk, compact wideband reflective/absorptive bandstop filter with multitransmission zeros[J]. IEEE Trans. Microwave Theory and Techniques, Vol. 67, No.2, 2019: 482-493.

[110] LEE J H, LEE J. Distributed-element reflectionless bandstop filter with a broadband impedance matching[J]. IEEE Microwave and Wireless Components Letters, Vol.30, No.6, 2020: 561-564.

[111] XIAO J K, PU J. Synthesis of absorption reflectionless bandstop filter and its design using multi-layer self-packaged SCPW[J]. IEEE Access, Vol.8, 2020: 218803-218812.

[112] JEONG S W, LEE T H, LEE J. Frequency- and bandwidth-tunable absorptive bandpass filter[J]. IEEE Transactions on Microwave Theory and Techniques, Vol. 67, No. 6, 2019: 2172-2180.

[113] JEONG S W, LEE T H, LEE J. Absorptive filter prototype and distributed-element absorptive bandpass filter[C]// Proc. IEEE MTT-S Int. Conf. Numer. Electromagn. Multiphys. Modeling Optim. (NEMO), Aug., 2018, Reykjavik, Iceland: 1-4.

[114] JEONG S W, LEE T H, LEE J. Absorptive bandpass filter with a pair of transmission zeros[C]// 18th IEEE International New Circuits and Systems Conference (NEWCAS), 2020.

[115] Wu X, LI Y, LIU X. High-order dual-port quasi-absorptive microstrip coupled-line bandpass filters[J]. IEEE Transactions on Microwave Theory and Techniques, Vol.68, No.4, 2019: 1462-1475.

[116] Wu X, LI Y, LIU X. Quasi-reflectionless microstrip bandpass filters with improved passband flatness and out-of-band rejection[J]. IEEE Access, Vol.8, 2020: 160500-160514.

[117] LUO C, WONG S. Quasi-reflectionless microstrip bandpass filters using bandstop filter for out-of-band improvement[J]. IEEE Transactions on Circuits and Systems II: Express Briefs, Vol.67, No.10, 2019: 1849-1853.

[118] GARCÍA R G, FERRERAS J M, PSYCHOGIOU D. Symmetrical quasi-absorptive RF bandpass filters[J]. IEEE Transactions on Microwave Theory and Techniques, Vol.67, No.4, 2019: 1472-1482.

[119] LEE J, NAM S. Distributed-element absorptive bandpass filter with A broadband impedance matching[C]// 2020 IEEE/MTT-S International Microwave Symposium (IMS), Los Angeles, CA, USA, 2020: 912-915.

[120] SHAO J Y, LIN Y S. Narrowband coupled-line bandstop filter with absorptive stopband[J]. IEEE Transactions on Microwave Theory and Techniques, Vol. 63, No.10, 2015: 3469-3478.

[121] QIU L, WU L, YIN W, et al. Absorptive bandstop filter with prescribed negative group delay and bandwidth[J]. IEEE Microwave and Wireless Components Letters, Vol. 27, No. 7, 2017: 639-641.

[122] GARCÍA R G, YANG L, FERRERAS J M, et al. Lossy signal-interference filters and applications[J]. IEEE Transactions on Microwave Theory and Techniques, Vol. 68, No. 2, 2020: 516-529.

[123] 秦巍巍, 石玉, 赵宝林. 新型吸收式微带线带通滤波器的仿真设计[J]. 磁性材料及器件, 2015, 46 (1): 50-54.

[124] 常钰敏, 庄智强, 戴永胜. 一种基于 LTCC 的小型化吸收式带通滤波器的设计[J]. 功能材料与器件学报, 2019, 25 (1): 19-25.

[125] WU C H, WANG C H, CHEN S Y. Balanced-to-unbalanced bandpass filters and the antenna application[J].

IEEE Trans. Microw. Theory Tech, Vol.56, No.11, 2008: 2474-2481.

[126] XUE Q, SHI J, CHEN J X. Unbalanced-to-balanced and balanced-to-unbalanced diplexer with high selectivity and common-mode suppression[J]. IEEE Trans. Microw. Theory Tech, Vol.59, No.11, 2011: 2848-2855.

[127] YANG N, CALOZ C, WU K. Greater than the sum of its parts[J]. IEEE microwave magazine, Vol. 11, No. 4, 2010: 69-81.

[128] EISENSTADT W R, STENGEL B, BRUCE M. Thompson. microwave differential circuit design using mixed-mode S-parameters[J]. Artech House, 2005.

[129] BOCKELMAN D E, EISENSTADT W R. Combined differential and common-mode scattering parameters: theory and simulation[J]. IEEE.Trans. Microw. Theory Tech., Vol. 43, No.7, 1995: 1530-1539.

[130] WU C H, WANG C H. Balanced coupled-resonator bandpass filters using multisection resonators for common-mode suppression and stopband extension[J]. IEEE Trans. Microw. Theory Tech., Vol.55, No.8, 2007: 1756-1763.

[131] YAN T F, LU D, WANG J F, et al. High-selectivity balanced bandpass filter with mixed electric and magnetic coupling[J]. IEEE Microw. Wireless Compon. Lett., Vol.26, No.6, 2016: 398-400.

[132] PRIETO A F, MARTEL J, MEDINA F, et al. Compact balanced FSIR bandpass filter modified for enhancing common-mode suppression[J]. IEEE Microw. Wireless Compon. Lett., Vol.25, No.3, 2015: 154-156.

[133] XIAO J K, SU X B, WANG H, et al. Compact microstrip balanced bandpass filter with adjustable transmission zeros[J]. Electronics Letters, Vol.55, No.4, 2019: 212-214.

[134] XIAO J K, QI X, WANG H, et al. High Selective balanced bandpass filters using end-connected conductor-backed coplanar waveguide[J]. IEEE Access, Vol.7, No.1, 2019: 16184-16193.

[135] WU C H, WANG C H, CHEN C H. Novel balanced coupled-line bandpass filters with common-mode noise suppression[J]. IEEE Trans. Microw. Theory Tech., Vol.55, No.2, 2007: 287-295.

[136] FENG W J, CHE W Q, XUE Q. Balanced filters with wideband common mode suppression using dual-mode ring resonators[J]. IEEE Trans. Circuits Syst. I, Reg. Papers, Vol.62, No.6, 2015: 1499-1507.

[137] LIU Q W, WANG J P, HE Y X. Compact balanced bandpass filter using isosceles right triangular patch resonator[J]. Electronics Letters, Vol.53, No.4, 2017: 253-254.

[138] ZHENG S Y, WU R T, LIU Z W. A balanced bandpass filter with two transmission zeros based on square patch resonators [C]// IEEE International Conference on Ubiquitous Wireless Broadband (ICUWB), 2016: 1-3.

[139] GUPTA T, AKHTAR M J, BISWAS A. Dual-mode dual-band compact balanced bandpass filter using square patch resonator [C]// Asia-Pacific Microwave Conference (APMC), 2016: 1-4.

[140] JANKOVIĆ N, BENGIN V C. Balanced bandpass filter based on square patch resonators[C]//International Conference on Telecommunication in Modern Satellite, Cable and Broadcasting Services (TELSIKS), 2015: 189-192.

[141] CHO Y H, YUN S W. Design of balanced dual-band bandpass filters using asymmetrical coupled lines[J]. IEEE Trans. Microw. Theory Tech., Vol.61, No.8, 2013: 2814-2820.

[142] HSU H C, LEE C H. Balanced dual-band BPF with partially coupling bi-section $\lambda/2$ and $\lambda/4$ SIRS[C]// Asia-Pacific Microwave Conference (APMC), 2012: 244-246.

[143] SHI J, XUE Q. Balanced dual-band bandpass filter using coupled stepped-impedanced resonators[J]. IEEE Microw. Wireless Compon. Lett., Vol.20, No.1, 2010: 19-21.

[144] ZHANG Y P, SUN M. Dual-band microstrip bandpass filter using stepped-impedance resonators with new coupling schemes[J]. IEEE Trans. Microw. Theory Tech., Vol.54, No.10, 2006: 3779-3785.

[145] LEE C H, HSU C I G, HSU C C. Balanced dual-band BPF with stub-loaded sirs for common-mode

suppression[J]. IEEE Microw. Wireless Compon. Lett., Vol.20, No.2, 2010: 70-72.

[146] FENG W J, GAO X, CHE W Q, et al. High selectivity wideband balanced filters with multiple transmission zeros[J]. IEEE Trans. Circuits Syst. II, Exp. Briefs, Vol.64, No.10, 2017: 1182-1186.

[147] FENG W J, CHE W Q. Novel wideband differential bandpass filters based on T-shaped structure[J]. IEEE Trans. Microw. Theory Tech., Vol.60, No.6, 2012: 1560-1568.

[148] PRIETO A F, LUJAMBIO A, MARTEL J, et al. Simple and compact balanced bandpass filters based on magnetically coupled resonators[J]. IEEE Trans. Microw. Theory Tech., Vol. 63, No.5, 2015: 1843-1853.

[149] FENG W J, CHE W Q, MA Y L, et al. Compact wideband differential bandpass filters using half-wavelength ring resonator[J]. IEEE Microw. Wireless Compon. Lett., Vol.23, No.2, 2013: 81-83.

[150] WU C H, WANG C H, CHEN C H. Novel balanced coupled-line bandpass filters with common-mode noise suppression[J]. IEEE Trans. Microw. Theory Tech., Vol.55, No.2, 2007: 287-295.

[151] WANG X H, XUE Q, CHOI W W. A Novel ultra-wideband differential filterbased on double-sided parallel-strip line[J]. IEEE Microw. Wireless Compon. Lett., Vol.20, No.8, 2010: 471-473.

[152] WANG X H, ZHANG H L, WANG B Z. A novel ultra-wideband differential filter based on microstrip line structures[J]. IEEE Microw. Wireless Compon. Lett., Vol.23, No.3, 2013: 128-130.

[153] SHI J, XUE Q. Dual-band and wide-stopband single-band balanced bandpass filters with high selectivity and common-mode suppression[J]. IEEE Trans. Microw. Theory Tech., Vol.58, No.8, 2010: 2204-2212.

[154] LIM T B, ZHU L. A differential-mode wideband bandpass filter on microstrip line for UWB application[J]. IEEE Microw. Wireless Compon. Lett, Vol.19, No.10, 2009: 632-634.

[155] WANG H, GAO L M, TAM K W, et al. A wideband differential BPF with multiple differential-and common-mode transmission zeros using cross-shaped resonator[J]. IEEE Microw. Wireless Compon. Lett., Vol.24, No.12, 2014: 854-856.

[156] NAQUI J, PRIETO A F, SINDREU M D, et al. Common-mode suppression in microstrip differential lines by means of complementary split ring resonators: theory and applications[J]. IEEE Trans. Microw. Theory Tech., Vol.60, No.10, 2012: 3023-3034.

[157] BAGCI F, PRIETO A F, LUJAMBIO A, et al. Compact balanced dual-band bandpass filter based on modified coupled-embedded resonators[J]. IEEE Microw. Wireless Compon. Lett., Vol.27, No.1, 2017: 31-33.

[158] XIAO J K, LI Y, MA J. Compact and high isolated triangular split-ring diplexer[J].Electronics Letters, Vol.54, No. 10, 2018: 661-662.

[159] XIAO J K, ZHANG M. High selective microstrip bandpass filter and diplexer with common magnetic coupling[J]. Electronics Letters, Vol.54, No. 25, 2018: 1438-1440.

[160] FENG W, GAO X, CHE W. Microstrip diplexer for GSM and WLAN bands using common shorted stubs[J]. Electronics Letters, Vol.50, No. 20, 2014: 1486-1488.

[161] XIAO J K, ZHANG M, MA J. A Compact and high isolated multi-resonator coupled diplexer[J]. IEEE Microwave and Wireless Components Letters, Vol.28, No.11, 2018: 999-1001.

第6章 平面负群时延电路

随着新一代通信技术，如多输入多输出（MIMO）技术、超宽带（UWB）通信技术、5G技术的发展，通信系统对信号传输的质量提出了更高的要求，不仅关注信号的幅度特性，相位特性也变得很重要。相比较而言，幅度和相位失真的射频设备不能为信号接收带来有用的信息，尤其对于视频应用而言，系统非线性相位响应引起的失真是不可接受的。在信号传输过程中，衡量一个传输系统的优劣，不仅要求具有良好的幅频特性，并且要求具有良好的相频特性，而群时延这一概念就是为了描述线性时不变系统中的相频特性而定义的。在现代高速通信系统中，为了避免信号的失真，平坦的群时延或线性相位至关重要。例如，在相控阵雷达多路收发组件的设计中，一个关键的设计难点就是在组件中要求每个部件都要具有精确、一致的群时延特性；另外在一些微波空间测试系统和导航系统中，尤其是在军事定位导航系统这类精度要求极高的设备中，群时延特性对物体的定位准确度更是有着直接影响，如果群时延特性较差，将会直接导致系统无法正常工作。负群时延电路能够有效补偿传统电路的正群时延，减小通带内群时延的变化，提高电路和系统的相位线性度。

大部分传统的微波器件都会产生正群时延，而正群时延会影响电路和系统的线性度，容易导致信号失真和不稳定性，使得系统性能恶化。在微波系统中，常用群时延均衡器/相位均衡器来补偿由带通滤波器、放大器等带来的群时延变化。群时延均衡器/相位均衡器是控制信号相位变化的器件，由于群时延和相位的微分关系，因此对相位的均衡也可以转化为对群时延的均衡。群时延均衡器/相位均衡器的缺点是设计比较复杂，并且仅能补偿或者平衡群时延的变化，并不能消除群时延，并且群时延均衡器需要与其他微波电路连接才能改善相位线性度，这无疑会增大电路体积。为了减少甚至消除信号失真和电路干扰，负群时延电路近年来得到越来越多的关注和应用。

负群时延电路[1-22]可以用 RLC 谐振器设计实现[1]，可以用具有信号衰减特性的带阻滤波器设计实现[2-6]，还可以用吸收电阻[4]和匹配技术有效增加 S_{11} 的衰减来减少反射回源的电磁波。其他的设计方法包括信号干扰技术[13]，有效负介电常数技术[15]和复合左右手传输线技术[19]等。另外，可调的负群时延电路[16]和悬置多层负群时延电路[17]已有相关文献报道。负群时延电路可广泛应用于通信系统微波电路设计，例如，用于提高前馈放大器的效率并减小电路尺寸[23]，应用于串联馈电的天线阵列中以减少波束偏斜[24]，在宽带常数移相器中减小相位随频率的变化[25]，实现 non-foster 电抗元件[26]，集成在功率分配器[27-29]和耦合器[30-31]上以实现负群时延特性等。

6.1 负群时延的产生

6.1.1 负群时延现象

20 世纪 30 年代，美国的 H. Nyquist 和 S. Brand 为了表示相位线性度提出了"群时

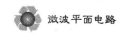

延"（group delay，GD）的概念。群时延具体指的是在群信号通过传输系统或者传输网络时，信号整体产生的时延大小。群时延定义为

$$\tau_{\mathrm{g}}(\omega) = -\frac{\mathrm{d}\varphi(\omega)}{\mathrm{d}\omega} \tag{6.1}$$

式中，$\varphi(\omega)$表示和频率有关的相移，$\varphi(\omega) = \angle S_{21}(\mathrm{j}\omega)$，因此可得：

$$\tau_{\mathrm{g}}(\omega) = -\frac{\mathrm{d}\angle S_{21}}{\mathrm{d}\omega} = -\frac{\mathrm{d}}{\mathrm{d}\omega}\left[\arctan\frac{\mathrm{Im}(S_{21})}{\mathrm{Re}(S_{21})}\right] \tag{6.2}$$

群时延是描述相位随频率变化快慢程度的量，也就是相频特性曲线的斜率。斜率为正对应负群时延，斜率为负对应正群时延，如图 6.1 所示。从图中可以看到，在产生负群时延的频段，其对应的相位变化是递增的，而正群时延所在频段的相位变化是递减的，因此，负群时延电路从另一方面来说，具有相位补偿器的功能。

典型 Ⅱ 型集总参数负群时延电路及其组成如图 6.2 所示[11]。Ⅱ 型电路是微波电路中一种比较常用的电路，通常可以用来设计功率放大器，实现 non-foster 元件等。负群时延发生在信号被吸收或者衰减最大的频率范围内，因此传统的负群时延电路基于的是串联或并联 RLC 谐振器的集总参数带阻滤波器结构。图 6.2（a）是典型的 Ⅱ 型集总参数负群时延，图 6.2（b）和（c）分别是组成该电路的串联和并联谐振器。

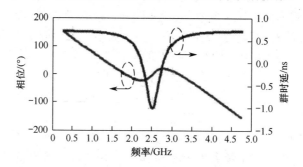

图 6.1　群时延及其相频特性曲线

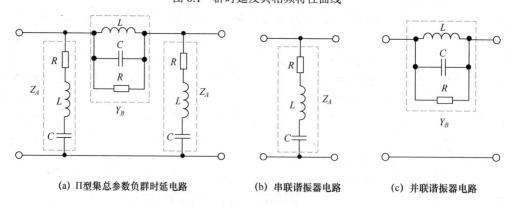

(a) Ⅱ型集总参数负群时延电路　　(b) 串联谐振器电路　　(c) 并联谐振器电路

图 6.2　典型的 Ⅱ 型集总参数负群时延电路及其组成

对于图 6.2（b）所示的串联谐振电路，其输入阻抗表示为

$$Z_A = R + \mathrm{j}\left(\omega L - \frac{1}{\omega C}\right) \tag{6.3}$$

二端口网络的散射参数 S_{21A} 可以计算为

$$S_{21A} = 1 - \frac{1}{1 + \dfrac{2Z_A}{Z_0}} \tag{6.4}$$

式中，Z_0 为端口的特性阻抗。将式（6.3）代入式（6.4），可得：

$$S_{21A} = 1 - \frac{e^{j\theta_A}}{\sqrt{\left(1 + \dfrac{2R}{Z_0}\right)^2 + \dfrac{4}{Z_0^2}\left(\omega L - \dfrac{1}{\omega C}\right)^2}}, \quad \theta_A = -\arctan\frac{\dfrac{2}{Z_0}\left(\omega L - \dfrac{1}{\omega C}\right)}{1 + \dfrac{2R}{Z_0}} \tag{6.5}$$

在谐振频率处，即 $\omega = \omega_0 = 1/\sqrt{LC}$ 时的群时延值为

$$\tau_A = -\frac{2Z_0 L}{R(2R + Z_0)} \tag{6.6}$$

由式（6.6）可知，负群时延的大小与电阻值成反比并与电感值成正比。当增加电感时，负群时延的值也随之增加。

对于图 6.2（c）所示的并联谐振电路，其输入导纳可表示为

$$Y_B = \frac{1}{R} + j\left(\omega C - \frac{1}{\omega L}\right) \tag{6.7}$$

二端口网络的散射参数 S_{21B} 可以表示为

$$S_{21B} = 1 - \frac{1}{1 + \dfrac{2Y_B}{Y_0}} = 1 - \frac{e^{j\theta_B}}{\sqrt{\left(1 + \dfrac{2}{Y_0 R}\right)^2 + \dfrac{4}{Y_0^2}\left(\omega C - \dfrac{1}{\omega L}\right)^2}} \tag{6.8}$$

式中，Y_0 为端口的导纳，θ_B 表示为

$$\theta_B = -\arctan\frac{\dfrac{2}{Y_0}\left(\omega C - \dfrac{1}{\omega L}\right)}{1 + \dfrac{2}{Y_0 R}} \tag{6.9}$$

在谐振频率 $\omega = \omega_0 = 1/\sqrt{LC}$ 处，群时延值为

$$\tau_B = -\frac{2R^2 C}{2Z_0 + R} \tag{6.10}$$

Π 型负群时延电路总的传输系数可表示为

$$S_{21T} = \frac{S_{21A} S_{21B}}{1 - S_{22A} S_{11B}} \tag{6.11}$$

如果相邻端口的反射系数足够小，则 Π 型负群时延电路总的传输系数和群时延值可表示为

$$S_{21T} \approx S_{21A} S_{21B} \tag{6.12}$$

$$\tau_{21T} \approx -\frac{d}{d\omega}(\angle S_{21A} + \angle S_{21B}) = \tau_A + \tau_B \tag{6.13}$$

群时延反映的是一个器件对带内每个频点信号相位的影响，它强调的是信号整体包络

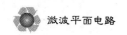

的传输时间，而不是描述某一个频率分量的相位延迟，所以群时延有时也称为包络时延。单个频率不存在群时延。当群时延恒定的时候，传输波形失真最小，通常用群时延的变化作为评价相位非线性和波形失真的指标。

负群时延现象可以认为是电磁波经过色散媒质或电路，它的输出信号幅度包络先到达媒质或电路而不经过时间延迟，其相频特性曲线的斜率为正，如图 6.3 所示[32]。

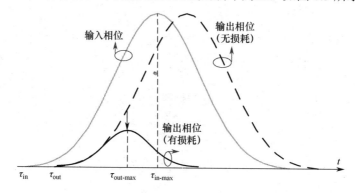

图 6.3　负群时延现象

假设一个经过调制的高斯脉冲进入一个任意数量端口的谐振电路，如果谐振电路无损耗，并且脉冲带宽相对较窄，则其输出端将有一个正的群时延，即 $\tau_{\text{out}} - \tau_{\text{in}} > 0$，波形基本保持不变。设输入脉冲在自由空间（无耗介质）中的传播长度为 l，其到达峰值所需传播时间为

$$\tau_{\text{in-max}} = \frac{l}{c} \tag{6.14}$$

如果谐振电路有损耗，脉冲传播长度为 l，则输出包络到达峰值所需传播时间为

$$\tau_{\text{out-max}} = \frac{l}{v_{\text{g}}} \tag{6.15}$$

这里，c 表示光速，v_{g} 是输出包络的相速度。如果 $v_{\text{g}} > c$，则 $\tau_{\text{in-max}} > \tau_{\text{out-max}}$，则

$$\tau = \tau_{\text{out-max}} - \tau_{\text{in-max}} < 0 \tag{6.16}$$

这就是说，超光速现象使得电磁波经过色散媒质或电路，它的输出脉冲（包络）峰值出现在输入脉冲峰值之前，从而产生负群时延。负群时延使得输出包络具有明显的幅度衰减特征，这也意味着负群时延是损耗带来的。负群时延常常产生于谐振点或色散媒质的衰减极点处。

虽然输出包络峰值超前于输入包络峰值，但是输出脉冲的能量不会超过输入脉冲的能量，因此负群时延还是满足因果关系的。负群时延现象的出现必将伴随超光速现象的产生。在此，超光速指的并不是能量速度和信息传播速度，而是指信号的群速度大于自由空间的光速。所以这一现象与爱因斯坦的相对论中"任何速度都不能超越光速"的结论不存在矛盾。

6.1.2　负群时延产生的条件

对于一个无源互易网络，散射矩阵通常用有理多项式表示为

$$\begin{bmatrix} S_{11} & S_{12} \\ S_{21} & S_{22} \end{bmatrix} = \frac{1}{E(s)} \begin{bmatrix} F_{11}(s) & P(s) \\ P(s) & F_{22}(s) \end{bmatrix} \tag{6.17}$$

式中，s 表示复频率，$E(s)$、$P(s)$ 是赫尔维兹多项式，此类多项式的根分布在 s 平面的左半部分，$F_{11}(s)$ 和 $F_{22}(s)$ 的根是关于虚轴对称的。如果是非对称网络，$S_{11}(s)$ 和 $S_{22}(s)$ 是不相等的。

令 $s = \mathrm{j}\omega$，则根据式（6.17）可得，$S_{21}(\mathrm{j}\omega) = P(\mathrm{j}\omega)/E(\mathrm{j}\omega)$，因此群时延可以由式（6.18）计算：

$$\tau(\omega) = -\frac{\partial \angle S_{21}(\mathrm{j}\omega)}{\partial \omega} = \frac{\partial \angle E(\mathrm{j}\omega)}{\partial \omega} - \frac{\partial \angle P(\mathrm{j}\omega)}{\partial \omega} \tag{6.18}$$

在无耗的情况下，满足如下条件：

$$S_{11}S_{11}^* + S_{21}S_{21}^* = 1 \tag{6.19a}$$

$$S_{22}S_{22}^* + S_{12}S_{12}^* = 1 \tag{6.19b}$$

$$S_{11}S_{21}^* + S_{12}S_{22}^* = 0 \tag{6.19c}$$

网络满足互易性，则 $S_{21} = S_{12}$，代入式（6.19），可以得到：

$$|S_{11}| = |S_{22}| \tag{6.20a}$$

$$\frac{S_{11}}{S_{22}^*} = -\frac{S_{21}}{S_{21}^*} \tag{6.20b}$$

由以上结果可将式（6.20）变为

$$|F_{11}(s)| = |F_{22}(s)| \tag{6.21a}$$

$$\frac{F_{11}(s)}{F_{22}(s)^*} = -\frac{P(s)}{P(s)^*} \tag{6.21b}$$

因此，当 $s = \mathrm{j}\omega$ 时，有：

$$\angle F_{11}(\mathrm{j}\omega) + \angle F_{22}(\mathrm{j}\omega) = N\pi \tag{6.22}$$

式中，N 表示 $F_{11}(s)$ 和 $F_{22}(s)$ 的阶数。由式（6.21b）可以推导出：$\angle F_{11} + \angle F_{22} = \pi + 2\angle P(\mathrm{j}\omega)$，代入式（6.22），可得：$\angle P(\mathrm{j}\omega) = \pi/2(N-1)$。因此，$P(\mathrm{j}\omega)$ 具有和 ω 无关的常数相位。所以，$S_{21}(\mathrm{j}\omega) = P(\mathrm{j}\omega)/E(\mathrm{j}\omega)$ 的群时延仅仅由 $1/E(\mathrm{j}\omega)$ 决定。

设 $E(s)$ 的根是 $a_n + \mathrm{j}b_n$（$n=1,2,\cdots,N$）。则 $S_{21}(\mathrm{j}\omega)$ 的群时延 $\tau(\omega)$ 可以表示为

$$\tau(\omega) = \frac{\mathrm{d}\angle E(\mathrm{j}\omega)}{\mathrm{d}\omega} = -\sum_{n=1}^{N} \frac{a_n}{a_n^2 + (\omega - b_n)^2} \tag{6.23}$$

因为 $E(s)$ 是赫尔维兹多项式，它的根的实部小于 0，即 $a_n < 0$，所以式（6.23）中求和的每一部分，即 $-a_n/[a_n^2 + (\omega - b_n)^2]$ 总是正的，因此总和也是正的，即 $\tau \geqslant 0$。总之，无耗网络总是有一个正的群时延，换句话说，对于无源互易网络来说，损耗是产生负群时延的必要条件。不仅带阻滤波器会产生负群时延，对于有耗带通滤波器，当损耗达到一定程度时，也可能产生负群时延。因此，将负群时延带通滤波器和功率分配器（简称功分器）、耦合器等一体化设计，不仅可实现一体化多功能电路，还可能抵消功分器、耦合器的正群时延，甚至实现负群时延滤波功分器和负群时延滤波耦合器等多功能电路。有耗电路所带来的额外损耗可由功率放大器进行补偿。

下面从能量存储的角度来看一下负群时延产生的一般条件[33]。负群时延发生在信号被

吸收或衰减最大的频率范围内，因此基于带阻滤波器的信号衰减特性可以实现负群时延电路。我们知道，谐振器和馈线耦合结构是设计带阻滤波器的有效方法之一，因此这个方法也能用于设计负群时延电路。

一个典型的耦合开环谐振器如图 6.4（a）所示[33]，这里开环谐振器和馈线通过一个半圆形的耦合结构进行耦合。该单端口耦合谐振器的等效电路如图 6.4（b）所示，其中 RLC 谐振电路代表开环谐振器，并联的 L_cC_c 谐振电路代表开环谐振器和馈线之间的混合电磁耦合。为了简化计算，将并联 L_cC_c 谐振电路用导纳变换器替代，如图 6.4（c）所示。根据微波网络理论，等效电路的反射系数为

$$\Gamma(\omega) = \frac{Y_0 - Y_{\text{in}}}{Y_0 + Y_{\text{in}}} \tag{6.24}$$

式中，Y_0 是源的导纳，Y_{in} 是输入导纳，输入导纳可表示为

$$Y_{\text{in}} = \frac{J^2}{\text{j}\omega C + \text{j}/\omega L + 1/R} \tag{6.25}$$

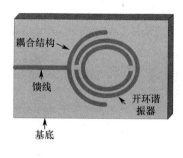

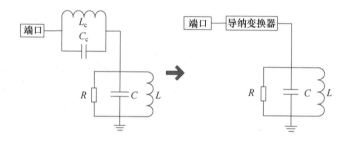

(a) 耦合开环谐振器　　　　　　(b) 等效电路　　　　(c) 导纳变换器替代并联L_cC_c谐振电路

图 6.4　谐振器–馈线耦合结构及其等效电路[33]

等效电路的反射相位可表示为

$$\varphi_r = \arctan\frac{\omega C Y_0 - Y_0/\omega L}{Y_0/R - J^2} - \arctan\frac{\omega C Y_0 - Y_0\omega L}{Y_0/R + J^2} \tag{6.26}$$

当谐振频率为 $\omega_0 = 1/\sqrt{LC}$ 时，电路的群时延可表示为[33]

$$\tau_d(\omega_0) = -\frac{\text{d}\varphi_r}{\text{d}\omega}\bigg|_{\omega=\omega_0} = \frac{4J^2\dfrac{1}{Y_0}}{\dfrac{\omega_0 J^4}{Y_0^2}\sqrt{\dfrac{L}{C}} - \dfrac{\omega_0}{R^2}\sqrt{\dfrac{L}{C}}} \tag{6.27}$$

式（6.27）的分母可以分成两部分，一部分是 $\omega_0 J^4\sqrt{L/C}/Y_0^2$，与谐振器和馈线的能量耦合有关，另一部分是 $\omega_0\sqrt{L/C}/R^2$，与谐振器本身的能量消耗有关。因此图 6.4 所示电路的群时延由耦合结构的储存能量决定。

根据品质因数的定义，具有外部耦合的谐振器，其固有品质因数 Q_0 和外部品质因数 Q_e 可分别表示为

$$Q_0 = R\sqrt{\frac{C}{L}} \tag{6.28}$$

$$Q_e = \frac{Y_0}{J^2} \sqrt{\frac{C}{L}} \tag{6.29}$$

将式（6.28）和式（6.29）代入式（6.27），则此耦合谐振器的群时延为

$$\tau_d(\omega_0) = \frac{4Q_e}{\omega_0 \left[1 - \left(\frac{Q_e}{Q_0} \right)^2 \right]} \tag{6.30}$$

式（6.30）既适用于无耗耦合谐振器结构，又适用于有耗耦合谐振器结构。由式（6.30）可知，群时延的正负值由 Q_e 和 Q_0 的比值决定，突变点在 $Q_e=Q_0$ 处。当 $Q_e<Q_0$ 时，群时延为正；反之，当 $Q_e>Q_0$ 时，群时延为负。对于无耗谐振器，Q_0 可认为是无穷大的，所以群时延值总为正。

根据以上推导，有两种方法可以获得负群时延。一种方法是增加谐振器的损耗，相当于减小 Q_0 的值。如果 Q_0 的值满足 $Q_0<Q_e$，就可以获得负群时延。但是对一个结构固定的谐振器来说，其固有品质因数是固定的，因此只能通过加载电阻来减小 Q_0。另一种方法是减少谐振器和源之间的耦合来提高 Q_e 值。如果 Q_e 足够高并且满足条件 $Q_e>Q_0$，也将获得负的群时延。这种方法可以通过增加谐振器和馈线之间的耦合间距来实现。

6.2　负群时延电路及其应用

负群时延发生在信号被吸收或衰减最大的频段内，因此可以借鉴带阻滤波器的信号衰减特性实现负群时延电路。传统的负群时延电路基于的是串/并联 RLC 谐振器的集总参数元件带阻结构，这类负群时延电路在高频存在寄生效应，且不利于电路集成化，为了避免集总参数电路带来的上述问题，我们常常在微波频段采用传输线形式的分布参数电路设计负群时延电路，在设计上更加灵活，也便于实现集成化、小型化。

负群时延电路和带阻滤波器的关联与区别：

（1）负群时延电路的信号衰减在工作频段内都比较大，这点与带阻滤波器相似。

（2）带阻滤波器研究的问题是把不需要的信号过滤掉，也就是在某一个或某些频段要求高衰减。

（3）负群时延电路研究和关注的是电路的负群时延特性，例如，负群时延值、负群时延带宽和匹配等，同时要尽量减小信号的衰减（S_{21}），以降低整体电路因为幅度的衰减而需要的补偿。

也就是说，带阻滤波器主要研究幅频特性，负群时延电路主要考虑相频特性。因此，负群时延电路和带阻滤波器是两种不同的电路，它们的功能不同，设计指标和设计要求不同[34]。但是由于具有类似的衰减特性，因此可以借鉴带阻滤波器的设计理论分析、设计负群时延电路。无反射带阻滤波器和匹配的负群时延电路看起来很相似，但是由于上述原因，依然应该看作不同的电路。

虽然近年来已有不加电阻的负群时延电路设计报道[17,20,22]，但是在通常情况下，匹配的负群时延电路、无反射滤波器和有耗滤波器都需要加电阻才能实现更好的电路性能。由于电阻引入了损耗，根据产生负群时延的必要条件是损耗这一原则，无反射滤波器和有耗

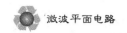

滤波器必然和负群时延有某种关联，群时延由正变负以及负群时延的大小和损耗的大小相关联，这方面还有待进一步探讨。无反射滤波器主要关注的是包括低通、高通、带通和带阻几类滤波器的无反射特性，就是想方设法让滤波器的 S_{11}/S_{22} 尽可能衰减，以减小反射波的危害；有耗滤波器主要关注的是滤波器的通带带内平坦度。

6.2.1　带阻滤波器型负群时延电路

常见的带阻滤波器结构有谐振器–馈线耦合型、短截线/谐振器加载型、缺陷微带结构（DMS）型或者缺陷地结构（DGS）型等，如图 6.5（a）、（b）和（c）所示。图 6.6（a）所示为一个设计在 50Ω 微带上的组合 L 形缺陷微带结构三频带负群时延电路[6]的物理结构。电路的 3 个频带分别由微带上刻蚀的长度为 l_1、l_2 和 l_3 的缺陷槽控制，相应的负群时延值由加载在缺陷槽处的贴片电阻分别调控。这种设计思路也可以拓展到四频带甚至更多频带。三频负群时延电路的等效电路如图 6.6（b）所示，图中，R_i、L_i 和 C_i（$i=1$、2、3）分别是 3 个频带对应的自电阻、自电感和自电容。R_{e_i} 是相应的加载电阻。

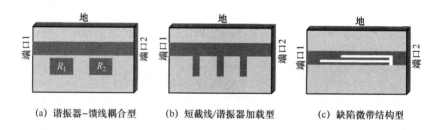

(a) 谐振器–馈线耦合型　　　(b) 短截线/谐振器加载型　　　(c) 缺陷微带结构型

图 6.5　几种带阻滤波器结构

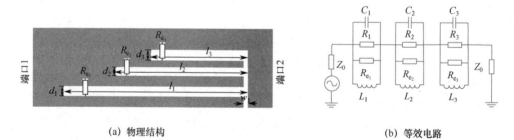

(a) 物理结构　　　　　　　　　　　　(b) 等效电路

图 6.6　缺陷微带结构三频带负群时延电路

根据电路理论和仿真优化，等效电路的输入导纳、各元件参数以及 S_{21_i}（$i=1, 2, 3$）可表示如下[2,16]：

$$Y_i = 1/R_{t_i} + j(\omega C_i - 1/\omega L_i) \tag{6.31}$$

$$R_{t_i} = R_i R_{e_i}/(R_i + R_{e_i}) \tag{6.32}$$

$$C_i = \frac{\sqrt{0.5(R_i + 2Z_0)^2 - 4Z_0^2}}{2.83\pi Z_0 R_i \Delta f_i} \tag{6.33}$$

$$L_i = \frac{1}{4(\pi f_i)^2 C_i} \tag{6.34}$$

$$f_i = \frac{1}{2\pi\sqrt{L_iC_i}} \tag{6.35}$$

$$S_{21_i} = 1 - e^{j\theta_i} \bigg/ \sqrt{(1+2/Y_0R_{t_i})^2 + 4/Y_0^2(\omega C_i - 1/\omega L_i)} \tag{6.36}$$

这里，R_{t_i} 是相应频段的总电阻，Z_0 是输入输出端口的特性阻抗，$Y_0=1/Z_0$，$Z_0=50\ \Omega$。根据式（6.36），S_{21} 的相位、群时延值和插入损耗可分别表示为

$$\theta_i = -\arctan 2/Y_0(\omega C_i - 1/\omega L_i)/(1+2/Y_0R_{t_i}) \tag{6.37a}$$

$$\tau = -\mathrm{d}\angle S_{21}/\mathrm{d}\omega = -2R_{t_i}^2 C_i/(2Z_0 + R_{t_i}) \tag{6.37b}$$

$$|S_{21}| = 2Z_0/(2Z_0 + R_{t_i}) \tag{6.37c}$$

三频带负群时延电路的工作频率和负群时延值分别设计为 f_{01}=2.8 GHz，τ_{01}=−6.5 ns；f_{02}=4.3 GHz，τ_{02}=−5.4 ns；f_{03}=5.8 GHz，τ_{03}=−3.0 ns。等效电路元件参数可由式（6.31）～式（6.37）提取。集总参数电路仿真原理图如图 6.7 所示，电路仿真结果和电磁仿真结果对比如图 6.8 所示。d_i 变化时的 S 参数和负群时延响应仿真结果如图 6.9 所示。可以看到，当 $d_1=d_2=d_3$ 从 0.1 mm 变化到 0.3 mm 时，S_{21} 和负群时延值均增大，也就是说负群时延值和 S_{21} 的幅度是相互关联的，S_{21} 衰减越大（插入损耗增大），负群时延值越大。

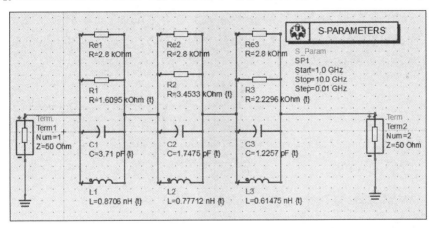

图 6.7 集总参数电路仿真原理图

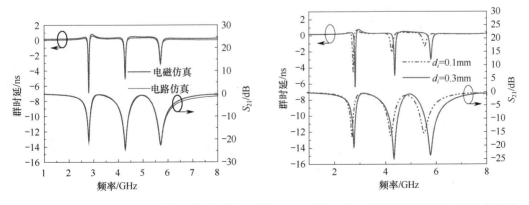

图 6.8 电路仿真结果和电磁仿真结果对比　图 6.9 d_i 变化时的 S 参数和负群时延响应仿真结果

三频负群时延电路在不同工作频率下的仿真电磁场分布如图 6.10 所示[6]。可以看到，

不同频率的电场主要分布在对应 L 形缺陷的右侧，而磁场基本上都分布在对应 L 形缺陷的左侧和电阻上，并且，不同频率时的最大电场和最大磁场都集中在对应的 L 形缺陷附近，因此，这种负群时延电路的每一个频带是单独可控的。电路的工作频率随着缺陷尺寸的增大而减小，缺陷尺寸越大，其电容电感效应越强。

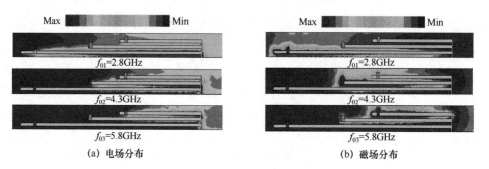

图 6.10　仿真电磁场分布

电路设计选用介电常数为 2.2，厚度为 0.787 mm 的介质基板。三频带负群时延电路的加工实物和测试结果如图 6.11 所示。从测试结果可见，三频带负群时延电路的工作频率为 2.8/4.3/5.8 GHz，对应的负群时延值约为 $-6.5/-5.4/-3.0$ ns，负群时延带宽为 120/180/250 MHz。测试误差主要是频率偏移。电路尺寸为 $0.387\lambda_g \times 0.032\lambda_g$（30 mm×2.46 mm），$\lambda_g$ 为第一个工作频率处的波导波长。

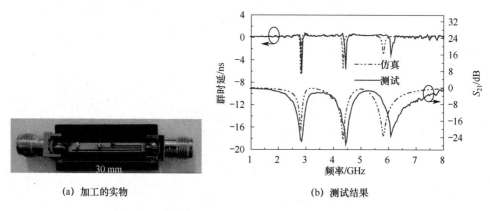

图 6.11　三频带负群时延电路的加工实物和测试结果

另一种基于 50 Ω 微带的内嵌支节式双频带负群时延电路如图 6.12 所示[34]。工作频率设定为 2.54/4.8 GHz，对应的负群时延值为 $-3.3/-2.7$ ns。这种结构的负群时延电路是在 50 Ω 微带上挖一个矩形缺陷，在缺陷里嵌入一个 L 形枝节和一个 U 形枝节，两个枝节各自产生一个衰减极点，分别控制第二个和第一个频带。在 U 形枝节一端加载电阻 R，实现对群时延值的调控。这个结构可以看成由图 6.12（b）和（c）组合而成。电路设计在介电常数为 2.2、厚度为 0.787 mm 的介质基板上。

仿真的负群时延和信号衰减随枝节长度 l_1 和 l_2 变化的频率响应曲线分别如图 6.13（a）和（b）所示。可以看到，双频带负群时延电路的每一个频带可以单独控制，因为改变某一枝节长度时只影响对应的频带，另一个频带基本不变。工作频率随加载枝节长度的增加而减小。仿真得到的负群时延和信号衰减随电阻 R 变化的曲线如图 6.14 所示。可以看到，电阻 R 同时影响两个频带的插入损耗和群时延，插入损耗和群时延随着电阻值的增加而增大，但是电阻对第一个频带的插入损耗和群时延影响更大，因为电阻加载在 U 形枝节上，控制着第一个频带。

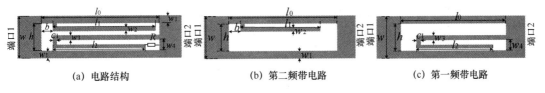

(a) 电路结构　　　　(b) 第二频带电路　　　　(c) 第一频带电路

图 6.12　内嵌支节式双频带负群时延电路

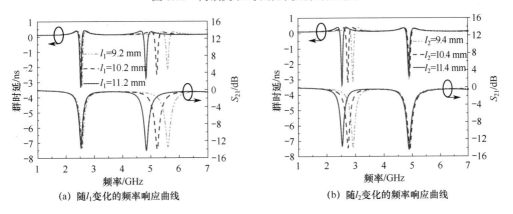

(a) 随 l_1 变化的频率响应曲线　　　　(b) 随 l_2 变化的频率响应曲线

图 6.13　仿真的负群时延和信号衰减随枝节长度 l_1 和 l_2 变化的频率响应曲线

双频带负群时延电路的加工实物和测试结果如图 6.15 所示。可以看到，实际测试的工作频率是 2.6/4.9 GHz，信号衰减为 $-16.1/-17.3$ dB，相应的负群时延值为 $-3.9/-3.1$ ns。仿真结果测试结果有少量偏差，误差来源主要是基板的相对介电常数偏差、加工制作容差和电阻阻值的偏差。电路尺寸为 $0.276\lambda_g \times 0.031\lambda_g$，$\lambda_g$ 为第一个工作频率处的波导波长。此电路设计在 50 Ω 微带上，因此电路尺寸小。

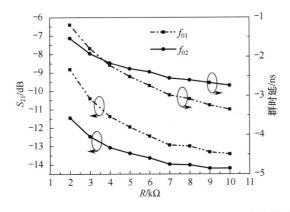

图 6.14　仿真得到的负群时延和信号衰减随电阻 R 变化的曲线

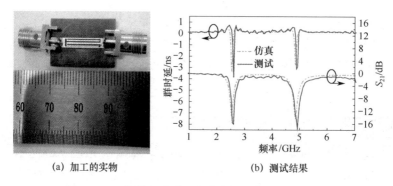

(a) 加工的实物   (b) 测试结果

图 6.15　双频带负群时延电路的加工实物和测试结果

6.2.2　匹配的负群时延电路

尽管上述三频带和双频带负群时延电路具有可控的工作频率和负群时延值，但是它们是不匹配的，存在大量的发射波。我们知道，匹配时，$\varGamma=0$，回波损耗趋于无穷大（$\mathrm{RL}=\infty\ \mathrm{dB}$），这在实际电路中是不可能实现的，但是可以通过引入耦合线、电阻等手段衰减/吸收反射波，使得回波损耗（S_{11}）衰减，实现匹配，达到减少反射波对信号源的干扰之目的。

输入输出端口的阻抗变换器[12]和耦合线[7-10]都可以实现匹配。图 6.16 所示为具有阻抗变换器和没有阻抗变换器的负群时延电路对比。尽管阻抗变换器结构简单，但是它本身具有正群时延，这将对需要的负群时延值带来不确定性，而且电路尺寸也大大增加。

(a) 没有阻抗变换器   (b) 具有阻抗变换器

图 6.16　具有阻抗变换器和没有阻抗变换器的负群时延电路对比[12]

图 6.17 所示为一个电阻加载耦合线结构的匹配负群时延电路，由开路谐振器和连接在输入输出端口的电阻加载耦合线构成[9]。电阻加载耦合线在输入输出端产生匹配，使 S_{11}/S_{22} 在需要的频段衰减。该负群时延电路的传输线电路模型如图 6.17（a）所示，物理结构如图 6.17（b）所示。图中，电阻加载耦合线的奇模、偶模特性阻抗分别是 $Z_{1\mathrm{o}}$ 和 $Z_{1\mathrm{e}}$，电长度为 θ_1，开路谐振器的特性阻抗分别是 Z_2 和 Z_3，对应的电长度分别是 θ_2 和 θ_3，$\theta_i=(l_i\omega\sqrt{\varepsilon_{\mathrm{re}}})/c$，$i=1$、2、3。$l_i$ 是第 i 个微带的物理长度，ω 是角频率，$\varepsilon_{\mathrm{re}}$ 是有效介电常数，c 是自由空间的光速。

负群时延电路的设计指标：工作频率为 3.5 GHz，负群时延值为-3.7 ns，负群时延带宽为 110 MHz（$\tau=0$），工作频率处的反射系数衰减为 32 dB。仿真的匹配和无匹配时的 S_{11} 曲线和群时延曲线对比如图 6.18 所示[9]，从图 6.18（a）中可以看到，匹配时，S_{11} 在中心频率处的衰减超过 30 dB，同时群时延变化了 2.2 ns，如图 6.18（b）所示。从图中可以看到，匹配与否并不影响负群时延的产生，主要影响反射系数的衰减。电阻加载耦合线的变化只影响 S_{11} 的衰减，对 S_{21} 的影响很小，如图 6.19 所示。负群时延电路的加工实物和仿真、测试结果如图 6.20 所示。测试的 S_{11} 衰减约为 33 dB，负群时延值约为–4.6 ns，负群时延带宽约为 120 MHz，电路尺寸为 $0.33\lambda_g \times 0.29\lambda_g$。

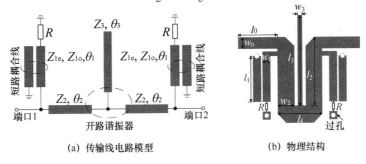

(a) 传输线电路模型　　　　　　　　　　(b) 物理结构

图 6.17　电阻加载耦合线结构的匹配负群时延电路

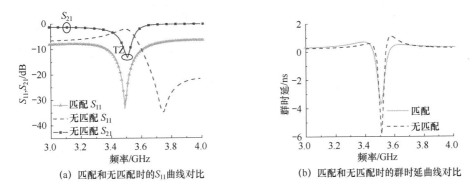

(a) 匹配和无匹配时的 S_{11} 曲线对比　　　(b) 匹配和无匹配时的群时延曲线对比

图 6.18　仿真的匹配和无匹配时的 S_{11} 曲线和群时延曲线对比

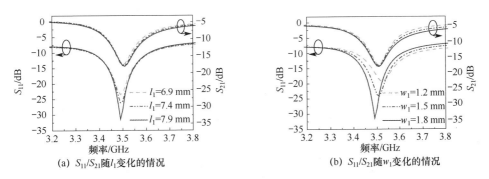

(a) S_{11}/S_{21} 随 l_1 变化的情况　　　　　(b) S_{11}/S_{21} 随 w_1 变化的情况

图 6.19　仿真的 S 参数（S_{11}/S_{12}）随 l_1 和 w_1 变化的情况

　　另一个自匹配的、基于信号干扰技术的负群时延电路等效传输线模型和实物[13]如图 6.21 所示，它由两个不等分的威尔金森功分器和一个耦合线移相器组成，一个不等分功分器用来产生两路信号，其相位通过耦合线移相器发生偏移，同时另一个功分器用作合成器，对信号进行干扰，使得在所需频带内，信号的相频特性曲线斜率为正，获得负群时延特性。耦合线同时帮助输入输出端匹配。该电路的仿真和测试结果对比如图 6.22 所

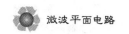

示，可以看到，该电路的信号衰减小于 18.1 dB，S_{11} 衰减在中心频率处大于 33 dB，负群时延值为−2.09 ns。

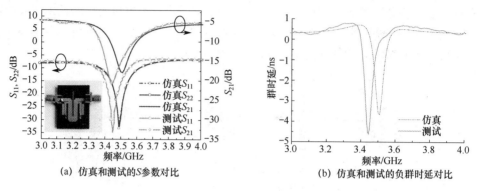

(a) 仿真和测试的S参数对比　　　　　　　(b) 仿真和测试的负群时延对比

图 6.20　负群时延电路的加工实物和仿真、测试结果[9]

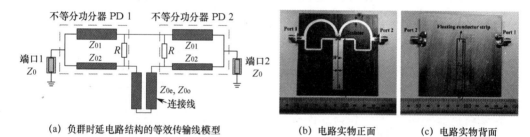

(a) 负群时延电路结构的等效传输线模型　　　(b) 电路实物正面　　(c) 电路实物背面

图 6.21　自匹配的、基于信号干扰技术的负群时延电路等效传输线模型和实物[13]

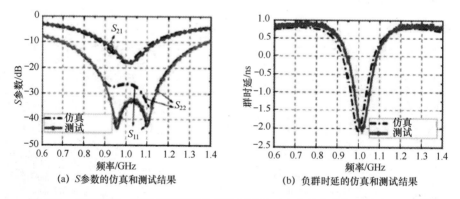

(a) S参数的仿真和测试结果　　　　　　　(b) 负群时延的仿真和测试结果

图 6.22　自匹配的、基于信号干扰技术的负群时延电路的仿真和测试结果对比[13]

除了上述加载电阻的负群时延电路，还有不加载电阻的负群时延电路，如图 6.23 所示。其中，图 6.23（a）所示为有限空载品质因数谐振器负群时延电路[22]，图 6.23（b）所示为功率分配器和功率合成器组成的"O=O"形负群时延电路[20]。不加载电阻的负群时延电路的群时延值比较小，群时延值的调控也不如加载电阻的负群时延电路方便，但是因为没有电阻，电路的损耗小，因此可以实现信号衰减较小的负群时延电路。

负群时延电路还可以用 CPW、CBCPW 和带状线等实现。

除了上述负群时延（negative group delay，NGD）电路，还有低通、高通乃至带通负群时延电路。低通 NGD 电路：当 $\omega < \omega_c$ 时，出现负群时延现象；高通 NGD 电路：当

$\omega > \omega_{\mathrm{c}}$ 时，出现负群时延现象。低通、高通负群时延电路目前基本都是用集总参数电路实现的。低通、高通负群时延响应如图 6.24 所示。

(a) 负群时延电路1[22]

(b) 负群时延电路2[20]

图 6.23　两种不加载电阻的负群时延电路

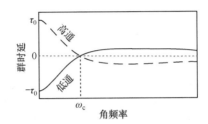

图 6.24　低通、高通负群时延响应

实现低通/高通 NGD 转换需要用电容代替电感，反之亦然。

6.2.3　负群时延电路的应用

负群时延电路在通信系统和电路中具有广泛的潜在应用，比如应用于前馈放大器中，缩短延迟线，改善放大器的线性度，增大带宽；应用于串联馈电的相控阵天线中，减少或消除波束偏斜；应用于设计常数移相器、non-foster 元件、互联均衡器[35]、CMOS 电路的时延均衡器[36]以及与功率分配器集成设计实现具有负群时延特性的功分器[10]等。

图 6.25 所示为基于负群时延电路的常数移相器的设计原理图和相应的相位/群时延曲线[25]。我们知道，传统的传输线通常具有正的群时延（positive group delay，PGD），如果将具有负群时延的电路和具有正群时延的电路按照图 6.25（a）所示进行级联，则可以得到常数移相器，这里正群时延电路和负群时延电路必须很好地匹配。图 6.25（b）所示为相应的相位/群时延曲线。正群时延电路在工作频带处的相位斜率为负，负群时延电路的相位斜率为正，因此级联电路的总相位为 $\phi_{\mathrm{T}}(f) = \phi_{\mathrm{P}}(f) + \phi_{\mathrm{N}}(f)$，故而可得到常数相位，实现零群时延，如图 6.25（b）所示。这里，ϕ_{P} 和 ϕ_{N} 分别是正群时延电路和负群时延电路的相位，对应的群时延分别为 τ_{P} 和 τ_{N}，总的群时延为 τ_{T}。

负群时延电路还可以在前馈放大器中替代传统的延迟元件[23]，用于提高效率，减小电路尺寸，如图 6.26 所示。负群时延电路还可以应用于串联馈电的天线阵中以减少波束偏斜[24]，如图 6.27 所示，该天线阵由放大器、负群时延电路、开关移相器和终端等组成。天线集成负群时延电路可以使得系统整体的相位线性度得到有效改善，负群时延电路引起的信号衰减可以通过后面的放大器进行补偿，同时放大器本身产生的正群时延可以得到有效消除。

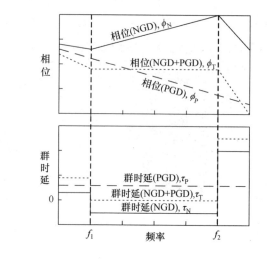

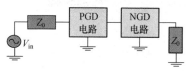

(a) 常数移相器的设计原理   (b) 相位/群时延曲线

图 6.25　基于负群时延电路的常数移相器的设计原理图和相应的相位/群时延曲线

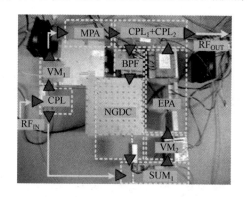

图 6.26　负群时延电路在前馈放大器中的应用[23]

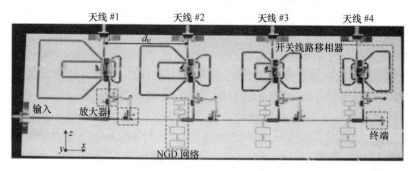

图 6.27　负群时延电路应用于串联馈电的天线阵中[24]

　　具有负电容和负电感的 non-foster 电抗元件可应用于快速低色散传输线设计，增加宽带放大器的输入/输出端静电放电（ESD）保护单元的带宽，实现无变容二极管的压控振荡器（VCO），并增加其调谐范围[26]等。任何包含 non-foster 元件的网络结构都可以像负群时延网络一样工作，因此负群时延电路可用于 non-foster 电抗元件（负电容和负电感）的设计。一个工作频率范围为 1.3～2.0 GHz 的单边 non-foster 电路原理及实现如图 6.28 所示[26]，其中，单边 non-foster T 型电路原理图如图 6.28（a）所示，具有负电感和负电容的等效的 T 型网络如图 6.28（b）所示，加工制作的实际电路如图 6.28（c）所示。从图 6.28（a）可以看到，负群时延网络由两个典型的 Π 型集总参数电路级联而成，该单边 non-foster 电路由一个放大器和负群时延网络组成，放大器用于补偿负群时延电路的损耗。

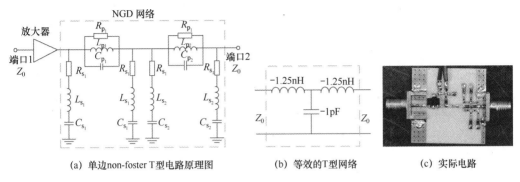

(a) 单边non-foster T型电路原理图　　　(b) 等效的T型网络　　　(c) 实际电路

图 6.28　单边 non-foster 电路原理及实现[26]

参 考 文 献

[1] KANDIC M, BRIDGES G E. Asymptotic limits of negative group delay in active resonator-based distributed circuits[J]. IEEE Transactions on Circuits Syst., Vol.58, No.8, 2011: 1727-1735.

[2] CHAUDHARY G, JEONG Y, LIM J. Miniaturized dual-band negative group delay circuit using dual-plane defected structures[J]. IEEE Microwave Wireless Components Letters, Vol.24, No.8, 2014: 521-523.

[3] CHAUDHARY G, JEONG Y. Transmission-type negative group delay networks using coupled line doublet structure[J]. IET Microwave, Antennas & Propagation, Vol.9, No.8, 2015: 748-754.

[4] QIU L, WU L, YIN W, er al. Absorptive bandstop filter with prescribed negative group delay and bandwith[J]. IEEE Microwave and Wireless Components Letters, Vol.27, No.7, 2017: 639-641.

[5] LIU G, XU J P. Compact transmission-type negative group delay circuit with low attenuation[J]. Electronics Letters, Vol.53, No.7, 2017: 476-478.

[6] XIAO J K, WANG Q F. Individually controllable tri-band negative group delay circuit using defected microstrip structure[C]//Proceedings of the 2019 Cross Quad-Regional Radio Science and Wireless Technology Conference (CSQRWC), Taiyuan, China, 2019: 18-21.

[7] CHAUDHARY G, JEONG Y. Low signal-attenuation negative group-delay network topologies using coupled lines[J]. IEEE Transactions on Microwave Theory Techniques, Vol.62, No.10, 2014: 2316-2324.

[8] SHAO T, WANG Z, FANG S, et al. A compact Transmission-line self-matched negative group delay microwave circuit[J]. IEEE Access, Vol.5, 2017: 22836-22843.

[9] XIAO J K, WANG Q F, MA J. Matched NGD circuit with resistor-connected coupled lines[j]. IET electronics letters, Vol.55, No.16, 2019: 903-905.

[10] XIAO J K, WANG Q F, MA J. A matched negative group delay circuit and its integration with an unequal power divider[J]. IEEE Access, Vol.7, 2019: 113578-113588.

[11] NOTO H, YAMAUCHI K, NAKAYAMA M, et al. Negative group delay circuit for feed-forward amplifier[J]. Proc. IEEE MTT-S Int. Microwave Symp., June 2007: 1103-1106.

[12] CHAUDHARY G, JEONG Y, LIM J. Microstrip line negative group delay filters for microwave circuits[J]. IEEE Transactions on Microwave Theory Techniques, Vol.62, No.2, 2014: 234-243.

[13] WANG Z, CAO Y, SHAO T, et al. A negative group delay microwave circuit based on signal interference techniques[J]. IEEE Microwave and Wireless Components Letters, Vol.28, No.4, 2018: 290-292.

[14] WU Y, WANG H, ZHUANG Z, et al. A. Kishk, a novel arbitrary terminated unequal coupler with bandwidth-enhanced positive and negative group delay characteristics[J]. IEEE Transactions on Microwave Theory and Techniques, Vol.66, No.5, 2018: 2170-2184.

[15] TAHER H, FARRELL R. Highly miniaturized wideband negative group delay circuit using effective negative dielectric permittivity stopband microstrip lines[C]//Proceedings of the 46th European Microwave Conference, 4-6 Oct. 2016, London, UK.

[16] JEONG J, PARK S, CHAUDHARY G，et al. Design of tunable negative group delay circuit for communication systems[C]//Proceedings of the IEEE International Symposium on Radio-Frequency Integration Technology (RFIT), December, 2012, Singapore, Singapore.

[17] XIAO J, YANG X Y. Low loss negative group delay circuit using self-packaged suspended line[J]. International Journal of RF and Microwave Computer-Aided Engineering, 2021, DOI: 10.1002/mmce. 22879.

[18] AHN K, ISHIKAWA R, HONJO K, Group delay equalized UWB ingap/GaAs HBT MMIC amplifier using negative group delay circuits[J]. IEEE Transactions on Microwave Theory and Techniques, Vol. 57, No. 9, 2009: 2139-2147.

[19] RAVELO B, PERENNEC A, ROY M L, et al. Boucher, active microwave circuit with negative group delay [J]. IEEE Microwave and Wireless Components Letters, Vol.17, No.12, 2007: 861-863.

[20] WAN F, RAVELO N L B, GE J. O=o shape low-loss negative group delay microstrip circuit[J]. IEEE Transactions on Circuits and Systems II: Express Briefs, Vol.67, No.10, 2020: 1795-1799.

[21] CHOI H, KIM Y, JEONG Y, et al. Synthesis of reflection type negative group delay circuit using transmission line resonator[C]// Proceedings of the 39th European Microwave Conference, 29 September-1 October, 2009, Rome, Italy.

[22] CHAUDHARY G, JEON Y. Negative group delay phenomenon analysis using finite unloaded quality factor resonators[J]. Progress in Electromagnetics Research, Vol.156, 2016: 55-62.

[23] CHOI H, JEONG Y, KIM C D, et al. Efficiency enhancement of feedforward amplifiers by employing a negative group-delay circuit[J]. IEEE Transactions on Microwave Theory and Techniques, Vol. 58, No. 5, 2010: 1116-1125.

[24] OH S S, SHAFAI L. Compensated circuit with characteristics of lossless double negative materials and its application to array antennas[J]. IET Microwave, Antennas & Propagation, Vol. 1, No. 1, 2007: 29-38.

[25] RAVELO B, ROY M L, PERENNEC A. Application of negative group delay active circuits to the design of broadband and constant phase shifters[J]. Microwave and Optical Technology Letters, Vol.50, No. 12, 2008: 3078-3080.

[26] MIRZAEI H, ELEFTHERIADES G V. Realizing non-Foster reactive elements using negative group delay networks[J]. IEEE Transactions on Microwave Theory and Techniques, Vol. 61, No. 12, 2013: 4322-4332.

[27] CHAUDHARY G，JEONG Y. A design of power divider with negative group delay characteristics[J]. IEEE Microwave and Wireless Components Letters, Vol. 25, No. 6, 2015: 394-396.

[28] CHAUDHARY G，JEONG Y. Negative group delay phenomenon analysis in power divider: coupling matrix approach[J]. IEEE Transactions on Components, Packaging and Manufacturing Technology, Vol. 7, No. 9, 2017: 1543-1551.

[29] CHAUDHARY G, KIM P, JEONG J, et al. A design of unequal power divider with positive and negative group delays[C]//Proceedings of the 45th European Microwave Conference, 7-10, Sept., 2015, Paris, France: 127-130.

[30] RAVELO B. Theory of coupled line coupler-based negative group delay microwave circuit[J]. IEEE Transactions on Microwave Theory and Techniques, Vol. 64, No. 11, 2016: 3604-3611.

[31] CHIK M J, CHENG K K M. Group delay investigation of rat-race coupler design with tunable power dividing ratio[J]. IEEE Microwave Wireless Components Letters, Vol. 24, No. 5, 2014: 324-326.

[32] ZHANG Q F, SOUNAS D L, GUPTA S, et al. Wave-Interference Explanation of Group-Delay Dispersion in Resonators[J]. IEEE Antennas and Propagation Magazine, Vol. 55, No. 2, 2013: 212-227.

[33] JIN H, ZHOU Y L, HUANG Y M, et al. General condition to achieve negative group delay transmission in coupled resonator structure[C]// Proceedings of the 2017 Progress in Electromagnetics Research Symposium, 19-22, Nov. 2017, Singapore, Singapore.

[34] XIAO J K, WANG Q F, MA J. Negative group delay circuits and applications[J]. IEEE Microwave Magazine, Vol.22, No.2, 2021: 16-32.

[35] RAVELO B, PÉRENNEC A, ROY M L. Experimental validation of the rc-interconnect effect equalization with negative group delay active circuit in planar hybrid technology[C]// The 13th IEEE Workshop on Signal Propagation on Interconnects (SPI'09), Strasbourg, France, 2009.

[36] PODILCHAK S K, FRANK B M, FREUNDORFER A P，et al. High speed metamaterial-inspired negative group delay circuits in CMOS for delay equalization[C]//The 2nd Microsystems and Nanoelectronics Research Conference, Ottawa, Canada, Oct. 2009: 14.

第 7 章 平面功分器

功分器是功率分配器的简称，它是最常见的微波无源器件之一，用于功率分配或功率合成，在雷达和无线通信系统（如高功率放大器、混合器、天线馈电网络等）中具有广泛应用。早在 20 世纪 40 年代，美国 MIT 辐射实验室（Radiation Laboratory）就设计发明了很多耦合器和功分器[1]。20 世纪 50 年代以后，随着微带、带状线电路的出现，平面功分器有了长足发展。图 7.1 所示为功率分配/合成器示意图。

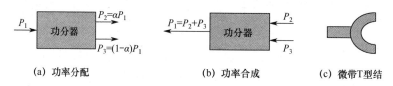

图 7.1 功率分配/合成器示意图

7.1 平面功分器理论基础

7.1.1 平面功分器网络

图 7.1（c）所示的微带 T 型结是一种最简单的功分器，它是一个三端口网络，包含一个输入端与两个输出端。任意三端口网络的 S 参数矩阵可表示如下：

$$\boldsymbol{S} = \begin{bmatrix} S_{11} & S_{12} & S_{13} \\ S_{21} & S_{22} & S_{23} \\ S_{31} & S_{32} & S_{33} \end{bmatrix} \tag{7.1}$$

如果一个无源器件不含各向异性材料，则它一定是个互易网络，互易网络的矩阵 $\boldsymbol{S}$ 是对称的，即 $S_{ij} = S_{ji}$。为了减小损耗，理想的三端口网络结构是无耗的并且 3 个端口都是匹配的，但是这种所有端口无耗、互易并且都匹配的情况在实际设计中是无法实现的。

为了便于理论分析，假设三端网络互易且所有端口匹配，则式（7.1）可化简为

$$\boldsymbol{S} = \begin{bmatrix} 0 & S_{12} & S_{13} \\ S_{12} & 0 & S_{23} \\ S_{13} & S_{23} & 0 \end{bmatrix} \tag{7.2}$$

假设三端口网络也是无耗的，则根据能量守恒可知散射矩阵具有幺正性，可以得到[1]：

$$|S_{12}|^2 + |S_{13}|^2 = 1, \quad |S_{12}|^2 + |S_{23}|^2 = 1, \quad |S_{13}|^2 + |S_{23}|^2 = 1 \tag{7.3}$$

$$S_{13}^* S_{23} = 0, \quad S_{23}^* S_{12} = 0, \quad S_{12}^* S_{13} = 0 \tag{7.4}$$

式（7.4）只有在 S_{12}、S_{13}、S_{23} 中至少有两个为零的情况下才能成立。但是这样却无

法使式（7.3）中的每一个等式成立，所以可以证明在三端口网络中，无耗、互易和所有端口匹配是矛盾的，这些条件无法在一个电路中同时实现。但如果这 3 个条件中只满足其中 2 个，另一个不成立，则在实际工程应用中完全能够实现，具体分析如下：

（1）假设三端口网络为非互易网络，即 $S_{ij} \neq S_{ji}$，要同时满足无耗与所有端口匹配的条件，这种器件是可以实现的。在实际设计中，通常使用各向异性材料（如铁氧体）来达到非互易性，环形器就是这样一种器件。

当所有端口匹配时，三端口网络的 S 参数矩阵为

$$\boldsymbol{S} = \begin{bmatrix} 0 & S_{12} & S_{13} \\ S_{21} & 0 & S_{23} \\ S_{31} & S_{32} & 0 \end{bmatrix} \tag{7.5}$$

三端口网络无耗，则由幺正性可得：

$$|S_{12}|^2 + |S_{13}|^2 = 1, \quad |S_{21}|^2 + |S_{23}|^2 = 1, \quad |S_{31}|^2 + |S_{32}|^2 = 1 \tag{7.6}$$

$$S_{31}^* S_{32} = 0, \quad S_{21}^* S_{23} = 0, \quad S_{12}^* S_{13} = 0 \tag{7.7}$$

要满足式（7.6）和式（7.7）的条件，有以下两种实现方式：

$$S_{12} = S_{23} = S_{31} = 0, \quad |S_{21}| = |S_{32}| = |S_{13}| = 1 \tag{7.8}$$

$$S_{21} = S_{32} = S_{13} = 0, \quad |S_{12}| = |S_{23}| = |S_{31}| = 1 \tag{7.9}$$

上述分析证明：当 $i \neq j$ 时，$S_{ij} \neq S_{ji}$ 成立，即该器件必定为非互易的。

（2）假设同时具有无耗性和互易性的三端口网络只有两个端口是匹配的，则实际中也可以实现。如果定义端口 1 和端口 2 为匹配端口，则 S 参数矩阵可表示为

$$\boldsymbol{S} = \begin{bmatrix} 0 & S_{12} & S_{13} \\ S_{12} & 0 & S_{23} \\ S_{13} & S_{23} & S_{33} \end{bmatrix} \tag{7.10}$$

由于该网络是无耗的，则由幺正性可得[1]：

$$|S_{12}|^2 + |S_{13}|^2 = 1, \quad |S_{12}|^2 + |S_{23}|^2 = 1, \quad |S_{13}|^2 + |S_{23}|^2 + |S_{33}|^2 = 1 \tag{7.11}$$

$$S_{13}^* S_{23} = 0, \quad S_{12}^* S_{13} + S_{23}^* S_{33} = 0, \quad S_{23}^* S_{12} + S_{33}^* S_{13} = 0 \tag{7.12}$$

由式（7.11）可推出 $|S_{13}| = |S_{23}|$，由式（7.12）可推出 $S_{13} = S_{23} = 0$，从而可以得到 $|S_{12}| = |S_{33}| = 1$。这种网络实际上可以看作由两个器件构成，一个是端口失配的单端口网络，另一个是端口完全匹配的二端口网络。

（3）假设一个三端口网络的所有端口均匹配，且为一个具有互易性的无源器件，但是它具有一定的损耗，这种情况在实际中是存在的，电阻功分器就是这样一种器件。图 7.2 所示为二路等分的电阻功分器的等效电路，类似的不等分功分器也可以实现。有耗三端口网络能够做到两个输出端口之间是隔离的。

假设图 7.2 中所有端口所接负载的特性阻抗均为 Z_0，则从后面接有 $Z_0 / 3$ 电阻的传输线看进去的阻抗 Z 表示为

$$Z = \frac{Z_0}{3} + Z_0 = \frac{4Z_0}{3} \tag{7.13}$$

则功分器的输入阻抗为

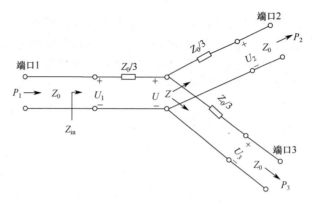

图 7.2 二路等分的电阻功分器的等效电路

$$Z_{\text{in}} = \frac{Z_0}{3} + \frac{2Z_0}{3} = Z_0 \tag{7.14}$$

式（7.14）说明输入信号对传输馈线是匹配的。由图 7.2 所示的电路结构可知，从任何端口看进去，它的电路模型都是一样的，所以每个端口都是匹配的，即 $S_{11} = S_{22} = S_{33} = 0$。

用 U_1 表示端口 1 的输入电压，则经过分压后，在电路中心处的电压可表示为

$$U = U_1 \frac{2Z_0/3}{Z_0/3 + 2Z_0/3} = \frac{2}{3}U_1 \tag{7.15}$$

用 U_2 和 U_3 来表示输出电压，则经过分压后可表示为

$$U_2 = U_3 = U \frac{Z_0}{Z_0 + Z_0/3} = \frac{3}{4}U = \frac{1}{2}U_1 \tag{7.16}$$

电阻功分器输入功率的一半消耗在电阻上。由上述分析可知，$S_{21} = S_{31} = S_{23} = 1/2$，这低于输入功率电平−6 dB[1]。已知该三端口网络为互易网络，所以它具有对称的散射矩阵，可表示为

$$S = \frac{1}{2} \begin{bmatrix} 0 & 1 & 1 \\ 1 & 0 & 1 \\ 1 & 1 & 0 \end{bmatrix} \tag{7.17}$$

该矩阵不具有幺正性。

7.1.2 Wilkinson 功分器

根据上述三端口网络相关理论，可以得知，无耗 T 型结三端口网络不能在每个端口都匹配，且两个输出端口之间没有任何隔离。电阻功分器虽然可以实现所有端口匹配，但却不是无耗网络，且输出端口之间只有很小的隔离。Wilkinson 功分器可以解决上述问题，这一类型的功分器在输入输出端口都匹配时，仍然具有无耗特性，只是耗散了一些反射功率，也就是说这种三端口网络可以实现所有端口匹配且输出端口具有隔离。

1. 等分功分器

微带结构的 Wilkinson 功分器及其等效电路如图 7.3 所示，这种功分器很适合平面电路形式。首先讨论 3 dB 等分功分器，由于这种功分器的电路结构上下完全对称，因此可以利用奇−偶模分析法进行具体分析。从图 7.3 中可以看到一个电阻跨接在功分器端口 2 和 3

之间，这个电阻能够有效改善端口 2 和 3 之间的隔离度，同时不会使功分器的性能变差。

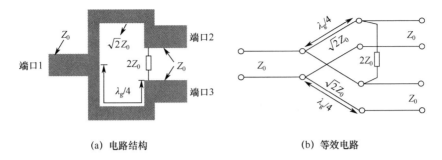

(a) 电路结构　　　　　　　　　　　(b) 等效电路

图 7.3　微带结构的 Wilkinson 功分器及其等效电路

　　为了便于分析，在两个输出端口分别接入电压源，并用特性阻抗 Z_0 归一化所有传输线阻抗，归一化后的等效电路如图 7.4 所示，该电路结构关于 T-T' 对称。通过归一化处理之后，输入端的两个源电阻的阻值表示为 2，并联的归一化电阻值为 1，代表源匹配。两个输出端的归一化电阻值均为 1，表示输出端口都匹配。四分之一波长线的归一化特性阻抗表示为 Z，隔离电阻的归一化电阻值表示为 r。对于等分功率分配器，由电路基础理论可知，$Z = \sqrt{2}$，$r = 2$。

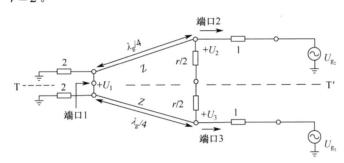

图 7.4　归一化后的等效电路[1]

　　根据奇−偶模分析法，可将电路分离为奇模激励和偶模激励两个模式，定义为

$$偶模：\quad U_{g_2} = U_{g_3} = 2U_0 \tag{7.18a}$$

$$奇模：\quad U_{g_2} = -U_{g_3} = 2U_0 \tag{7.18b}$$

两个模式叠加之后的有效激励表示为

$$U_{g_2} = 4U_0, \quad U_{g_3} = 0 \tag{7.19}$$

1）偶模分析

　　偶模激励时，T-T' 开路，$r/2$ 的电阻上没有电流通过。由 $U_{g_2} = U_{g_3} = 2U_0$ 可知，$U_2^e = U_3^e$，偶模电路如图 7.5（a）所示。可以看出，从端口 2 看进去的输入阻抗为

$$Z_{in}^e = \frac{Z^2}{2} \tag{7.20}$$

　　在偶模激励的情况下，特性阻抗为 Z 的传输线可以等效为一个四分之一波长变换器。若 $Z = \sqrt{2}$，则端口 2 是匹配的，由 $Z_{in}^e = 1$ 可得 $U_2^e = U_0$。同时偶模激励下隔离电阻 $r/2$ 的

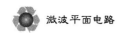

一端开路，所以对整个电路没有任何影响。综上，可以由传输线基础方程求得 U_1^e。

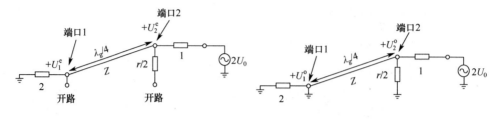

(a) 偶模电路   (b) 奇模电路

图 7.5 Wilkinson 功分器的归一化奇模、偶模电路[1]

假设在端口 1 处，$z = 0$，则在端口 2 处有 $z = -\lambda_g / 4$，传输线上的电压为

$$U(z) = U^+(e^{-j\beta z} + \Gamma e^{j\beta z}) \tag{7.21}$$

则可以推出：

$$U_2^e = U(-\lambda_g / 4) = jU^+(1 - \Gamma) = U_0 \tag{7.22a}$$

$$U_1^e = U(0) = U^+(1 + \Gamma) = jU_0 \frac{\Gamma + 1}{\Gamma - 1} \tag{7.22b}$$

其中，从端口 1 看向归一化值为 2 的电阻时，可以得到它的反射系数，用 Γ 表示如下：

$$\Gamma = \frac{2 - \sqrt{2}}{2 + \sqrt{2}} \tag{7.23}$$

则：

$$U_1^e = -\sqrt{2}jU_0 \tag{7.24}$$

2）奇模分析

奇模激励时，T-T′ 短路，$r/2$ 的电阻接地短路。由 $U_{g_2} = -U_{g_3} = 2U_0$ 可知，$U_2^o = -U_3^o$。奇模电路如图 7.5（b）所示。从端口 2 看进去的归一化隔离电阻为 $r/2$。在奇模激励的情况下，只有 $r = 2$ 才能使得端口 2 匹配。由此可以推出：$U_2^o = U_0$，$U_1^o = 0$，即对于奇模激励，归一化电阻 $r/2$ 吸收了所有功率，端口 1 处没有功率进入。

有终端负载的 Wilkinson 功分器如图 7.6（a）所示。如果要求出从端口 1 处看进去的输入阻抗，对等分 Wilkinson 功分器来说，由于 $U_2 = U_3$，所以归一化值为 2 的隔离电阻中没有电流通过，因此该电路的隔离电阻不起作用，与偶模激励时的情况相似，其等效电路如图 7.6（b）所示。等效电路可以看作由两个相同的支路并联构成，每个支路均由一个四分之一波长变换器连接一个归一化值为 1 的负载电阻所组成。根据传输线理论以及公式 $\beta = 2\pi / \lambda_g$，从端口 1 看进去的输入阻抗可以表示为

$$Z_{in} = \frac{1}{2}(\sqrt{2})^2 = 1 \tag{7.25}$$

综上所述，Wilkinson 功率分配器的 S 参数可以表示如下：

$$S_{11} = 0 \quad （在端口 1，Z_{in} = 1） \tag{7.26a}$$

$$S_{22} = S_{33} = 0 \quad （在奇模、偶模中端口 2 和端口 3 都匹配） \tag{7.26b}$$

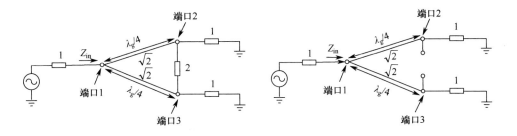

(a) 有终端负载的Wilkinson功分器   (b) 等效电路

图 7.6 对等分 Wilkinson 功分器求输入阻抗

$$S_{12} = S_{21} = \frac{U_1^e + U_1^o}{U_2^e + U_2^o} = -\frac{j}{\sqrt{2}} \quad (\text{互易性，对称}) \tag{7.26c}$$

$$S_{13} = S_{31} = -\frac{j}{\sqrt{2}} \quad (\text{端口 2 和端口 3 对称}) \tag{7.26d}$$

$$S_{23} = S_{32} = 0 \quad (\text{在奇偶模剖分下短路或开路}) \tag{7.26e}$$

用矩阵形式表示为

$$\boldsymbol{S} = -\frac{1}{\sqrt{2}} \begin{bmatrix} 0 & j & j \\ j & 0 & 0 \\ j & 0 & 0 \end{bmatrix} \tag{7.27}$$

Wilkinson 功分器的 3 个重要参数可以定义如下：

$$\text{插入损耗} = -20\log|S_{21}| = -20\log|S_{31}| \tag{7.28a}$$

$$\text{回波损耗} = -20\log|S_{11}| \tag{7.28b}$$

$$\text{隔离度} = -20\log|S_{23}| \tag{7.28c}$$

从上面的 S 参数分析可知，当输出端接匹配负载时，全部端口都是匹配的。值得注意的是，当等分的 Wilkinson 功率分器的端口 1 接入激励源，且两个输出端口匹配时，电阻上没有消耗任何功率，即当输出端口都匹配时，功分器具有无耗性，只有从端口 2 或端口 3 反射回来的功率消耗在电阻上。由于 $S_{23} = S_{32} = 0$，因此两个输出端口是相互隔离的。

根据上文的归一化电路分析，Wilkinson 功分器中四分之一波长传输线（四分之一波长变换器）的特性阻抗为

$$Z = \sqrt{2}Z_0 = 70.7 \ \Omega \tag{7.29a}$$

端口 2 和端口 3 之间的隔离电阻值为

$$R = 2Z_0 = 100 \ \Omega \tag{7.29b}$$

单节四分之一波长阻抗变换器构成的 Wilkinson 功分器带宽有限，多节 Wilkinson 功分器可有效拓展带宽[2]。多节 Wilkinson 功分器就是功分器两个传输路径的每一个路径由多个四分之一波长线节构成，每一节的末端接有隔离电阻。例如，二节 Wilkinson 功分器的每个传输路径就是由图 3.25 所示的双节四分之一波长变换器构成的，每一节的末端电阻可表示为[2]

$$R_2 = \frac{2Z_1 Z_2}{[(Z_1 + Z_2)(Z_2 - Z_1 \cot^2 \phi)]^{1/2}} \tag{7.30a}$$

$$R_1 = \frac{2R_2(Z_1 + Z_2)}{R_2(Z_1 + Z_2) - 2Z_2}$$ （7.30b）

其中，$\phi = \frac{\pi}{2}\left[1 - 0.707\left(\frac{f_2 - f_1}{f_2 + f_1}\right)\right]$，$f_1$ 和 f_2 分别是工作频带的上、下边频处的频率。多节四分之一波长变换器不仅可用于 Wilkinson 功分器，还可用于耦合器，有效增加带宽。

N 路等分功分器可由多个 Wilkinson 功分器级联构成，如图 7.7 所示。对于奇数等分 Wilkinson 功分器，通常的设计方法是将其中一路加负载匹配即可。由 3 个 Wilkinson 功分器可构成一个四路功分器。理想 N 路等分功分器的分配损耗为$-10\lg(1/N)$。

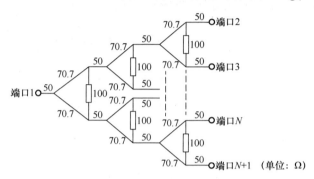

图 7.7　Wilkinson 功分器级联构成的 N 路等分功分器

2. 不等分功分器

Wilkinson 功分器还可以设计成不等分功分器，其传统结构和广义表示如图 7.8 所示。若端口 2 和端口 3 的输出功率之比是 $K^2 = \mathrm{Power}_{P2} / \mathrm{Power}_{P3}$，则：

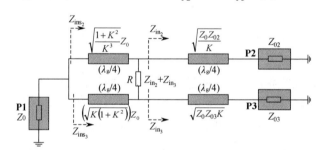

(a) 传统的不等分Wilkinson功分器

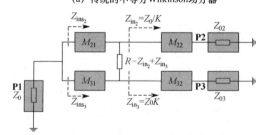

(b) 广义的不等分Wilkinson功分器

图 7.8　不等分 Wilkinson 功分器的传统结构和广义表示

注：图中 P1、P2、P3 表示端口。

$$\begin{cases} Z_{\text{in}_2} = Z_0 / K \\ Z_{\text{in}_3} = KZ_0 \end{cases}, \begin{cases} Z_{\text{ins}_2} = Z_0 \left(1 + \dfrac{1}{K^2}\right) \\ Z_{\text{ins}_3} = Z_0 (1 + K^2) \end{cases}, R = Z_0 \left(K + \dfrac{1}{K}\right) \qquad (7.31a)$$

$$\begin{cases} M_{21} = \sqrt{\dfrac{1 + K^2}{K^3}} Z_0 \\ M_{31} = \sqrt{K(1 + K^2)} Z_0 \end{cases}, \begin{cases} M_{22} = \sqrt{\dfrac{Z_0 Z_{02}}{K}} \\ M_{32} = \sqrt{K Z_0 Z_{03}} \end{cases} \qquad (7.31b)$$

当 $K = 1$ 时，上面的结果化简为功率等分情况。电阻功分器和 Wilkinson 功分器的比较见表 7.1。

表 7.1　电阻功分器和 Wilkinson 功分器的比较

	电阻功分器	Wilkinson 功分器
插入损耗	6 dB，内部包含 3 个 16.7 Ω 电阻	3 dB，内部包含四分之一波长变换器
频率	覆盖至 DC	微波频段
隔离度	6 dB	一般 20 dB 以上

7.2　平面负群时延功分器

传统的功分器具有正群时延，如前所述，正群时延对于微波电路和系统会产生一定的副作用。如果将功分器和负群时延电路一体化设计[3-6]，就可以使功分器具有负群时延特性，从而可以去除传统的、用来改善相频特性的时延补偿器或者相位均衡器等电路。与传统的先进行电路单独设计，再级联的方法相比，电路一体化设计可以大大提高不同电路单元工作的可靠性、协同性，使各电路单元在电气上相互补充和借用，通过整体优化使整个电路性能都得到改善。

一个具有正、负群时延特性的不等分微带功分器如图 7.9 所示，其中，等效传输线电路如图 7.9（a）所示（$\lambda = \lambda_g$），加工实物如图 7.9（b）所示。传输路径 1→2（端口 1→端口 2）具有正群时延，传输路径 1→3 加载支节线和吸收电阻 R，产生负群时延，R_{iso} 是隔离电阻。在中心频率处，为了匹配（$S_{11} = 0$），传输线的特性阻抗满足：

$$Z_a = Z_b = \sqrt{2} Z_0 \qquad (7.32a)$$
$$Z_c = Z_d = Z_0 \qquad (7.32b)$$

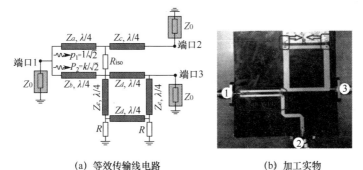

(a) 等效传输线电路　　　　　　　　　(b) 加工实物

图 7.9　具有正、负群时延特性的不等分微带功分器[3]

$$Z_e = Z_0 / \sqrt{2} \qquad (7.32c)$$

此功分器是在等分 Wilkinson 功分器基础上加入支节线和电阻，实现不等分功分比。功分器的偶模和奇模等效电路分别如图 7.10 和图 7.11 所示。根据这些奇模、偶模等效电路，在中心频率 $f=f_0$ 处，不同传输路径与群时延相关的 S 参数可表示为[3]

$$S_{11}\big|_{f=f_0} = S_{22}\big|_{f=f_0} = S_{33}\big|_{f=f_0} = 0 \qquad (7.33a)$$

$$S_{21}\big|_{f=f_0} = \frac{1}{\sqrt{2}} \qquad (7.33b)$$

$$S_{31}\big|_{f=f_0} = \frac{1}{\sqrt{2}}\left|\frac{Z_0 - R}{Z_0 + R}\right| \qquad (7.33c)$$

根据群时延的定义，路径 1→2 和路径 1→3 的群时延值可表示为[3]

$$\tau_{21}\big|_{f=f_0} = \frac{0.5152}{f_0} \qquad (7.34a)$$

$$\tau_{31}\big|_{f=f_0} \approx -2.0759\frac{(R^2 - 0.4184Z_0^2)}{f_0(Z_0^2 - R^2)} \qquad (7.34b)$$

功率分配比和隔离电阻可分别表示为

$$k = \frac{S_{31}}{S_{21}}\bigg|_{f=f_0} = \left|\frac{Z_0 - R}{Z_0 + R}\right| \qquad (7.35)$$

$$R_{\text{iso}} = 2Z_0 \qquad (7.36)$$

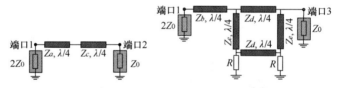

(a) 端口1和端口2之间 (b) 端口1和端口3之间

图 7.10　传输路径 1→2 和 1→3 相对应的偶模等效电路

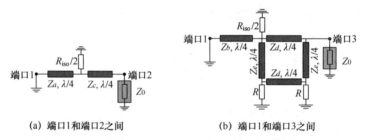

(a) 端口1和端口2之间 (b) 端口1和端口3之间

图 7.11　传输路径 1→2 和 1→3 相对应的奇模等效电路

根据测试结果，此功分器在路径 1→2 上具有正群时延，$\tau_{21} = 0.34$ ns，在路径 1→3 上具有负群时延，$\tau_{31} = -0.529$ ns，$S_{11}/S_{22}/S_{33}$ 均小于 -20 dB，$S_{21} = -2.96$ dB，$S_{31} = -24.35$ dB，隔离度 $S_{23} = -42.18$ dB。

另一个具有负群时延特性的不等分功分器由一个不等分功分器在传输路径 1→3（端口 1→端口 3）上集成一个负群时延电路构成[4]。如果该负群时延电路也集成在路径 1→2

上，则两条传输路径都可以产生负群时延。设计指标如下：中心频率为 5.2 GHz，负群时延值 τ_{31}=−5 ns，相对带宽为 1.5%，功分比 k=0.9。

设计思路是，传输路径 1→3 集成一个馈线耦合谐振器型负群时延电路，可使该路径产生负群时延，并用电阻加载耦合线获得匹配，使回波损耗有效衰减。具有负群时延特性的不等分功分器归一化耦合拓扑结构如图 7.12 所示。图中，P_i（i=1,2,3）为端口，N_1/N_2 为节点，R_1/R_2 为谐振器。归一化隔离电阻为 $R_{iso}=1+k^2$，则实际的隔离电阻可用式（7.37）计算：

$$R_{iso}=\frac{1+k^2}{k}Z_0 \tag{7.37}$$

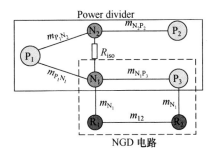

图 7.12　具有负群时延特性的不等分功分器归一化耦合拓扑结构

根据电路性能指标和参数 a=0.3，由 N_1、R_1、R_2、P_3 组成的负群时延电路的归一化耦合矩阵可表示为[4]

$$M_{NGD}=\begin{bmatrix} 0 & 0.6 & 0 & 0.91 \\ 0.6 & -j/1.725 & 0.108 & 0 \\ 0 & 0.108 & -j/1.725 & 0.6 \\ 0.91 & 0 & 0.6 & 0 \end{bmatrix} \tag{7.38}$$

这里，m_{N_1}=0.6，m_{12}=0.108，$m_{N_1P_3}$=0.91。功分器拓扑结构中的其他耦合系数可通过计算得到，分别为 $m_{P_1N_1}$=0.669，$m_{P_1N_2}$=0.826，$m_{N_2P_2}$=1.111。

具有负群时延特性的不等分 Wilkinson 功分器如图 7.13 所示，其中传输线电路模型和电路物理结构分别如图 7.13（a）和（b）所示。仿真的 S 参数和群时延随电路耦合缝隙 s_0 变化的情况如图 7.14（a）～（c）所示，图中，τ_{21} 和 τ_{31} 分别是传输路径 1→2 和路径 1→3 的群时延值。从图中可以看到，s_0 的变化对传输路径 1→2 的影响很小，S_{21} 基本没有变化，τ_{21} 只有微弱的变化，但是传输路径 1→3 的 S 参数和群时延变化明显，$S_{31}/S_{32}/S_{23}$ 和 τ_{31}（均取绝对值）均随 s_0 的增大而减小。τ_{31} 和 S_{31} 具有相同的变化规律。根据功分比（$k=S_{31}/S_{21}$）可知，当 S_{21} 基本固定时，功分器的实际功分比将随 s_0 的增大而减小。仿真的群时延值随外接电阻变化的情况如图 7.14（d）所示，起始电阻值 $R_1=R_2$=100 Ω。由图可见，电阻变化对 τ_{21} 几乎没有影响，τ_{31}（取绝对值）随电阻增大而减小。

负群时延不等分功分器的电路实物和仿真、测试结果如图 7.15 所示[4]。S_{31}=−16.85 dB，S_{21}>−4.23 dB，τ_{31}=−4.21 ns，τ_{21}<0.14 ns，S_{23}<−35 dB，各端口的反射系数 S_{33}、S_{22}、S_{11} 分别是 −37.67 dB、−22.7 dB 和 −37.6 dB。电路的尺寸是 $0.86\lambda_g\times0.52\lambda_g$，这里的 λ_g 是 5.2 GHz 处的波导波长。

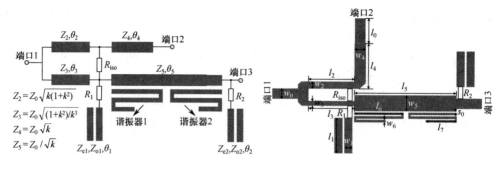

(a) 传输线电路模型　　　　　　　　　(b) 电路物理结构

图 7.13　具有负群时延特性的不等分 Wilkinson 功分器[4]

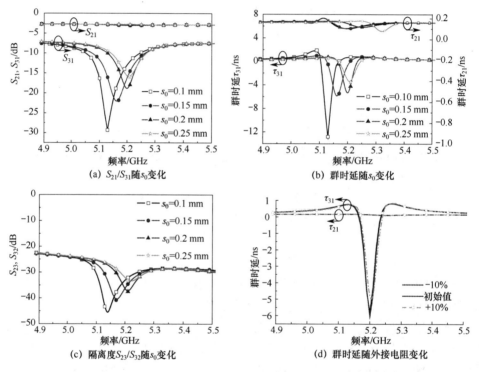

(a) S_{21}/S_{31} 随 s_0 变化　　　　　　(b) 群时延随 s_0 变化

(c) 隔离度 S_{23}/S_{32} 随 s_0 变化　　　(d) 群时延随外接电阻变化

图 7.14　仿真的 S 参数和群时延随电路耦合缝隙 s_0 和外接电阻变化的情况

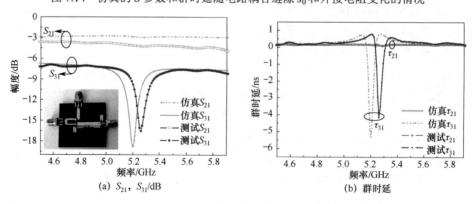

(a) S_{21}，S_{31}/dB　　　　　　　　(b) 群时延

图 7.15　负群时延不等分功分器的电路实物和仿真、测试结果

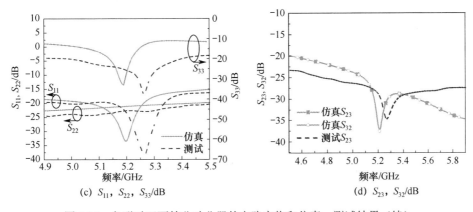

图 7.15　负群时延不等分功分器的电路实物和仿真、测试结果（续）

7.3　平面滤波功分器

　　传统功分器的带外抑制能力较差，因此为了抑制谐波，改善电路或系统的频率选择性，一般在功率分配电路中需要额外级联滤波器。但是这种设计会大大增加整个系统的尺寸，增加整体电路的损耗，而且因为不是一体化设计，可能会导致级联以后的电路协同性差等问题。滤波功分器是滤波功分一体化电路，结合滤波器与功分器的功能和优点，不仅可以实现两者的电路功能，而且可能减小整个电路系统的损耗和体积。

　　这里以滤波器设计理论为基础，将多输出端口的网络模型[7-9]转换成滤波功分器模型，也就是将滤波器的耦合矩阵综合进一步延伸到具有滤波响应的功率分配器中去。滤波功分器的相关理论目前还不够完善。

　　图 7.16 所示为广义多输出端口耦合模型。实际电路模型中的电耦合与磁耦合是不同的，为了便于分析，这里把它们统一看待。假设电路中只存在电耦合，根据基尔霍夫电流定律，各个分路的等式可分别以阻抗矩阵的形式表示出来；类似地，在电路中只存在磁耦合的情况下，各个分路的等式可以用导纳矩阵来表示。最终对所

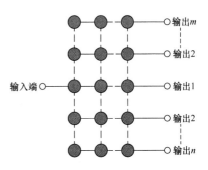

图 7.16　广义多输出端口耦合模型

有矩阵进行归一化处理，无论电耦合或者磁耦合，都可以得到一个广义的耦合矩阵 A，其中包含谐振器之间、谐振器与端口之间、各个端口之间的耦合系数以及外部品质因数。

$$A = \begin{bmatrix} \dfrac{1}{q_{e_1}} & \cdots & 0 & 0 \\ \vdots & \ddots & \vdots & \vdots \\ 0 & \cdots & \dfrac{1}{q_{e_{n-1}}} & 0 \\ 0 & \cdots & 0 & \dfrac{1}{q_{e_n}} \end{bmatrix} + p \begin{bmatrix} 1 & \cdots & 0 & 0 \\ \vdots & \ddots & \vdots & \vdots \\ 0 & \cdots & 1 & 0 \\ 0 & \cdots & 0 & 1 \end{bmatrix} - \mathrm{j} \begin{bmatrix} m_{11} & \cdots & m_{1(n-1)} & m_{1n} \\ \vdots & \ddots & \vdots & \vdots \\ m_{(n-1)1} & \cdots & m_{(n-1)(n-1)} & m_{(n-1)n} \\ m_{n1} & \cdots & m_{n(n-1)} & m_{nn} \end{bmatrix} \tag{7.39}$$

式中，
- q_{e_i} 表示按比例变换后的第 i 个谐振器的外部品质因数（$q_{e_i} = Q_{e_i}$ FBW）；
- p 表示低通原型的频率变量；
- m_{ij} 表示归一化之后谐振器 i 和 j 之间的耦合系数；
- m_{ii} 表示滤波器的自耦系数。

图 7.17 所示为 n 个谐振器耦合的三端口网络，其中各个端口都分别连有一个谐振器。根据前面推导得出的广义耦合矩阵 A，可以得到该三端口网络的 S 参数如下：

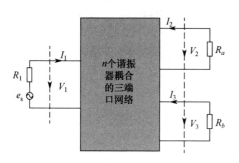

图 7.17　n 个谐振器耦合的三端口网络

$$S_{11} = 1 - \frac{2}{q_{e_1}} A_{11}^{-1} \tag{7.40a}$$

$$S_{21} = \frac{2}{\sqrt{q_{e_1} q_{e_a}}} A_{a1}^{-1} \tag{7.40b}$$

$$S_{31} = \frac{2}{\sqrt{q_{e_1} q_{e_b}}} A_{b1}^{-1} \tag{7.40c}$$

与滤波器类似，滤波功分器的频率响应曲线可以通过多项式来表示。如果一个三端口网络包含 n 个谐振器，则根据滤波器相关理论分析，它的传输函数和反射函数可以表示为两个多项式相除的形式：

$$S_{11}(\omega) = \frac{F(\omega)}{E(\omega)}, S_{21}(\omega) = \frac{P(\omega)}{\varepsilon_1 E(\omega)}, S_{31}(\omega) = \frac{P(\omega)}{\varepsilon_2 E(\omega)} \tag{7.41}$$

式中，ω 为实频率变量，其中多项式 $F(\omega)$、$E(\omega)$ 和 $P(\omega)$ 的各阶系数都进行了归一化处理。多项式 $F(\omega)$ 和 $E(\omega)$ 为 N 阶多项式，N 同时可以表示滤波函数的阶数。滤波函数传输零点的个数等于多项式 $P(\omega)$ 的阶数，最多可达到 $N-2$ 阶。滤波函数的反射零点与多项式 $F(\omega)$ 的解相对应，由文献[7]中的递归法可求得。通过对多项式 $E(\omega)$ 进行复数域求解，可以大致确定滤波函数的极点位置。对于切比雪夫函数，在一定插入损耗下，即 $\omega = \pm 1$ 范围内，$S_{21}(\omega)$ 和 $S_{31}(\omega)$ 分别由常数 ε_1 和 ε_2 归一化得到。

假设输入功率被功分器分成任意两部分，即 $|S_{31}(\omega)|^2 = \alpha |S_{21}(\omega)|^2$，则对于无耗系统，有：

$$|S_{11}(\omega)|^2 + (1+\alpha)|S_{21}(\omega)|^2 = 1 \tag{7.42}$$

由式（7.41）和式（7.42）可得 ε_1 为

$$\varepsilon_1 = \left| \frac{S_{11}(\omega)}{S_{21}(\omega)} \right| \left| \frac{P(\omega)}{F(\omega)} \right| = \frac{\sqrt{1+\alpha}|S_{11}(\omega)|}{\sqrt{1-|S_{11}(\omega)|^2}} \left| \frac{P(\omega)}{F(\omega)} \right| \tag{7.43}$$

在 $\omega = \pm 1$ 范围内，最大带内反射系数 $|S_{11}(\omega)|$ 的值已知，用幅度（单位为 dB）表示回波损耗（RL），则在通带内，ε_1 可由多项式 $F(\omega)$ 和 $P(\omega)$ 表示为

$$\varepsilon_1 = \frac{\sqrt{1+\alpha}}{\sqrt{10^{RL/10} - 1}} \left| \frac{P(\omega)}{F(\omega)} \right|_{\omega = \pm 1} \tag{7.44}$$

同理可得 ε_2：

$$\varepsilon_2 = \frac{\sqrt{1+\alpha}}{\sqrt{\alpha(10^{\text{RL}/10}-1)}} \left| \frac{P(\omega)}{F(\omega)} \right|_{\omega=\pm 1} \tag{7.45}$$

当常数 ε_1、ε_2 和多项式 $F(\omega)$、$P(\omega)$、$E(\omega)$ 已知后，则式（7.41）中的传输函数和反射函数可通过多项式 $F(s)$、$P(s)$ 和 $E(s)$ 衍生出来，其中，$s = \mathrm{j}\omega$ 为复频域变量。由能量守恒定律可得：

$$F(s)F(s)^* + \frac{P(s)P(s)^*}{\varepsilon_1^2} + \frac{P(s)P(s)^*}{\varepsilon_2^2} = E(s)E(s)^* \tag{7.46}$$

由式（7.46）可知，$E(s)E(s)^*$ 是一个系数为实数的 $2N$ 阶多项式。通过数值仿真软件的相关计算，求解得出多项式 $E(s)E(s)^*$ 的根，可以看到它的全部根在复平面上关于虚轴对称。对于稳定响应的系统来说，$E(s)$ 的根应该在复平面的纵轴左侧，则相对应的 $E(s)^*$ 的根在复平面的纵轴右侧。所以多项式 $E(s)$ 应由复平面的纵轴左侧的 N 个根来构造。

已知滤波器的耦合矩阵综合分析是基于传输零点和反射零点频率位置的最小损失函数来构造的。根据文献[9]可知，对于滤波功分器来说，在满足额外功分比的需求下，多项式 $P(\cdot)$ 和 $F(\cdot)$ 构成了初始的损失函数，用 Ω 表示最终确定的频率：

$$\Omega = \sum_{i=1}^{T} \left| P(s_{t_i}) \right|^2 + \sum_{j=1}^{R} \left| F(s_{r_j}) \right|^2 + \sum_{j=1}^{R} \left(\left| \frac{P(s_{r_j})}{\varepsilon_1 E(s_{t_i})} \right| - \sqrt{\frac{1}{1+\alpha}} \right)^2 \tag{7.47}$$

式中，t 表示传输零点的个数，r 表示反射零点的个数；s_{t_i} 和 s_{r_j} 分别表示低通原型复平面上传输零点和反射零点，其位置可由递归法确定。最后一项不仅决定 S_{21} 的幅值，还可以实现不同的功分比要求。此损失函数没有影响变量中的波纹，因此要计算它的外部品质因数，需要计算出回波损耗 S_{11}，回波损耗 S_{11} 的幅值大小由反射零点 s_{r_j} 的大小决定。

通过联立并求解式（7.40）和式（7.41），可确定多项式 $P(\cdot)$ 与 $F(\cdot)$。在式（7.40）中，矩阵 A 的逆矩阵可表示为

$$A^{-1} = \text{adj}(A) / \Delta_A \tag{7.48}$$

式中，$\text{adj}(A)$ 为矩阵 A 的伴随矩阵，Δ_A 为矩阵 A 的行列式。

由此，式（7.47）可变为

$$\Omega = \sum_{i=1}^{T} \left| \frac{2}{\sqrt{q_{e_1} q_{e_a}}} \text{cof}_{A_{1a}}(s_{r_j}) \right|^2 + \sum_{j=1}^{R} \left| \Delta_A(s_{r_j}) - \frac{2\text{cof}_{A_{11}}(s_{r_j})}{q_{e_1}} \right|^2 +$$

$$\sum_{j=1}^{R} \left| \frac{2}{\sqrt{q_{e_1} q_{e_a}}} \frac{\text{cof}_{A_{1a}}(s_{r_j})}{\Delta_A(s_{r_j})} - \sqrt{\frac{1}{1+\alpha}} \right|^2 \tag{7.49}$$

式中，$\text{cof}_{A_{1a}}(s_{r_j})$ 和 $\text{cof}_{A_{11}}(s_{r_j})$ 代表矩阵 A 的余子式。

通过确定滤波器的阶数和带内波纹可以分析其外部品质因数。

在此，可以利用梯度优化法来优化功分器的耦合矩阵，耦合矩阵单元为优化变量。上文所述的滤波功分器的拓扑结构如图 7.18 所示，谐振器 n–2 与 n–1 和 n 之间的耦合系数可以控制功分比。但是该结构的两个输出端口不匹配，且理论上隔离度只有 6 dB。

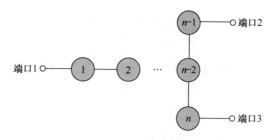

图 7.18　滤波功分器的拓扑结构

滤波功分器[10-17]目前的设计方案主要有 3 种：第一种是直接将滤波器与功分器级联，这种方法较简单，但是电路尺寸大而且有额外的器件损耗；第二种是将传统 Wilkinson 功分器中的四分之一波长变换器用带有滤波响应的谐振器（包括双模/多模谐振器）来代替[10-12]，从而实现具有滤波特性的功分器；第三种是多谐振器耦合实现滤波功分一体化。功分器与多频滤波器融合可以实现多频带滤波功分器[14-17]。

图 7.19（a）所示为一种结合准椭圆函数滤波器的 Wilkinson 功分器的物理结构[10]，该功分器用带通滤波响应电路替代四分之一波长变换器而形成，其电路耦合结构如图 7.19（b）所示，$M_{12} = M_{34} = 0.044$，$M_{23} = 0.037$，$M_{14} = -0.005\,7$。电路实物如图 7.19（c）所示。$W_1 = 1.1$ mm，$W_2 = 1$ mm，$W_3 = 3$ mm，$d_1 = 0.51$ mm，$d_2 = 0.72$ mm，$d_3 = 0.5$ mm，$d_4 = 1$ mm，$d_5 = 1.65$ mm，$d_6 = 2.5$ mm，$s_1 = 19.19$ mm，$s_2 = 11.21$ mm，$s_3 = 4.05$ mm，$s_4 = 4$ mm，$s_5 = 9.11$ mm，$s_6 = 7.82$ mm，$s_7 = 8.15$ mm。基板的相对介电常数为 3.38（Rogers RO4003），厚度为 0.508 mm，材料的损耗角正切为 0.002 7。

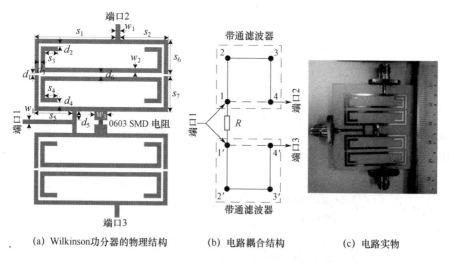

（a）Wilkinson功分器的物理结构　　（b）电路耦合结构　　（c）电路实物

图 7.19　结合准椭圆函数滤波器的 Wilkinson 功分器结构[10]

另一种用带通滤波响应电路替代四分之一波长变换器的双频滤波功分器[11]如图 7.20 和图 7.21 所示。电路中心工作频率为 2.45/4.4 GHz，相对带宽为 7%/8.6%，用多层悬置带线结构实现，这里只讨论核心层平面结构。双频滤波功分器拓扑结构和等效传输线电路模型分别如图 7.20（a）和（b）所示，这里引入电磁混合耦合和源—负载耦合实现通带两侧传输零点，0.024 8 和 0.047 4 分别是第一个频带/通带和第二个频带/通带的源—负载耦合系数，耦合

谐振器对 R_1-R_2 和 R_3-R_4 都是二阶谐振器，分别控制和实现第一个通带和第二个通带[11]，R_1'-R_2' 和 R_1-R_2 相同，R_3'-R_4' 和 R_3-R_4 相同。图 7.20（a）中实线表示物理耦合路径，虚线表示电磁耦合路径，共有 8 条电/磁耦合路径。图 7.20（b）中，特性阻抗为 Z_1 的短路短截线等效于一个短路电感，为磁场集中区，这样 R_1-R_2 和 R_1'-R_2' 所构成的二阶谐振器相当于引入了磁耦合。

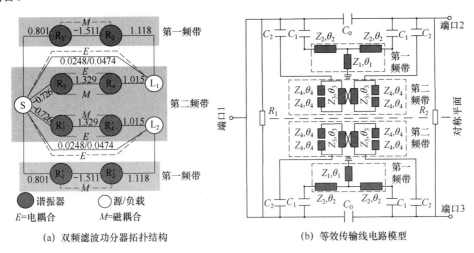

(a) 双频滤波功分器拓扑结构   (b) 等效传输线电路模型

图 7.20　双频滤波功分器拓扑结构和等效传输线电路模型[11]

根据双频滤波功分器拓扑结构和等效传输线电路模型所构造的双频滤波功分器物理结构如图 7.21（a）所示，仿真得到的电磁场分布如图 7.21（b）所示。R_1/R_2 用 UIR 实现，R_3/R_4 用开裂环 SIR 实现。通过电磁场分布可以清楚看到，双频滤波功分器的每个频带单独可控，与图 7.20（a）所示一致。双频滤波功分器的电路模型如图 7.22 所示，L_1-C_1 和 L_2-C_2 分别表示接有短路短截线的 UIR 和开裂环 SIR，L_i 和 C_i（i=1, 2）分别表示相应谐振器的电感和电容。每个频带的工作频率为 $f_{0i} = 1/2\pi\sqrt{L_iC_i}$。

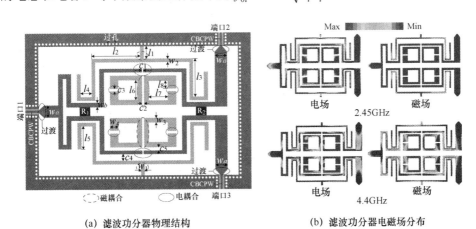

(a) 滤波功分器物理结构   (b) 滤波功分器电磁场分布

图 7.21　双频滤波功分器物理结构和电磁场分布[11]

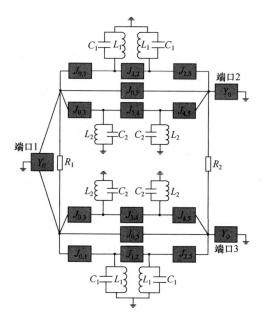

图 7.22　双频滤波功分器的电路模型

一种多谐振器耦合结构的滤波功分器如图 7.23 所示，其中滤波功分器物理结构如图 7.23（a）所示，电路的耦合结构如图 7.23（b）所示，奇模和偶模等效电路分别如

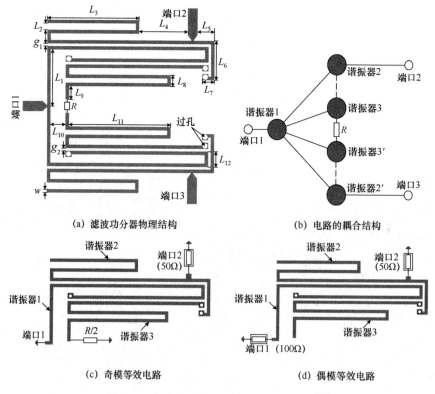

（a）滤波功分器物理结构

（b）电路的耦合结构

（c）奇模等效电路

（d）偶模等效电路

图 7.23　多谐振器耦合结构的滤波功分器[13]

图 7.23（c）和（d）所示。滤波功分器设计参数：中心频率为 0.92 GHz，相对带宽为 6%。电路的物理尺寸为 $L_1 = 8.65$ mm，$L_2 = 1$ mm，$L_3 = 14$ mm，$L_4 = 6.6$ mm，$L_5 = 3.3$ mm，$L_6 = 5.2$ mm，$L_7 = 1.8$ mm，$L_8 = 1.7$ mm，$L_9 = 3$ mm，$L_{10} = 2.3$ mm，$L_{11} = 16$ mm，$L_{12} = 2.3$ mm，$W = 0.5$ mm，$g_1 = 0.10$ mm，$g_2 = 0.10$ mm，$R = 3\,200\,\Omega$。基板的相对介电常数为 3.38（Rogers RO4003），厚度为 0.81 mm，材料的损耗角正切为 0.002 7。

滤波功分器仿真和测试结果如图 7.24 所示。测试结果显示，电路工作在 0.92 GHz，相对带宽为 6.5%，插入损耗为 3.99 dB，回波损耗 $S_{11} / S_{22} / S_{33}$ 均大于 20 dB，隔离度 S_{23} 也大于 20 dB。

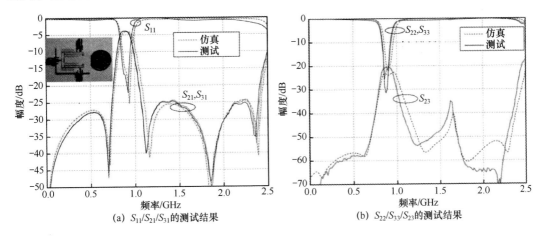

(a) $S_{11}/S_{21}/S_{31}$ 的测试结果　　　　(b) $S_{22}/S_{33}/S_{23}$ 的测试结果

图 7.24　滤波功分器仿真和测试结果[13]

参 考 文 献

[1] D M POZAR. 微波工程[M]. 3 版. 北京：电子工业出版社，2006.

[2] COHN S B. A class of broadband 3-port tem hybrids[J]. IEEE Trans. Microwave Theory and Techniques, Vol.16, 1968: 110-118.

[3] CHAUDHARY G, KIM P, JEONG J, et al. A design of unequal power divider with positive and negative group delays[C]// Proceedings of the 45th European Microwave Conference (EuMC), 7-10, Sept., 2015, Paris, France: 127-130.

[4] XIAO J K, WANG Q F, MA J G. A Matched negative group delay circuit and its integration with an unequal power divider, IEEE Access, Vol.7, 2019: 113578-113588.

[5] CHAUDHARY G, JEONG Y. A design of power divider with negative group delay characteristics[J]. IEEE Microwave and Wireless Components Letters, Vol. 25, No. 6, 2015: 394-396.

[6] CHAUDHARY G, JEONG Y. Negative group delay phenomenon analysis in power divider: coupling matrix approach[J]. IEEE Transactions on Components, Packaging and Manufacturing Technology, Vol. 7, No. 9, 2017: 1543-1551.

[7] GARCIA L A, SARKAR T K. Salazar-Palma M., Analytical synthesis of microwave multiport networks[J]. IEEE International Microwave Symposium Digest, 2004.

[8] AMARI S. Synthesis of cross-coupled resonator filters using an analytical gradient-based optimization

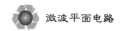

technique[J]. IEEE Transactions on Microwave Theory and Techniques, Vol.48, No.9, 2000: 1559-1564.

[9] JAYYOUSI A B, LANCASTER M J. A gradient-based optimization technique employing determinants for the synthesis of microwave coupled filters[J]. IEEE International Microwave Symposium Digest, 2004.

[10] SHAO J Y, HUANG S C,PANG Y H. Wilkinson power divider incorporating quasi-elliptic filters for improved out-of-band rejection[J]. Electronics Letters, Vol. 47, No. 23, 2011: 1288-128.

[11] XIAO J K, REN X, GUO K. High selective dual-band filtering power divider using self-packaged sisl[J]. IET Electronics Letters, Vol.56, No.18, 2020: 937-940.

[12] XIAO J K, YANG X Y, LI X F. A 3.9ghz/63.6% FBW multi-mode filtering power divider using self-packaged sisl[J]. IEEE Transactions on Circuits and Systems II: Express Briefs, Vol.68, No.6, 2021: 1842-1846.

[13] ZHANG X Y, WANG K X, HU B J. Compact filtering power divider with enhanced second-harmonic suppression[J]. IEEE Microwave and Wireless Components Letters, Vol. 23, No. 9, 2013: 483-485.

[14] G. Zhang, X. Wang, J. Yang, Dual-band microstrip filtering power divider based on one single multimode resonator[J]. IEEE Microwave and Wireless Components Letters, Vol.28, No.10, 2018: 891-893.

[15] ZHANG G, WANG J, ZHU L, et al. Dual-band filtering power divider with high selectivity and good isolation[J]. IEEE Microwave and Wireless Components Letters, Vol.26, No.10, 2016: 774-776.

[16] SONG K, FAN M, ZHANG F, et al. Compact triple-band power divider integrated bandpass-filtering response using short-circuited sirs[J]. IEEE Transactions on Components, Packaging and Manufacturing Technology, Vol. 7, No.7, 2017: 1144-1150.

[17] WEN P, MA Z, LIU H, et al. Dual-band filtering power divider using dual-resonance resonators with ultrawide stopband and good isolation[J]. IEEE Microwave and Wireless Components Letters, Vol.29, No.2, 2019: 101-103.

第8章　平面耦合器

耦合器是由两段相互耦合的传输线通过某种耦合方式，从输入端将能量耦合出一部分到支路，实现功率分配或者功率检测等功能的一种四端口无源微波器件。平面耦合器常用的耦合方式有耦合线耦合、分支线耦合、混合环耦合等。耦合器能对功率信号按照设定的比例进行分配，并且使输出的两个信号之间具有一定的相位关系，且相位关系在工作频带内保持恒定，通常要求两输出信号相位相差 90° 或 180°，也可以根据实际需要设定相位差。

近些年来，随着一体化/融合化多功能电路的发展，耦合器可以与滤波器融合实现滤波耦合器，有效改善耦合器的性能。

8.1　平面耦合器简介

我们知道，信号在传输线上以电磁波的形式进行传输，传输线上同时存在行波和反射波，只耦合沿同相传输的电磁波还是沿反相传输的电磁波，这是耦合器定向的含义。常见的四端口耦合器如图 8.1 所示，其中，提取所需的耦合功率的端口称为耦合端，当直通端与耦合端位于耦合器的同一侧输出时，称为同相定向耦合器，反之，则称为反相定向耦合器。一般来说，分支线耦合器便是同相耦合器，而耦合线耦合器则是反相耦合器。

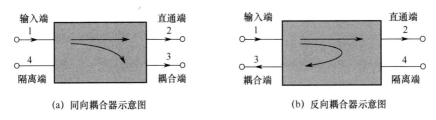

(a) 同向耦合器示意图　　　　　　　　(b) 反向耦合器示意图

图 8.1　常见的四端口耦合器示意图

设定向耦合器输入端的输入功率为 P_1（与信号发生器阻抗匹配），直通端的输出功率为 P_2，耦合端的输出功率为 P_3，隔离端的输出功率为 P_4。隔离端在理想情况下没有输出（P_4 为零），但是在实际中并非如此。下面介绍定向耦合器的常用评价指标。

耦合度：各端口连接匹配负载时，输入端和耦合端的功率比（单位为 dB）。耦合度表示为 $C = 10\lg(P_1/P_n)$，n=2、3、4。例如，若端口 3 为耦合端，则耦合度为

$$C = 10\lg\frac{P_1}{P_3} = -20\lg|S_{31}| \tag{8.1}$$

隔离度：各端口连接匹配负载时，输入端和隔离端的功率比（单位为 dB），表示为

$$I = 10\lg\frac{P_1}{P_4} = -20\lg|S_{41}| \tag{8.2}$$

方向性：耦合端和隔离端的功率比（单位为 dB），表示为

$$D = 10\lg\frac{P_3}{P_4} = -20\lg\left|\frac{S_{41}}{S_{31}}\right| = I - C \qquad (8.3)$$

方向性是耦合器隔离前向波和反相波能力的量度。由式（8.3）可知，隔离度、方向性和耦合度之间的关系为 $I = D + C$。

相对带宽表示为

$$\text{FBW} = \frac{2 \times \Delta f}{f_{\max} + f_{\min}} \qquad (8.4)$$

式中，$\Delta f = f_{\max} - f_{\min}$，$f_{\max}$ 表示最高工作频率，$f_{\min}$ 表示最低工作频率。

相位差和相位平衡度：通常直通端和耦合端的相位差[$\Delta P = \text{phase}(S_{21}) - \text{phase}(S_{31})$]为 90° 或 180°。一般要求相位平衡度在 ±5° 以内，相位平衡度越小，越接近理想情况。

常见的定向耦合器类型有分支线耦合器、耦合线耦合器和混合环耦合器等，分别如图 8.2（a）、（b）和（c）所示。分支线耦合器可以实现平均分配功率的功能，其直通臂和耦合臂的输出相位差为 90°；耦合线耦合器是由两段四分之一波长传输线紧靠在一起，利用两段传输线之间的电磁场相互作用形成功率耦合，从而实现功率分配的，其耦合度大小可以根据需要进行设计；混合环（rat-race）是一种可以输出相位差为 180° 的平面耦合器，能够输出同相和反相两种类型的信号，同时可以设计成多种形式。

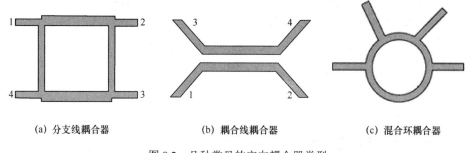

(a) 分支线耦合器　　　　(b) 耦合线耦合器　　　　(c) 混合环耦合器

图 8.2　几种常见的定向耦合器类型

8.2　分支线耦合器

分支线耦合器是最简单的 90° 混合网络，其结构如图 8.3 所示。这种耦合器可以是方形的，也可以是圆形的，圆形分支线耦合器适用于所有端口都匹配的平面相位检测器和平衡混频器。分支线耦合器每臂的长度都是四分之一波长，在任何一种情况下，所有分支线的长度总和是一个波长。分支线耦合器的基本工作原理是：所有端口均匹配，端口 1 处的某一输入功率会对等分配给端口 2 和端口 3，在匹配条件下以及在中心频率处，这两个端口之间有 90° 相位差，没有功率耦合到端口 4（隔离端）。分支线耦合器具有高度对称性，因此任意端口都可以作为输入端，直通端在与输入端相反的一侧，隔离端在与输入端相同的一侧。当中心频率发生 10%的变化时，90° 相位差的变化在 ±5° 左右。这种 90° 混合网络满足

$$\frac{P_2}{P_3} = \left(\frac{Z_0}{Z_p}\right)^2 \tag{8.5a}$$

$$\left(\frac{Z_0}{Z_r}\right)^2 = \left(\frac{Z_0}{Z_p}\right)^2 + 1 \tag{8.5b}$$

如果 $Z_p = Z_0$，则 $Z_r = Z_0/\sqrt{2}$。

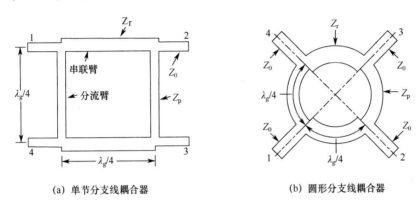

(a) 单节分支线耦合器 (b) 圆形分支线耦合器

图 8.3 分支线耦合器结构

分支线耦合器有 3 个主要的臂损耗，这是由于一部分功率耦合到次级臂而产生的，同时还有介质损耗和导体损耗。分支线耦合器几乎可以用各种平面传输线来实现，例如，微带、带状线、槽线、CPW/CBCPW 等。单节分支线耦合器带宽很窄，多节分支线耦合器可以克服这一缺点，但是在大多数情况下，传输线的阻抗范围太宽，因此较难实现。改进的混合环可以避免物理上无法实现的高阻抗线路[1]。Chebyshev 和 Zolotarev 函数[2-3]为此类混合网络提供了完整的分析设计技术，但是由于宽阻抗范围的问题，这种技术有时可能不适用于平面电路的设计。Muraguchi 等[4]提出了一种基于计算机辅助设计技术的优化设计，方法如下：

一种多节分支线耦合器如图 8.4（a）所示，它在 X 平面和 Y 平面都具有对称性，S 参数矩阵可写成

$$\boldsymbol{S} = \begin{bmatrix} S_{11} & S_{21} & S_{31} & S_{41} \\ S_{21} & S_{11} & S_{41} & S_{31} \\ S_{31} & S_{41} & S_{11} & S_{21} \\ S_{41} & S_{31} & S_{21} & S_{11} \end{bmatrix} \tag{8.6}$$

并且满足

$$|S_{11}|^2 + |S_{21}|^2 + |S_{31}|^2 + |S_{41}|^2 = 1 \tag{8.7}$$

耦合度、回波损耗和隔离度等条件可表示为

$$|S_{11}|^2 = 0 , \quad |S_{21}|^2 = C , \quad |S_{31}|^2 = 1 - C , \quad |S_{41}|^2 = 0 \tag{8.8}$$

对于 Muraguchi 等报道的双节 3 dB 微带混合电路[4]，假设耦合度变化小于±0.43 dB，隔离度不小于 20 dB，则可在 1 GHz 中心频率附近实现 30%的带宽。定义了误差范围后，可得到以下补偿函数：

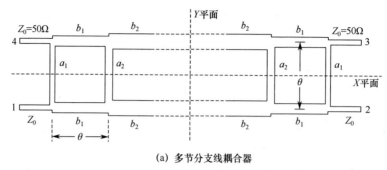

(a) 多节分支线耦合器

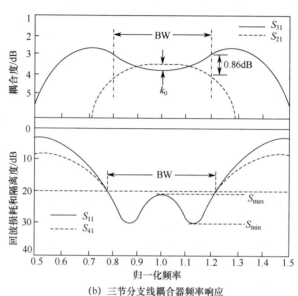

(b) 三节分支线耦合器频率响应

图 8.4　多节分支线耦合器和优化的三节分支线耦合器的频率响应

$$F(a_1,\cdots,a_n,b_1,\cdots,b_m)=\sum_{j=1}^{4}g_j \tag{8.9a}$$

$$g_1=\sum_{i=1}^{N}\left|S_{11}(f_i)\right|^2 \tag{8.9b}$$

$$g_2=\sum_{i=1}^{N}\left[\left|S_{21}(f_i)\right|^2-C\right] \tag{8.9c}$$

$$g_3=\sum_{i=1}^{N}\left[\left|S_{31}(f_i)\right|^2-(1-C)\right] \tag{8.9d}$$

$$g_4=\sum_{i=1}^{N}\left|S_{41}(f_i)\right|^2 \tag{8.9e}$$

此处，

$$f_i=f_0\left(1+\frac{i-1}{D}\right),\quad i=1、\cdots、N \tag{8.10}$$

式中，N 是采样点数，f_i 是相应的采样频率，f_0/D 是采样间隔。对于无耗混合网络，虽然 S_1、S_2、S_3 和 S_4 并不是彼此独立的，但仍然考虑了这 4 个参数。为了通过合适的搜索方法得到最小补偿函数 F，可通过数值计算获得参数 $a_1 \sim a_n$ 和 $b_1 \sim b_m$。优化过程如下：

（1）通过改变采样间隔 $1/D$ 来进行第一次计算，对电路特性阻抗不做任何限制。

（2）如果第一次计算结果中存在一些不理想的高/低特性阻抗，则将其中一个阻抗值变为合适的固定值之后，再进行第二次计算。

（3）如果在第二次计算的结果中仍然存在不理想的高/低特性阻抗，则将其中两个或三个阻抗值变为固定值之后，再进行第三次计算。

重复上述计算过程，直到超过规定的容限。

对于阻抗阶数较大的混合电路，在优化后可加入结电抗效应。优化的三节分支线耦合器的频率响应曲线如图 8.4（b）所示。

8.3 混合环耦合器

混合环耦合器是一种匹配的混合 T 型网络，是分支线耦合器的一种特殊形式，其周长是 $3\lambda_g/2$ 的奇数倍。因此，相位响应为 $0°/180°$。$180°$ 相位比 $0°$ 相位对频率更加敏感，这种特性适合在混频器、单边带（SSB）发生器等电路中应用。混合环耦合器的最简单形式如图 8.5 所示，端口 A 与端口 B、端口 B 与端口 C、端口 C 与端口 D 均相隔 $90°$，且端口 A 和端口 D 相距四分之三波长。

根据结构中给出的阻抗和相位关系，输入端 C 的功率均等地分成两部分，这两个部分在端口 B 和端口 D 处同相相加，在端口 A 处反相相消，因此端口 A 与输入端（端口 C）相互隔离。同样，如果输入端 A 的功率在端口 B 和端口 D 处均且相位相差 $180°$ （端口 A 的功率从端口 B 和端口 D 等幅反相输出），则端口 C 无输出（隔离端）。

匹配混合 T 型网络的理想 S 参数矩阵可表示为

$$S = \frac{1}{\sqrt{2}} \begin{bmatrix} 0 & 1 & 1 & 0 \\ 1 & 0 & 0 & 1 \\ 1 & 0 & 0 & -1 \\ 0 & 1 & -1 & 0 \end{bmatrix} \qquad (8.11)$$

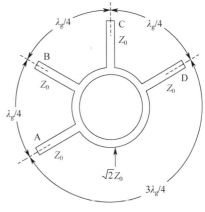

图 8.5 混合环耦合器的最简单形式

混合传输线的设计相当于实现具有适当相速度和特性阻抗的传输线节。直接综合方程可用于支持纯 TEM 或准 TEM 传播模式的带状线[5]、微带[6]、悬置微带和倒置微带[7]。用槽线、鳍线等非 TEM 传输线实现混合网络的方法是使用迭代技术，并借助精确的方程式[7-9]来确定传播模式。当然也可以使用封闭形式的设计方程式。

8.4 耦合线定向耦合器

耦合线定向耦合器可以用侧边耦合、宽边耦合或偏置耦合来实现。一般情况下，侧边

耦合的耦合强度较弱，宽边耦合可用来实现强耦合，偏置耦合可用来实现中等耦合。大多数平面耦合器使用纯 TEM 模式的带状线或准 TEM 模式的微带来实现，也可以使用共面波导来实现，平面平行耦合传输线结构如图 8.6 所示。其中，图 8.6（a）和（b）所示为侧边耦合结构，图 8.6（c）、（e）和（f）所示为宽边耦合结构，图 8.6（d）所示为偏置耦合结构。

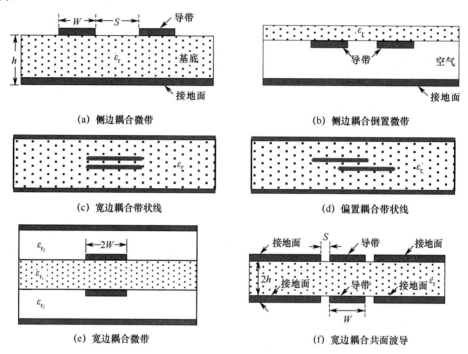

图 8.6　平面平行耦合传输线结构

目前，大多数微波仿真软件都有传输线的计算和综合工具，例如 ADS 中的 LineCalc 工具，就可以用来计算常用传输线结构的阻抗或者尺寸等参数，为专业设计带来了极大便利。但是，目前的仿真软件没有包含一些新型传输线结构，例如图 8.6（f）所示的宽边耦合共面波导。宽边耦合共面波导的导带宽度为 W，导带与接地面之间的缝隙为 S，其奇模、偶模特性阻抗 Z_{0o} 和 Z_{0e} 与导带宽度 W、缝隙 S、上下接地面之间的距离、介质的相对介电常数等参数密切相关。在耦合器设计过程中，往往先从耦合度计算得到奇模、偶模阻抗值，进而求得导带宽度 W 和缝隙 S 等参数。

根据 Lap K. Yeung 等人[10]的研究结果，宽边耦合共面波导的奇模、偶模特性阻抗可分别表示为

$$Z_{0e} = \frac{60\pi}{\sqrt{\varepsilon_{\mathrm{eff},e}}} \frac{1}{K(k_{e1})/K'(k_{e1}) + K(k_{e2})/K'(k_{e2})} \tag{8.12a}$$

$$Z_{0o} = \frac{60\pi}{\sqrt{\varepsilon_{\mathrm{eff},o}}} \frac{1}{K(k_{o1})/K'(k_{o1}) + K(k_{o2})/K'(k_{o2})} \tag{8.12b}$$

其中，有效介电常数 $\varepsilon_{\mathrm{eff},e} = 1 + q_e(\varepsilon_{\mathrm{r}} - 1)$，$\varepsilon_{\mathrm{eff},o} = 1 + q_o(\varepsilon_{\mathrm{r}} - 1)$，$K$ 是第一类完全椭圆积分函数，K' 为 K 的补数，并且，

$$q_{\mathrm{e}} = \frac{K(k_{\mathrm{e1}}) / K'(k_{\mathrm{e1}})}{K(k_{\mathrm{e1}}) / K'(k_{\mathrm{e1}}) + K(k_{\mathrm{e2}}) / K'(k_{\mathrm{e2}})} \tag{8.13a}$$

$$q_{\mathrm{o}} = \frac{K(k_{\mathrm{o1}}) / K'(k_{\mathrm{o1}})}{K(k_{\mathrm{o1}}) / K'(k_{\mathrm{o1}}) + K(k_{\mathrm{o2}}) / K'(k_{\mathrm{o2}})} \tag{8.13b}$$

$$k_{\mathrm{e1}} = \frac{\sinh(\pi W / 4h)}{\sinh[\pi(W + 2S) / 4h]}, \quad k_{\mathrm{e2}} = \frac{W}{W + 2S} \tag{8.13c}$$

$$k_{\mathrm{o1}} = \frac{\tanh(\pi W / 4h)}{\tanh[\pi(W + 2S) / 4h]}, \quad k_{\mathrm{o2}} = \frac{W}{W + 2S} \tag{8.13d}$$

容易看出，在给定奇模和偶模特性阻抗的情况下，就可以确定耦合器中宽边耦合共面波导结构的物理尺寸。在上述公式中，椭圆积分的计算和方程的求解有一定难度，因此在传统设计定向耦合器时，常用识表法来确定参数，具体过程如下：（1）确定耦合器的耦合度，计算耦合系数和奇模、偶模特性阻抗；（2）根据奇模、偶模特性阻抗选择图表，在图表上按照介电常数和奇模、偶模阻抗得到交点，读取交点的数值来确定 W / h 和 S / h 的对应值，进一步确定耦合器结构的物理尺寸。

借助 MATLAB 的强大功能和其中集成的大量算法与数学运算函数，编写程序辅助计算，可将繁杂的计算和处理简单化。MATLAB 编程求解框图如图 8.7 所示，这里只对需要使用的关键函数进行说明。首先是 MATLAB 中定义的 ellipke 函数，这是用来求解第一类完全椭圆积分的，使用方法为 K=ellipke (M)，K 为 M 中的每个元素返回的第一类完全椭圆积分。其次是求解方程的 vpasolve 函数，使用方法为 S=vpasolve (eqn, var)，用来求解方程 eqn 中的 var 变量。另外，对于公式中需要使用的 $K'(k)$ 函数，在 MATLAB 中不能直接调用函数求解，可利用椭圆积分将函数转化，即 $K'(k) = K(k')$，余模数和模数之间的关系为 $k' = \sqrt{1 - k^2}$，可推导出 $K'(k)$ 的等式，此时再利用 ellipke 函数求解就方便多了。

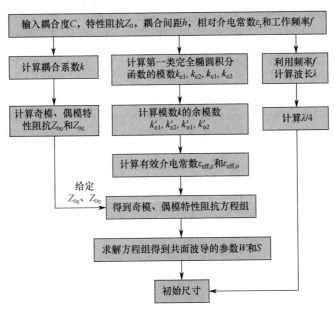

图 8.7　MATLAB 编程求解框图

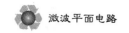

8.4.1 耦合线耦合器的工作原理及理论分析

耦合线耦合器的工作原理可以用图 8.8 所示的平行耦合传输线（表示定向耦合器中耦合的部分）的结构示意图说明。当主传输线中有交变电流流过时，由于主线与副线靠得很近，因此在副线中会产生由主线耦合过来的能量，这个能量通过电场耦合（用耦合电容表示）或磁场耦合（用耦合电感表示）得到。

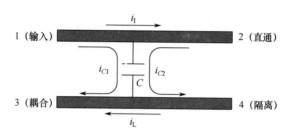

图 8.8　平行耦合传输线的结构示意图

在图 8.8 中，如果信号从端口 1 输入，则上耦合线为主线，记为路径 1→2，下耦合线为副线，记为路径 3→4。其中耦合电容为 C，输入电流为 i_I，感应电流为 i_L。输入电流通过耦合电容 C 的电场耦合在路径 3→4 上产生电流 i_{C1} 和 i_{C2}，输入电流 i_I 在路径 3→4 上产生感应电流 i_L。根据电磁感应定律，i_I 和 i_L 的方向相反，端口 4 处的 i_{C2} 和 i_L 方向相反同时大小相等，相互抵消之后输出，因此端口 4 为隔离端。而端口 3 处的 i_{C1} 和 i_L 同相叠加后输出，所以端口 3 为耦合端。这种在副线上耦合端信号输出方向与主线上信号传播方向相反的耦合器，称为反相耦合器。

当耦合线工作在纯 TEM 模式时（如带状线结构），可以用图 8.9（a）所示的等效电容网络描述，在偶模和奇模激励下的等效电路分别如图 8.9（b）和（c）所示。此时耦合线的电特性由 C_i（i=e,o）和 v_p 来决定，C_i 为等效电容，v_p 是波在耦合线上传播的相速度。纯 TEM 模传输线偶模和奇模的相速度相等。

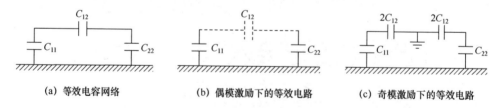

(a) 等效电容网络　　　　　　(b) 偶模激励下的等效电路　　　　　(c) 奇模激励下的等效电路

图 8.9　耦合线的等效电容网络和偶模、奇模激励下的等效电路

图 8.9 中，C_{12} 表示两个耦合导带之间的电容，C_{11} 和 C_{22} 分别表示两个导带对地的电容，当这两个导带的尺寸以及相对地的位置都完全一致时，有 $C_{11} = C_{22}$。可采用奇-偶模分析法[11]对耦合传输线进行分析。偶模激励时，两个导带上的电流大小相等，方向相同；奇模激励时，两个导带上的电流大小相等，方向相反。

在偶模激励下，两个导带之间相当于磁壁，两个导带对地的电位相同，两者之间无电流，此时 C_{12} 等效于开路，每个导带对地的电容为 $C_e = C_{11} = C_{22}$。由于两个导带的尺寸以及相对于地的位置都相同，故偶模特征阻抗可表示为[11]

$$Z_{oe} = \sqrt{\frac{L}{C_e}} = \frac{1}{v_p C_e} \tag{8.14}$$

在奇模激励下，两个导带之间相当于电壁（电压为零），因此每个导带对地的等效电容为 $C_o = C_{11} + 2C_{12} = C_{22} + 2C_{12}$。则奇模的特征阻抗可表示为[11]

$$Z_{0o} = \frac{1}{v_p C_o} \tag{8.15}$$

TEM 模耦合线耦合器可以简化为四端口网络，如图 8.10 所示。如前所述，TEM 模耦合线可分为偶模激励和奇模激励两种情况，与图 8.10（a）相应的偶模激励和奇模激励条件下的耦合器网络分别如图 8.10（b）和（c）所示，将这两个网络叠加，得到输入激励网络，如图 8.10（d）所示。

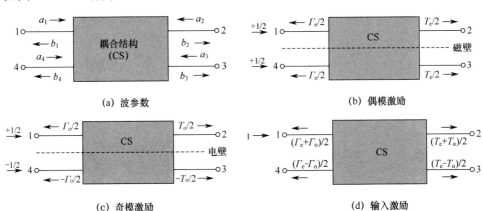

(a) 波参数

(b) 偶模激励

(c) 奇模激励

(d) 输入激励

图 8.10　将 TEM 模耦合线耦合器简化为四端口网络

对称互易网络的 S 参数矩阵可表示为[12]

$$\begin{bmatrix} b_1 \\ b_2 \\ b_3 \\ b_4 \end{bmatrix} = \begin{bmatrix} S_{11} & S_{12} & S_{13} & S_{14} \\ S_{12} & S_{11} & S_{14} & S_{13} \\ S_{13} & S_{14} & S_{11} & S_{12} \\ S_{14} & S_{13} & S_{12} & S_{11} \end{bmatrix} \begin{bmatrix} a_1 \\ a_2 \\ a_3 \\ a_4 \end{bmatrix} \tag{8.16}$$

对于偶模激励 $a_1 = a_4 = \dfrac{1}{2}$，相应的反射系数 Γ_e 和传输系数 T_e 可表示为

$$\Gamma_e = \frac{b_1}{a_1} = \frac{b_4}{a_4} = S_{11} + S_{14} \tag{8.17a}$$

$$T_e = \frac{b_2}{a_1} = \frac{b_3}{a_4} = S_{12} + S_{13} \tag{8.17b}$$

对于奇模激励 $a_4 = -a_1 = -\dfrac{1}{2}$，相应的反射系数 Γ_o 和传输系数 T_o 可表示为

$$\Gamma_o = \frac{b_1}{a_1} = \frac{b_4}{a_4} = S_{11} - S_{14} \tag{8.18a}$$

$$T_o = \frac{b_2}{a_1} = \frac{b_3}{a_4} = S_{12} - S_{13} \tag{8.18b}$$

综上可得[12]：

$$S_{11} = \frac{1}{2}(\varGamma_e + \varGamma_o) \tag{8.19a}$$

$$S_{12} = \frac{1}{2}(T_e + T_o) \tag{8.19b}$$

$$S_{13} = \frac{1}{2}(T_e - T_o) \tag{8.19c}$$

$$S_{14} = \frac{1}{2}(\varGamma_e - \varGamma_o) \tag{8.19d}$$

根据相应的有效介电常数和特性阻抗，偶模和奇模的反射系数和传输系数可表示为

$$\varGamma_i = \frac{A_i + \dfrac{B_i}{Z_0} - C_i Z_0 - D_i}{A_i + \dfrac{B_i}{Z_0} + C_i Z_0 + D_i} \tag{8.20a}$$

$$T_i = \frac{2}{A_i + \dfrac{B_i}{Z_0} + C_i Z_0 + D_i} \tag{8.20b}$$

传输矩阵为

$$\begin{bmatrix} A_i & B_i \\ C_i & D_i \end{bmatrix} = \begin{bmatrix} \cos\theta_i & \mathrm{j}Z_{0i}\sin\theta_i \\ \dfrac{\mathrm{j}\sin\theta_i}{Z_{0i}} & \cos\theta_i \end{bmatrix} , \quad i=\text{e 或 o} \tag{8.21}$$

得到了 Z_{0e}、Z_{0o}、θ_e、θ_o 以及系统的特征方程，可以用式（8.19）和式（8.20）计算定向耦合器的性能。

对于纯 TEM 模耦合线（见图 8.11），有以下特殊情况：

$$\theta_e = \theta_o = \theta \tag{8.22}$$

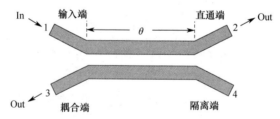

图 8.11　纯 TEM 模耦合线

这意味着偶模和奇模的相速度相等，并且[12]

$$Z_0 = \sqrt{Z_{0e}Z_{0o}} \tag{8.23a}$$

$$\varGamma_e = -\varGamma_o = \frac{\mathrm{j}[(Z_{0e}/Z_{0o})^{1/2} - (Z_{0o}/Z_{0e})^{1/2}]\sin\theta}{\varSigma} \tag{8.23b}$$

此处，

$$\varSigma = 2\cos\theta + \mathrm{j}\left[\left(\frac{Z_{0e}}{Z_{0o}}\right)^{1/2} + \left(\frac{Z_{0o}}{Z_{0e}}\right)^{1/2}\right]\sin\theta \tag{8.24}$$

由于图 8.10 和图 8.11 中端口 3、端口 4 位置互换，将式（8.23）和式（8.24）代入

式（8.19），可得：

$$S_{11} = 0, \ S_{12} = T_e, \ S_{13} = \varGamma_e, \ S_{14} = 0 \tag{8.25}$$

这种耦合器是反相耦合器，通常在中心频率或 $\theta = \pi / 2$ 处有四分之一波长。由式（8.23）和式（8.25）可得耦合度为

$$C = -20\lg|S_{13}| = -20\lg\left|\frac{Z_{0e} - Z_{0o}}{Z_{0e} + Z_{0o}}\right| \tag{8.26}$$

因此，对于给定的耦合度 C，设计方程变为

$$Z_{0e} = Z_0\left[\frac{1 + 10^{-C/20}}{1 - 10^{-C/20}}\right]^{1/2} \tag{8.27a}$$

$$Z_{0o} = Z_0\left[\frac{1 - 10^{-C/20}}{1 + 10^{-C/20}}\right]^{1/2} \tag{8.27b}$$

对于准 TEM 模耦合线（如微带结构的耦合线耦合器），奇模、偶模的相速度不同，因此，式（8.22）的条件不成立。但对于弱耦合，式（8.22）仍然近似成立，因此，可以用式（8.26）和式（8.27）进行初始设计。当耦合强度越来越大时，上述方程的误差也会越来越大，此时，输入匹配条件可表示为[12]

$$Z_0 = \left(\frac{Z_{0e}\sin\theta_e + Z_{0o}\sin\theta_o}{Z_{0e}\sin\theta_o + Z_{0o}\sin\theta_e}\right)^{1/2}\sqrt{Z_{0o}Z_{0e}} \tag{8.28}$$

中心频率处的电长度为

$$\theta = \frac{1}{2}(\theta_e + \theta_o) = \frac{2\pi}{\lambda_0}\frac{\sqrt{\varepsilon_{re_e}} + \sqrt{\varepsilon_{re_o}}}{2}l = 90° \tag{8.29}$$

式中，λ_0 是空气中的波长，ε_{re_e} 和 ε_{re_o} 分别是偶模和奇模下的相对有效介电常数，l 是耦合器的物理长度。

8.4.2 单节耦合线耦合器的频率响应

由式（8.19）~式（8.26）可以得到耦合度的频率响应如下：

$$C(\theta) = \frac{\mathrm{j}C\sin\theta}{\sqrt{1 - C^2}\cos\theta + \mathrm{j}\sin\theta} \tag{8.30}$$

式中，C 是匹配的弱耦合耦合器在频带中心处的耦合度，准 TEM 模耦合器的近似频率响应如图 8.12 所示。

这种耦合器的方向性一般可表示为[13]

$$D = \left[\frac{\pi\varDelta\left(1 - |\xi|^2\right)}{4|\xi|}\right]^2 \tag{8.31}$$

式中，

$$\varDelta = \frac{\beta_e - \beta_o}{\beta_o} \tag{8.32a}$$

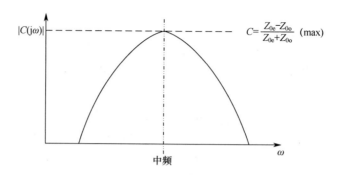

图 8.12　准 TEM 模耦合器的近似频率响应

$$\xi = \left(\frac{\rho_e}{1+\rho_e^2}\right) - \left(\frac{\rho_o}{1+\rho_o^2}\right) \tag{8.32b}$$

$$\rho_e = \frac{Z_{0e} - Z_0}{Z_{0e} + Z_0} \tag{8.32c}$$

$$\rho_o = \frac{Z_{0o} - Z_0}{Z_{0o} + Z_0} \tag{8.32d}$$

β_e 和 β_o 分别是偶模和奇模的传播常数。对于 $\beta_e = \beta_o$ 或者 TEM 模耦合器，$D = 0$。

8.4.3　多节耦合器

　　单节耦合器的带宽窄，多节耦合器可以有效增加带宽。多节（段）耦合器是多个单节耦合器级联组合构成的，可分为对称型和非对称型，分别如图 8.13（a）和（b）所示。每节耦合器在中心频率处的长度为四分之一波长，耦合器节数取决于容许的插入损耗、带宽和可用的物理空间。

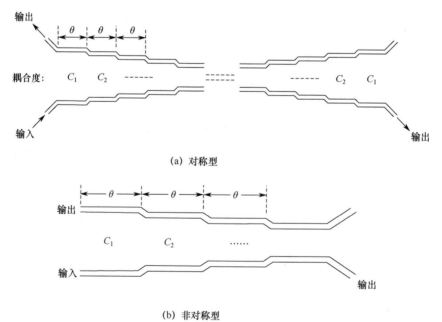

(a) 对称型

(b) 非对称型

图 8.13　多节耦合器

对于图 8.13（a）所示的 n 节对称型耦合器，在匹配条件下，直通端和耦合端之间有 $90°$ 的相位差，这种弱耦合型耦合器的耦合度可表示为[14]

$$C(\theta) = \left|\frac{V_2}{V_1}\right| = C_1\sin(n\theta) + (C_2 - C_1)\sin[(n-2)\theta] + \cdots +$$

$$(C_i - C_{i-1})\sin[(n-2i+2)\theta] + [C_{(n+1)/2} - C_{(n-1)/2}]\sin\theta \tag{8.33}$$

如果所需的耦合响应是最大平坦响应，则 C_i 必须满足以下线性方程组：

$$\left[\frac{\mathrm{d}^r C(\theta)}{\mathrm{d}\theta^r}\right]_{\theta=\pi/2} = 0, \quad r = 2、4、6、\cdots、(n-1) \tag{8.34}$$

式中的 n 总是一个奇数。TEM 模耦合器的反相耦合波对应于四分之一波长滤波器的反射波。假设已知四分之一波长滤波器频带中心的电压驻波比 ρ，耦合度可表示为[14]

$$C_0 = \frac{\rho - 1}{\rho + 1} \tag{8.35}$$

由式（8.35）可得：

$$\rho = \frac{1 + C_0}{1 - C_0} \tag{8.36}$$

四分之一波长滤波器的阶跃阻抗为

$$Z_1 = V_1 \tag{8.37a}$$

$$Z_2 = V_1 V_2 \tag{8.37b}$$

式中，$V_1 = 1.159\,2 - 0.016\,66C_0 + 0.000\,474C_0^2$，$V_2 = V_1\sqrt{\rho}$，$C_0$ 的单位是 dB。

对于一个对称结构的三节最大平坦耦合器，单节的耦合度分别为

$$C_1 = \frac{Z_1^2 - 1}{Z_1^2 + 1} \tag{8.38a}$$

$$C_2 = \frac{Z_2^2 - 1}{Z_2^2 + 1} \tag{8.38b}$$

奇模、偶模阻抗为

$$(Z_{0o})_i = Z_0\left[\frac{1 - C_i}{1 + C_i}\right]^{1/2}, \quad i = 1、2 \tag{8.39a}$$

$$(Z_{0e})_i = Z_0\left[\frac{1 + C_i}{1 - C_i}\right]^{1/2}, \quad i = 1、2 \tag{8.39b}$$

由以上分析可知，若 Z_{0e} 和 Z_{0o} 已知，就可以根据传输线类型得到物理尺寸。上述设计方法完全适用于纯 TEM 模多节对称耦合线耦合器。对于准 TEM 模的多节对称微带耦合线耦合器，可以根据上述方法进行近似设计，再利用优化技术进行改进。

8.4.4 非对称耦合器

在匹配条件下，对称耦合器的直通端和耦合端之间有 $90°$ 的相位差，而非对称耦合器的耦合端和直通端之间存在 $0°$ 或 $180°$ 的相位差。非对称耦合器如图 8.14 所示。

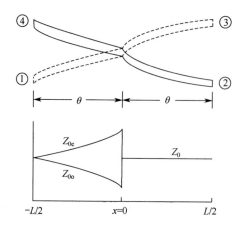

图 8.14　非对称耦合器[12]

如果端口 2 和端口 3 被一对偶模和奇模激励，与式（8.19）类似，可得到端口 2 和端口 3 的散射参数（S 参数）为[12]

$$S_{22} = S_{33} = \frac{1}{2}(\varGamma_{2e} + \varGamma_{2o}) \tag{8.40a}$$

$$S_{23} = S_{32} = \frac{1}{2}(\varGamma_{2e} - \varGamma_{2o}) \tag{8.40b}$$

如果假设耦合器是匹配的，则

$$C = \frac{Z_0}{Z_{0e}(0)} = \frac{Z_{0o}(0)}{Z_0} \tag{8.41}$$

最大耦合在 $x = 0$ 处，这是由于 Z_{0e} 或 Z_{0o} 突然变为 Z_0 而导致的不连续性。文献[18]给出的输入端的偶模、奇模反射系数如下：

$$\varGamma_{1e} = \frac{C-1}{C+1}e^{-j2\theta} \tag{8.42a}$$

$$\varGamma_{1o} = -\varGamma_{1e} = \frac{1-C}{1+C}e^{-j2\theta} \tag{8.42b}$$

从端口 2 来看，特征阻抗为 Z_0 的传输线在 $x = 0$ 处变为 Z_{0e} 或 Z_{0o}，如图 8.14 所示。因此，端口 2 处的偶模反射系数可写为

$$\varGamma_{2e} = -\varGamma_{2o} = \frac{1-C}{1+C}e^{-j2\theta} \tag{8.43}$$

由能量守恒原理和耦合器的电长度，传输系数可表示为

$$T = \sqrt{1-|\varGamma|^2}\,e^{-j2\theta} \tag{8.44a}$$

$$T_{1e} = T_{1o} = \frac{2\sqrt{C}}{1+C}e^{-j2\theta} \tag{8.44b}$$

因此，耦合器的散射参数矩阵可表示为

$$\boldsymbol{S} = \begin{bmatrix} 0 & p & 0 & -q \\ p & 0 & q & 0 \\ 0 & q & 0 & p \\ -q & 0 & p & 0 \end{bmatrix} \tag{8.45}$$

式中,

$$p = \frac{2\sqrt{C}}{1+C}e^{-j2\theta} \tag{8.46a}$$

$$q = \frac{1-C}{1+C}e^{-j2\theta} \tag{8.46b}$$

式(8.45)中,耦合和非耦合端口中波的相对振幅由耦合响应 C_∞ 给出。锥形不对称耦合器的设计可通过优化实现[15],Klopfenstein 锥形[16]最容易实现最佳性能。非对称耦合器的偶模阻抗分布表示为

$$\ln Z(x) = \frac{1}{2}\ln(Z_1 Z_2) + \frac{A^2 \ln(Z_2/Z_1)}{2\cosh(A)}\Phi\left(\frac{2x}{L}, A\right) \tag{8.47}$$

式中,Z_1 和 Z_2 是不对称耦合器末端的偶模阻抗,并且,

$$\Phi(x, A) = \sum_{n=0}^{\infty} a_n b_n \tag{8.48a}$$

$$a_0 = 1 \tag{8.48b}$$

$$b_0 = \frac{x}{2} \tag{8.48c}$$

$$a_n = \frac{A^2}{4n(n+1)}a_{n-1} \tag{8.48d}$$

$$b_n = \frac{(x/2)(1-x^2)^n + 2nb_{n-1}}{2n+1} \tag{8.48e}$$

通常,$Z_1 = 1$,Z_2 在无限频率下通过需要的耦合响应 C_∞ 获得,表示为

$$Z_2 = \frac{Z_{0e}(0)}{Z_0} = \frac{1+|C_\infty|}{1-|C_\infty|} \tag{8.49}$$

一旦得到 Z_{0e},Z_{0o} 就可通过求解公式 $Z_0^2 = Z_{0e}Z_{0o}$ 获得。 使用适当的锥度分布可优化耦合器性能[15-16]。对于每组 Z_{0e} 和 Z_{0o},根据耦合的传输线类型并应用合适的综合技术可获得所需的耦合器物理尺寸。

8.4.5 Lange 耦合器

Lange 耦合器[17]是一种多导体交指形耦合器,是平面电路中常用的元器件,如图 8.15 所示,实际应用中导体的数量可以增大。这种耦合器通常用于 3 dB 耦合,并且输出相位为正交相位。交指形耦合器与耦合线耦合器相比,其尺寸小且线间距较大;而与分支线耦合器相比,其带宽要大得多。交指形耦合器可用于平衡 MIC 放大器、平衡混频器等。

Kajfez 等[18]研究了交指形耦合器的简化设计技术,可在实际工程中应用,缺点是准确性不足,相比之下,Presser[19]提出的设计方法要准确、简单很多。图 8.15(a)所示Lange 耦合器结构中,耦合区域的长度 l 必须是 $\lambda_g/4$,其中,λ_g 是耦合器频带中心频率处的波导波长。

N 元(N 为偶数) 交指形耦合器的主要设计方程如下:

$$R = \frac{Z_{0o}}{Z_{0e}} \tag{8.50a}$$

$$C = \frac{(N-1)(1-R^2)}{(N-1)(1+R^2)+2R} \tag{8.50b}$$

$$Z = \frac{Z_{0o}}{Z_0} \frac{\sqrt{R[(N-1)+R][(N-1)R+1]}}{(1+R)} \tag{8.50c}$$

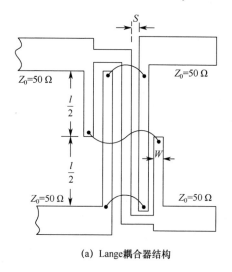

(a) Lange耦合器结构

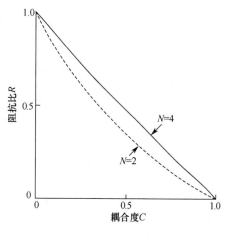

(b) 阻抗比与耦合度的关系

图 8.15 Lange 耦合器

知道了 Z_{0e} 和 Z_{0o}，可以用 Garg 和 Bahl[20]的设计方程获得电路的物理参数。Lange 耦合器阻抗比与耦合度的关系曲线如图 8.15（b）所示。

当忽略导体的有限厚度时，耦合器设计会出现过耦合特性，这是因为导体的厚度影响了线段之间的耦合。可以通过在耦合间隙 S 上附加一个 ΔS 来校正过耦合，表示为

$$\frac{\Delta S}{h} = \frac{t/h}{\pi\sqrt{\varepsilon_{eo}}}\left\{1 + \ln\frac{4\pi W/h}{t/h}\right\} \tag{8.51}$$

式中，t/h 是金属层的实际归一化厚度，ε_{eo} 是耦合器的奇模有效介电常数。

8.4.6 串联耦合器

在宽频带上具有紧密耦合的多段式耦合器的设计要求其某些节的耦合比整体耦合更紧密，这就导致两个导体之间的间隙由于太小而无法实际加工，还由于截面中明显的机械不连续性使得方向性明显降低。为了解决这个问题，可将对称或非对称的耦合器串联起来[5,21]。因为在大多数应用中，最紧密的耦合可能是 3 dB，所以可以将两个耦合器串联起来以实现该性能要求。两个 8.34 dB 对称耦合器的对称串联如图 8.16（a）所示，对称情况下的串联仍然保持输出之间 90° 的相位差。非对称耦合器的对称串联如图 8.16（b）所示，8.34 dB 的耦合器串联以后可实现 3 dB 的总耦合。对称耦合器的非对称串联如图 8.16（c）所示，与对称耦合器的对称串联一样，正交相移在输出之间保持不变。

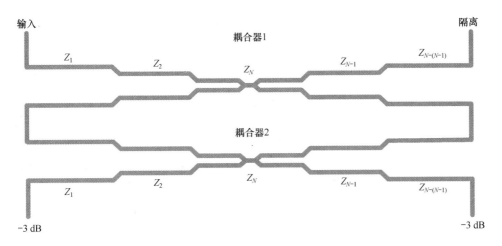

(a) 对称耦合器的对称串联

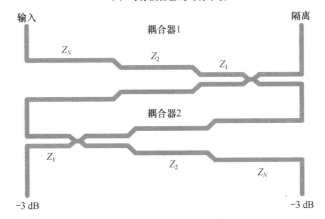

(b) 非对称耦合器的对称串联

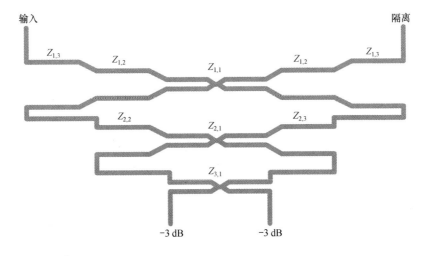

(c) 对称耦合器的非对称串联

图 8.16　串联耦合器

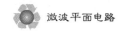

8.5 平面耦合器的发展

近年来，平面耦合器的研究主要有以下几个方面：一是耦合器小型化设计技术研究[22-23]；二是耦合器可重构技术研究[24-25]，应用变容二极管、微波开关管和 MEMS 元件等实现对耦合器频率、相位、功率比和耦合度等的可重构；三是耦合器与其他微波器件的一体化设计，例如，滤波耦合器[26-27]、负群时延耦合器等；四是向多频段发展。多频耦合器的设计方法通常有：（1）将传统耦合器上的四分之一波长阻抗变换器用多频四分之一波长阻抗变换器替代[28]；（2）在传统耦合器的端口并联等效导纳电路[29]；（3）基于耦合谐振器设计多频耦合器等。

滤波耦合器是耦合器与滤波器的一体化电路，即在耦合器中引入滤波特性，改善耦合器的带外性能，其示意图如图 8.17 所示。滤波耦合器的设计方法主要有两种：第一种方法是基于耦合谐振器结构的滤波耦合器；第二种方法是用具有谐波抑制特性的传输线代替耦合器本身的传输线实现滤波耦合器，这种方法的具体实现方式有：（1）用具有频率选择功能（滤波功能）的传输线取代耦合器原本的传输线，例如，含枝节加载的传输线会在指定频率处产生传输零点，由此可实现谐波抑制。常见的具有滤波功能的传输线有耦合传输线、T 型线和人工传输线等；（2）在原本的耦合器的传输线上加载包含电容、电感的 LC 谐振回路[15]，原理是将 LC 谐振回路的谐振频率调控到谐波信号的频率处，此时电路等效为开路，使谐波信号无法通过，由此实现谐波抑制。

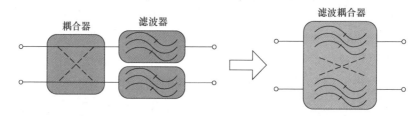

图 8.17　耦合器和滤波器一体化示意图

平面滤波耦合器可用于设计如图 8.18 所示的具有滤波特性的 Butler 矩阵[30-31]。Butler

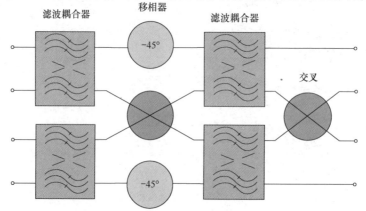

图 8.18　具有滤波特性的 Butler 矩阵

矩阵是多波束天线的核心部分——波束形成网络之一，多波束天线可以有效地扩充系统容量，提高频谱资源的利用，是未来通信系统中的重要候选技术。作为具有滤波特性的 Butler 矩阵的重要组成部分，滤波耦合器要求具有较宽的带宽，较小的幅度不平衡度和相位不平衡度。

参 考 文 献

[1] AGRAWAL A K, MIKUCKI G F. A Printed circuit hybrid ring directional coupler for arbitrary power divisions[J]. IEEE Transactions on Microwave Theory and Techniques, Vol. 34, 1986: 1401-1407.

[2] LEVY R. Zolotarev branch-guide couplers[J]. IEEE Transactions on Microwave Theory and Techniques, Vol. 21, 1973: 95-99.

[3] LEVY R, HELSZAJN J. Specific equation for one pr two section quarter wave matching networks for stub resistor loads[J]. IEEE Transactions on Microwave Theory and Techniques, Vol.30, 1982: 55-62.

[4] MURAGUCHI O, TAKESHI M Y, NAITO Y. Optimum design of 3-dB branch line couplers using microstrip lines[J]. IEEE Transactions on Microwave Theory and Techniques, Vol.31, 1983: 674-678.

[5] HOWE, HARLAN. Stripline circuit design [M]. Dedham :Artech House, 1974.

[6] GUPTA K C, GARG R, BAHL I J. Microstrip lines and slot lines[M]. Dedham : Artech House, 1979.

[7] PRAMANICK P, BHARTIA P. Analysis and synthesis equations for suspended and inverted microstrip-lines[J]. Arch. Elek. Übertragung, Vol. 39, 1985: 323-326.

[8] PRAMANICK P, BHARTIA P. Computer aided design models for millimeter wave finlines and suspended substrate microstrip lines[J]. IEEE Transactions on Microwave Theory and Techniques, Vol. 33, 1985: 1429-1435.

[9] BHARTIA P, BAHL I J. Millimeter wave engineering and applications[M]. New York :John Wiley & Sons , 1984: 300-346.

[10] YEUNG L K. A compact directional coupler with tunable coupling ratio using coupled-line sections[C]// 2011 Asia-Pacific Microwave Conference, Melbourne, Australia, 2011.

[11] POZAR D M. 微波工程[M]. 张肇仪等，译. 3 版. 北京: 电子工业出版社，2006.

[12] BAHL I. Prakash bhartia, microwave solid state circuit design[M]. New York: John Wiley & Sons Press, 1988.

[13] EDWARDS T C. Foundations for microstrip circuit design[M]. New York : John Wiley & Sons Press, 1981.

[14] MATTHAEI G L, YOUNG L, JONES E M T. Microwave filters impedance matching networks and coupling structures[M]. Dedham :Artech House, 1980.

[15] HOFFMANN R K, MORLER G. Directional coupler synthesis—computer program discription[J]. IEEE Transactions on Microwave Theory and Techniques, Vol.22, 1974: 77.

[16] KLOPFENSTEIN R W. A transmission line taper of improved design[J]. Proc. IRE, Vol.44, 1956: 31-35.

[17] LANGE J. Interdigited stripline quadrature hybrid[J]. IEEE Transactions on Microwave Theory and Techniques, Vol. 17, 1969: 1150-1151.

[18] KAJFEZ D, PAUNOVIC Z, PAULIN S. Simplified design of lange coupler[J]. IEEE Transactions on Microwave Theory and Techniques, Vol. 26, 1978: 806-808.

[19] PRESSER A. Interdigited microstrip coupler design[J]. IEEE Transactions on Microwave Theory and Techniques, Vol. 26, 1978: 801-805.

[20] GARG R, BAHL I J. Characteristics of coupled microstrip[J]. IEEE Transactions on Microwave Theory and

Techniques, Vol. 27, 1979: 700-705.

[21] DAVIS W A. Microwave semiconductor circuit design[M]. New York: Van Nostrand, 1983.

[22] TSENG C H,CHANG C L. A rigorous design methodology for compact planar branch-line and rat-race couplers with asymmetrical T-structures[J]. IEEE Transactions on Microwave Theory and Techniques, 2012, 60(7): 2085-2092.

[23] STASZEK K, KAMNINSKI P, WINCZAK, et al. Reduced-length two-section directional couplers designed as coupled-line sections connected with the use of uncoupled lines[J]. IEEE Microwave and Wireless Components Letters, 2014, 24(6): 376-378.

[24] LIN Y S, ZHUANG J H, WU Y C, et al. Design and application of novel single- and dual-band reconfigurable microwave components with filter and coupler functions[J]. IEEE Transactions on Microwave Theory and Techniques, 2022, 70(6): 3163-3176.

[25] ZHU X, YANG T, CHI P L, et al. Novel reconfigurable filtering rat-race coupler, branch-line coupler, and multiorder bandpass filter with frequency, bandwidth, and power division ratio control[J]. IEEE Transactions on Microwave Theory and Techniques, 2020, 68(4): 1496-1509.

[26] ZHANG G. Compact single- and dual-band filtering 180° hybrid couplers on circular patch resonator[J]. IEEE Transactions on Microwave Theory and Techniques, 2020, 68(9): 3675-3685.

[27] LIN F, CHU Q X, WONG S W. Design of dual-band filtering quadrature coupler using $\lambda/2$ and $\lambda/4$ resonators[J]. IEEE Microwave and Wireless Components Letters, 2012, 22(11): 565-567.

[28] ZAIDI A M, BEG M T, KANAUJIA B K, et al. Hexa-band branch line coupler and wilkinson power divider for LTE 0.7 GHZ, LTE 1.7 GHZ, LTE 2.6 GHZ, 3.9 GHZ, public safety band 4.9 GHZ, and wlan 5.8 GHZ frequencies[J]. IEEE Transactions on Circuits and Systems II: Express Briefs, 2020, 67(2): 275-279.

[29] LIOU C Y, WU M S, YEH J C, et al. A Novel triple-band microstrip branch-line coupler with arbitrary operating frequencies[J]. IEEE Microwave and Wireless Components Letters, 2009,19(11): 683-685.

[30] LIN T H, HSU S K, WU T L. Bandwidth enhancement of 4×4 butler matrix using broadband forward-wave directional coupler and phase difference compensation[J]. IEEE Transactions on Microwave Theory and Techniques, 2013, 61(12): 4099-4109.

[31] SHAO Q, CHEN F C, CHU Q X, et al. Novel filtering 180° hybrid coupler and its application to 2×4 filtering butler matrix[J]. IEEE Transactions on Microwave Theory and Techniques, 2018, 66(7): 3288-3296.

第9章 平面巴伦

巴伦是一种三端口器件，能够输出等幅反相的信号，实现不平衡信号到平衡信号的转换。巴伦的作用：（1）单端差分转换：可以将单端转成差分，也可以将差分合成单端。（2）阻抗匹配功能，包括 1:1、1:2、1:N 等。例如，1:2 巴伦，是将 50Ω 匹配到 100Ω。巴伦广泛应用于微波电路和元件中（如平衡天线、倍频器、微波平衡混频器和推挽放大器等）。小型化宽带巴伦，特别是超宽带巴伦设计较困难，产品很少，例如，美国 Marki 的 BAL-0006SMG、200kHz～6GHz SMT（表贴）巴伦，经常脱销；BAL-0010、BAL-0026、BAL-0036 等超宽带巴伦更是经常出现在各种半导体公司的测试方案中。

巴伦的主要技术指标包括：（1）工作带宽，通常是 10 dB。（2）插入损耗。（3）幅度平衡度（Amplitude Balance）：两个输出端口间的功率差值，Amplitude Balance=$20\log(S_{21})$−$20\log(S_{31})$，通常以 dB 为单位。幅度平衡度由巴伦结构和电路匹配程度决定。（4）相位平衡度（Phase Balance）：两个输出端口间的相位差与 180°基准的偏离程度。还有共模抑制比，不平衡端口和平衡端口的电压驻波比等。图 9.1 是两种表贴式的巴伦实物，其中，Marki 超宽带巴伦 BAL-00009SMG 的主要性能参数见表 9.1，可供设计参考。

(a) Marki超宽带巴伦BAL-00009SMG　　　　　　(b) LTCC巴伦

图 9.1　两种表贴式的巴伦实物

表 9.1　Marki 超宽带巴伦 BAL-00009SMG 的主要性能参数

参　　数	数　　值	参　　数	数　　值
最小频率/GHz	0.000 5	最大频率/GHz	9
幅度差/dB	±0.6	相位差/(°)	±5
插入损耗/dB	5.5	共模抑制/dB	25
电压驻波比/VSWR	1.5	最大输入功率/W	1

9.1　巴伦的网络分析

巴伦的网络结构如图 9.2 所示，图中，端口 1 是不平衡的输入端，端口 2、端口 3 是平衡输出端。根据微波网络理论，可以得到网络结构中各端口电压与电流的关系：

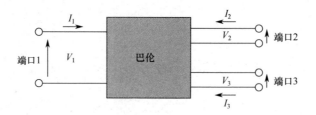

图 9.2　巴伦网络结构

$$\begin{cases} I_1 = Y_{11}V_1 + Y_{12}V_2 + Y_{13}V_3 \\ I_2 = Y_{21}V_1 + Y_{22}V_2 + Y_{23}V_3 \\ I_3 = Y_{31}V_1 + Y_{32}V_2 + Y_{33}V_3 \end{cases} \tag{9.1}$$

故而巴伦的导纳矩阵 $\boldsymbol{Y}$ 可表示为

$$\boldsymbol{Y} = \begin{bmatrix} Y_{11} & Y_{12} & Y_{13} \\ Y_{21} & Y_{22} & Y_{23} \\ Y_{31} & Y_{32} & Y_{33} \end{bmatrix} \tag{9.2}$$

根据巴伦的互易性，可知 $Y_{ij} = Y_{ji}$，因此导纳矩阵 $\boldsymbol{Y}$ 可简化为

$$\boldsymbol{Y} = \begin{bmatrix} Y_{11} & Y_{12} & Y_{13} \\ Y_{12} & Y_{22} & Y_{23} \\ Y_{13} & Y_{23} & Y_{33} \end{bmatrix} \tag{9.3}$$

根据巴伦平衡端口的输出特性可得：

$$\begin{cases} V_2 = -V_3 \\ I_2 = -I_3 \end{cases} \tag{9.4}$$

将式（9.4）代入式（9.1）可得：

$$\begin{cases} Y_{12} = -Y_{13} \\ Y_{22} = Y_{33} \end{cases} \tag{9.5}$$

式（9.5）为巴伦输入端口与输出端口之间的关系。设巴伦的输入与输出导纳分别为 Y_1 和 Y_2，结合式（9.5）可得：

$$Y_1 = Y_{11} - \frac{2Y_{12}}{Y_2 + Y_{22} - Y_{23}} \tag{9.6}$$

Y_1 的值与巴伦的工作频率相关，既具有电导参量又具有电纳参量。在设计宽带巴伦时，应降低 Y_1 对于频率的依赖性。

9.2　宽带巴伦原理与设计方法

9.2.1　Marchand 巴伦

Marchand 巴伦由 N.Marchand 提出。Marchand 巴伦结构相对简单，带宽较宽并且具有良好的幅度和相位平衡度，是目前宽带巴伦设计的主流选择之一。Marchand 巴伦主要有对称耦合与非对称耦合两种结构。

1. 对称耦合的 Marchand 巴伦

对称耦合的 Marchand 巴伦结构如图 9.3 所示，它由两段相同的四分之一波长耦合线构成，不平衡信号从第一段耦合线输入，当到达输出端口 2 和端口 3 时分别经过了四分之一波长和四分之三波长的耦合线，从而输出相位差为 $180°$ 的平衡信号。但因为 Marchand 巴伦结构包含了几段四分之一波长传输线，故在低频段时会相应占用较大的电路面积。

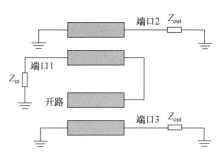

图 9.3　对称耦合的 Marchand 巴伦结构

对称耦合的 Marchand 巴伦的散射矩阵可由对称耦合线的散射矩阵推导得到。当耦合线的源端阻抗和负载端阻抗相等时，通过奇-偶模分析，可得到如式（9.7）所示的理想四分之一波长耦合线的散射矩阵，其中 c 表示两段耦合线之间的耦合系数。

$$S_{\text{coupler}} = \begin{bmatrix} 0 & -\text{j}\sqrt{1-c^2} & c & 0 \\ -\text{j}\sqrt{1-c^2} & 0 & 0 & c \\ c & 0 & 0 & -\text{j}\sqrt{1-c^2} \\ 0 & c & -\text{j}\sqrt{1-c^2} & 0 \end{bmatrix} \tag{9.7}$$

当所有的端口具有相同的特性阻抗 Z_0 时，根据网络理论可以计算得到 Marchand 巴伦的简化散射参数矩阵：

$$S_{\text{balun}} = \begin{bmatrix} \dfrac{1-3c^2}{1+c^2} & \text{j}\dfrac{2c\sqrt{1-c^2}}{1+c^2} & -\text{j}\dfrac{2c\sqrt{1-c^2}}{1+c^2} \\ \text{j}\dfrac{2c\sqrt{1-c^2}}{1+c^2} & \dfrac{1-c^2}{1+c^2} & \dfrac{2c^2}{1+c^2} \\ -\text{j}\dfrac{2c\sqrt{1-c^2}}{1+c^2} & \dfrac{2c^2}{1+c^2} & \dfrac{1-c^2}{1+c^2} \end{bmatrix} \tag{9.8}$$

而根据巴伦的工作条件

$$\begin{cases} S_{11} = 0 \\ S_{21} + S_{31} = 0 \end{cases} \tag{9.9}$$

理想无损巴伦的散射参数矩阵可表示为

$$S_{\text{ideal}} = \begin{bmatrix} 0 & \dfrac{\text{j}}{\sqrt{2}} & -\dfrac{\text{j}}{\sqrt{2}} \\ \dfrac{\text{j}}{\sqrt{2}} & \dfrac{1}{2} & \dfrac{1}{2} \\ -\dfrac{\text{j}}{\sqrt{2}} & \dfrac{1}{2} & \dfrac{1}{2} \end{bmatrix} \tag{9.10}$$

计算得到理想状态下每段耦合线的耦合系数应为-4.8 dB。在设计过程中为了获得更宽的带宽，需要增强耦合线之间的耦合作用，耦合系数增大，则偶模阻抗增大，奇模阻抗减小。由于实际制作工艺的限制，传统的耦合线往往很难实现这样小的耦合间隙，常用的方法是通过 Lange 耦合、宽边耦合等方式来实现紧耦合。同时由上面的公式可以得到巴伦输出和隔离度都为-6 dB 左右，单独的 Marchand 巴伦在输出匹配和隔离度上都有改进的空间。

在 LTCC 中经常采用螺旋宽边耦合结构，减小电路面积并增加耦合线的耦合度。文献[1]对两条耦合的带状线采用垂直正对的方式放置，并且在带状线末端加载电容，在改善带内不平衡度的同时降低工艺敏感度，电路模型如图 9.4（a）所示。文献[2]将 Marchand 巴伦拓展为更多层耦合线堆叠的结构，如图 9.4（b）所示。多层耦合线堆叠结构相较于耦合带状线 Marchand 巴伦有一定带宽的提升，加入补偿电容可改善带内不平衡度。

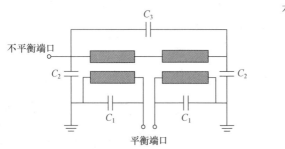
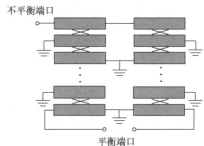

(a) 耦合带状线Marchand巴伦电路模型　　　　(b) 多层耦合线堆叠结构的Marchand巴伦电路模型

图 9.4　两种对称耦合的 Marchand 巴伦电路模型

2. 非对称耦合的 Marchand 巴伦

设计原理：非对称耦合 Marchand 巴伦的理想传输线模型如图 9.5（a）所示。为了简化模型，令 $Z_a = Z_s$，Z_s 为源阻抗。对于特性阻抗为 Z_b 的开路线，其输入阻抗为 $-\mathrm{j}Z_b \cot\theta$，对于特性阻抗为 Z_{ab} 的短路线，其输入阻抗为 $\mathrm{j}Z_{ab}\tan\theta$，可以得到简化的等效电路，如图 9.5（b）。

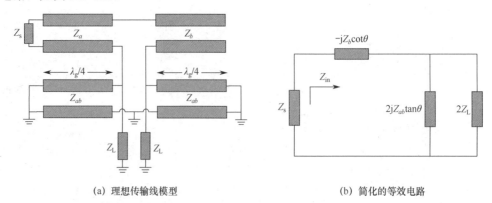

(a) 理想传输线模型　　　　　　　　　　(b) 简化的等效电路

图 9.5　非对称耦合 Marchand 巴伦的理想传输线模型和简化的等效电路

此时输入阻抗可表示为

$$Z_{in} = -jZ_b \cot\theta + \frac{2jZ_L Z_{ab}\tan\theta}{Z_L + jZ_{ab}\tan\theta} \tag{9.11}$$

根据式（9.11）以及输入阻抗和 S 参数的关系可知，巴伦的 Z_b 和 Z_{ab} 的大小影响着其带宽，在一定范围内，提高短路线阻抗 Z_{ab} 或降低开路线阻抗 Z_b 都可以显著提升 Marchand 巴伦的带宽，如图 9.6 所示。

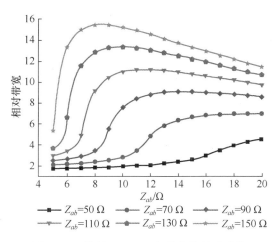

图 9.6　巴伦的 Z_b、Z_{ab} 与带宽的关系曲线

一种非对称耦合的 Marchand 巴伦[3]如图 9.7 所示，为了更容易调节阻抗，其上下分别采用不同的介质基板，最上层导带为信号传输层，Z_a 和 Z_b 分别为非对称耦合线的特性阻抗，中间层既是 Z_a 和 Z_b 的传输线的接地面，同时也是特性阻抗为 Z_{ab} 的传输线的传输层，最下方的则是阻抗为 Z_{ab} 的传输线的公共接地面，Z_{ab} 的末端通过通孔接地，可以将这种传输线结构看作一种微带的宽边耦合。

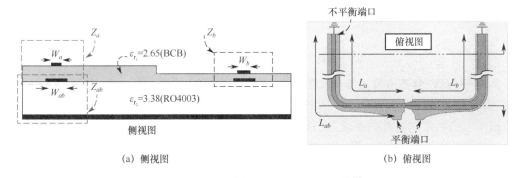

(a) 侧视图　　　　　　　　　　　　　　　　(b) 俯视图

图 9.7　非对称耦合的 Marchand 巴伦[3]

还可以在接地面刻蚀缺陷，利用缺陷地结构增大阻抗的特性使 Z_{ab} 的值增大[4]，从而达到增加带宽的目的。文献[5]设计了一种全端口匹配的 Marchand 巴伦，其等效传输线电路和实际物理结构如图 9.8 所示。该设计是在传统 Marchand 巴伦的基础上增加了电阻、枝节线和耦合匹配线，使平衡端口同样实现阻抗匹配，并且提高了平衡端口间的隔离度。

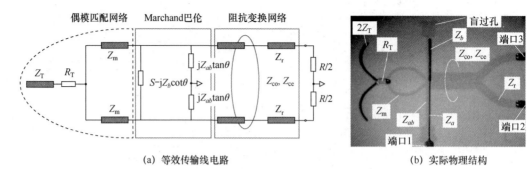

(a) 等效传输线电路　　　　　　　　(b) 实际物理结构

图 9.8　全端口匹配的 Marchand 巴伦[5]

9.2.2　不平衡传输线–平衡传输线结构的巴伦

1. 基于微带–槽线过渡结构的巴伦

信号由微带输入，通过通孔或耦合的微带–槽线过渡结构完成信号的平衡转换，再分别由两个微带输出，电路结构如图 9.9（a）所示[6]。利用槽线两侧电位相反的特性，在微带–槽线过渡结构不同方向进行耦合，得到相位相反的信号，通过对比各个截面的电场分布可以更直观地看出电位反转的过程，如图 9.9（b）所示。整个巴伦的带宽主要由微带–槽线的过渡结构所决定，其带宽通常可以覆盖几个倍频程。

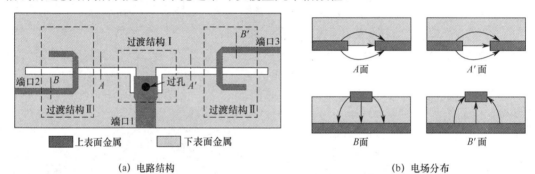

(a) 电路结构　　　　　　　　　　(b) 电场分布

图 9.9　基于微带–槽线过渡结构的巴伦[6]

2. 基于槽线–共面波导过渡结构的巴伦

一种基于槽线–共面波导过渡结构的巴伦如图 9.10 所示。在 T 型结后，其中一路（过渡结构Ⅰ）由微带过渡到共面波导，再由共面波导的两侧接地面通过通孔引到微带，另一路（过渡结构Ⅱ）由微带过渡到共面带线（CPS）。巴伦主体结构的各个截面及其电场分布分别如图 9.10（b）和（c）所示，通过各个截面的电场分布可以看到，在巴伦的输出端口已完成了反相功能[7]。

另外，可采用槽线两边电势相反的原理实现反相，并且由槽线以及槽线和共面波导的过渡结构构造谐振器来设计滤波巴伦。这种混合结构的滤波巴伦的优势在于带宽较宽，缺点是尺寸较大。文献[8]在基板的接地面挖槽，上层的微带和下层槽线耦合，利用槽线谐振器实现滤波效果。文献[9]是多层电路结构，槽线位于中间层，在槽线的上下层分别是输入输出端口，可以理解为槽线实现了巴伦的等幅反相输出功能。该结构与在基板接地面设计槽线的构造相比，结构更加紧凑，可减小电路尺寸。

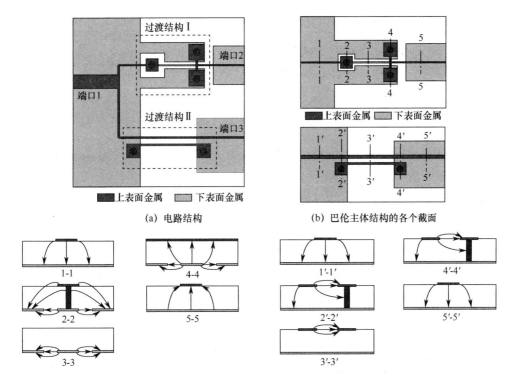

(a) 电路结构　　　　　　　(b) 巴伦主体结构的各个截面

(c) 各截面的电场分布

图 9.10　基于槽线–共面波导过渡结构的巴伦[7]

3. 基于双面平行微带结构的巴伦

这种巴伦的地线与信号线同样粗细并垂直正对放置，结构的前半段是一个 Wilkinson 功分器，而后在两个输出路径的一路通过通孔将上下层位置互换，另一路不作变换，从而实现两路信号的相位反相输出[10]。

9.2.3　基于功分加移相结构的宽带巴伦

设计原理：巴伦的功能包括输出等幅反相的信号和阻抗匹配，实现不平衡信号到平衡信号的转换，而 Wilkinson 功分器可以输出等幅同相的信号兼具阻抗匹配的功能，因此只需要在功分器的基础上结合反相结构就能完成宽带巴伦的设计。

1. 枝节线移相器结构

通过在功分器输出端接入 180° 移相器来实现宽带巴伦[11]。图 9.11 所示为基于枝节加载型 180° 移相器的宽带巴伦，在 Wilkinson 功分器之后，一路加载长度为一个波长的传输线，另一路加载长度为半波长的传输线，并且在这条传输线两端分别加入两组八分之一波长开路或短路短截线，等效传输线电路如图 9.11（a）所示。通过调整 Z_2 的阻抗值使两端口相位差在带宽内控制在所需的相位平衡度要求内，再计算、调节 Z_3 的值以满足该支路阻抗匹配要求[11]。巴伦实物如图 9.11（b）所示。

类似的移相器还有 Schiffman 移相器，如图 9.12（a）所示。Schiffman 移相器类似于一种宽带差分移相器，由两条不同电长度的传输路径组成，一条路径是参考传输线，另一条是弯折的耦合传输线。Schiffman 移相器还可以由两条不同电长度的耦合传输线构成，实现所需相移。一种基于 Schiffman 移相器的宽带巴伦等效传输线电路及实物如图 9.12（b）和（c）所示，这种改进型 Schiffman 移相器的一路是均匀的传输线，另一路是平行耦合且末端短路的传输线，通过在 Wilkinson 功分器后加载两个这样的 Schiffman 移相器来实现宽带巴伦设计。基于这类移相器的宽带巴伦结构尺寸较大，而且有一定的带内相位平衡度波动，离中心频率较远处相移性能容易恶化，不适用于对相位平衡度要求较高或者要求小型化的电路[12]。

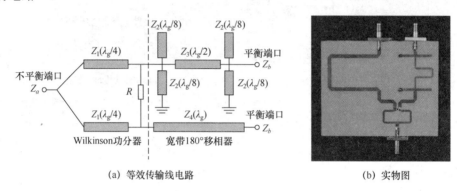

(a) 等效传输线电路   (b) 实物图

图 9.11　基于枝节加载型 180° 移相器的宽带巴伦[11]

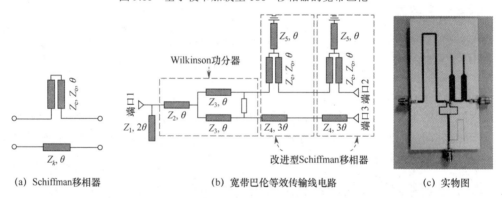

(a) Schiffman移相器   (b) 宽带巴伦等效传输线电路   (c) 实物图

图 9.12　基于 Schiffman 移相器的宽带巴伦等效传输线电路及实物[12]

2. 开路、短路耦合线移相器结构

开路、短路耦合线在微波电路设计中具有广泛应用，常以两端开路或短路的二端口网络形式出现，分别如图 9.13（a）和（b）所示。利用耦合线端口间的相位差可以实现巴伦的设计。先得到开路或短路耦合线的 ABCD 矩阵，再由此计算得到耦合线传输的相位和输入阻抗。在端接相同负载的情况下，根据输入阻抗相同，相位差等于 180° 这两个约束条件分别确定奇模、偶模阻抗。这个方法中耦合线也需要较强的耦合，常用多线耦合或者宽边耦合等方式实现强耦合。

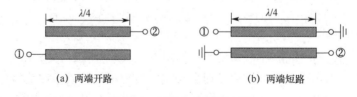

(a) 两端开路   (b) 两端短路

图 9.13　开路、短路耦合线

文献[13]在二阶 Wilkinson 功分器后分别连接开路和短路耦合线，通过在接地面上刻蚀缺陷增大平行耦合线的耦合系数，从而实现宽带巴伦和较好的隔离特性，但在平衡性能上有所欠缺。该设计的等效传输线电路及实物如图 9.14 所示。文献[14]采用功分加 Lange 耦合线结构实现宽带巴伦。用 Lange 耦合器替代平行耦合线，利用 LTCC 多层工艺简化并实现 Lange 耦合器，同时采用宽边耦合来实现所需的强耦合。

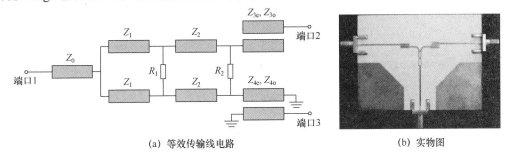

(a) 等效传输线电路　　　　　　　　(b) 实物图

图 9.14　基于 Wilkinson 功分器和耦合线的宽带巴伦等效传输线电路及实物[13]

9.3　滤波巴伦

作为转换电路，巴伦在天线馈电、平衡放大器、平衡混频器等电路与收发机系统中都具有广泛应用。通常在巴伦的前后级联平衡滤波器或者单端滤波器，可以提高传输信号的质量，提高射频前端的频率选择性。滤波巴伦集成了信号平衡转换和滤波功能，与传统的两种器件级联的方法相比，一体化设计使电路融合性更高，并且能够降低射频前端的插入损耗，从而降低系统的噪声系数。同时，也可减小电路的整体尺寸。滤波巴伦在收发机系统中的一种应用如图 9.15 所示。下面简述滤波巴伦的几种主要设计方法。

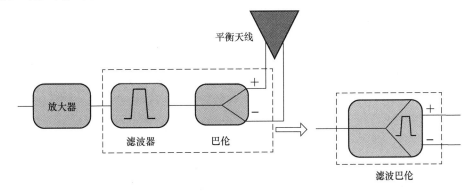

图 9.15　滤波巴伦在收发机系统中的应用

9.3.1　基于 Marchand 巴伦的滤波巴伦

Marchand 巴伦是巴伦设计中的经典原型电路，具有结构简单、幅相平衡度好、高频性能良好等优势。Marchand 巴伦的原理在上文已有分析。以耦合线 Marchand 巴伦为主体，在此基础上进行变形或者引入枝节线等可实现滤波巴伦。一些典型的电路设计包括：

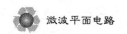
（1）在初始 Marchand 巴伦的基础上，引入输入输出耦合馈线，把 Marchand 巴伦原本的耦合线既用作耦合，也用作谐振器，从而引入滤波[14]，耦合线 Marchand 滤波巴伦等效传输线电路和耦合结构如图 9.16 所示。（2）采用 U 型槽线作为 Marchand 巴伦耦合线的短路线，以微带耦合槽线的形式实现，基本电路原理同 Marchand 巴伦，微带耦合槽线的宽带滤波巴伦如图 9.17 所示。因为槽线的特性省去了通孔接地，微带和槽线之间的宽边耦合还可获得比微带巴伦更宽的带宽[15]。

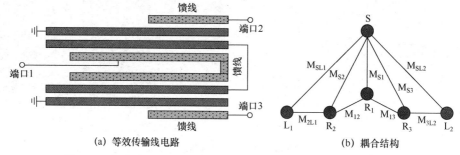

(a) 等效传输线电路　　　　　　　　　　(b) 耦合结构

图 9.16　耦合线 Marchand 滤波巴伦等效传输线电路和耦合结构[14]

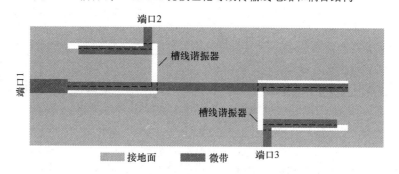

图 9.17　微带耦合槽线的宽带滤波巴伦[15]

9.3.2　基于平衡滤波器的滤波巴伦

平衡滤波器是一种四端口器件，在差分信号的激励下，同样具有输出等幅反相信号的功能，因此平衡滤波器具有改造成滤波巴伦的潜力。具体方法是将四端口网络（即平衡滤波器）的其中 1 个端口开路或短路，剩下的 3 个端口即构成滤波巴伦，如图 9.18（a）所示。这种电路一般可以从四端口转三端口，并由滤波器耦合拓扑和耦合系数进行分析。该方法比较适用于耦合谐振器型的平衡电路，因为可以通过调整输入馈线和输入输出谐振器来满足平衡端口的输出，减小不平衡度。

对称四端口网络的奇模、偶模模型分别如图 9.18（b）和（c）所示。图中，T_{e_i} 和 T_{o_i}（i=1，2）分别是偶模和奇模下相应端口的传输系数；Γ_{e_i} 和 Γ_{o_i}（i=1，2）分别是偶模和奇模下相应端口的反射系数。如前所述，一个三端口的滤波巴伦可以由一个对称的四端口平衡滤波器转换而来，当把四端口平衡滤波器的一个端口开路时，通过调整不平衡端口的反射系数，即可以实现巴伦滤波功能。令端口 1 为输入端口，端口 2 和端口 3 为输出端口，根据巴伦的工作条件：S_{11}=0，$S_{21}+S_{31}$=0，可得[16]：

$$\frac{\Gamma_{e_1} + \Gamma_{o_1} - 2\Gamma_{e_1}\Gamma_{o_1}\Gamma}{2 - \Gamma(\Gamma_{e_1} + \Gamma_{o_1})} = 0 \tag{9.12}$$

式中，Γ_{o_1} 是奇模下端口 1 的反射系数，Γ_{e_1} 是偶模下端口 1 的反射系数，Γ 是端口 3 的反射系数。当端口 3 开路时，$\Gamma = 1$，计算可得 $\Gamma_{e_1} = -1$，$\Gamma_{o_1} = \frac{1}{3}$；当端口 3 短路时，$\Gamma = -1$，计算可得 $\Gamma_{e_1} = 1$，$\Gamma_{o_1} = -\frac{1}{3}$。

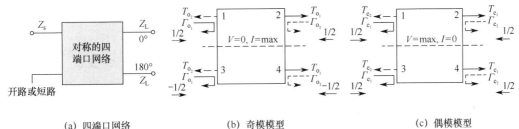

(a) 四端口网络　　　　(b) 奇模模型　　　　(c) 偶模模型

图 9.18　对称四端口网络

通常令端口 3 为开路更为方便。为了输出等幅反相的差分信号，偶模输入阻抗需要为 0（$\Gamma_{e_1} = -1$，$Z_{in} = 0$），为了实现输入端口的阻抗匹配，奇模输入阻抗需要为源阻抗的两倍（$\Gamma_{o_1} = \frac{1}{3}$，$Z_{in} = 2Z_0$），在源阻抗为 50 Ω 的电路系统中，奇模输入阻抗为 100 Ω，对滤波巴伦来说需要调整外部品质因数使其满足设计要求。

根据 SIR 的奇模、偶模谐振频率不同，适合构造耦合拓扑以实现良好的差分滤波效果的特点，在四端口平衡滤波网络的基础上去掉一个端口可以实现滤波/双工巴伦[17]。通过调整输入馈线可使外部品质因数和输入阻抗满足条件，电路结构分别如图 9.19（a）和（b）所示。在差分电路的基础上，可以用一对开路耦合线作为不平衡端的输入，通过这对耦合线来增强共模抑制，改善宽带滤波巴伦带内的平衡度[18]。

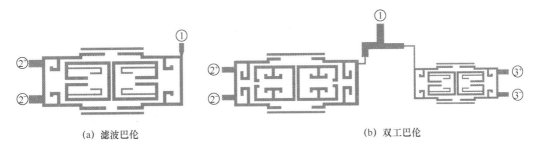

(a) 滤波巴伦　　　　　　　　　　(b) 双工巴伦

图 9.19　滤波/双工巴伦电路结构[17]

9.3.3　基于半波长开路线的滤波巴伦

可以利用半波长开路线的电场分布特性设计滤波巴伦[19]。这种设计方法主要利用谐振器在开路线两侧分别构建耦合通路来实现平衡端口输出；开路线两侧的反向电场分布实现反相输出，耦合谐振器构建了滤波通路。基于半波长开路线的滤波巴伦电路结构如图 9.20（a）

所示，图 9.20（b）为半波长开路线的电位特性。这种滤波巴伦的 S 参数频率响应和幅度差、相位差分别如图 9.20（c）和（d）所示。这种利用半波长开路线原理设计的滤波巴伦的相位差和幅度差一般只能在较窄的范围内保持良好。

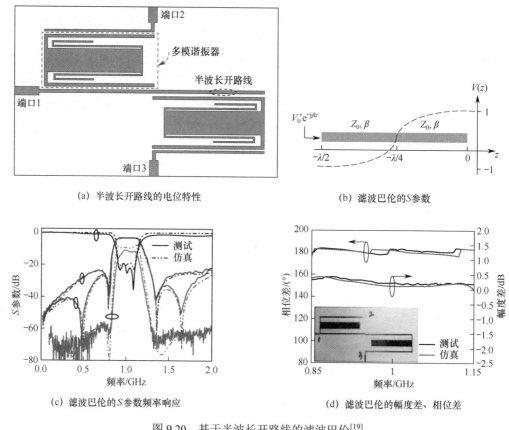

(a) 半波长开路线的电位特性   (b) 滤波巴伦的 S 参数

(c) 滤波巴伦的 S 参数频率响应   (d) 滤波巴伦的幅度差、相位差

图 9.20 基于半波长开路线的滤波巴伦[19]

参 考 文 献

[1] 戴永胜，李旭，朱丹. 基于 LTCC 技术超小型宽带巴伦的设计与实现[J]. 微波学报，2014，30（01）：51-54.

[2] CHEN Y, LIN H. Novel broadband planar balun using multiple coupled lines[C]// 2006 IEEE MTT-S International Microwave Symposium Digest, 2006: 1571-1574.

[3] CHEN A C. PHAM A V, LEONI R E. Development of low-loss broad-band planar baluns using multilayered organic thin films[J]. IEEE Transactions on Microwave Theory and Techniques, vol. 53, no. 11, 2005: 3648-3655.

[4] TA H, STAMEROFF A, PHAM A V. Development of a defected ground structure wide bandwidth balun on multilayer organic substrate[C]// 2010 Asia-Pacific Microwave Conference, 2010: 1641-1644.

[5] CHEN A C, PHAM A V, LEONI R E. A novel broadband even-mode matching network for marchand baluns[J]. IEEE Transactions on Microwave Theory and Techniques, vol. 57, no. 12, 2009: 2973-2980.

[6] LIN S, WANG J P, DENG Y J, et al. A new compact ultra-wideband balun for printed balanced antennas[J].

Journal of Electromagnetic Waves and Applications, 2015, 29(12): 1570-157.

[7] MENG X Q, WU B, HUANG Z X, et al. Compact 30:1 bandwidth ratio balun for printed balanced antennas[J]. Progress In Electromagnetics Research C , vol.64, 2016: 125-132.

[8] FENG Z, BI X, CAO Z, et al. A filtering balun utilizing multi-ring loaded vertical transition structure with 161% fractional bandwidth and >5.8f stopband[J]. IEEE Transactions on Circuits and Systems II: Express Briefs, vol. 69, no. 4, 2022: 2061-2065.

[9] YANG L, ZHU L, CHOI W W, et al. Wideband balanced-to-unbalanced bandpass filters synthetically designed with chebyshev filtering response[J]. IEEE Transactions on Microwave Theory and Techniques, vol. 66, no. 10, 2018: 4528-4539.

[10] TAMJID F, THOMAS C M. Aly E. Fathy. A compact wideband balun design using double-sided parallel strip lines with over 9:1 bandwidth[J]. International journal of RF and microwave computer-aided engineering, vol.30, no.11, 2021.

[11] ZHANG Z Y, GUO Y X, ONG L C, CHIA M Y W. A new wide-band planar balun on a single-layer PCB[J]. IEEE Microwave and Wireless Components Letters, vol. 15, no. 6, 2005: 416-418.

[12] YUAN M, FENG W, CHE W. Wideband filtering balun power divider using schiffman phase shifter[C]// 2019 International Applied Computational Electromagnetics Society Symposium (ACES), 2019: 1-2.

[13] SEWIOLO B, HARTMANN M, WALDMANN B, et al. An ultra-wideband coupled-line balun using patterned ground shielding structures[C]// 2008 IEEE Radio and Wireless Symposium, 2008: 459-462.

[14] XU J X, ZHANG X Y, ZHAO X L. Compact ltcc balun with bandpass response based on marchand balun[J]. IEEE Microwave and Wireless Components Letters, vol. 26, no. 7, 2016: 493-495.

[15] HUANG F, WANG J, HONG J, et al. Wideband balun bandpass filter with broadside-coupled microstrip/slotline resonator structure, Electronics Letters, vol. 53, no. 19, 2017: 1320-1321.

[16] LEONG Y C, ANG K S, LEE C H. A derivation of a class of 3-port baluns from symmetrical port networks[C]// 2002 IEEE MTT-S Digest: 1165-1168.

[17] XUE Q, SHI J, CHEN J X. Unbalanced-to-balanced and balanced-to-unbalanced diplexer with high selectivity and common-mode suppression[J]. IEEE Transactions on Microwave Theory and Techniques, vol. 59, no. 11, 2011: 2848-2855.

[18] FENG W J, CHE W Q. Wideband balun bandpass filter based on a differential circuit[C]// 2012 IEEE/MTT-S International Microwave Symposium Digest, 2012: 1-3.

[19] CAI C, WANG J, ZHU L, et al. A new approach to design microstrip wideband balun bandpass filter[J]. IEEE Microwave and Wireless Components Letters, vol. 26, no. 2, 2016: 116-118.

第 10 章　平面电路的发展

作为一种二维分布参数电路，微波平面电路加工方便、造价低廉，在雷达、通信、可穿戴装备等方面具有重要应用，并为推动通信射频前端电路理论和技术的发展，为射频电路小型化、集成化做出了重要贡献。自从 1969 年大越孝敬提出平面电路的概念以来，以微带为代表的平面电路在科学研究和实际应用中发挥了不可替代的作用，微带等平面电路至今依然是微波电路科研人员设计实现新型功能电路的首选。

半个多世纪以来，平面电路在理论研究、材料、制造技术、设计和仿真等方面都有了长足的发展，随着通信电路朝着小型化、集成化的方向发展，以 LTCC 为代表的可集成多层电路设计、制造技术引起了广泛关注，并且成为一种发展趋势。

10.1　平面电路新材料

10.1.1　LCP 材料

射频器件的发展不仅依靠设计方法和技术的发展进步，也依赖于材料的发展。例如，1939 年，Richtmyer 就提出了"介质谐振器"的概念，但当时由于没有高介电常数、低损耗的介质材料而使得介质谐振器在 20 世纪 70 年代后期才得到了真正的发展。

随着无线通信应用频率的不断升高，射频系统的材料和集成技术面临着越来越多的挑战，例如，在频率高于 10 GHz 时，由于基板材料的原因，平面电路元件如天线、滤波器、传输线等将可能产生不可接受的损耗，直接影响电路性能。许多在 WLAN 中应用（2.4 GHz 和 5.8 GHz）的材料损耗小，但是不再适合于 35 GHz 的卫星通信、60 GHz 无线局域网、77 GHz 的交通避障系统以及其他更高频段的系统[1]。近年来，可穿戴、可折叠的柔性电子材料发展迅猛并日趋成熟，电子设备的柔性化、可折叠、可穿戴已经成为未来电子技术的发展趋势。

柔性电子技术是将电子器件制作在柔性可延展性塑料、聚合物或薄印制板上的新兴电子技术，其独特的柔性/可弯曲性、延展性以及超轻薄等特性，更容易与生物的皮肤、器官和组织的弯曲表面相匹配，因此柔性电子技术在医疗、个人穿戴电子设备（如手表、眼镜、头盔等）、通信乃至单兵装备上都具有广阔的应用前景。柔性电子技术可提供印制板之间在弯曲状态下的可靠连接[2]，其产品耐用性强。正是这种强大的吸引力使苹果、英特尔、谷歌、微软、三星等竞相进入柔性电子领域。图 10.1 所示是几种柔性电子设备及器件。

最近 10 年间，康奈尔大学、普林斯顿大学、哈佛大学、剑桥大学等欧美著名大学都先后建立了柔性电子技术专门研究机构，从材料、工艺到器件对柔性电子设计进行了大量研究。柔性电子技术同样引起了我国研究人员的兴趣和注意[3-4]。

图 10.1　柔性电子设备及器件

在柔性电子材料中，液晶聚合物（liquid crystal polymer，LCP）由于分子之间堆砌紧密、主链刚硬且在成型过程中高度取向而具有优异的性能，例如，高强度、突出的热稳定性和耐热性、耐辐射性、极小的热膨胀系数、优良的阻燃性、电绝缘性、耐化学腐蚀性、耐气候老化、可传输微波（毫米波）以及优异的成型加工性和尺寸稳定性等。因此，LCP可广泛应用于印制电路板、人造卫星电子部件、医疗可穿戴设备，以及紧凑的微波多层电路和高密度封装[5]。通常，LCP 具有很高的气密性和极低的吸水性，这有利于在潮湿环境下保持稳定的电性能和机械性能，是电路封装的理想材料。LCP 制品在浓度为 90%酸性条件和浓度为 50%碱性条件下不会被侵蚀，也不会溶解于工业溶剂、燃料油、洗涤剂及热水，同时不会引起应力开裂，因此 LCP 可应用于极端恶劣环境（如太空人造卫星系统）下。

系统级封装（system on packaging，SOP）的重要技术特征之一是采用功能化的基板，在其中埋入不同功能的无源、有源器件、天线和芯片，实现系统化的集成。由于系统级封装结构和功能的复杂性以及系统的高数据率和高工作频率，对基板的各种要求更高，LCP 材料的突出优点使其在 SOP 应用中具有得天独厚的优势。另外，利用 LCP 基板的多层结构优势，可类似于 LTCC 基板，集成滤波器、功分器、耦合器、巴伦等，实现微波（毫米波）无源器件在基板内的高度集成。

LCP 材料具有很好的电性能，例如，稳定的低介电常数、低损耗因子等。文献[1]的研究结果表明，对于各种 LCP 基板的平面传输线，在 31.53～104.6 GHz 频段内，基板的相对介电常数为 ε_r=3.16±0.05，损耗角正切值为 0.002 8～0.004 5。对于不同厚度的 LCP基板平面传输线，在 110 GHz 频率处的传输线损耗峰值为 0.88～2.55 dB/cm，这说明 LCP在毫米波频段具有优良的介电性能。LCP 材料的气密性好，因此在毫米波频段依然具有低损耗。LCP 还具有良好的热稳定性，在 11 ～105 GHz 频段内，其热稳定性明显优于聚四氟乙烯和氧化铝陶瓷基板[6]。在实现方式上，正如日本的 Ryohei Hosono 等人在 2017 年的IEICE Electronics Express 上对 LCP 毫米波电路包括过渡段、天线、滤波器等的展望中所说，几乎所有毫米波应用的器件都可以用 LCP 材料按照标准印制电路程序和卷式（Roll to Roll）技术加工制作[7]。

表 10.1 给出了目前商业 LCP 材料的典型特性[8]，其中，ULTRALAM 3850 是熔化温度为 315℃的薄膜芯层，ULTRALAM 3908 是熔化温度为 280℃的黏结层，黏结层通常插入两个薄膜芯层之间将它们黏结起来，如图 10.2（a）所示。合适的温度和适当的压力可以帮助黏结层熔化并与薄膜芯层黏连为一体，而不会导致熔化物洒溅，使电路板受到污

染[9]。黏结层的典型厚度是 25 μm 或 50 μm，薄膜芯层有 25 μm、50 μm、100 μm 等好几种厚度。合理选择芯层和黏结层的厚度以及层数，可以得到所需要的板材厚度。LCP 多层电路结构类似于 LTCC。图 10.2（b）所示为 LCP 电路板的分层。

表 10.1　商业 LCP 的典型特征

		ULTRALAM 3850（薄膜芯层）	ULTRALAM 3908（黏结层）
熔化温度/（℃）		315	280
热指数/（℃）	机械热指数	190	190
	电热指数	240	240
介电常数（10 GHz，23℃）		2.9	2.9
损耗因子（10 GHz，23℃）		0.002 5	0.002 5
介质破损强度/（KV·cm⁻¹）		1 378	118

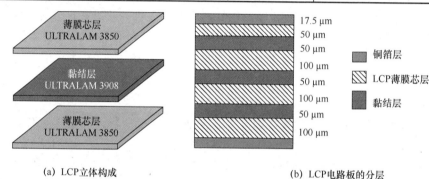

（a）LCP 立体构成　　　　　　　　（b）LCP 电路板的分层

图 10.2　LCP 立体构成和电路板分层

作为一种新型的高性能、低损耗微波（毫米波）电路基板和封装材料，LCP 具有稳定性好、耐高温、重量轻、可制作多层电路、可打通孔实现多层电路垂直互联、可弯曲甚至折叠等突出优点，并且可通过普通光刻技术实现电路加工[10]，其性能契合了微波（毫米波）系统向更轻、更小、更高性能方向发展的需求，尤其是可以与当前的无源集成主流技术 LTCC 相融合，设计制造多层微波（毫米波）电路，因此得到了微波电路研究、设计人员的高度关注。另外，LCP 的造价与传统的 PCB 印制电路具有可比拟性，比 LTCC 造价低廉[8]。LTCC 的成型温度高达 850℃左右，有源芯片难以承受如此高的温度，需要在烧结后单独封装和连接，相比之下，LCP 有源和无源电路模块可以在较低温度（290℃）下垂直分层集成[8]，这些都是对 LTCC 技术的挑战[5]。Katsumi Takata、Anh-Vu Pham 的研究结果表明，LCP 滤波器和 LTCC 滤波器的插入损耗具有可比拟性[11]。另外，LTCC 脆性大，容易断裂破碎，而 LCP 材料可弯曲，在韧性和耐用程度上具有独特优势。

在 LCP 的应用上，最先掌握 LCP 制造技术的欧美发达国家率先开展了 LCP 基板电路的设计和应用。2004 年，美国学者设计了多无线应用的 LCP 带通滤波器[12]。2005 年，滤波器综合和诊断、基于系统封装技术的双频带滤波器也与 LCP 材料结合起来[13-14]。同年，美国学者设计了 V 波段的 LCP 滤波器和天线[15]。2006 年，美国学者又提出了基于电磁混合耦合的 60 GHz 的 LCP 滤波器和双工器[16]，如图 10.3 所示。

J.S. Hong 等在 LCP 滤波器的设计和应用方面做了很多工作[17-28]，他们将 LCP 电路的设计拓展到多层结构。近年来，LCP 电路的柔性优势在实验中得到了验证。文献[29]设计了一个极薄的 LCP 带通滤波器，如图 10.4 所示，并用实验证明了基板弯曲与不弯曲情况下，传输线和滤波器的频率响应几乎是保持不变的。文献[30]也证实了在 LCP 基板弯曲 30°、45° 和 70° 的情况下，滤波器的性能依然稳定，中心频率、插入损耗和回波损耗只发生微弱变化，带宽基本保持不变。这种性能对结构上弯曲

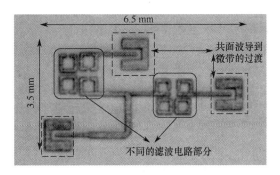

图 10.3　基于电磁混合耦合的 60 GHz LCP 双工器[16]

变化的不敏感性说明，LCP 电路在可穿戴电子设备以及柔性电路中具有很好的应用潜力。LCP 还被用于平面电路的模式转换设计，图 10.5 所示为基于 LCP 基板的 GCPW-PWW 模式转换电路[7]，可工作在 35～65 GHz 频域内。

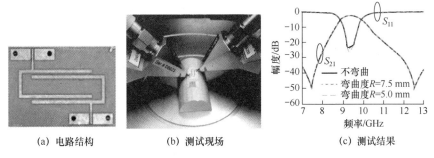

(a) 电路结构　　　　(b) 测试现场　　　　(c) 测试结果

图 10.4　LCP 带通滤波器[29]

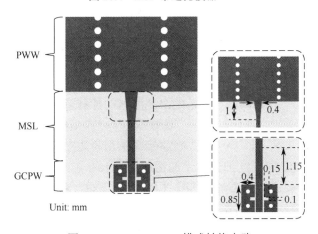

图 10.5　GCPW-PWW 模式转换电路

　　LCP 具有传统聚四氟乙烯、陶瓷等材料的基板所不具备的诸多优良特性。随着 LCP 材料的不断发展和成本的进一步降低，尤其是随着新型射频电路设计技术的发展（例如，新型传输线的出现和传输线的拓展应用等），基于 LCP 的射频前端电路和高集成度的微波（毫米波）封装电路有望在系统中发挥重要的作用，同时也将为无源电路理论和应用的发展提供广阔空间。

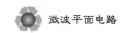

10.1.2 高温超导材料及其应用

高温超导（HTS）材料是一种复杂的氧化物，如 $YBa_2Cu_3O_7$（钇钡铜氧）、BSCCO（铋锶钙铜氧）、$HgBa_2Cu_3O_8$ 等。一般来说，按照材料的常温电阻率从大到小可以分为绝缘体、半导体和导体，绝大部分金属都是良导体，它们在室温下的电阻率非常小但不为零。当某种材料的温度降到某个特定温度以下时，电阻突降为零，同时所有外磁场磁力线被排出材料外，导致材料内部磁感应强度为零，即同时出现零电阻态和完全抗磁性，此时就称这种材料进入超导态，这种材料就是超导材料。高温超导材料具有超导电性和抗磁性两个重要特性。

高温超导材料的表面电阻在微波频率范围内是传统导体的 $1/1000 \sim 1/10$，我们知道，传输线电路的损耗包括导体损耗和介质损耗，导体损耗影响最大，因此高温超导材料微波电路的损耗会大大降低（Q 值提高），高温超导材料还具有低噪声、低功率损耗以及电路的小型化等诸多优点，同时还能以低的损耗承载巨大的电流。高温超导材料不但与传统的导体（如金、银、铜等）相比有很大的不同，而且和低温超导体（如锡、铌等）也是不同的。高温超导材料主要有膜材（薄膜、厚膜）、块材、线材和带材等类型，钇钡铜氧一般用于制备高温超导薄膜，应用在电子、通信等领域，铋锶钙铜氧主要用于线材的制造，应用于强电领域。厚膜和薄膜只是在材料厚度上有差别，块材高温超导材料难以用来制造高性能微波元件和电路，厚膜高温超导材料也较少应用于微波电路，对于大部分微波应用来说，高温超导体是制备在晶格匹配衬底上的外延晶体薄膜（薄膜高温超导材料）。

高温超导材料可以制成高性能窄带多极滤波器，与传统微波滤波器相比，高温超导滤波器可以单独或同时具有极低插入损耗、极窄带、极高频率选择性和良好的带内群时延平坦度等优异性能。图 10.6 所示为一个典型的高温超导平面滤波器结构[31]（类似于微带结构），上下层为超导膜，通常为钇钡铜氧（YBCO）或铊钡钙铜氧（TBCCO）材料，厚度约为 0.6 μm，中间为介质基片，材料通常为铝酸镧、氧化镁或蓝宝石，尺寸通常小于 50 mm，厚度在 0.5 mm 左右。上层超导膜根据滤波器的性能需要加工成所需要的形状，左右两端为电极（输入输出）。

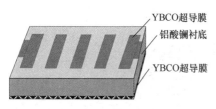

YBCO超导膜
铝酸镧衬底
YBCO超导膜

图 10.6 高温超导平面滤波器结构

高温超导滤波器具有如下性能特点：

（1）噪声系数极低。普通滤波器（滤波器加前置放大器）的噪声系数为 $3 \sim 7$ dB，而高温超导滤波器的噪声系数为 $0.6 \sim 0.8$ dB，因此，超导滤波器具有很高的灵敏度。

（2）带边陡峭度很高（矩形系数好）。与普通滤波器相比，高温超导滤波器的通带边缘十分陡峭，带边陡峭度比金属腔体滤波器可提高 $5 \sim 20$ 倍。因此，高温超导滤波器具有很好的频率选择性和抗干扰能力。

（3）通带插入损耗小，带外抑制性好。高温超导滤波器对通带内有用信号几乎无损耗地通过，而对带外信号衰减极大。因此，高温超导滤波器同时兼具高灵敏度和高频率选择性，这是普通滤波器无法比拟的。

综上，高温超导滤波器在天文和深空探测系统中具有独特的应用优势。我们知道，天文和深空探测中遇到的都是非常微弱的信号，射电天文望远镜的微波接收机需要具有非常优异的探测灵敏度，其对于通信雷达等干扰信号尤其敏感，所以射电天文望远镜一般建造在人烟稀少的郊野地区。但是随着广播电视和通信工业的蓬勃发展，射电天文望远镜遇到了越来越严重的信号干扰问题，高温超导滤波器具有非常小的插入损耗和非常高的带外抑制，正是解决射电天文望远镜干扰问题的最佳方案，同时，射电天文望远镜的微波接收机为了降低噪声系数，本身已经引入了制冷机来给低噪声放大器降温，所以引入高温超导滤波器时不需要额外增加制冷机，可以节约引入成本。

高温超导材料不仅能制备滤波器，还可以实现多工器、移相器、功率分配器/合成器、天线等无源电路。R.J.Dinger 等[32]对高温超导在 1 MHz～100 GHz 范围内的应用做了研究，确认高温超导可应用于以下天线方面：电小天线及其匹配网络；高增益的紧凑型天线阵及其匹配网络；具有大量辐射单元的毫米波天线阵的馈电网络。由于高温超导材料大幅减小了导体损耗而使表面电阻（损耗电阻）减小，因此可以使电小天线的辐射效率得到改善。高温超导微带天线可以实现天线小型化，因此可以缩减天线雷达散射截面(RCS)。

天线的辐射效率由式（10.1）给出：

$$\eta = 辐射功率/输入功率 = R_r/(R_r + R_d) \tag{10.1}$$

式中，R_r 为辐射电阻，R_d 为天线中的损耗电阻。由于应用高温超导材料降低了 R_d 的导体损耗，因此，得益于高温超导材料的天线是 R_d 远大于 R_r 的天线。

高温超导材料不仅可以应用于微波无源器件，还因为约瑟夫森效应（非线性量子隧道效应）可应用于微波有源电路（如混频器、放大器、振荡器等）。高温超导有源器件与众不同的优点在于极低的噪声（直至量子极限）和非常低的功耗（纳瓦级），这对于低功率微波电路来说是非常理想的。约瑟夫森结具有极强的非线性，作为混频器使用具有灵敏度高、所需本振和微波信号功率小、噪声低、变频效率高、工作频带宽等优点。图 10.7 所示为 Bai 等人研制的包含两个约瑟夫森结的高温超导混频器以及 Du 等人研制的与高温超导滤波器集成得到的高温超导下变频接收机[33]。

(a) 高温超导混频器　　　　　　　(b) 高温超导下变频接收机

图 10.7　Bai 等人研制的包含两个约瑟夫森结的高温超导混频器以及
与高温超导滤波器集成得到的高温超导下变频接收机（Du 等人）[33]

高温超导微波接收前端的低噪声系数可以提高微波接收机的灵敏度，灵敏度的提升意味着相同功耗下基站覆盖面积的增大，而高温超导微波接收前端的高选择性可以极大地提高基站的抗干扰能力，提高通话质量。

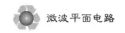

10.2　3D 打印技术

3D 打印技术是以 3D 数字模型文件作为输入，利用光固化和纸层叠等技术，用液体、粉末状金属或塑料等可黏合材料，通过电脑控制和逐层打印的方式来构造物体的技术。形象地说，普通打印机是将 2D 图像、图形、文字、数字等通过墨水输出到纸张上；3D 打印机则是将实实在在的原材料（如金属、陶瓷、塑料等）输出为一薄层（物理上具有一定的厚度），然后不断重复，层层叠加，最终变成空间实物。因此，3D 打印在输出某一分层时，过程与喷墨打印是相似的。由于 3D 打印是将材料一层一层堆叠而成的，因此也称为增材制造工艺。3D 打印常用材料有尼龙玻纤、聚乳酸、ABS 树脂、耐用性尼龙材料、石膏材料、铝材料、钛合金、不锈钢、银、金、橡胶等。

3D 打印技术极大提高了设计自由度和原型制作能力，与传统做法相比，3D 打印技术在加工复杂结构模型方面具有明显优势。但是多数 3D 打印所使用的聚合物材料是缺乏导电性的，例如，在微波射频领域，3D 打印加工出的平面滤波器是无法实现滤波功能的，因为只是打印了基板材料，我们还需要将加工出的器件进行表面金属化处理，使其具有导电性。常用的表面金属化技术是化学沉积技术。

在微波器件的加工工艺方面，通常都采用计算机数控（computer numerical control，CNC）技术来加工器件。CNC 技术与 3D 打印技术一样都是依靠计算机控制，它与 3D 打印技术最大的不同点在于 CNC 技术是"减法"，例如，通过计算机控制在一块金属材料上切割出特定的形状。CNC 技术发展成熟但是却并不完美，例如，被加工的微波器件工作频率越高，器件的尺寸越小，对 CNC 精度的要求就会越高，成本也会上升。3D 打印技术相比 CNC 技术具有以下几点优势：

（1）加工速度更快。当使用 CNC 技术加工复杂结构的器件时，需要充分考虑到器件的几何尺寸与结构，制定详细的处理计划。由于 CNC 技术在一体化成型上的局限性，CNC 加工很多时候是一个多级的处理过程，每次都需要对数控机床进行参数设置，这就耗费了很多时间。而对于 3D 技术而言，我们导入模型数据后，等待一段时间就可以得到实物，加工过程更加方便，加工的时间就可以大大缩短了。

（2）材料利用率更高。在材料的运用上，CNC 技术是"减法"，将一块金属通过铣削的方法得到特定的形状后，剩下的材料很可能就不能再使用了。而 3D 打印技术是"加法"，通过 3D 打印机层层堆叠材料，加工出特定形状，能很大程度上减少了原材料的浪费。

（3）加工精度更高。CNC 技术使用的是实体的探头切割金属，这样导致一些形状根本无法实现。而 3D 打印技术的加工精度可以达到微米级别，可以轻松实现倒角。

（4）设计空间无限。对于几何结构很复杂的物品（例如，内部有非常复杂的拓扑结构或空腔结构的物品），用传统的制造工艺需要将物品进行分解制造再组装。而 3D 打印会将物体分解成一层一层的 2D 区域，因此加工任意复杂的物体都没有问题，加工精度只取决于打印机所能输出的最小材料颗粒。这是 3D 打印带给我们的最大优势。

目前，3D 打印技术已应用于加工制造微波腔体滤波器、天线、腔体功分器和平面电路（如微带传输线[34]、平面镜[35]、天线[34]等）。图 10.8 所示为使用 3D 打印技术制作的微波平面电路。

喷墨 3D 打印的一个优点是其低成本特性。W. Su 等人使用低成本的聚甲基丙烯酸甲酯（PMMA）基板展示了具有微流体功能的调谐和匹配的喷墨打印的微流体环形天线[34]，如图 10.8（a）所示。喷墨打印的天线拓扑结构与 PMMA 薄片堆叠在一起，在其上用激光蚀刻微流体通道以进行流体路由和界面连接，当将不同的流体加载到微流体通道中时，流体的介电常数会有效地调谐天线和平衡-不平衡变换器，从而改善流体加载过程中的匹配度。

使用聚乳酸（PLA）材料可以 3D 打印低成本、轻质量的宽带渐变折射率平面镜[（见图 10.8（b）]并用在天线应用中[35]。该平面镜直径为 12 cm，GRIN 镜片由 6 个具有不同介电常数值的同心圆组成，整个镜头重约 130 g。在 3D 打印过程中，镜头内部产生空气空隙，减少了 3D 打印材料的介电常数，整个镜头在 3D 打印过程中不需要加工或组装。该器件工作在 Ku 波段（12～18 GHz），中频带的 H 面 3 dB 波束宽度为 9°，视轴增益为 8 dB。

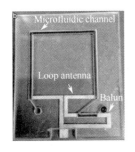

(a) 喷墨打印的微流体环形天线　　　　　(b) 3D打印平面镜

图 10.8　使用 3D 打印技术制作的微波平面电路[34-35]

10.3　从平面电路到立体电路

10.3.1　LCP 多层电路

LCP 基板的厚度可以通过薄膜芯层和黏结层的组合自由控制，另外一般商业 LCP 基板的厚度都很小，适用于上下层电路的耦合设计，例如，宽边耦合，不同层的电路之间还可以通过通孔垂直互联，因此 LCP 很适合多层微波电路设计。

一个 3 层 LCP 双陷波超宽带滤波器结构如图 10.9 所示。第 1 层电路是输入输出端口和阶跃阻抗谐振器，第 2 层电路也是阶梯阻抗谐振器，第 1 层电路和第 2 层电路通过宽边强耦合实现超宽带带通滤波器，第 3 层电路是两组不同大小的开路环形阶跃阻抗谐振器，用于实现双陷波，如图 10.9（a）所示。不同电路层之间通过黏结层连成一个整体，如图 10.9（b）所示。

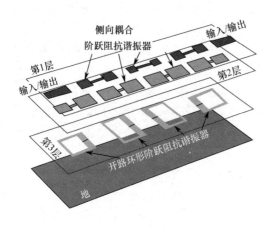

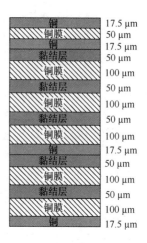

（a）电路分层结构　　　　　（b）加工实现的LCP基板分层

图 10.9　3 层 LCP 双陷波超宽带滤波器结构[28]

10.3.2　LTCC 电路

低温共烧结陶瓷（low temperature co-fired ceramic，LTCC）技术是 20 世纪 80 年代中期国际上出现的一种多层基板制造技术，也是一种先进的无源集成及混合电路封装技术。LTCC 可将 3 大无源元器件（电阻、电容和电感）及各种无源组件（如滤波器、功分器、阻抗变换器、变压器等）封装于多层布线基板中，并与有源器件（如功率放大器、功率MOS 管、晶体管、IC 模块等）共同集成为一个完整的电路系统。目前 LTCC 已成为无源集成的主流技术。LTCC 最突出的特点是小体积和高度集成。

LTCC 技术是将低温烧结陶瓷粉制成厚度精确而且致密的生瓷带，在生瓷带上利用激光打孔、微孔注浆、精密导体浆料印刷等工艺制出所需要的电路图形，并将多个无源元件/组件埋入多层陶瓷基板中，叠压在一起，内外电极可分别使用银、铜、金等金属，在 850℃左右烧结，制成三维空间互不干扰的高密度电路，也可制成内置无源元件的三维电路基板，在其表面可以贴装 IC（集成电路）和有源器件，制成无源/有源混合高密度集成的功能模块。

与其他集成技术相比，LTCC 具有如下优点：

（1）陶瓷材料具有优良的高频、高速传输特性。根据配料的不同，LTCC 材料的介电常数可以在很大范围内变动，配合使用高电导率的金属材料作为导体，有利于提高电路系统的品质因数，并可增加电路设计的灵活性。

（2）可以适应大电流及耐高温特性要求，具备比普通 PCB 电路基板更优良的热传导性，优化了电子设备的散热设计，可靠性高，可应用于恶劣环境。

（3）可以制作层数很高的电路基板，并可将多个无源元件埋入其中，免除了封装组件的成本，在层数很高的三维电路基板上，实现无源和有源的集成，有利于提高电路的组装密度，进一步减小体积和重量。

（4）与其他多层布线技术具有良好的兼容性，例如，将 LTCC 与薄膜布线技术结合可实现更高组装密度和更好性能的混合多层基板和混合型多芯片组件。

由于 LTCC 具有微型化、高度集成化的突出特点，在推动手机小型化和多功能化上发挥了巨大的作用。手机中使用的 LTCC 产品包括 LC 滤波器、双工器、功能模块、收发开关模块等，有的 LTCC 器件只有 1 mm×0.5 mm。另外，LTCC 天线是蓝牙耳机里面的微型化天线的优选。LTCC 在军事（如军用 LTCC 模块）、航空、航天等领域都具有重要应用。图 10.10 所示为 LTCC 滤波器分层结构[36-37]和加工制作的实物。

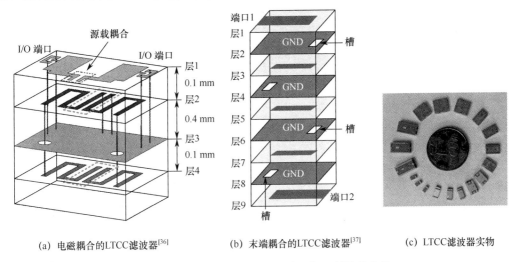

(a) 电磁耦合的LTCC滤波器[36]　　(b) 末端耦合的LTCC滤波器[37]　　(c) LTCC滤波器实物

图 10.10　LTCC 滤波器分层结构和加工制作的实物

10.3.3　多层自封装悬置电路

悬置线是由带状线发展演变而来的。将带状线的介质部分用空气代替，就可以看作悬置线。相比于微带和带状线，悬置线的 Q 值有所提高。悬置线具有以下几点优势：

（1）由于电磁场主要集中在空气腔中，因此损耗会降低；同时因为环境温度的变化对空气的影响较小，所以对整个电路的特性影响也很小，即具有良好温度稳定性；悬置线还具有较高的 Q 值。

（2）通常采用较薄的介质，从而使电路的电磁场主体分布于空气腔，可减小传输线的色散。因为介质板比较薄，且悬置在空气中，所以电路的有效介电常数降低甚至接近于空气，可实现较大的阻抗范围。普通微带在现有的加工条件下，最高特性阻抗一般只能实现到 120 Ω 左右，而使用悬置线在同样条件下可以拓宽这个范围。

（3）虽然空气介质的使用使得悬置电路整体电路尺寸增加，但是在毫米波频段下，悬置线的加工精度要求相对来说比其他平面传输线要低一些，也可以说悬置线特别是悬置共面波导更适用于毫米波电路设计。

（4）通过选择合适的核心电路结构，合理调整空气腔体的大小，可以提高腔体的谐振频率和高次模谐振频率，使高次模不产生在需求频段之内。

（5）由于整体电路包含在一个金属壳内（使用金属腔体封装），悬置线电磁屏蔽好，因此对系统中其他电路器件几乎没有影响；它兼具传统腔体波导的一些优点，但是比腔体波导设计更加灵活。

（6）悬置线可以上下双层布线，减小电路的尺寸，同时它的输入输出可以过渡为其他

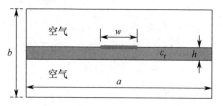

图 10.11　悬置线的理想模型

传输线形式，方便与系统兼容、集成。

悬置线的理想模型如图 10.11 所示[38]，其中核心层导带的宽度为 w，空气腔整体的高度和长度分别表示为 a 和 b，介质基板的相对介电常数为 ε_r，厚度为 h。其特性阻抗可以表示为

$$Z_c = \frac{Z_0}{\sqrt{\varepsilon_{eff}}} \tag{10.2}$$

式中，Z_0 是图 10.11 所示结构中 $\varepsilon_r = 1$ 情况下的特性阻抗，也就是完全填充空气时的特性阻抗，ε_{eff} 是悬置线的有效介电常数。

在满足 $1 < a/b < 2.5$，$1 < \varepsilon_r < 4$ 和 $0.1 < h/b < 0.5$ 这些条件的情况下，Z_0 和 ε_{eff} 可用以下公式计算：

（1）当 $0 < w/a < 1/2$，即导带较窄时，特性阻抗 Z_0 表示为[38]

$$Z_0 = \frac{\eta_0}{2\pi}\left\{V + R\ln\left[\frac{6}{w/b} + \sqrt{1 + \frac{4}{(w/b)^2}}\right]\right\} \tag{10.3}$$

等效介电常数 ε_{eff} 为

$$\varepsilon_{eff} = \frac{1}{\left[1 + \left(E - F\ln\dfrac{w}{b}\right)\ln\left(\dfrac{1}{\sqrt{\varepsilon_r}}\right)\right]^2} \tag{10.4}$$

式中，η_0 是真空中的波阻抗，$\eta_0 = 377\Omega$，其余参量可表示为

$$V = -1.786\,6 - 0.203\,5\frac{h}{b} + 0.475\frac{a}{b} \tag{10.5a}$$

$$R = 1.083\,5 + 0.100\,7\frac{h}{b} - 0.094\,57\frac{a}{b} \tag{10.5b}$$

$$E = 0.207\,7 + 1.217\,7\frac{h}{b} - 0.083\,64\frac{a}{b} \tag{10.5c}$$

$$F = 0.034\,51 - 0.103\,1\frac{h}{b} + 0.017\,42\frac{a}{b} \tag{10.5d}$$

（2）当 $1/2 < w/a < 1$，即导带较宽时，特性阻抗 Z_0 表示为[38]

$$Z_0 = \eta_0\left[V + \frac{R}{\dfrac{w}{b} + 1.393 + 0.667\ln\left(\dfrac{w}{b} + 1.444\right)}\right] \tag{10.6}$$

等效介电常数 ε_{eff} 为

$$\varepsilon_{eff} = \frac{1}{\left[1 + \left(E - F\ln\dfrac{w}{b}\right)\ln\left(\dfrac{1}{\sqrt{\varepsilon_r}}\right)\right]^2} \tag{10.7}$$

式中，

$$V = -0.630\,1 - 0.070\,28\frac{h}{b} + 0.247\frac{a}{b} \tag{10.8a}$$

$$R = 1.949\,2 + 0.155\,3\frac{h}{b} - 0.512\,3\frac{a}{b} \tag{10.8b}$$

$$E = 0.464 + 0.964\,7\frac{h}{b} - 0.206\,3\frac{a}{b} \tag{10.8c}$$

$$F = -0.142\,4 + 0.301\,7\frac{h}{b} - 0.024\,11\frac{a}{b} \tag{10.8d}$$

宽边耦合悬置线的理想模型如图 10.12 所示，其中核心层导带的宽度为 w，腔体整体的长度和高度分别表示为 a 和 b，核心层介质基板的相对介电常数为 ε_{r}，厚度为 h。宽边耦合线的耦合系数 k_{c} 和特性阻抗 Z_{c} 分别表示为

$$k_{\text{c}} = \frac{Z_{0e} - Z_{0o}}{Z_{0e} + Z_{0o}} \tag{10.9a}$$

$$Z_{\text{c}} = \sqrt{Z_{0e}Z_{0o}} \tag{10.9b}$$

式中，Z_{0e} 和 Z_{0o} 分别为耦合线的偶模特性阻抗和奇模特性阻抗。$0 < w/a < 0.45$。

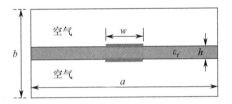

图 10.12　宽边耦合悬置线的理想模型

（1）奇模特性阻抗 Z_{0o}。

Z_{0o} 可以表示为[38]

$$Z_{0o} = \frac{Z_{0o}^0}{\sqrt{\varepsilon_{0o}}} \tag{10.10}$$

式中，

$$\varepsilon_{0o} = \frac{1}{\left\{1 + 0.5\left[H - P\ln\left(\frac{w}{b} + \sqrt{\left(\frac{w}{b}\right)^2 + 1}\right)\right]\left[\ln\left(\frac{1}{\sqrt{\varepsilon_{\text{r}}}}\right) + \frac{1}{\sqrt{\varepsilon_{\text{r}}}} - 1\right]\right\}^2} \tag{10.11a}$$

$$Z_{0o}^0 = \frac{\eta_0}{2}\left[S + T\ln\left(\frac{0.2}{w/b} + \sqrt{1 + \frac{0.23}{(w/b)^2}}\right)\right] \tag{10.11b}$$

$$H = 0.721\,0 - 0.356\,8\frac{h}{b} + 0.021\,32\frac{a}{b} \tag{10.11c}$$

$$P = -0.303\,5 + 0.374\,3\frac{h}{b} + 0.072\,74\frac{a}{b} \tag{10.11d}$$

$$S = -0.107\,3 + 1.670\,8\frac{h}{b} + 0.007\,484\frac{a}{b} \tag{10.11e}$$

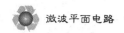

$$T = 0.476\,8 + 2.129\,5\frac{h}{b} - 0.012\,78\frac{a}{b} \tag{10.11f}$$

（2）偶模特性阻抗 Z_{0e}

Z_{0e} 可以表示为[38]

$$Z_{0e} = \frac{Z_{0e}^0}{\sqrt{\varepsilon_{0e}}} \tag{10.12}$$

式中，

$$\varepsilon_{0e} = \frac{1}{\left[1 + \left(H - P\ln\frac{w}{b}\right)\ln\left(\frac{1}{\sqrt{\varepsilon_r}}\right)\right]^2} \tag{10.13a}$$

$$Z_{0e}^0 = \frac{\eta_0}{2\pi}\left[S + T\ln\left(\frac{12}{w/b} + \sqrt{1 + \frac{16}{(w/b)^2}}\right)\right] \tag{10.13b}$$

$$H = 0.224\,5 + 0.719\,2\frac{h}{b} - 0.102\,2\frac{a}{b} \tag{10.13c}$$

$$P = 0.001\,356 + 0.065\,90\frac{h}{b} + 0.019\,51\frac{a}{b} \tag{10.13d}$$

$$S = -2.652\,8 + 0.945\,2\frac{h}{b} + 0.453\,1\frac{a}{b} \tag{10.13e}$$

$$T = 1.479\,3 - 1.190\,3\frac{h}{b} - 0.045\,11\frac{a}{b} \tag{10.13f}$$

传统的金属腔体悬置线是一种优良的导波系统，已经被用来设计多种微波功能器件，尤其是各种滤波器等。几种典型的悬置线滤波器如图 10.13 所示[39-41]。传统悬置线的优良特性在相关文献报道的实际电路中已经被充分证明，然而，这种导波系统却存在应用上的固有缺陷：

（1）实现上的缺点：与传统波导类似，都需要机械加工腔体盒来放置电路板并形成需要的空气腔，同时满足必要的机械支撑以及电磁屏蔽。另外在装配上还有一定的精度要求，需要一些类似于定位孔、定位销、螺栓、螺母等附属机械部件来完成。

（2）由于主体电磁场分布于空气腔中，使电路的有效介电常数降低，因此悬置线制作的电路元件通常尺寸有所增加，相应的屏蔽腔体也较大，电路相对笨重，并且电路加工成本高，还需要装配，严重制约了其在当今电路和系统集成化、轻量化、小型化发展中的应用。

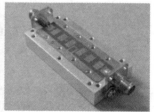

图 10.13　几种典型的金属腔体悬置线微波滤波器[39-41]

现代通信技术的迅猛发展使得无线通信射频前端电路的小型化、集成化、一体化设计越来越受到重视并成为发展趋势。基片集成波导（SIW）技术[42-44]、微波多层电路板/低温共烧陶瓷（PCB/LTCC）技术[45-46]为集成化三维立体电路的研究和开发奠定了坚实的基础。新型的自封装介质集成悬置线电路[47-52]是基于介质集成多层工艺的一体化设计与加工的新型电路设计技术，它结合多层 PCB/LTCC 设计、加工技术的长足发展和传统悬置线的优点，采用多层 PCB 板设计悬置电路，克服了传统悬置线电路需要机械加工金属腔体和额外的人工装配等缺点，有效避免了波导腔体制作和机械加工组装等烦琐工序，大大减小了电路重量。基于多层自封装悬置线平台，不仅可以设计实现各种微波功能电路，还可以实现不同类型传输线结构的混合电路，并且可通过垂直互连向更多层电路发展。

典型的自封装介质集成悬置线电路如图 10.14 所示，图 10.14（a）所示为该电路的分层结构，每一层可独立加工制板，而后将局部介质切除的多个单层 PCB 板按照多层 PCB/LTCC 加工工艺通过介质黏合、压合或者铆合等方式层叠在一起。最后制成的电路整体结构如图 10.14（b）所示，悬置线横截面及电磁场分布如图 10.14（c）所示，悬置共面波导横截面及电磁场分布如图 10.14（d）所示。图 10.15 所示为一种自封装多层介质集成悬置线耦合器的结构和实物[47]。图中示意的是 5 层结构，可以根据需要拓展到更多层。一种自封装多层介质集成悬置线宽带滤波功分器的结构和实物[51]如图 10.16 所示，其中电路分层结构、等效传输线电路和加工实物分别如图 10.16（a）、（b）和（c）所示。图 10.17 所示为一种加载反射器和隔离墙的自封装多层悬置共面波导 MIMO 滤波天线[52]，天线结构和实物分别如图 10.17（a）和（b）所示。

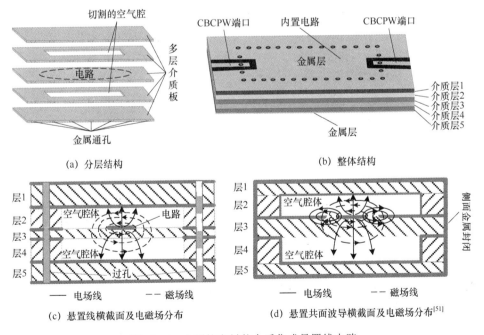

(a) 分层结构　　　　　　　　　　　　(b) 整体结构

(c) 悬置线横截面及电磁场分布　　　(d) 悬置共面波导横截面及电磁场分布[51]

图 10.14　典型的自封装介质集成悬置线电路

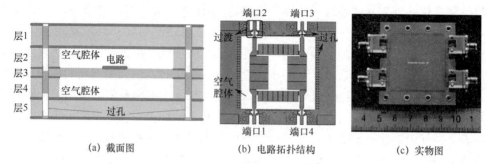

(a) 截面图   (b) 电路拓扑结构   (c) 实物图

图 10.15　一种自封装多层介质集成悬置线耦合器的结构和实物[47]

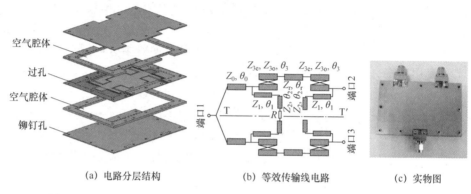

(a) 电路分层结构   (b) 等效传输线电路   (c) 实物图

图 10.16　一种自封装多层介质集成悬置线宽带滤波功分器的结构和实物[51]

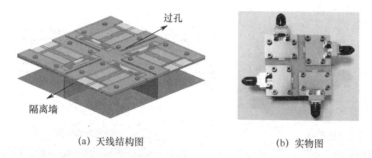

(a) 天线结构图   (b) 实物图

图 10.17　一种加载反射器和隔离墙的自封装多层悬置共面波导 MIMO 滤波天线[52]

新型介质集成悬置线电路具有以下几个突出特点：

（1）利用多层介质板可较容易地实现自封装。

（2）通过在电路四周打金属化过孔实现腔体化，并且可用通孔实现多层互联。

（3）通过预留的引出馈线可以直接和其他电路模块连接。

（4）自封装介质集成悬置线有两个切割的空气腔体，这些独立的空气腔一方面可以作为悬置线电路的空气腔体，另一方面空气腔上、下层或者腔体内部还可以引入特定的微波器件、芯片或直流控制与供电电路，非常有利于一体化和集成化设计。空气腔体和悬置线电路的电磁屏蔽可通过 PCB 板的介质覆铜和金属化过孔来实现。这些金属化过孔结合多层 PCB/LTCC 金属走线，同时可以实现微波电路的内部走线、必要的内部互连以及不同

PCB 板层之间的三维垂直互连。

与传统金属腔体悬置线相比，新型介质集成悬置线具有以下明显的优点：

（1）成本低，集成度高。直接采用多层 PCB/LTCC 加工技术来实现电路的一次性加工；同时可以将有源和无源电路乃至系统设计在同一层或多层介质基板上，具有很高的集成度。

（2）适合制作一体化微波功能模块，在多层微波电路中通过加载、层叠等措施，可以很好地解决电路小型化问题，同时也可以实现无源、有源电路的混合集成；同时可以实现集成前端系统。

（3）可实现电路与系统的自封装，电磁兼容性与自身去耦性能好。多层电路中的各个空气腔可以通过金属化过孔或者侧壁敷铜使绝大多数的电磁场都束缚在空腔中，实现有效的屏蔽，从而避免了电磁波色散辐射引起的相互干扰。

（4）具有类似于共面波导结构的接地。通过金属化过孔以及金属层将介质集成悬置线结构的所有地连接起来。不仅能提供方便的接地条件，也能减少电磁泄漏。

（5）悬置结构可有效提高谐振器 Q 值，另外新型介质集成悬置线由于电磁屏蔽性好，因此具有金属波导腔体的一些性质。由于将部分介质板挖除，减小了介质损耗，使得新型介质集成悬置线的 Q 值高于微带，插入损耗降低。

（6）可以和介质谐振器结合，充分利用空气腔，设计悬置线-介质谐振器混合电路，并很好地替代传统金属腔体型介质谐振器滤波器等电路[53]。

除了图 10.11 所示的悬置线和图 10.12 所示的宽边耦合悬置线，还有很多悬置线变形结构，例如，悬置共面波导（SCPW）[52-55]，悬置共面波导-微带混合结构[56]，悬置宽边耦合共面波导等，这些结构都可以向垂直互联集成化电路设计发展。图 10.18 所示为多层自封装悬置共面波导[54]，该导波结构的三维立体结构、核心层结构和电路实物分别如图 10.18（a）～（c）所示，悬置共面波导由 CBCPW 馈电，CBCPW 和 SCPW 之间有一个过渡段（为简便起见，该过渡段可以省略，直接由 CBCPW 过渡到 SCPW，对电路性能影响不大）。悬置共面波导的衰减因子 α 比传统共面波导小，并且随着频率升高，悬置共面波导的衰减因子更小。悬置共面波导兼具共面波导和悬置电路的优点，可工作于毫米波频段。

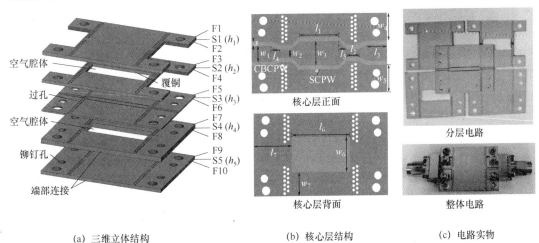

(a) 三维立体结构　　　　　(b) 核心层结构　　　　　(c) 电路实物

图 10.18　多层自封装悬置共面波导[54]

311

参 考 文 献

[1] THOMOPSON D C, TANLOT O, JALLAGEAS H, et al, Characterization of liquid crystal polymer (lcp) material and transmission lines on LCP substrate from 30-110 ghz[J]. IEEE Trans. MTT, Vol.52, No.4, 2004: 1342-1352.

[2] NATHAN A, AHNOOD A, COLE M T, et al. Flexible electronics: the next ubiquitous platform[C]// Proceedings of the IEEE, Vol. 100, No.13, 2012: 1486-1517.

[3] 孙兆鹏，严伟，王列松. LCP 基板制作工艺及其在微波无源电路中的应用[J]. 电子机械工程，2011 年，第 27 卷，第 4 期，46-49.

[4] 曾策，高能武，林玉敏. LCP 基板在微波/毫米波系统封装的应用[J]. 电子与封装，2010 年，第 10 卷，第 10 期，5-8.

[5] HONG J S, CERVERA F. Recent development of compact microwave filtering structures based on multilayer LCP technology[C]// Proceedings of APMC 2012, Kaohsiung, Taiwan, Dec. 2012: 4-7.

[6] THOMPSON D C, TENTZERIS M, PAPAPOLYMEROU J. Experimental analysis of the water absorption effects on RF/MM-Wave active/passive circuits packaged in multilayer organic substrates[J]. IEEE Trans. Adv. Pack., Vol.30, No 3, 2007: 551-557.

[7] HOSONOA R. Yusuke Uemichi, Yuta Hasegawa, et al, Development of millimeter-wave devices based on liquid crystal polymer (LCP) substrate[J]. IEICE Electronics Express, Vol.14, No.20, 2017: 1-13.

[8] HONG J S. Microstrip filters for RF/microwave applications [M]. New Jersey: John Wiely & Sons, 2011.

[9] HOFFMANN R K, MORLER G. Directional coupler synthesis—computer program discription[J]. IEEE Transactions on Microwave Theory and Techniques, Vol.22, 1974: 77.

[10] 赵孟娟，张勇. 基于 LCP 基板的宽带柔性滤波器研究[J]. 微波学报，2017 年，第 33 卷，第 2 期，45-47.

[11] TAKATA K, PHAM A V. Electrical properties and practical applications of liquid crystal polymer flex[C]// The 6th International Conference on Polymers and Adhesives in Microelectronics and Photonics, Odaiba, Tokyo, 2007: 67-72.

[12] DALMIA S, SUNDARAM V, WHITE G. Liquid Crystalline Polymer (LCP) Based Lumped-Element Bandpass Filters for Multiple Wireless Applications[C]// 2004 IEEE MTT-S Digest: 1991-1994.

[13] MUKHERJEE S, SWAMINATHAN M, DALMIA S. Synthesis and diagnosis of RF filters in liquid crystalline polymer (LCP) substrate[C]// IEEE MTT-S International Microwave Symposium Digest, 2005, Long Beach, CA, 2005: 1-4.

[14] PALAZZARI V, PINEL S , LASKAR J,et al. Design of an asymmetrical dual-band WLAN filter in liquid crystal polymer (LCP) system-on-package technology[J]. IEEE Microwave and Wireless Components Letters, Vol.15, No.3, 2005: 165-167.

[15] PINEL S, KIM I, LASKAR J. Low cost V-band filter and antenna on liquid crystal polymer substrate[C]// 2005 APMC Proceedings, Suzhou, 2005: 1-3.

[16] BAIRAVASUBRAMANIAN R, PINEL S, LASKAR J, et al. Compact 60-GHZ bandpass filters and duplexers on liquid crystal polymertechnology[J]. IEEE Microwave and Wireless Components Letters, Vol. 16, No.5, 2006: 237-239.

[17] BAIRAVASUBRAMANIAN R, PAPAPOLYMEROU J. Multilayer quasi-elliptic filters using dual mode resonators on liquid crystal polymer technology[C]// IEEE MTT-S International Microwave Symposium, 2007, Honolulu, HI: 549-552.

[18] HAO Z C, HONG J S. Ultra wideband bandpass filter using multilayer liquid crystal polymer technology[J]. IEEE Transactions on Microwave Theory and Techniques, Vol. 56, No.9, 2008: 2095-2100.

[19] HAO Z C, HONG J S, ALOTAIBI S K, PARRY J P, et al. Ultra-wideband bandpass filter with multiple notch-bands on multilayer liquid crystal polymer substrate[J]. IET Microwaves, Antennas & Propagation, Vol.3, No.5, 2009: 749-756.

[20] HAO Z C, HONG J S. UWB bandpass filter using cascaded miniature high-pass and low-pass filters with multilayer liquid crystal polymer technology[J]. IEEE Transactions on Microwave Theory and Techniques, Vol.58, No.4, 2010: 941-948.

[21] QIAN S, HONG J S. Miniature quasi-lumped-element wideband bandpass filter at 0.5−2 GHZ band using multilayer liquid crystal polymer technology[J]. IEEE Transactions on Microwave Theory and Techniques, Vol.60, No.9, 2012: 2799-2807.

[22] RRIETO A F, QIAN S L, HONG J S, et al. Common-mode suppression for balanced bandpass filters in multilayerliquid crystal polymer technology[J]. IET Microwaves, Antennas & Propagation, Vol.9, No.12, 2015: 1249-1253.

[23] CERVERA F, HONG J S. high rejection, self-packaged low-pass filter using multilayer liquidcrystal polymer technology[J]. IEEE Transactions on Microwave Theory and Techniques, Vol.63, No.12, 2015: 3920-3928.

[24] QIAN S L, HONG J S. A compact multilayer liquid crystal polymer VHF bandpass filter[C]// 2013 European Microwave Conference (EuMC), 2013: 1207-1210.

[25] HEPBURN L, HONG J S. Compact integrated lumped element LCP filter[J]. IEEE Microwave and Wireless Components Letters, Vol.26, No.1, 2016: 19-21.

[26] HEPBURN L, HONG J S. On the development of compact lumped-element LCP filters[C]// 2014 44th European Microwave Conference (EuMC), Rome, 2014: 544-547.

[27] MILLER A, HONG J S. Cascaded coupled line filter with reconfigurable bandwidths using LCP multilayer circuit technology[J]. IEEE Transactions on Microwave Theory and Techniques, Vol. 60, No.6, 2012: 1577-1586.

[28] HAO Z C, HONG J S. Compact uwb filter with double notch-bands using multilayer LCP technology[J]. IEEE Microwave and Wireless Components Letters, Vol.19, No.8, 2009: 500-502.

[29] LAN Y, XU Y H, WANG C S, et al. X-band flexible bandpass filter based on ultra-thin liquid crystal polymer substrate[J]. Electronics Letters, Vol.51, No.4, 2015: 345-347.

[30] YU Y, GAO P, DING K K, et al. A flexible bandpass filter based on liquid crystal polymer substrate[C]// 2015 Asia-Pacific Microwave Conference (APMC), 2015: 1-3.

[31] 罗军. 高温超导技术在雷达中的应用[J]. 雷达与对抗, 2018 年，第 38 卷，第 3 期，12-15.

[32] DINGER R J, BOWLING D R, MARTIN A M. A survey of possible passive antenna applications of high-tempcrature superconductors[J]. IEEE Trans. Microwave Theory and Techniques, Vol.39, No.9, 1991: 1498-1507.

[33] 李春光，王旭，王佳，等. 高温超导滤波器及其应用研究进展.科学通报[J]. 2017 年，第 62 卷，第 34 期，4010-4024.

[34] CHEN Z N. Handbook of antenna technologies[M]. Singapore: Springer Press, 2016.

[35] ZHANG S, VARDAXOGLOU Y, WHITTOW W, et al. 3D-printed flat lens for microwave applications[C]// 2015 Loughborough Antennas & Propagation Conference (LAPC), Loughborough, 2015: 1-3.

[36] DAI X, ZHANG X Y, KAO H L, et al. LTCC bandpass filter with wide stopband based on electric and magnetic coupling cancellation[J] IEEE Trans. Components, Packaging and Manufacturing Technology, Vol.4, No.10, 2014: 1705-1712.

[37] ZHOU B, WANG Q P, GE P, et al. Compact ltcc filter with vertically end-coupled resonators[C]//2017 IEEE CPMT Symposium Japan (ICSJ), Kyoyo, 2017: 79-82.

[38] SHU Y H, QI X X, WANG Y Y. Analysis equations for shielded suspended substrate microstrip line and broadside-coupled stripline[C]// 1987 IEEE MTT-S International Microwave Symposium Digest, Palo Alto,

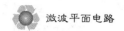

CA, USA, 1987: 693-696.

[39] LIAO X J, HSU W H, HO M H. Design of the UWB band-pass filter with a notch response using the suspended stripline[C]// 2009 Asia Pacific Microwave Conference, 7-10 Dec., 2009: 902-904.

[40] LIU Y, ZHAO Y J, DOU W B, et al. A Suspended stripline dual-band filter using inter-digitally coupled resonator pairs[C]// CJMW2011 Proceedings, Hangzhou, 2011: 1-4.

[41] XU Z X, YU X, LIU J Q, et al. Suspended stripline UWB bandpass filter with adjustable transmission zero[C]// Proceedings of Asian-Pacific Microwave Conference, Sendai, Japan, 2014: 929-931.

[42] HAO Z C, DING W Q, HONG W. Developing low-cost W-band SIW bandpass filters using the commercially available printed-circuit-board technology[J]. IEEE Transactions on Microwave Theory and Techniques, Vol. 64, No.6, 2016: 1775-1786.

[43] REN F H, HONG W, WU K. Three-dimensional SIW-driven microstrip antenna for wideband linear and circular polarization applications[J]. IEEE Antennas and Wireless Propagation Letters, Vol.16, 2017: 2400-2403.

[44] MIAO Z W, HAO Z C, LUO G Q, et al. 140 GHZ high-gain LTCC-integrated transmit-array antenna using a wideband SIW aperture-coupling phase delay structure[J]. IEEE Transactions on Antennas and Propagation, Vol.66, No.1, 2018: 182-190.

[45] XU J X, ZHANG X Y, ZHAO X L, et al. Synthesis and implementation of LTCC bandpass filter with harmonic suppression[J]. IEEE Transactions on Components, Packaging and Manufacturing Technology, Vol. 6, No.4, 2016: 596-604.

[46] XU J X, ZHANG X Y. Single-and dual-band LTCC filtering switch with high isolation based on coupling control[J]. IEEE Transactions on Industrial Electronics, Vol.64, No.4, 2017: 3137-3146.

[47] WANG Y Q, MA K X, MOU S X. A compact branch-line coupler using substrate integrated suspended line technology[J]. IEEE Microwave and Wireless Components Letters, Vol.26, No.2, 2016: 95-97.

[48] LI L Y, MA K X, MOU S X. modeling of new spiral inductor based on substrate integrated suspended line technology[J]. IEEE Transactions on Microwave Theory and Techniques, Vol. 65, No.8, 2017: 2672-2680.

[49] MA K, CHAN K T. Quasi-planar circuits with air cavities[C]// PCT Patent WO/2007/149046.

[50] XIAO J K, REN X, GUO K. High selective dual-band filtering power divider using self-packaged SISL[J]. Electronics Letters, Vol.56, No.18, 2020: 937-940.

[51] XIAO J, YANG X, LI X. A 3.9 GHZ/63.6% FBW multi-mode filtering power divider using self-packaged SISL[J]. IEEE Transactions on Circuits and Systems II: Express Briefs, Vol.68, No.6, 2021: 1842-1846.

[52] XIAO J K, LIU X Q, LI X F. Four-port MIMO filtenna based on multi-layer suspended coplanar waveguide[C]//2021 IEEE International Workshop on Electromagnetics: Applications and Student Innovation Competition (IEEE IWEM2021), November 7-9, Guangzhou, China.

[53] XIAO J K, YANG M Y, ZHANG X B, et al. Millimeter wave wideband bandpass filters based on LCP self-packaged multi-layer suspended line[J]. 2021 IEEE International Workshop on Electromagnetics: Applications and Student Innovation Competition (IEEE IWEM2021), November 2021: 7-9, Guangzhou, China.

[54] XIAO J K, ZHANG J, PU J. Analysis and implementation of self-packaged multi-layer suspended coplanar waveguide and its applications in filtering circuits, IEEE Access, Vol.10, 2022: 456-467.

[55] XIAO J K, PU J. Synthesis of absorption reflectionless bandstop filter and its design using multi-layer self-packaged SCPW[J]. IEEE Access, Vol.8, 2020: 218803-218812.

[56] 肖建康, 杨晓运, 李小芳. 基于多层自封装悬置共面波导与微带混合的传输线结构[P]. 专利号：201811181512.7.